住房城乡建设部土建类学科专业"十三五"规划教材
高等学校建筑学专业指导委员会规划推荐教材

U0167500

建筑安全

（第二版）

Architecture Safety

吴庆洲　主编
郑力鹏　张道真　郑莉　参编

中国建筑工业出版社

审图号：GS(2020)5818号

图书在版编目（CIP）数据

建筑安全 =Architecture Safety / 吴庆洲主编 . —2 版 . —北京：
中国建筑工业出版社，2020.9（2024.8 重印）
住房城乡建设部土建类学科专业"十三五"规划教材
高等学校建筑学专业指导委员会规划推荐教材
ISBN 978-7-112-25387-6

Ⅰ.①建…　Ⅱ.①吴…　Ⅲ.①建筑工程—安全管理—
高等学校—教材　Ⅳ.① TU714

中国版本图书馆 CIP 数据核字（2020）第 155715 号

责任编辑：王　惠　陈　桦
责任校对：焦　乐

住房城乡建设部土建类学科专业"十三五"规划教材
高等学校建筑学专业指导委员会规划推荐教材

建筑安全（第二版）
Architecture Safety
吴庆洲　主编
郑力鹏　张道真　郑莉　参编
*
中国建筑工业出版社出版、发行（北京海淀三里河路 9 号）
各地新华书店、建筑书店经销
北京雅盈中佳图文设计公司制版
建工社（河北）印刷有限公司印刷
*
开本：787 毫米 ×1092 毫米　1/16　印张：25$\frac{1}{4}$　字数：490 千字
2021 年 1 月第二版　2024 年 8 月第十次印刷
定价：59.00 元（赠课件）
ISBN 978-7-112-25387-6
（36366）

在上古，人类的祖先为了躲避自然界的霜雪严寒，烈日风雨，栖身于天然洞穴之中。他们在洞内燃起篝火，用以御寒，也可以用来驱走虎狼野兽，保证自身的安全。北京周口店距今50万年的北京人和周口店"山顶洞"上的距今10万年前的"山顶洞人"都利用天然洞穴栖身。

随着人类的进化和人口的发展，天然洞穴已不能满足人群的需要。为了安全和健康，古人依据住在天然洞穴中的生活经验，在黄土断崖上掏挖人工横穴以为居住之所。在森林繁茂之地生活的古人，则模仿鸟类筑巢的方法，在大树之上构木为巢，于是产生了巢居。

关于巢居和穴居，古文献中有不少记载。《韩非子·五蠹》："上古之世，人民少而禽兽众，人民不胜禽兽虫蛇。有圣人作，构木为巢，以避群害，而民悦之，使王天下，号曰有巢氏。"

《孟子·滕文公》："当尧之时，水逆行，泛滥于中国，蛇龙居之，民无所定。下者为巢，上者为营窟。"

《礼记·礼运》："昔者先王未有宫室，冬则居营窟，夏则居橧巢。"

巢居、穴居的出现，标志着人类原始建筑的诞生。原始人类在巢居、穴居中生活、栖身。可以躲避风雨，防御毒蛇猛兽的侵袭。从这一意义上而言，原始建筑是人工营造的躲避自然界的恶劣环境和灾祸的庇护所。

由于安全的需要，人类选择了聚居的生活方式，出现了许许多多的聚落。人类社会步入新石器时代早期的母系制社会，以庇护、养育为特点，原始村落自供自足，无甲兵、无战争。

随着生产力的发展，出现了私有财产。母系氏族社会逐渐转变为父系氏族社会，并出现了掠夺和战争。中国古代的军事防御工程开始出现。最早出现的是环绕聚落的壕沟。这种壕沟最先并非用于军事防御，而是用以防御野兽的侵扰和家兽的走失。战争出现之后，这种壕沟则用于军事防御。这种具有环状壕沟的聚落称为"环壕聚落"。在距今七八千年前，就已出现环壕聚落。

在挖聚落环壕时，先民们发现，若将土置于壕沟内侧，达到一定高度，则可以加强防卫功能。逐渐，由环壕聚落演变出土围聚落。最后，演变成城墙和壕池。

目前，世界上发现的最古老的城墙遗址是西亚约旦境内的耶利哥（Jericho），占地10英亩（4.047万 m^2），在公元前8000年的前陶新石器A阶段文化出现防御系统，有了城堡，石城墙，还有壕沟。城墙前面为壕沟，宽8.25m，深2.75m，城墙高6m，城堡在城墙之内，呈圆形。其遗址已达到城镇水平。

我国发现的年代最早的古城址为湖南澧县城头山古城址，选址于洞庭湖之滨的岗地上，基址高出平地2m。城墙现高4.8m，城墙外一圈护城河宽35~50m。其城墙内面积约为8万m²，连城墙和壕池面积共约16.5万m²。城头山古城建于距今6000年前。其选址和规划充分体现了古人的智慧，即城址较高，可免受洪水威胁；城址近水、倚水，有用水和水运之利。这在6000年前，是一个很好的军事防御工程系统。

为了求得安全和健康的生存、生活环壤，人们建房子、建城池，以防御各种自然灾害和人为的灾祸。然而，从古到今，危及建筑和城市安全的因素始终存在，它可以分为自然灾害、生物灾害和人为祸患三个方面。

建筑灾害作为"天、地、生、人"灾害大系统的子系统，往往集自然、生态、社会人文因素于一体，具体表现形式有：水灾、地震、崩塌、泥石流、火灾、爆炸、雷击、毒气泄漏、核爆炸及放射性污染、酸雨、水质污染、电梯伤人、食物中毒、传染病、瘟疫、鼠害、盗窃、绑架、凶杀、破坏等。这些灾害，有的造成建筑物的倒塌破坏，并伤害建筑里的人及财物，有的则危害建筑里面人的健康和安全。例如，在20世纪的历次洪灾中，均有许多房屋倒塌和毁坏，1991年全国因洪灾倒塌房屋497.9万间，1998年为倒塌560间，损坏1180多万间以上。1998年全国洪灾损失2700亿元，其中房屋建筑的损失就占有相当比重。火灾造成建筑和生命财产的损失也相当惊人。1994年，全国发生火灾（不含森林火灾）共39120起，死亡2831人，伤4236人，直接经济损失达12.4亿元。地震、风灾、地质灾害等均造成建筑破坏和人类生命财产的损失，必须引起我们的严重关注。

中国的建筑师、城市规划师、景观设计师以及建筑和城市的各级管理人员，必须具备安全意识，了解并掌握建筑安全的有关科学技术知识，并运用建筑安全的科学技术手段，规划设计出达到建筑安全要求的现代的建筑、人居住区和现代化的城市。

过去，建筑学和城乡规划专业本科课程只有防火、防雷等选修课程，未有全面综合的建筑安全课程。建筑安全包括防洪、防火、防风、防水、防爆、防雷、防地质灾害、防海洋灾害、抗震等防御自然灾害的内容，以及防盗、防卫等防御人为祸害的内容，残疾人防护安全也必不可少，也是建筑安全的重要内容。

建筑安全是21世纪的建筑师、规划师必须具备的知识，本教材在培养新世纪的建筑学和城乡规划人才中将发挥重要的地位和作用。其经济效益将是巨大的。以1998年水灾房屋倒塌560万间、损坏1180万间为例，以倒塌一间损失2000元，损坏一间损失1000元计，这项损失即达230亿元之巨，令人痛心，更不必说人员伤亡了。

建筑安全，百姓安居乐业，是国家长治久安的物质基础，其社会效益十分重要，是社会进步、文明的重要标志。

本书是由吴庆洲主编，郑力鹏、张道真、郑莉、黄襄云、李炎、杨正坚、陈新民、曹麻茹、吴玉坚参编的共同成果。

本书各章撰写人员如下：

章	主题	字数（千字）	撰写人	所在单位
第 1 章	安全科学技术与建筑安全	19	吴庆洲	华南理工大学
第 2 章	城市和建筑防洪	105	吴庆洲、李炎	
第 3 章	建筑防风	64	郑力鹏	
第 4 章	建筑防水	62	张道真、郑莉	深圳大学、华南理工大学
第 5 章	建筑防火	51	张道真、郑莉	
第 6 章	建筑抗震设计	61	黄襄云	广州大学
第 7 章	建筑防危	49	曹麻茹、郑莉	湖南大学、华南理工大学
第 8 章	建筑防地质灾害	41	吴庆洲	华南理工大学
第 9 章	海洋灾害及防御对策	28	吴庆洲	
第 10 章	建筑防爆	27	张道真	深圳大学
第 11 章	建筑防雷	30	陈新民、杨正坚	华南理工大学
第 12 章	无障碍设计	49	吴玉坚、郑莉	华中科技大学、华南理工大学
第 13 章	建筑防灾文化与安全哲学	18	吴庆洲	华南理工大学

目 录

第 12 章

无障碍设计

第 13 章

**建筑防灾文化
与安全哲学**

第1章

安全科学技术与建筑安全

建筑安全是建筑科学与安全科学技术、减灾科学相互交叉而产生的学科。

21世纪，中国经济迅速发展，城市化步伐加快，人口高度集中于城市，财富也在城市高度集中，城市中高楼林立，一座大建筑往往集中了成千上万人，建筑和设备价值几千万元乃至数十亿元，一旦发生灾害或受到人为袭击，往往造成人员伤亡和财富的巨大损失。建筑安全成为人们关注的焦点。实际上，广义的建筑安全也就是城市安全。

1.1 安全科学技术

1.1.1 安全及其相关概念

1）与安全相关的一些概念

安全是一个广泛的、复杂的概念，而且是一个相对的概念。

安全是从人身心需要的角度提出的，是针对人以及与人的身心直接或间接相关的事物而言的。然而，安全不能被人直接感知，能被人直接感知的是危险、风险、事故、灾害、损失、伤害等。

（1）危险

危险就是不安全，即遭到财产损失或人员伤害的可能性。从主观的角度看，危险是指人根据积累的经验，发现了事物某种不正常的运动方式或异常现象而感到害怕遭受损害的恐惧、紧张；从客观的角度看，危险是指造成事故的条件。

（2）风险

风险也是不确定性的客观体现，与危险的含义相近但不完全相同。风险包括纯粹风险和投机风险。纯粹风险的后果只有两种：损失或者无损失；投机风险的后果则有三种：损失、得益或者无损失也无得益。

（3）事故

事故是指违背人的意愿而发生的，使系统或人的有目的活动发生阻碍、失控、暂时停止或永久停止，造成人员死亡、疾病、伤害、财产损失或其他损失的不正常事件。事故可分为：物的事故、人身事故；生产性事故、生活性事故、科技事故；工业事故、交通事故、建筑事故、医疗事故；伤亡事故、非伤亡事故。还可分为：自然事故——纯自然原因造成的事故，责任事故——人的过失造成的事故。除了造成损害的既成事故外，未造成损害的称为未遂事故或者准事故、险肇事故。安全科学主要研究的是生产经营活动中突然发生的导致人员死亡、疾病、伤害或财产损失、环境破坏、工作中断的意外事件。

（4）灾害

灾害是指由自然原因或人为原因给人类生存和社会发展带来危害，造成损失的灾难、祸害。

灾害可分为：

自然灾害——自然力通过非正常方式的释放而给人类造成的危害，如天文灾害、地质灾害、气象水文灾害、土壤生物灾害等。

人为灾害——人类社会内部由于个人、群体的主客观原因而使社会行为失调、失控所造成的灾害，包括行为过失灾害、认识灾害、社会失控灾害、政治灾害、生理灾害、犯罪灾害等。

混合型灾害——自然因素与人为因素相互交叉作用造成的灾害，如瘟疫、环境灾害等。

灾害与事故不完全相同。灾害一般是比事故更有破坏性、突发性的自然事件和社会事件，而事故多为单个、孤立的事件，少有大面积、大规模的发生，后果大多影响到直接受害者及其家庭，一般不直接对社会造成震动或影响，其救助大多只需有关单位或部门承担，无需动员社会力量。少数灾难性事故是具有灾害性质的社会事件，其规模、后果、影响、救助方式是同灾害有别的。

（5）损失

损失，本意是指没有代价地消耗或失去，但安全科学中则指意外、额外发生的损失，不包括故意的、有计划的、预期的损失，如原材料消耗，设备磨损、折旧等。

（6）伤害

伤害主要是指对人和其他生命体的损害。

2）安全释义

（1）"安全"一词的含义

从汉语字面上看，是"无危则安，无损则全"。安全就是没有危险，不发生事故、灾害，不造成损失、伤害。

进而言之，安全即人的安全，既是指在外界不利因素的作用下，使人的躯体及生理功能免受损伤、毒害或威胁，以及使人不感到惊恐、害怕，并能使人健康、舒适、高效率地工作和生活，参与各种社会活动的存在状态（一种有组织、有序的状态），也是指能防止各种灾害、损失、破坏发生的物质的、精神的或与物质相联系的客观保障因素、条件。

（2）安全的三要素

从"系统"的观点来看，安全包含3个不可或缺的要素：人——安全行为；物（自然物、人造物，如场所、设施、设备、原材料、产品等）——安全条件；人与物的关系——安全状态。此三者有机结合，构成一个动态的安全系统。人和物是安全系统中的直接要素，人离不开物，得益于物，也受害于物。人与物的关系是安全系统的核心，既是社会物质活动正常运转的必要条件，又是实现安全的手段，有很大的可塑性。安全的三要素相互制约，并在一定条件下互相转化。

（3）广义的和狭义的安全

广义的安全包括社会性安全和技术性安全，狭义的安全只指技术性安全。社会性安全主要是由社会活动（人际交往）引起的安全，如国家安全、国际安全、政治安全、军事安全、国防安全、组织安全、人才安全、信息（情报、通信）安全、文化安全、经济安全、金融安全、企业安全、财务安全、家庭安全、社会环境安全（社会治安）；技术性安全主要是由应用技术引起的安全，指广义的生产安全即生产经营安全、劳动（职业）安全，包括人身（生命、健康）安全、财产安全、设备安全、工艺安全、设计安全、作业（工作）安全、产品安全、交通运输安全、建筑安全、生态环境安全等，是指生产经营活动过程中保护生产力诸要素，不发生人员伤亡、中毒、职业病和财产损失，使劳动者健康、舒适地工作，使生产经营活动正常、顺利进行的状态及其保障条件。

3）安全的相对性

（1）世界上没有绝对的安全

安全有明确的对象，有严格的时间、空间界限。安全具有相对性：世上只有相对安全，没有绝对安全；只有暂时安全，没有永恒安全。在一定的时间、空间条件下，人们只能达到相对安全。安全三要素（即安全行为＋安全条件＋安全的人与物的关系）均充分实现的那种理想化的绝对安全，只是一种可以无限逼近的"极限"，在现实中并不存在。

（2）安全与危险度

安全与危险实际上并不是完全对立、互不相容的概念。安全的程度即安全度，同危险的程度即危险度是一种互补关系：安全度＋危险度 =1，安全度 =1- 危险度。危险度是指可能造成人员伤害或物质损失的程度，是特定危害性事件发生的可能性与后果的结合，也就是说，危险度 = 危险发生后果 × 危险发生概率。如果某种危险发生的后果很严重，但发生的概率极低；另一种危险发生的后果不很严重，但发生的概率很高，那么有可能后者的危险度高于前者，前者比后者安全。

社会把能够满足大多数人安全需要的最低危险度定为安全指标，只要事故率低于此指标，人们就认为是安全的。在不同的社会里、不同的技术条件下、不同的经济和文化环境中，安全指标往往是不同的。随着经济、社会的发展变化，该指标会不断提高。所以，安全也就是使人们免遭不可接受和承受的危险伤害的状态和条件。

1.1.2 科学、技术及其关系

由于建筑安全是由建筑科学与安全科学、减灾科学相互交叉而产生的学科，建筑安全是安全科学技术一级学科中的二级学科，为了给建筑安全学科准确定位，有必要了解什么是科学，什么是技术，科学和技术有什么关系。

1）什么是科学

科学是关于自然、社会和思维的本质和规律的知识体系。

2）什么是技术

技术是根据科学而作用于自然界，用来为人类生产，生活服务的各种物质手段、方式、方法，是工艺技术、操作方法、程序规划和劳动经验的总和，是从基础科学理论向实践、从人的实践上升到理论的桥梁。

3）科学和技术的关系

技术是实现科学转化为生产力的中心环节和关键要素。科学发现只有通过技术（工程技术）才能变成社会生产力，才能推动社会经济的发展。

科学是理论，是基础。技术是实践，是应用。科学的形成要接受技术（实验与生产实践）的检验，技术的产生需要有科学的依据。科学指导技术发明、创造，技术成就又推动、提高和发展科学理论。

1.1.3　现代科学技术的层次及分类

1）现代科学技术的层次及体系结构

根据钱学森教授的系统科学思想，以及科学技术体系学理论，提出现代科学技术应分为四个层次，即工程技术、技术科学、基础科学和马克思主义哲学（图1-1）。现代科学技术分为十一大门类，即自然科学、数学科学、社会科学、系统科学、思维科学、人体科学、地理科学、行为科学、军事科学、建筑科学、文艺理论。

2）学科分类的体系结构

学科的总体结构分为四层，即门类、一级学科、二级学科、三级学科。

学科门类分为五大类：①自然科学类；②农业科学类；③医药科学类；④工程与技术

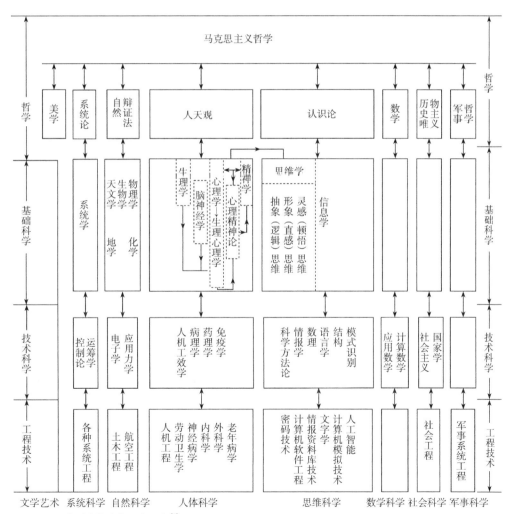

图1-1　现代科学技术的四个层次[2]

科学类；⑤人文与社会科学类。

根据学科分类的原则，将现代科学技术体系分为五大门类，其中各类由一、二、三级学科组成。五大门类共有 55 个一级学科、635 个二级学科、2055 个三级学科。安全科学技术为一级学科，属于工程技术科学类。

1.1.4 安全科学技术

1）安全科学的产生与发展

安全科学的形成是人类安全活动和对安全认识发展的必然结果。由于安全活动的特殊性，人类在生产活动及科学实验中对安全的认识长期落后于对生产的认识。纵观人类发展史，对安全的认识大体经历了从宿命论到经验论再到系统论和本质论的过程，也可分为以下 5 个发展阶段：

（1）远古时代，是原始的、本能的安全条件反射阶段。

（2）产业革命前，是自发安全认识阶段。人类对安全的理解和追求是不自觉的、模糊的、被动的。

（3）产业革命兴起后，进入局部安全认识阶段。人们针对生产过程或设备的局部安全问题，采用专门、单一的安全技术方法去解决，安全技术仅以附加技术的形式依附于生产；在不同产业的局部领域发展、应用的各种安全技术相互隔离，使人们对安全规律的认识长期停留在分散的、彼此缺乏内在联系的状态；建立在事故统计分析基础上的安全技术是经验型的，主要是纯反应式的"亡羊补牢"、就事论事、事后抢救整改的方法，安全理论主要以事故为研究对象，如事故分类、事故模型、事故致因研究对象，如事故分类、事故模型、事故致因理论、事故预测理论、事故预防理论等。

（4）20 世纪初，进入系统安全认识阶段。人们针对某个生产领域考虑实现全面、整体的安全，即系统安全，运用专业技术、管理手段实施科学型、超前防范型、综合防治型安全管理，把管理重点放在危险源控制的整体效应上。安全理论主要是以危险和隐患为研究对象的危险分析和风险管理理论，包括系统分析、风险识别、安全评价（风险评价）、风险控制等理论和方法。

（5）20 世纪 80 年代，进入安全系统认识阶段。原来各学科内部产生的安全学科相互渗透，形成更高层次的、研究人类一切活动过程中的安全问题本质和普遍规律的安全科学技术。对安全的认识不再局限于生产领域，而是从人的安全需要出发，针对由人、物、人与物的关系三要素构成的动态安全系统，全方位、多层次、全员参与、全过程、一体化地解决具体问题，积极地创造安全、健康、舒适的工作和生活环境条件，达到安全的自组织、良性循环的最佳状态。安全理论主要是以安全系统为研究对象的安全学理论。

安全科学作为一门独立的学科和专业，产生于 20 世纪后半期。

20 世纪 60~70 年代，美国、日本等国已有许多大学、学院开设工业卫生、职业安全、安全工程技术等专业。1973 年，《安全科学文摘》在美国创刊，第一次出现"安全科学"一词。1981 年德国库尔曼教授的专著《安全科学导论》（德文版）出版，首次全面系统地论述了安全科学的研究对象、研究范围、目的要求、学科体系、基本内容，以及专业术语、基础理论、方法手段。该书是标志这门学科成熟的代表性著作之一，在安全科学的发展史上具有重要的理论开拓和实践意义。1990 年 9 月，在德国召开了第一届世界安全科学大会。1991 年 5 月，国际性刊物《职业事故杂志》在荷兰改名为《安全科学》。

在我国，安全科学曾长期被狭隘地称为劳动保护科学。1958 年，原北京劳动学院（现为首都经济贸易大学）建立劳动保护系，开设工业安全技术和工业卫生本科专业。20 世纪 80 年代以来，一些院校先后创办"安全技术及工程"硕士、博士研究生专业，"安全工程"和"矿山通风与安全""消防工程"等本科专业，以及"安全技术管"专科专业。1988 年，国家技术监督局标准化司在《关于制定〈学科分类与代码〉国家标准的通知》中，首次将"安全科学"作为一级学科列入工程与技术门类。1991 年，原中国劳动保护科学技术学会（现为中国职业安全健康协会）创办《中国安全科学学报》。在 1992 年 11 月颁布的国家标准《学科分类与代码》GB/T 13745—1992 中，"安全科学技术"被列为一级学科。在 1997 年颁布的国家标准《高等学校本科、专科专业名称代码》GB/T 16835—1997 中，工学门类（08）管理工程类（0822）内，有安全工程（082206）、安全技术管理（082258）。1997 年，我国确立安全工程师职称。1999 年，在《中国图书馆分类法》（第四版）中，安全科学与环境科学被并列为 X 类，X4 为灾害及其防治，X9 为安全科学。2002 年，确立注册安全工程师执业资格。2003 年，国家安全生产监督管理局向国务院学位委员

会办公室建议，将《授予硕士、博士学位的学科、专业目录》中原来从属于工学门类一级学科"矿业工程"的二级学科"安全技术及工程"调整为一级学科"安全科学与工程"，以扩大其适用范围。我国《安全生产法》已明确规定："国家鼓励和支持安全生产科学技术研究和安全生产先进技术的推广应用，提高安全生产水平。"

2）安全科学的性质特点

安全科学是一门研究安全的本质和运动变化规律，以及安全保障条件，即消除或控制影响人的安全健康的客观因素及其转化条件的理论和技术，以建立安全、高效的人、机、环境规范，形成人们保障自身安全的思维方法和知识体系，从本质上超前预防和控制事故、灾害，保证生命财产安全和社会安定，促进经济、社会可持续发展，保护人的身心健康的科学。

安全科学和环境科学、管理科学相似，属于跨自然科学、工程技术和社会、人文科学，多学科交叉、渗透，综合性极强的横断科学，是一个庞大的学科群，其内容之广泛、涉及学科之多，堪称各门科学之首。它包括主要以物理学、化学、医学等为基础，偏重于研究物的因素和技术因素，处理人与自然的关系的"硬"科学、技术，以及主要以系统科学、管理科学为基础，偏重于研究人的因素和综合因素，处理人与人的关系的"软"科学、技术。

安全科学是一门具有很强的实际应用性的应用科学，它是科学与技术的结合，故也可称为安全科学技术。安全科学十分重视经验，但不局限于经验，也不只是经验的简单积累，它以相关的技术、管理、社会知识为基础，依据

自己的理论和方法对安全经验进行由此及彼、由表及里、去伪存真、去粗存精的科学提炼，是安全经验的升华。

安全科学是一门非常年轻的科学，由于它研究的是一种独特的"负效应"发生规律，难度较高，不如其他绝大多数科学由于研究"正效应"发生规律已发展得相当成熟。与其他自然科学、工程技术相比，安全科学中的定量分析相对较少、模糊性较强。不过，安全科学将伴随着人类对新技术、新材料的应用以及对更健康、更舒适的环境的追求而不断发展、充实。

3）安全科学的学科体系层次

安全科学包含许多学科。学科是指相对独立的知识体系，不同于专业和行业。安全科学的学科体系一般可分为以下 4 个层次：

（1）哲学：安全哲学，包括：安全观、安全思维方法等。

（2）基础科学：安全学，包括：安全技术学、安全人体学、安全生理学、安全心理学、安全社会学、安全管理学、安全经济学、安全教育学、安全法学、安全系统学等。

（3）技术科学：安全工程学，包括：安全设备工程学、安全技术工程学、安全人机学、安全系统工程学、安全运筹学、安全信息工程学、安全控制工程学等。

（4）工程技术：安全工程，包括各专业和各行业的安全工程技术，例如：防火防爆技术、防尘防毒技术、噪声与振动控制技术、电气安全技术、安全检测检验技术、矿山安全工程、建筑安全工程、道路交通安全工程、航空安全工程等。

1.2 建筑科学

根据钱学森教授的现代科学技术体系的构想，建筑科学与自然科学、社会科学、数学科学、系统科学、思维科学、人体科学、地理科学、军事科学、行为科学相并列，成为现代科学技术的第十一个大部门（图 1-2）。建筑科学包括的第一层次是基础理论的层次，包括真正的建筑学，真正的城市学和真正的园林学。建筑科学的第二层次是技术科学层次，应包括建筑技术性理论，如城市学、建筑学、园林学等。建筑科学的第三层次，即工程技术层次，包括建筑设计、城市规划设计、市政工程（道路、桥梁、给水、排水、煤气、热力、供电……）设计和园林设计等。

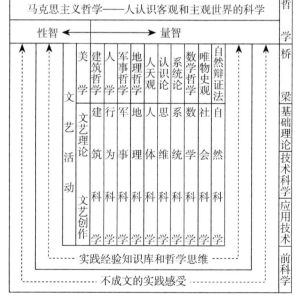

图 1-2 现代科学技术体系构想图 [2]

1.3　建筑安全

建筑安全不仅研究单体建筑的安全问题，也研究建筑群、村镇、城镇乃至城市的安全问题。21 世纪，中国的人口 40% 集中在城市，城市由于人口集中、经济集中、社会财富集中、现代化设施集中，一旦出现灾害，往往会造成人员伤亡以及财产的损失，甚至是惨重的损失。而且各种灾害有群发性、交叉性，易于诱发次生灾害，万万不可掉以轻心。

1）水灾

水灾是城市灾害中最严重的灾害之一。我国多数城市沿江河湖海分布，许多城市的地平高程均位于江河洪水位之下，而城市的设防又多未达到国家防洪标准，因此城市水灾问题十分严重。我国在 20 世纪的最后 10 年中，水灾损失十分重大，1996 年为 2200 亿元，1998 为 2700 亿元。在 2010~2018 年，2010 年最为严重，全国因洪涝直接经济损失占当年 GDP 的 0.93%，所幸 2018 年已降至 0.18%。

2）地震

地震是城市重要灾害之一。我国目前有 70% 以上的特大城市位于 7 度及 7 度以上的地震区内。其中北京、天津、太原、西安、兰州、昆明 6 个特大城市位于 8 度区内。全国 52 个大城市中，有 30 个位于 7 度和 7 度以上的地震区。1976 年 7 月 28 日唐山地震，震级 7.8 级，震中烈度 11 度，唐山市房屋几乎全部倒塌，死亡 14.8 万人，伤 8.1 万人。北京、天津亦有塌房和伤亡。死亡人数共达 242769 人。

3）风灾

风灾包括台风灾害和龙卷风等灾害。我国平均每年有 7 个台风在沿海登陆，往往带来狂风、暴雨、巨浪和海潮，形成灾害。1922 年 8 月 2 日汕头地区台风暴潮，汕头地区一片汪洋，汕头市内水深 3m，死亡 7 万多人，数 10 万人流离失所。1969 年 7 月 28 日，汕头附近潮阳至惠东有一强台风登陆，冲决海堤 180km，死亡 1554 人，直接经济损失 1.98 亿元。闽、江、浙、沪也常受台风袭击，1998 年 8 月 7 日，杭州受 8807 号台风袭击，西湖边 80% 的树木被吹倒，全市停水、停电、停产 5 天，100 多人死亡，直接经济损失 10 亿元以上。

4）火灾

据统计，1994 年全国发生火灾（不含森林火灾）39120 起，死亡 2831 人，伤 4236 人，直接经济损失 12.4 亿元。上海 1999 年共发生火灾 6551 起，死亡 43 人，伤 90 人，直接经济损失 1.5 亿元。北京城市火灾也日益严重，1950 年经济损失 17 万元，1997 年高达 1.3 亿元。

5）地质灾害

地质灾害包括滑坡、崩塌、泥石流、地质沉陷等，易发生于山区城市。1998 年洪汛期间，仅重庆市城区居民居住地带就发生崩塌 27896 起，滑体达 50 亿 m^3，造成 64.65 万人受灾，死亡 93 人，经济损失 11.34 亿元。地面沉降多发生在平原城市，往往因超量抽取地下水引起。

6）海啸

2004 年 12 月 26 日，印度尼西亚苏门答腊岛近海海域发生 9 级地震，强震引发海啸，造成印度洋沿海 20 多万人丧生，150 多万人流离失所，无家可归。

7）交通事故

交通事故已上升为城市灾害中致死致伤的头号杀手。全世界每年由于交通事故而致伤者达 1500 万人，致死者 70 万人，平均每 2 秒钟就有 1 个人因交通事故而致伤，每 50 秒钟就有 1 个人因交通事故而死亡。1999 年 1~6 月，北京市共发生道路交通事故 15015 次，伤 6509 人，死亡 1646 人，直接损失 2 亿元。

8）工伤事故

工伤事故也是影响城市安全的重要内容。1999 年上海各企业共发生职工因工伤亡事故 271 起，中毒 330 起。

9）燃气中毒

上海 1999 年共发生燃气事故 142 起，死亡 109 人，中毒 101 人。

10）环境公害

环境公害包括大气污染、水质污染、固体废弃物污染、噪声、光污染、电磁辐射、放射性物质污染等等。环境公害是我国城市灾害中的严重问题，严重威胁着居民的健康和生命财产安全。

11）食物中毒

中国各地发生过多起食物中毒事故。1987 年 10 月 31 日起至 1988 年 6 月止，上海许多人因食毛蚶中毒，36 家医院收治 10245 人次，共 31 万人感染甲肝，32 人死于爆发性肝炎。1989 年广东因假酒中毒事故，共中毒 374 人，死亡 60 人，13 人双目失明。

12）生物灾害

生物灾害包括鼠害、白蚁、蟑螂、狂犬、蚊虫等。1980 年春，一只老鼠窜入上海石化总厂热电厂，造成短路停电，全厂生产瘫痪，

损失产值 1700 万元。1978~1980 年间，北京地铁也因老鼠造成 3 次停电事故，全线停运，一片漆黑，最长一次停电历时 40 分钟。

13）瘟疫

城市瘟疫流行是十分可怕的灾害。19 世纪，1894 年鼠疫爆发，在 20 年内蔓延至全世界，死亡 1000 多万人，其中，中国死亡 102 万人，印度死亡 300 多万人。20 世纪，1918 年流感大流行，三年内造成当时世界人口约四分之一的 5 亿人感染，1700 万至 5000 万人死亡，使其成为人类历史上最致命的大流行病之一，仅次于黑死病。21 世纪，2009 年甲型 H1N1 流感在美国和墨西哥大面积爆发，并蔓延到 214 个国家地区，导致近 20 万人死亡；2019 年爆发的 COVID-19 新冠病毒全球多点蔓延，至 2020 年 9 月，全球累计死亡病例已超过 100 万，至本书印刷前，疫情仍持续中。

以上为威胁城市安全的主要灾害，此外还有凶杀、绑架、抢劫等人为灾祸，限于篇幅，不再列举。

1.4 21 世纪中国城市安全战略

1）防灾减灾是城市可持续发展的前提和保证

由上可知，城市灾害造成重大经济和生命财产的损失。柳州在 1999 年 "6.27" 洪灾中，直接经济损失 21.7 亿元，相当于 1993 年工业总产值的 15% 以上。如果不做好防洪减灾，柳州是难以实现可持续发展的。

2）必须加强灾害科学的研究与投入

近年来，国家对城市防灾减灾工作更为

重视，已取得一系列成果。在科研上有一定的投入。但与先进国家相比，我们在防灾减灾能力以及管理水平上，仍有一定差距。因此，必须加强灾害科学的研究，加大有关投入。可以开展以下几方面工作：①确立减灾与增产并重的观念，全面开展灾情调查，加强城市灾害评估工作；②利用先进科学技术推动减灾系统工程；③研究人口、资源、环境、灾害的关系，需求发展与减灾相协调的最佳方案；④促进自然灾害科学研究体系发展；⑤研究灾害的综合管理系统。

3）加强城市防灾减灾基础设施建设

我国目前各类城市在基础设施上欠账较多。比如防洪堤防，不仅没达到国家标准，有的城市甚至完全没有设防，比如广东粤北重镇韶关市，就完全不设防。只有加速建设，达到标准，才能达到防洪的目的。道路建设也如此，上海人均占有道路面积低于国内其他城市，因而其交通事故的发生率和死亡率一直居高不下。其他如污水处理厂的设置、消防器材的投入、地铁、高架路桥的建设、排涝设施的建设、垃圾处理设施的建设，都有待进一步加强。

4）城市防灾组织管理体系建设应予加强、完善

一是城市防灾管理和组织体系由政府统一领导、统一指挥，分为决策指挥部门、主管职能部门、辅助部门3类，由行政首长负责，各部门分工协作，分级负责。可由分管副市长指挥全市的抢险救灾工作，下设各灾种直属领导机构。二是依灾害程度，重大灾害的抢险救灾指挥机构，由市政府组织有关部门会同当地部队、武警组成。三是完成市、区县各级综合减灾规划和城市风险图集。四是建立和完善各灾种的监测预警系统，利用各种现代科技手段，使这些系统为防灾减灾指挥决策机构提供准确科学的信息。五是建立综合建筑信息网络系统和数据库。六是建立专门对付黑社会及恐怖组织的安全机构，坚决打击一切恐怖活动，保障民众的安全。

城市灾害多种多样，由于自然因素和社会人文因素的交叉和交互影响，呈现错综复杂的势态。城市安全战略是一个巨大的系统工程，由行政首长负责，统一指挥，各部门分工协助，才能达到防灾减灾及城市安全的目标。

第2章

城市和建筑防洪

2.1 洪水、洪灾的基本概念

2.1.1 洪水及其特征

所谓洪水，是指河流因大雨或融雪而引起的暴涨的水流，也可以说是河流中在较短时间内发生的水位明显升高的大流量水流。

河流某断面洪水从起涨至峰顶到退落的整个过程称为一场洪水。定量描述一场洪水的指标很多：洪峰流量与满峰水位，洪水总量与时段洪量，洪水过程线，洪水历时与传播时间，洪水频率与重现期，洪水强度与等级等。由于洪水具有起涨的特征；洪峰流量和洪峰水位是洪水的两个以量值表示的特征值；洪水过程线和洪水总量表示洪水的整个过程及其总量情况。在水文学中，常将洪峰流量（或洪峰水位）、洪水总量、洪水历时（或洪水过程线）称之为洪水三要素。由于洪水具有很大的自然破坏力。因此，我们必须研究洪水特性，掌握其发生与发展规律，积极采取防治措施，把洪水造成的损失降到最低限度。

2.1.2 洪水的分类

洪水按其成因和地理位置的不同，可分为暴雨洪水、融雪洪水、冰凌洪水、山洪以及溃坝洪水等。海啸和风暴潮也会引发洪水，造成严重的灾害。

1）暴雨洪水

暴雨洪水系由暴雨通过产流、汇流在河道中形成的洪水。

暴雨洪水是最常见、威胁最大的洪水。中国是多暴雨的国家，暴雨洪水的发生很频繁，造成的灾害也很严重。因此，研究暴雨洪水的特性及其规律，采取有效的防洪措施，最大限度地缩小洪水灾害，是研究暴雨洪水最主要的目的。影响暴雨洪水形成的因素众多，有产生暴雨的天气形势、暴雨特性，如暴雨量、暴雨强度及范围、暴雨移动途径等；下垫面条件，如地形、地质、土壤、植被及河网特征等。

2）融雪洪水

融雪洪水系由流域内积雪（冰）融化形成的洪水。高寒积雪地区，当气温回升至0℃以上，积雪融化，形成融雪洪水。若此时有降雨发生，则形成雨雪混合洪水。融雪洪水主要发生在严重积雪或冰川发育的地区。

3）冰凌洪水

冰凌洪水系由河川中因冰凌阻塞和河槽蓄水量下泄而引起显著的涨水现象。冰凌洪水又称凌汛，它是热力、动力、河道形成等要素综合因素作用的结果。按洪水成因，冰凌洪水又可分为冰塞洪水、冰坝洪水和融冰洪水3种。

冰塞洪水：河流封冻后，冰盖下面冰花、碎冰大量堆积，阻塞部分过水断面，造成上游河段水位显著壅高。当冰塞融解时，蓄水下汇形成洪水过程。冰塞常发生在水面比降由陡变缓的河段，大量的冰花、碎冰向下游流动，当冰盖前缘处的流速大于冰花下潜流速时，冰花、碎冰下潜并堆积于冰盖下面形成冰塞。

冰塞洪水往往淹没两岸滩区的土地和村庄，甚至引起大堤决溢。例如，1982年1月黄河龙口到河曲河段发生的大型冰塞，长30km，最大冰花厚度9.3m，壅高水位超过历史最高洪水位2m多，局部河段高出4m以上，给当地工农业生产造成重大损失。

冰坝洪水：大量流冰在河道内受阻，冰块上下插，堆积成横跨断面的坝状冰体，严重阻塞过水断面，使冰坝的上游水位显著壅高，当冰坝突然破坏时，槽蓄水量迅速下泄，形成冰峰向下游演进。

冰坝洪水多发生在由南向北流的河段内。下游河段纬度高，封冻早、解冻晚、封冻历时长、冰盖厚；上游河段纬度低，封冻晚、封冻历时短、冰盖薄，当河段气温突然升高，或上游流量突然增大，迫使冰盖破裂形成开河时，上游来水加上区间槽蓄水量携带大量冰块向下游流动。但下游河段往往处于固封状态，阻止冰水下泄，形成冰坝，使冰坝的上游水位迅速壅高，冰坝下游水位明显下降。冰坝的形成和破坏阶段往往造成冰害，轻则冰水撞毁水工建筑物，淹没滩区土地、村庄，重则大堤决溢，造成损失。据不完全统计，黄河下游1875~1938年的63年中，因凌汛决口就有24次，平均两年多决口一次。松花江在1981年开江期，仅依

兰至富锦的365km江段，就有冰坝16处，冰坝高度达6~13m之多。

冰坝洪水形成的主要条件是：①上游河段有足够数量和强度的冰量；②具有输送大量冰块的水流条件；③下游有阻止大量流冰的边界条件，如河道比降由陡变缓处，水库回水末端，河流入湖、入海口地区，河流急弯段，稳定封冻河段及有冰塞的河段等。

冰坝洪水明显的特点：①流量不大、水位高。冰凌使水流受阻，流速减小，尤其是卡冰结坝使水位壅高，使河道水位在相同流通量时比无冰期高得多。②凌峰流量沿程递增。因为封冻后河槽阻拦部分来水，河槽蓄水量不断增加，开河时，急剧释放出来，向下游演进，沿途冰水越集越多，形成越来越大的凌峰。③冰坝上游水位上涨幅度大、涨率快。当下游过水断面被冰坝严重堵塞后，由于上游冰水齐下，来势凶猛。

融冰洪水：系封冻河流或河段主要因热力作用冰盖逐渐融解，河槽蓄水下汇而形成的洪水。融冰洪水来势平稳，凌峰流量较小。

4）山洪

山洪系由流速大、过程短暂、挟带大量泥沙和石块、突然暴发的破坏力很大的小面积山区水流形成的洪水。山洪主要由强度很大的暴雨、融雪在一定的地形、地质、地貌条件下形成。在相同暴雨、融雪条件下，地面坡度愈陡，表层物质愈疏松，植被愈差，就愈易于形成山洪。由于山洪具有突发、时间短促、破坏力很强等特点，山洪的防治已成为当前许多国家防灾的一项重要内容。

山洪的分类：山洪按径流物质和运动形

态，可分为普通山洪和泥石流山洪两大类。普通山洪以水文气象为发生条件，在遇到暴雨和急剧升温情况下，易于形成暴雨山洪、融雪山洪或雨雪混合山洪。这种山洪的泥石含量相对较少，其容量一般小于 1.3t/m³；流速很大，有时高达 5~10m/s，甚至更高。它对河槽的冲蚀作用很强，基本上不发生河槽沉积。以裸露基岩为主的石山区，最易于发生这种山洪。泥石流山洪作为一种特殊形态，除水文气象因素外，还需要表层地质疏松为条件。从力学观点区分，泥石流有重力类泥石流和水动力类泥石流两种主要类型。重力类泥石流是坡面上松散的土石堆积物发生失稳和突然运动的现象。雨水侵入虽为主要原因，但它不一定与洪水同步发生，其运动范围亦较小。水动力类泥石流发生于暴雨期间，与洪水同步发生，称泥石流山洪。泥石流山洪的泥石含量很高，容量一般为 1.3（稀性泥石流）~1.5（稠性泥石流）t/m³，甚至超过 2t/m³。在黄土山区，由于岩石很少，则常形成泥流山洪。泥石流的流速，一般较普通山洪为低，在发展过程中，常伴有冲蚀和沉积两种作用。在峡谷河槽和涨水过程中，冲蚀作用明显；在河槽展宽地带和落水过程中，沉积作用明显；特别是在河口处，常有巨量沉积物堆积，有的形成石海，最大石块达数十到数百吨。山洪尤其是泥石流山洪，冲毁农田、林木、村镇、铁路、桥梁，并淤堵河川，可造成极为严重的灾害。

山洪的分布：山洪多发生在温带和半干旱地带的山区。那里往往暴雨强烈，表层地质疏松且植被较差，为山洪的形成提供了条件。我国山洪分布很广，除干旱地区以外的山区均有发生，尤以淮河、海河和辽河流域的山区最为强烈。泥石流山洪主要分布在西南、西北和华北山区，其他地区也有零星分布。

5）溃坝洪水

溃坝洪水系由坝失事、堤决口或冰坝溃决造成的洪水。溃坝洪水具有突发性和来势凶猛的特点，对下游工农业生产、交通运输及人民生命财产威胁很大。工程设计和运行时，需要预估万一大坝失事对下游的影响，以便采取必要的应急措施。

溃坝原因可归纳为 5 种：①自然力的破坏，如超标准大洪水、强烈地震及库岸滑坡；②大坝设计标准偏低，泄洪设备不足；③坝基处理和施工质量差；④运行管理不当，盲目蓄水或电源、通信故障等；⑤军事破坏。其中超标准洪水及基础处理问题是溃坝的主要原因。

坝的溃决，按溃决的范围分为全溃和局部溃两类，按溃坝过程分瞬时溃与逐渐溃，组合成 4 种情况。具体一个坝的可能溃决情况与坝型、库容、壅水高度和溃坝原因有关。混凝土坝溃决时间很短，可认为是瞬时溃。土石坝溃决有个冲刷过程，有的长达数小时，为逐渐溃。拱坝溃决一般为全溃或某高程以上溃决，如法国的马尔帕塞拱坝。重力坝失事为一个坝段或几个坝段向下游滑动，如美国的圣弗良西斯重力坝。峡谷中的土石坝溃决可能全溃，如中国的石漫滩水库大坝；丘陵区河谷较宽，土坝较长，多为局部溃，如美国的提堂坝和中国的板桥水库大坝。

6）海啸

海啸系由海底地震、海底火山爆发或大规模海底塌陷和滑坡造成的沿海地区水面突发性巨大涨落现象。在海岸地带因山崩、滑坡等使大量的土砂、砾岩倾泻入海，也会引起海啸。

海啸为长波，在大洋中传播时，波高一般不大，但波长可达数百千米，周期 20~80min。海水运动几乎可以从海面传播到海底附近，具有很大的能量，传播速度可达 500km/h，能传播很远距离。海啸在向大陆沿岸方向传播时，由于水深逐渐变浅，传播速度虽有所减缓，但因能量集中，使波高急剧增大而成海啸巨浪，高度可达 10~20m，给沿海工程建设和人民生命财产造成巨大的灾害。根据海啸巨浪资料记载，历史上太平洋地壳为海啸多发的海域，世界上 70% 左右的海啸都发生在这个地区。

7）风暴潮

风暴潮系由气压、大风等气象因素急剧变化造成的沿海海面或河口水位的异常升降现象。风暴潮是一种气象潮，由此引起的水位升高称为增水，水位降低称为减水。风暴潮可分为两类：一类是由热带气旋引起的；另一类是由温带气旋引起的。在热带气旋通过的途径中均可见到气旋引起的风暴潮，而且大多发生在夏、秋两季，称为台风风暴潮。温带气旋所引起的风暴潮在沿海各地都可能发生，且主要发生在冬春两季。这两类风暴潮的差异是：前者的特点是水位的变化急剧，而后者是水位变化较为缓慢，但持续时间较长。这是由于热带气旋较温带气旋移动得快，而且风和气压的变化也往往急剧的缘故。

2.1.3　洪灾及其类型

1）洪水

洪水并不一定产生灾害。古埃及尼罗河定期的泛滥，给埃及人带来尼罗河三角洲的沃土和丰饶的收成，古埃及人观测天象，推算尼罗河泛滥的准确时间，在此前迁居高地和堤上，迎接尼罗河洪水的到来。尼罗河洪水是地球母亲对古埃及人的赠礼。而中国的黄河情况则大不一样，古黄河除了滋润两岸土地，有给水、航行等利益之外，还常常泛滥、决溢，给流域百姓带来严重的灾害。

西方一些发达国家的河流在汛期洪水泛滥，会淹没两岸一些土地，这些国家为了避免洪水成灾，立法不许在洪水淹没线之下建房和种植，这样，这些河流的洪水并不一定造成洪灾。

由以上例子可知，自然界的洪水只有在危害人类和社会时，我们才称之为洪灾。即洪水灾害具有自然和社会双重属性，它们都是灾害的木质属性，缺一不称其为灾害。

2）洪灾类型

洪水灾害是一种自然灾害，按洪灾成因可分 5 类：暴雨洪灾、冰凌融雪洪灾、风暴潮灾害、海啸灾害和溃坝洪灾。

（1）暴雨洪灾　暴雨洪灾系由暴雨造成的洪水灾害。例如 1975 年 8 月淮河特大暴雨，造成水库失事、堤防漫决、铁路中断、水系串流，成为淮河历史上罕见的洪灾；1931 年、1954 年、1998 年长江流域持续暴雨，干支流洪水遭遇，致使中下游平原地区发生严重洪涝灾害，造成极严重的人员和财产损失。

（2）冰凌融雪洪灾　冰凌融雪洪灾系由积雪融化形成的雪洪与冰凌造成的洪水灾害。在世界中高纬度地区和高山地区的河川中，都有积雪融化形成的雪洪与冰凌对水流构成阻力而引起的洪水上涨灾害。如我国东北与西北地区的河流，俄罗斯及其邻国、北欧、北美北部、南美西南部等的河流。我国黄河下游 1929 年 2 月在山东省利津县扈家滩因冰凌洪水与冰坝堵塞，河道决口淹没利津、沾化两个县的 60 多个村庄。

（3）风暴潮灾害　风暴潮灾害系由风暴潮登陆引起的灾害。在世界海洋沿岸的国家多风暴潮灾害。如我国，海岸线长达 18000 多公里，风暴潮灾害极为严重，台风在沿海登陆平均每年 9 次之多。在渤海湾与黄海沿岸北部，春秋过渡季节有寒潮大风，均可引起风暴潮。1895 年 4 月 28~29 日渤海湾被风暴潮袭击，大沽口建筑物几乎全毁，整个地区成为泽国，死亡 2000 多人。在太平洋、大西洋、印度洋等沿海国家的港湾，亦常有风暴潮的灾害，如 1970 年 11 月 13 日孟加拉湾风暴潮，夺去万人生命，100 万人无家可归。

（4）海啸灾害　海啸灾害系由海底地震或近海域火山爆发等使海洋水体扰动引起重力波造成的灾害。重力波速可达 500~700km/h，在近海或海湾波峰壅高可达 20~30m，具有极大的破坏力。如 1883 年 9 月 27 日印度尼西亚的喀拉喀托火山爆发引起的海啸，波高 30.6m，使马拉克市 3.6 万人丧生。2004 年 12 月 26 日印度洋海啸，造成印度尼西亚、泰国、印度、斯里兰卡等沿岸国家 20 多万人死亡，百万人无家可归。

（5）溃坝洪灾　溃坝洪灾系蓄水坝体溃决发生水体突然泄放而造成的洪灾。这种洪灾往往难以预测。溃坝洪水以立波形式推进，造成毁灭性灾害。如 1889 年震惊美国的约翰斯顿溃坝事件。位于宾夕法尼亚州约翰斯顿市以北 20km 康纳莫夫山谷里的南福克水库，长 5.6km、宽 2km、水深 30m，库坝由黄土建成，坝长 300m，高 33m，底部厚 30m，坝顶宽 6m。水库归国家渔猎俱乐部所有，负责人是工程承包商布卡·拉夫。为了防止鱼虾流失，他命令工人堵塞大坝底部的泄洪闸，这样上涨的水只能通过坝顶部的渡槽排出。1889 年 5 月 31 日中午，20min 暴雨使水库水位上涨 7.6cm。下午 3 时许，大坝开始溃决，37m 高的浪头以 80km/h 的速度奔腾而下，洪水所到之处，一切全被摧毁。这场洪水共造成 7000 人死亡，经济损失 1200 万美元。居住着 1.2 万人的约翰斯顿城是这次洪水淹没的最大城市。洪水过后，该城有数百人精神错乱。

2.2　城市水灾的类型和成因

城市水灾的原因错综复杂，它既受到气候气象、地理地势、河流水情等许多自然因素影响，也受到人类活动即人为因素的影响，因此，研究城市水灾要纳入天、地、生、人灾害大系统之中。从这个大系统出发，城市水灾可以分为自然因素引起的城市水灾、人为因素引起的城市水灾以及自然与人为因素交叉作用引起的城市水灾共三大类型。

2.2.1　自然因素引起的城市水灾

自然因素引起的城市水灾又可以分为城市受过境洪水袭击成灾、城区因暴雨或久雨致涝及洪涝并发三种类型。

1）城市受过境洪水的袭击而成灾

城市受外部即过境洪水袭击成灾又可分为江、河洪水致灾，海潮、风暴潮成灾以及山洪成灾三种类型。

（1）城市受江河洪水袭击成灾

城市受江河洪水袭击成灾在城市水灾中占有相当的比例。例如，武汉市1870年、1931年被淹；哈尔滨市因1932年松花江洪水，受淹约3个月；天津市14世纪以后的400年内，被洪水淹城10余次；安康历史上有16次洪水毁城、灌城之灾，1583年洪水灌城，淹死5000多人，400年后的1983年，又遭洪水灭顶之灾；古都开封曾六次受黄河洪水之淹等等。

（2）城市受海潮、风暴潮袭击成灾

我国江浙一带的沿海城市如杭州、盐官、崇明等，历史上常受海潮袭击而受灾。上海市1040年7月受强风暴袭击，大部分被淹。1922年8月2日，汕头市受台风暴潮袭击，数十万人流离失所。

（3）城市受山洪袭击致灾

山洪引起的城市水灾，中外均不乏其例。1990年6月中旬，湖南省86个县市出现了50~100年一遇的特大暴雨山洪灾害，直接经济损失达23.26亿元。山洪使溆浦县城淹没，有的水深竟达3m，损失惨重。1953年夏，暴风雨袭击日本九州岛最大城市北九州市，山洪暴发，城市沦为泽国，多处滑坡塌屋，导致1014人死亡，2720人受伤。

（4）城市受海啸袭击致灾

火山爆发和地震均可引起海啸。1883年9月27日喀拉喀托火山爆发，引起海啸，浪高达30m，印度尼西亚的马拉克市被卷走，3.6万人丧生。

2）城市因暴雨或久雨致涝

1981年7月12~13日，四川各地连降特大暴雨，成都市区连续降雨量为270.5mm，有273条街道被淹，水深1~2m，全市死亡116人，失踪44人，受伤1080人，直接经济损失2.8亿元。

1981年6月22日下午五时，日本东京因1小时内降雨量达55mm，市内街道成河，有3700户室内浸水，17万户停电，铁路和地铁中断，110万人行动受阻。

2012年7月21日，北京、天津、河北等地出现特大暴雨过程，过程最大点雨量北京房山区河北镇541mm、河北涞源县王安镇349mm。受特大暴雨影响，大清河水系拒马河发生1963年以来最大洪水，张坊水文站洪峰流量2500m³/s，列1952年有实测记录以来第3位；北运河北关闸洪峰流量1590m³/s，为1949年有实测记录以来最大洪水；滦河支流河蓝旗营水文站洪峰流量1890m³/s，列1959年有实测记录以来第4位。北京、天津、河北3省（直辖市）62县（市、区）遭受洪涝灾害，受灾人口540万人，因灾死亡115人、失踪16人（其中北京死亡79人，河北死亡36人、失踪16人），农作物受灾面积530千公顷，倒塌房屋3万间，损坏水库50座、堤防3427处1032公里、护岸2565处、水闸1053处，北京市区形成积水点426处，天津中心城区形成积水点10处，河北9座城市的低洼地区积水受淹，直接经济损失331亿元。

3）洪涝并发的城市水灾

明清北京城在明嘉靖二十五年（1546年）、

万历三十二年（1604年）、三十五年（1607年）、天启六年（1626年）和清嘉庆六年（1801年）、光绪十六年（1890年），由于永定河洪水逼城，只好关闭城门和水关，城内渍水难以排泄，造成外洪内涝的严重局面。

武汉市1980年在长江高水位期间，内涝积水89处，面积共21km^2，有的地方积水长达两月之久。

地处河口的城市，在洪水季节遇上大潮，江河将达高水位，城区如有暴雨，受江河高水位顶托无法外排，往往造成城区严重的内涝。广州1959年6月的水患属此类型。当时水位达2.24m，472条街道受淹，面积达0.3km^2，水深由0.15~0.6m不等，受影响的居民达28.2万人。有165家工厂受浸，其中123家停工，造成严重的损失。

2007年7月16~18日，重庆市发生了一次强降雨过程，主城区24小时降雨量高达267毫米，沙坪坝区陈家桥24小时最大降雨量达350mm，均为有气象记录115年以来的最高纪录。陈家桥48小时降雨量高达408mm。受强降雨影响，壁南河等部分中小河流发生超过保证水位的洪水，主城区和一些村镇进水受淹，大量水利和城市基础设施毁坏。此次特大暴雨造成农作物受灾面积200.10千公顷，其中成灾117.40千公顷，受灾人口643.0万人，因灾死亡56人，失踪6人，倒塌房屋3.0万间，直接经济总损失31.3亿元。

2013年5月15~17日，广东省发生大范围强降雨过程，清远、韶关、广州、河源等地出现超100年一遇特大暴雨，累计降雨量超过100mm的笼罩面积3.34万km^2，超过

200mm的笼罩面积0.66万km^2，累计过程最大点雨量英德市新建电站417mm、佛冈县桂田村站408.5mm。北江中游支流潖江发生100年一遇特大洪水，滃江发生超20年一遇大洪水。广州、韶关、清远、揭阳、云浮等9市35县（市、区）286乡（镇）受灾，受灾人口125.57万人，因灾死亡39人、失踪7人，农作物受灾面积79.86千公顷，倒塌房屋0.95万间，直接经济损失33.58亿元。

2.2.2 人为因素引起的城市水灾

人为因素引起的城市水灾分为水攻引起的和大坝溃决引起的两类。

1）水攻引起的城市水灾

水攻，就是以水作为战争中向对方进攻的武器和手段。自我国春秋时期起，就出现了决水灌城或筑堤堰引水灌城的战例。公元前279年，秦将白起筑堤引水灌楚国鄢城，"水溃城东北角，百姓随水流死于城东者数十万，城东皆臭。"自春秋历战国直至明清、民国，水攻战例屡见不鲜。明崇祯十五年（1642年）因人工决堤，黄河水灌开封城，全城淹没，34万人丧生。在吴庆洲著《中国军事建筑艺术》一书中，就统计了我国历史上水攻战例40多起。

2）人为因素造成大坝溃决引起的城市水灾

大坝溃决并非罕见。据世界范围的统计，12世纪至今，世界上约发生过2000个大坝事故，但其中多不是大型的大坝。1900~1965年，世界上有163个著名的大坝破坏，造成重大损失。

大坝溃决的原因有多种，可以归纳为两类，

一类为自然力的破坏，如超标准的特大洪水、强烈地震及库岸滑坡等；另一类是由人为因素引起的破坏，如大坝设计标准偏低、泄洪设备不足，坝基处理和施工质量差，运行管理不当，盲目蓄水，电源、通信故障，或军事破坏等。这里指的是主要由人为因素引起的大坝溃决所造成的城市水灾。

1979年8月11日，印度古吉拉特邦大暴雨，马丘河二号大坝快要漫顶，但自动泄洪闸闸门生锈，无法启动泄洪。管理员忙拉汽笛示警，但汽笛又因断电拉不响。洪水漫顶，大坝崩塌。洪水从22.8m高的坝顶冲下，毁坏了离大坝6英里的莫尔维市以及68个村庄，仅莫尔维市死亡人数就超过3.7万人，直接经济损失达1.3亿美元。

2.2.3 自然与人为因素交叉引起的城市水灾

在自然与人为因素交叉引起的城市水灾中，我们要特别注意人为因素如何埋下了城市水灾的隐患，或如何加重了灾情。

1）城市或新城区选址不当

如果城市或新城区选址于易受洪水威胁之地，就埋下了洪灾的隐患。四川金堂县城，原设在城厢镇，1952年迁往三条河流汇合处地势低洼的赵镇，几乎年年都受洪水威胁。1981年水灾中，城内街道水深5~6m，被淹没两天两夜。1987年8月又被淹2次，水深10多米。

1956年12月安徽梅山水库建成蓄洪后，金寨县旧城淹没于水库中，当时将新县城建于水库下游1km处的梅山镇，新城址选点不当，"头顶一盆水"，致使以后梅山水库每次泄洪，县城都要造成很大损失。1991年7月因暴雨后水库水位猛涨，超过汛限水位10.49m，水库泄洪，县城大部分被淹，直接经济损失达1亿元。

2）城市防洪堤防标准偏低

我国城市防洪堤防标准普遍偏低，许多大城市和特大城市如武汉、合肥等防洪标准均不到百年一遇，低于国外城市防洪标准（瑞士：100~500年一遇；美国密西西比河：100~500年一遇；波兰大城市：1000年一遇）甚多，这对防御洪灾显然是极不利的。

3）仍然有效的古城防洪设施被毁

四川富顺古城，清代为防洪修建有城堤、耳城、关刀堤等，1958年后，城堤和耳城被毁，从而在1981年水灾中增加了损失。

女康占城在清代修了一条万柳堤，作为百姓避水逃生之路。1958年该堤被毁，使1983年特大洪灾中，加重了生命财产的损失。

4）原城址的防洪屏障被毁

四川富顺县城和合川县的太和镇上游分别有一道天然岩石伸入江中，成为城址的天然防洪屏障，减少了洪水对城址的冲刷，后来这两道岩石分别因采石和修公路被毁，使两城在1981年水灾中损失更加严重。

5）城市防洪堤管理不善

四川射洪县城，1951年建了防洪堤，由于管理不善，堤身破坏严重，1981年洪水溃堤80多米，致全城被淹。

6）填占行洪河道，影响行洪

四川旺苍、永川、荣昌等县城，因建筑物挤占河床或工厂矿渣淤塞河道，影响行洪，而在 1981 年水灾中加重灾情。

金寨县城梅山镇，一些工厂、仓库、建筑将按规划应宽 250m 的河宽侵占至只有 160m 宽，行洪不畅，一遇暴雨，即可能受淹。

7）都市化洪水效应的影响

都市化使天然流域迅速变化，原植被和土壤被用于城市建设，使天然流域透水面积变为人工建筑不透水面积，使大部分的降雨形成地面径流。都市流域的地面水流和下水道管网汇流的速度较快，且因市区新建成或经整治的河道糙率低，使整个汇流过程大大加快。因此，都市化后，由于流域下垫面条件的改变，使暴雨洪水的洪量增加，流量增大，峰现时间提前，洪水涨落过程加快，这就是都市化洪水效应的主要特征。它使原排水排洪系统能力偏小，从而加重了市区洪涝灾害。

8）城市水系的破坏和水体的消失

我国古城一般都有各自的城市水系，它有供水、交通运输、防火、调蓄、排水等十大功用，被誉为"古城的血脉。"因对其功用缺乏认识，近现代世界各国的城市都曾有填河池修房筑路之事，泰国曼谷因填河而产生渍水之患。成都逐年填塞了 1000 多口水塘和一些沟渠，包括有一千多年历史的城区排洪干渠金水河，从而在 1981 年洪灾中加重了灾情。城市水系的破坏和水体的消失，是城市内涝的重要人为因素。

9）超量开采地下水，造成地面沉降

超量开采地下水引起地面沉降主要发生在平原区。上海、苏州、无锡、常州、天津等都有此问题。其中，常州市地面下降 0.7m，塘沽附近 1959~1985 年间平均每年达 94mm，

阜阳市更为严重，1987 年为 277mm，现平均每年达 453mm。无疑，地面下沉将增加洪涝灾害对城市的威胁。

10）缺少万一洪水灌城的减灾对策

城市建堤设防，即使标准较高，仍有可能出现超标准洪水漫顶或破堤灌城。安康城洪灾就是一个惨痛的教训。应考虑到这一种可能性并采取相应的减灾对策。

11）生命线基础设施的防洪保障能力偏低

生命线基础设施如给水、排水、医疗、供电、通信等系统缺乏足够的保障能力。1991 年四川洪灾暴露了这一问题，由于重庆至合川的高压线被淹，使合川县城断电而加重了灾情。1988 年广西洪灾中，柳州与暴雨中心的融安、融水一带的电信全部中断，而影响了防洪抢险工作。

12）未规划建设安全避水的桥路系统

1981 年四川洪灾中，通往重庆北碚区的三座大桥和三个隧道被淹，使北碚成为洪水中的孤岛。1991 年华东水灾中，苏州、无锡、常州、南京等城市都曾因水淹造成一度或数天交通中断，常州市 2.7 万户居民被水围困，都充分说明了建设安全避水的桥路系统的必要性。

13）建筑未采用适洪工程技术措施

我国历次洪灾中，都有许多房屋因受淹而毁坏倒塌，成为灾害损失中的一个重要组成部分。

1991 年夏季特大洪涝灾害中，损坏房屋 605 万间，倒塌房屋 291 万间。其中，有相当一部分数目属城市房屋，如果采用一定的工程技术措施，使建筑在洪水中淹而不倒，则可以大大减少洪灾损失。

2.3　城市防洪规划

我国有一百多座大中城市，50%的人口和70%的工农业产值集中在全国七大河流中下游及东南滨海河流不足8万 km² 的土地上。随着我国经济社会的不断发展，城市的地位和作用越来越显著，其防洪安全问题也日渐突出。要以江河防洪规划和城市总体规划为依据，提出城市近期及中、长期的防洪目标，编制与完善城市防洪规划。

2.3.1　城市防洪特点

城市是流域内一个点，范围小，涉及面广，防洪标准要求高。城市所在具体位置不同，防洪特性各异。

（1）沿河流兴建的城市，主要受河流洪水如暴雨洪水、融雪洪水、冰凌汛水以及溃坝洪水的威胁；

（2）地势低平有堤围防护的城市，除河、湖洪水外，还有市区暴雨涝水与洪涝遭遇的影响；

（3）位居海滨或河口的城市，有潮汐、风暴潮、地震海啸、河口洪水等产生的增水问题；

（4）依山傍水的城市，除河流洪水外，还有山洪、山体塌滑或泥石流等危害。中国城市防洪主要由水利部门负责，也涉及城市建设、航运交通、人防及其他厂矿部门。

2.3.2　城市防洪规划的任务与原则

1）规划任务

根据城市社会经济的发展状况，结合城市总体规划及城市河道水系的流域总体规划、城市河道的治理开发现状，分析、计算规划城市所在水系的现有防洪能力，调查、研究历史洪水灾害及其成因，按照统筹兼顾、全面规划、综合利用水资源和保证城市安全的原则，根据防护对象的重要性，结合现实的可能性，将洪水对城市的危害程度降低到防洪标准范围以内。具体而言，有以下几项主要任务：

（1）确定城市防洪、治涝标准。

（2）研究蓄、滞、泄的关系，选择防洪、治涝方案，拟定工程措施。

（3）阐明工程效益。

（4）确定近期工程和远期建设计划。

2）规划原则

（1）城市防洪规划应以城市所在的江河流域防洪规划及城市总体规划为依据，并纳入城市总体规划之中。在规划编制和审查过程中，要听取防汛、城市规划、建设、水利等部门的意见。防洪工程设施布局应与流域规划、总体规划及市政工程建设相协调，且尽量与环境美化相结合。

（2）城市防洪规划必须明确规划水平年，并与流域规划水平年和城市总体规划年限相一致。

（3）城市防洪规划必须贯彻国家的建设方针，因地制宜、统筹兼顾、防治结合、预防为主，处理好需要与可能、近期与远景、防洪与排涝、防洪与城市建设等各方面关系，并认真贯彻国家环境保护法的有关规定，注重研究防洪设施对城区生态环境的影响。

（4）城市防洪规划应积极采用新理论、新技术，使工程安全可靠、经济合理、造型美观。

（5）城市防洪规划应根据城市大小及其重

要性，在充分分析防洪工程效益的基础上合理选定城市防洪标准，对重要城市的超标特大洪水要作出对策性防护方案。

（6）城市防洪规划要注重城市防洪工程措施综合效能，充分协调好城市防洪工程与城市市政建设、涉水交通建设以及滨水景观建设的关系。

（7）工程措施与非工程措施相结合。防洪工程耗资很大，并需占用大片土地，而开展土地利用规划与分区、制订和颁布建筑物防洪法规以及容易受洪影响的建筑物的迁移等防洪非工程性措施则可用较少的投资。因此，在防洪规划中应注意节约城市用地，要慎重研究河滩地的利用，使两者相结合，达到优化防洪系统的目的。

（8）城市防洪规划要除害与兴利相结合，注重雨洪利用，削减或控制城市暴雨所产生的径流和污染，全面考虑经济、社会、环境三大效益的相互协调。

2.3.3　城市防洪规划的内容与程序

城市防洪规划是统筹安排各种预防和减轻洪水对城市造成灾害的工程或非工程措施的专项规划。它包括防山洪、海潮和排涝等方面内容。当城市防洪规划作为一个章节纳入城市总体规划时，其确定防洪标准、防洪措施以及近、远期建设计划等主要内容应随之列入其中。

1）调查研究

主要进行以下 6 方面的工作：

（1）收集、分析流域与保护区的自然地理、工程地质条件和水文气象与洪水资料。

（2）了解历史洪水灾害的成因与损失。

（3）了解城市社会经济现状与未来发展状况。

（4）摸清城市现有防洪设施与防洪标准。

（5）广泛收集各方面对城市防洪的要求。

（6）编制城市洪涝风险图（图 2-1）。

城市洪涝风险图是城市防洪除涝规划的重要组成部分，风险图应在地形图上标志达到或超出城市防洪标准的不同设计频率洪水和超标准暴雨的淹没范围、水位分布以及可能形成的行洪道等，划定不同淹没水深的风险级别，并附加水利工程设施，排涝站分布、重点防洪单位、避难场所分布、人口资产分布等各种相关信息。根据洪涝风险图，在洪涝灾害高风险区，政府应有计划的禁止大型工矿企业、高密度人口集中场所的建立，在洪涝灾害相对风险较低的地区，应引导社会保险参与洪水保险，以分担洪涝灾害发生后的损失。在编制详细专业的城市洪涝灾害风险图的同时，还应编制面向社会大众的浅显易懂的洪涝风险图，并在全社会宣传普及，使社会大众面对洪涝灾害风险可以自觉地趋利避害。

2）城市防洪、治涝水文分析计算

（1）有关流域特征和暴雨洪水资料的分析整理

①应摸清工程地点近一二百年间发生的特大和大洪水情况，如水情、雨情、洪痕位置、发生时间、河道变迁及过水断面的变化，对历史洪水力求定量，并确定重现期。

②对筑堤河段应进行归槽流量及壅水、降水曲线计算，并绘制水面线图。

③防洪控制断面必须有水位—流量关系观测资料，如无实测资料应采用多种方式进行分

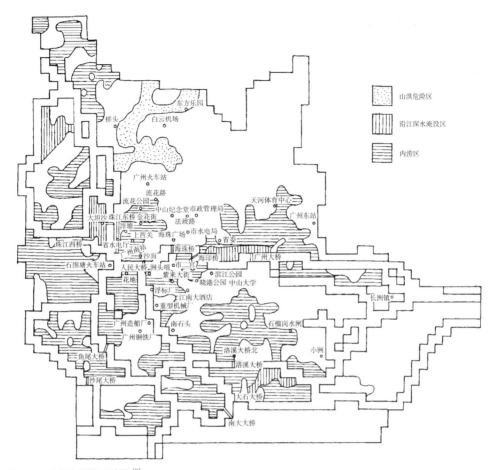

图例中标注：
山洪危险区
沿江深水淹没区
内涝区

图 2-1　广州市洪涝风险图[8]

析计算，制定水位流量关系曲线，同时设置专用水文站或水位站，用实测成果供下阶段设计时修正水位流量关系曲线。

（2）设计洪水的计算

包括代表站、参证站及控制断面设计洪水分析计算。如采用水库拦洪，还需进行水库设计、洪水区间设计、洪水分析计算（它需要有设计洪水过程线，应选择 3 个以上对工程较为不利的实测典型年，分析、计算并放大其设计洪水过程线，供调洪计算选用）。具体计算应按有关规定进行。

（3）涝区设计洪水的计算

城市涝区一般缺乏内涝洪水观测资料，可采用设计暴雨来推求设计洪水，但要充分考虑城市产流区汇流条件和特点，合理确定参数。暴雨资料短缺的地方，可用附近水文站或气象站的雨量频率计算，也可用暴雨量等值图取集雨区中心点雨量值作为代表。设计洪水可用推理公式、经验公式计算，并用概化过程线等方法推求洪水过程线。

（4）排涝泵设计扬程的确定

①直接选用外江设计水位减去内涝淹没限制水位；

②采用历年外江最高水位的多年平均值减去内涝起调水位（或相应外江常年水位，或两年一遇水位）。

3）城市防洪规划

（1）防洪标准

防洪标准应严格按照《防洪标准》GB 50201—2014执行。除与城市规模、社会经济地位和城市洪灾类型组合相关外，还与城市历史洪灾成因，自然、技术经济条件与流域规划有关，需要综合统筹考虑，科学合理确定。城市因受山地或河流自然地形分隔为若干设防分区时，可根据各防护区的重要性选用不同的防洪标准。

（2）城市防洪保护范围

城市防洪保护范围的划定，不能只考虑现状，应该充分考虑城市的发展情况，必须与城市发展规划衔接和协调。城市发展规划亦应充分考虑城市防洪规划的可实施性。

如城市发展建设用地选择必须避开洪涝、泥石流灾害高风险区域。城市发展用地布局应按"高地高用、低地低用"的用地原则，城市防洪安全性较高的地区应在城市发展建设中布置城市中心区、居住区、重要的工业仓储区及重要设施；城市易涝低地可用作生态湿地、公园绿地、广场、运动场等；城市发展用地布局必须满足行洪需要，留出行洪通道，还应加强自然水系保护，禁止随意缩小河道过水断面，并保持必要的水面率。

（3）堤防工程

①堤线布置必须上下游、左右岸统筹兼顾，堤线距岸边的距离在城市用地较紧的情况下，以堤防工程外坡脚距岸边不小于10m为宜，且要求顺直，并沿地势较高、房屋拆迁量较少的地方布置。

②堤防工程布置要结合其他专业规划，并考虑路堤结合、防洪抢险交通的需要以及城市绿化要求。

③各堤段的堤型应根据地形地质条件、建筑材料、房屋拆迁量和城市美化要求统一考虑，因地制宜、合理选择。

④防洪堤工程应与排涝工程、排污工程、交通闸、下河码头等交叉建筑物及管理维修道统一考虑。

⑤堤防工程应根据工程安全需要和城市美化要求，在河边岸坡设置必要的护岸工程。

⑥防洪堤的断面尺寸和各项设施的规模应按有关规范计算确定，或参照类似工程确定。堤防工程计算工程量控制断面间距在50m左右。

（4）河道整治工程

应根据沿河的地质条件、河势和水情等因素研究河槽的稳定性和整治后可能在防洪、排涝、供水等方面对上下游、左右岸的影响，并有处理措施—清除河道淤积物和障碍物。对重大的整治工程，应研究其施工条件。整治的目的是为了增加过水能力，降低洪水位，减少洪水泛滥的程度和机率。提高河道过水能力的办法是加大河槽断面，具体工程措施有裁弯取直、河岸线修平、挖泥疏浚（挖槽）等。

（5）减河工程

即在城市主要行洪河道的上游开挖绕城而过的分洪河道，减少通过城市河道的洪水流量。它对降低通过城区的洪水流量、简化城区防洪措施、减少城区防洪用地，具有比较好的效果。

（6）水库蓄洪、滞洪工程

水库工程多在山区或丘陵区修建，通常选择库容大、坝线短、施工方便、淹没损失小的山谷作为水库坝址。利用水库蓄洪、滞洪，所需防洪库容应经多方案比较，合理选定，其具体规划内容和要求应按照《水利水电工程水利动能设计规范》NB/T 35061—2015执行。由于城市上游的水库蓄滞洪工程同时给城市造成溃坝威胁，其防洪标准一定要慎重研究。

（7）低洼区分洪、滞洪工程

可根据有关规程，编写利用低洼区分洪、滞洪工程的规划大纲，上报主管部门审批后执行。同时，为确保分洪、滞洪区内的防洪安全，还要修建安全区、安全台及交通通信系统。

（8）非工程防洪措施

非工程防洪措施内容包括：洪泛区和蓄滞洪区内的建筑物使用、管理及宣传，洪灾区内土地的防洪措施，政府对洪灾区的政策，强制性的防洪保险、洪灾救济，洪水预报警报及紧急撤退措施等。

（9）行洪河道清障

调查行洪河道阻水物，对主要阻水物进行泄洪能力影响方面的计算，并研究清障原则，提出处理方案及措施。

（10）对重要城市或防洪区的超标洪水提出应急措施。

4）技术经济分析

（1）工程投资和年运行费用

①工程投资是指达到设计效益所需的全部国民投资，包括国家和集体、群众以各种方式投入的一切费用。它可分为以下几项：

主体和附属工程投资；挖压占地和移民搬迁的费用；处理工程不利影响以及保护和改进生态环境的费用；规划、勘测、设计、科研等前期费用；应对防洪、治涝工程分别进行投资估算。

推荐的近期工程应按概算定额计算，其他可按扩大指标或近年设计的类似工程单价估算，但应认真分析研究，尽量接近实际。此外，还要初拟施工年限，粗估分年度的投资安排。

②应根据地形、地质条件与施工要求初拟工程布置、建筑物形式、主要尺寸，并据此进行主要建筑物的工程量计算。一般建筑物及临时工程的工程量可根据类似的已建或设计的工程进行估算。

③按有关规定计算年运行费用（可按扩大指标进行估算）。

（2）效益和经济评价

①防洪、治涝工程一般应计算设计年和多年平均两项效益指标，必要时还应计算特大洪、涝年的效益。

②防洪、治涝经济效益通常指工程实施后可以减免的国民经济损失，包括：

涝区农、林、牧、副、渔等类用地的损失；国家、集体和个人房屋、设施、物资等财产损失；工矿停产、商业停业和交通中断的损失；防汛、抢险费用；修复洪水毁坏的工程和恢复交通、工农业生产等费用；受洪水影响的其他间接损失。

应根据上述这些项目，经调查、收集资料并整理、分析，编制地势高程与损失关系曲线。

③防洪、治涝工程的经济使用年限，土建

工程 50 年、机电设备 25 年，经济分析中的经济报酬率采用 7%。

④经济效益和经济评价是研究工程建设是否可行的前提，是从经济上对工程方案选优的依据，必须实事求是，重视调查研究。具体计算应按水利部颁发的《水利经济计算规范》SL 72—2013 规定进行。

5）规划报告编制

规划报告一般应包括流域自然地理概况、社会经济概况、水文气象与洪水特性分析、历史洪灾损失、规划方案比较与选择、规划图件等。其中，尤其应注意以下 4 个方面问题。

（1）防洪标准：应严格按照《防洪标准》GB 50201—2014 执行。

（2）城市防洪保护范围：应与城市发展规划相协调。

（3）城市防洪规划方案的研究：根据各城市具体情况，使各种方案的组合既能结合实际，又具有鲜明特点；最后，通过经济评价和环境影响评价来选定可实施的优化方案。

（4）洪水灾害损失调查：在对洪水灾害损失的定量分析过程中，除按当年价格进行分析外，更应充分考虑历史变迁因素，按现行价值进行折算分析。

2.3.4 城市防洪规划的成果及编制、审批与实施

1）城市防洪规划成果

（1）图纸

①洪水淹没范围图（1：10000~1：5000）。在城市现状图基础上表示不同频率（5%、2%、1%）的洪水淹没范围。

②防洪、治涝规划图（1：10000~1：5000）。在城市总体规划图基础上表示防洪、排涝工程（如防洪堤、排涝设施）的位置、范围、主要坐标、标高、非工程防洪区的范围等。

作为单项的专业防洪规划还应包括以下图纸：

③主要堤防工程的纵、横剖面图（包括地质情况）。

④主要工程设施及建筑物的单体选型图（1：200~1：100）。

（2）文本

系执行《城乡规划法》和进行防洪规划建设的具体条文，应简明扼要，其内容包括：规划依据，规划原则，规划水平年，防洪、排涝标准，防洪、排涝方案的选定及其等级，管理措施及环境评价，效益及经济评价。

（3）附件

①说明书。它是对文本的说明。

②基础资料汇编。按本节最后的内容进行汇编。

③下达编制任务的批文，方案批准文件，城市总体规划文本及说明书中与本项目有关部分的摘录，流域防洪规划的有关部分，地质、水文等报告，水文计算，投资计算，环境评价的专门报告及其他。

2）城市防洪规划的编制、审批与实施

城市防洪规划由城市人民政府组织和行政主管部门、建设行政主管部门和其他有关部门依据流域防洪规划、上一级人民政府区域防洪规划，按照国务院规定的审批程序批准后纳入城市总体规划。

（1）审批程序

城市防洪规划的审批程序由各省（自治区、直辖市）人民政府根据实际情况决定。全国重点防洪城市的防洪规划由省（自治区、直辖市）人民政府批准，其他城市一般可由同级人民政府批准；省（自治区）政府认为重要的防洪规划可提高一级审批。

全国重点防洪城市指广州、成都、武汉、南京、南昌、九江、南宁、长沙、岳阳、开封、郑州、柳州、梧州、北京、天津、济南、蚌埠、淮南、合肥、芜湖、安庆、上海、黄石、荆州、哈尔滨、齐齐哈尔、佳木斯、长春、吉林、沈阳、盘锦等31个城市。

（2）规划的实施

城市防洪规划审批之后，可依据当地经济情况和工程重要程度，把规划确定的项目按照国家基本建设程序的规定纳入当地国民经济和社会发展计划，分步实施。城市防洪工程建设所需投资由各城市人民政府负责安排。全国重点防洪城市的实施计划，应报水利部、住房和城乡建设部、国家发改委、国家防总和有关流域机构备案。

城市防洪工作实行市长负责制，各有关部门应通力协作，多渠道筹措资金，加大投资力度和建设步伐，使城市的防洪能力有较大幅度的提高。根据中央、省、自治区有关规定，征收的河道工程修建维护管理费（含堤防、海塘和排涝工程等设施）或防洪保安资金，应贯彻谁建设、谁维护、谁收费和专款专用的原则。

2.3.5 城市防洪规划的基础资料

城市防洪规划要有目的地搜集、整理有关水文、气象、地形、地质等自然资料和社会、经济资料以及防洪的历史资料。在整理分析时，要了解资料的来源、检验资料的合理性和规律性，并对其可靠性作出评价。

（1）气象、水文（山洪、海潮）资料

一般包括气温、湿度、蒸发量、降雨、风力、风向、河流水位、流量和泥沙等，对这些资料的分析、使用应注意人类活动的影响。此外，还要收集防洪区上游现有水利工程的有关设计数据。

（2）地形资料

①流域规划图（1：50000~1：10000）。

②防洪、治涝工程平面布置需要的地形图（1：25000~1：5000）。

③主要工程设施、建筑物设计需要的地形图（1：2000~1：500）、纵剖面图（水平1：20000~1：5000，垂直1：100~1：50）及横剖面图（水平1：1000~1：200，垂直1：100~1：50）。

④主要河道纵剖面图（1：25000~1：5000）、横剖面图（间距2~3km一个，水平1：500~1：200，垂直1：100~1：50）。

⑤涝区、洪淹区、防洪水库库区地形图（1：10000~1：2000）。

⑥小河道汇水面积图（汇水面积）20km² 时图纸比例为1：50000~1：25000，汇水面积<20km² 时图纸比例为1：25000~1：5000）。

（3）地质资料

①1：25000~1：5000区域工程地质图和区域水文地质图。

②堤防工程或主要工程设施的地质纵剖面

图(水平 1：20000~1：5000,垂直 1：100~1：50)、横剖面图（水平 1：500~1：200,垂直 1：100~1：50）。

③主要防洪、治涝建筑应有勘测资料，各类岩土应有试验资料。

④主要工程设施、建筑物的水文地质资料，如含水层的分布，地下水的埋深、类型、补给与排泄条件、化学性质及运动规律等。

⑤对地域稳定性作出评价，给出地震烈度等级。

（4）社会经济资料

城市面积，不同高程的人口，耕地、主要矿藏、物产资源，文物及其分布，工业、农业、交通、商业网点、城市建设及生态环境等现状资料以及城市发展规划资料。

（5）洪水灾害资料

历史上发生过的特大和较大洪涝灾害的次数、年月日、雨情、水情、灾情（淹没范围、水深、经济损失和人员伤亡情况）。

（6）城市防洪治涝历史资料

现有防洪、治涝工程的设施和标准，工程布置和实际防洪排涝能力，主要建筑物的类型和断面尺寸，工程效益和存在的主要问题（如设计标准、清障、除险加固、投资和管理等问题）。对现有非工程防洪措施的效益及存在问题也应加以阐述。

2.4 城市排水（雨水）防涝规划

2.4.1 城市内涝的概念与成因

1）城市内涝及其特征

城市"洪"与"涝"成为当今影响中国城市的主要水灾类型。据住房和城乡建设部 2010 年对 32 个省的 351 个城市的内涝情况调研显示，自 2008 年，有 213 个城市发生过不同程度的积水内涝，占调查城市的 62%；内涝灾害一年超过 3 次以上的城市就有 137 个，甚至扩大到干旱少雨的西安、沈阳等西部和北部城市。内涝灾害最大积水深度超过 50mm 的城市占 74.6%，积水深度超过 15mm 的超过 90%；积水时间超过半小时的城市占 78.9%，其中有 57 个城市的最大积水时间超过 12 小时（表 2-1）。

《城镇内涝防治技术规划》GB 51222—2017 中将城镇内涝定义为"城镇范围内的强降雨或连续性降雨超过城镇雨水设施消纳能力，导致城镇地面产生积水的现象"。《室外排水设计规范》GB 50014—2006（2016 年版）将内涝的定义为："强降雨或连续性降雨超过城镇排水能力，导致城镇地面产生积水灾害的现象"。与农业洪涝灾害、城市外江洪灾以直接经济损失为主，受灾范围与受淹范围基本吻合不同。城市内涝灾害所引起的后果往往是一系列、多发的，具有连锁性特征。城市的正常运

2008-2010 年中国 351 个城市内涝的基本情况 [12]　　　　表 2-1

内涝	事件数量（件）			最大积水深度（mm）			持续时间（h）			
	1-2	≥3	共计	15-50	≥50	共计	0.5-1	1-12	≥12	共计
城市数量	76	137	213	58	262	320	20	200	57	277
城市比例%	22	40	62	16.5	74.6	91.1	5.7	57.0	16.2	78.9

转依赖于其各类基础设施与生命线系统，如交通、通信、互联网、供水、供电、供气、垃圾处理、污水处理与排水治涝防洪等设施。这些系统在关键点或面上一旦因洪涝遭受损害，会在系统内或系统之间形成连锁反应，出现灾情的急剧扩展，使得受灾范围远远超出实际受淹范围，间接损失甚至超过直接损失（表2-2）。

城市内涝所带来的经济损失严重，2010年全国达到3745亿元，自2010年开始，损失规模均在千亿以上，13个省份经济损失过百亿，其中四川接近300亿元。2000~2010年和2011~2013年，全国洪涝累计直接经济损失分别为10800.99亿元和7122亿元。经估算，2013年，7个省（区）份的洪涝直接经济损失超过当地GDP的1%：海南（2.05%）、江西（1.66%）、广西（1.38%）、吉林（1.30%）、甘肃（1.17%）、四川（1.12%）和湖南（1.08%），而安徽接近1%（0.91%）。重要

的一线城市和部分二线城市如北京、上海、深圳、武汉、杭州、武汉和广州等城市均遭受了严重的城市内涝和排水危机，城市内涝问题成为目前城市管理者面临的严重现实难题。

2）城市内涝的成因

城市内涝主要致因可分为客观与主观两个方面：客观原因主要是全球气候变化这一直接原因以及城市化导致的城市局部地区气候条件的变化；主观原因涉及城市建设与管理的观念、体制、规划设计以及维护等诸多影响因素。由此，城市内涝作为城市水循环极端现象的表现，具有自然和社会双重致灾因素。

（1）气候因素

全球气候变化背景下，我国多数地区不仅极端强降水量或暴雨降水量在总降水量中的比重有所增加，极端强降水或暴雨级别的降水强度也增强。此外，城市规模的日益扩大，城市的热岛效应、雨岛效应增强（图2-2），对城

城市内涝灾害与外江洪水灾害的特征比较[58]　　　　　　　　　　表2-2

比较类别	外江洪水灾害	城市内涝灾害
成灾原因	以自然因素为主，如江河泛滥、风暴潮、城市内涝、堤坝溃决等	属自然灾害，又有社会发展因素。如城市化使城区不透水面积增加，蓄洪滞洪功能退化，排水系统不完善
受灾面积	受淹区域即为受灾区域，受灾面积较大，范围较明确	影响城市交通及供水、供电、供气、通信等生命线工程；内洪灾害影响的范围往往比受淹的范围大得多，受灾范围比较模糊
受灾概率	中小洪水也可能成灾，不同量级的洪水形成不同的淹没范围	中小洪水发生的概率减少，大洪水发生的概率依然存在，城市周边地区受灾概率可能增加
受灾部位	洪泛区、农田、鱼塘、村庄、城镇	新建城区、城市周边地区、老城区内涝加重、地下工程及构筑物，存在易涝区
灾害时间	发生在汛期，有一定规律	受城市短期极端气候影响，无规律性
受灾持续时间	与降雨范围、持续时间、地理特征等有相关，关系可能因排涝措施延长或缩短	可能因排涝措施延长或缩短
受灾损失类型	直接损失为主，主要是农作物、农舍、农业生产资料与工具、人员伤亡等	交通阻塞，供水、供电、供气、通信网络等城市生命线工程，临街商铺等工商企业，间接损失大于直接损失

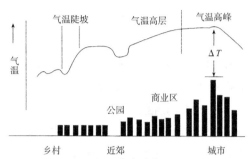

图 2-2　城市气温变化示意图[59]

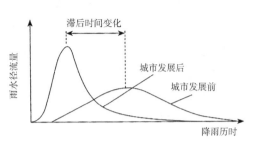

图 2-3　城市化对雨水径流量的影响[14]

市暴雨有增幅作用。城市化影响了城市局地气象条件的变化，增加了强降雨这一导致城市内涝的驱动力因素发生的频次和强度。

（2）城市水系

湖泊、洼地、沟塘等历来是接纳雨水的天然"蓄水容器"，具有调蓄雨水、涵养渗流等调节径流的作用。城市的建设过程中，整平洼地、填筑沟塘、挤占湖泊，导致了湖泊等天然"蓄水容器"容量急剧减少，调蓄雨水的能力减弱。如素有"百湖之市"之称的武汉市为例，到 20 世纪末期，该市湖泊面积大为减少，湖泊数量仅存 40 余个，湖泊面积比 20 世纪 80 年代减少了 56%。导致湖泊调蓄地表径流的能力仅相当于 40 年前的 30%。2010 年的水域面积相比 1991 年则减少约 39%。由 1950 年代的 1581km² 缩减为到 1980 年代的 874km²；近 30 年来又减少了 228.9km²。

（3）地表径流

城市地表大部分被水泥、沥青、不透水砖覆盖。地表日趋"硬底化"导致了可渗水地面面积逐渐减少，直接水文效应表现为径流系数的增大（图 2-3）和水文过程的尖瘦化。城市不透水面积增加，渗水面积减少等下垫面情况的改变，使得径流形成规律发生变化，同量级暴雨的产流系数增大，加大了城市地区的径流量。

（4）设计标准

我国城市雨水管网系统的设计重现期一直比较低。根据《室外排水设计规范》GB 50014—2006（2016 年版）中与发达国家和地区的对比（表 2-3），美国、日本等在城镇内涝防治设施上投入较大，城镇雨水管渠设计重现期一般采用 5~10 年。美国各州还将排水干管系统的设计重现期规定为 100 年，排水系统的其他设施分别具有不同的设计重现期。日本也将设计重现期不断提高，《日本下水道设计指南》（2009 年版）中规定，排水系统设计重现期在 10 年内应提高到 10~15 年。

（5）管理体制

城市排水系统工程与城市给水系统工程一样，都是城市的生命线工程，排水管网日趋老化带来的负荷过重和管道堵塞等后续养护管理问题，为排水管网的运行管理带来巨大压力。城市排水管道中的沉积物随着年代积多，形成了淤塞，导致排水管沟过水断面减小，增加了排水阻力，排水量大为减少。这种现象在旧城区尤为突出，也是旧城区容易积水的原因之一。

我国当前雨水管渠设计重现期与发达国家和地区的对比[60]　　　　表 2-3

国家（地区）	设计暴雨重现期
中国大陆	一般地区 1 年 ~3 年；重要地区 3 年 ~5 年；特别重要地区 10 年
中国香港	高度利用的农业用地 2 年 ~5 年；农村排水，包括开拓地项目的内部排水系统 10 年；城市排水支线系统 50 年
美国	居住区 2 年 ~15 年，一般 10 年；商业和高价值地区 10 年 ~100 年
欧盟	农村地区 1 年；居民区 2 年；城市中心 / 工业区 / 商业区 5 年
英国	30 年
日本	3 年 ~10 年，10 年内应提高至 10 年 ~15 年
澳大利亚	高密度开发的办公、商业和工业区 20 年 ~50 年；其他地区以及住宅区为 10 年；较低密度的居民区和开放地区为 5 年
新加坡	一般管渠、次要排水设施、小河道 5 年；新加坡河等主干河流 50 年 ~100 年；机场、隧道等重要基础设施和地区 50 年

注：《室外排水设计规范》GB 50014—2006（2016 版）

（6）规划体系

城市在防洪方面已建设了一套完备的防洪工程体系，目的是防止客水进入城市。城市排水的最终归属仍是城市外围周边的流域水系，客观上必然要求城市防洪与城市排水这两套系统能够有机的衔接，统一属于城市防洪涝体系。我国的行政管理体系中，城市河道排涝多由水利部门主管，而城市排水管渠由城建部门主管。河道排涝系统及管渠排水系统分别遵循不同的行业标准及规范，在设计暴雨选样、设计暴雨历时等方面存在很多差异，各自形成独立的方法体系，缺乏系统的衔接。

2.4.2　国内外的雨水管理理念

1）国外的主要雨水管理理念

城市化所面临的雨涝灾害频发、水资源紧缺、水污染等严峻形势，以及伴随着地下水水位显著下降，生态环境恶化等一系列问题。传统以排水、防洪为单一功能的市政工程基础设施，缺乏在生态环境、雨水资源利用方面的理念与措施，已无法应对日趋严峻的雨洪问题。西方发达国家经过数十年的发展和研究，在城市雨水管理方面提出新型的现代雨水管理理念，已形成较为完善的管理制度、技术、法规体系以及丰富的实践经验。其中最有代表性的包括 20 世纪 70 年代起源于北美的最佳管理措施（BMPs：Best Management Practices）1990 年代美国在 BMPs 基础上推行的低影响发展（LID：Low Impact Development）；同时期英国的可持续城市排水系统（SUDS：Sustainable Urban Drainage System）；本着雨水管理应适合所处区域生态背景的理念，澳大利亚墨尔本作为示范城市开展了水敏感性城市设计（WSUD：Water Sensitive Urban Design）的研究；新西兰集合了 LID 和 WSUD 理念的低影响城市设计与开发（LIUDD：Low Impact Urban Design and Development）。

（1）最佳管理措施

最佳管理措施是 1972 年美国《联邦水污染控制法》及其后来的修正案中第一次提出来。起初的主要作用是控制非点源污染。1983 年颁布了第一套暴雨径流最佳管理措施。美国环保局（USEPA）对其的定义是："任何能够减少或预防水资源污染的方法、措施或操作程序，包括工程、非工程措施的操作与维护程序"，并将其定位为"特定条件下用作控制雨水径流流量和改善雨水径流水质的技术、措施或工程设施的最有效方式"。作为非点源污染管理的一种手段，最佳管理措施包括了控制、预防、移除或降低非点源污染的任何计划、技术、操作方法、设施，甚至是规划原则，其核心是在污染物进入水体对水环境产生污染前，通过各种经济高效、满足生态环境要求的措施，从源头降低潜在的污染，并预防其进入受纳水体，使其得到有效控制。

最佳管理措施既是暴雨径流控制、沉淀控制、土壤侵蚀控制技术，也是防止和减少非点源污染的管理决策。其目标有以下几个方面：

①洪涝与峰流量控制；

②具体污染物控制准则，如沉淀物、SS 等污染物的去除；

③水量控制，主要关注的是年均径流量而非偶然的暴雨事件，要求对较小的降雨事件实施有效控制，约占当地年降雨事件和径流量的 90%；

④多参数控制，除了对洪涝、峰流量和水质的控制，还增加了地下水回灌与受纳水体的保护标准；

⑤生存环境保护和生态可持续性战略，即生态敏感性雨洪管理，目的是要建立一个生态可持续的综合性措施，包括以生物、化学和物理的标准来确定 BMPs 实施的效果。

与传统的雨水处理系统相比（表 2-4）最佳管理措施采用了不同的视角，传统方式是将雨水尽可能快地排入雨水管网，排入附近水体。最佳管理措施是通过收集、短时地储存或引导雨水按照设计流速渗透进土壤和下游的雨水设

传统雨水管网系统与最佳管理措施的比较[61]   表 2-4

	传统雨水管网系统	最佳管理措施
建设成本	相差不大，但由于 BMPs 的多功能性可能会降低总体成本	
运行和维护成本	确定的	对一些类型来说尚不明确
场地洪水控制	是	是
下游侵蚀及洪水控制	否	是
水资源再利用潜力	无	有
回补地下水的潜力	无	有
去除污染物的潜力	低	高
提供宜人的环境	否	是
教育功能	无	有
占地面积	不明显	根据措施类型

施，就近处理雨水，以达到减少径流和污染物以及控制流速的目的。

（2）低影响开发策略

低影响开发策略是一种基于最佳管理措施的雨水控制利用的综合技术体系。20世纪90年代由美国马里兰州的乔治王子郡首先提出。为伴随着城市"空间限制"问题和"与自然景观融合"的理念而发展起来的基于微观尺度景观控制的第二代最佳管理措施，主要是以分散式小规模措施对雨水径流进行源头控制，强调与植物、绿地、水体等自然条件和景观结合的生态设计，实现雨洪控制与利用的一种雨水管理方法。设计思路通过各种分散、小型、多样、本地化的技术和有效的水文设计模拟场地开发前的水文状况，在小流域内综合采用入渗、过滤、蒸发和蓄流等方式减少径流排水量，对暴雨产生的径流实施小规模的源头控制，以使城市开发区域的水文特征尽量接近开发之前的状况。其设计理念包括以下几个方面：

①为地表水体的生态环境保护提供一种先进的技术及有效的经济机制。

②为雨洪资源管理引进新的理念、技术和目标。源头控制：在径流产生的地方控制它们，以消除径流将污染物汇聚到下游的风险。实现分散式控制：整个场地被视为是由一系列相互连接和作用的小尺度设计组成，形成自下而上的管理链条。非工程性控制：设计认可自然系统去除污染物的潜力，提倡充分利用土壤的生物和化学过程，自然系统更易被设计和维护。

③从经济、生态环境及技术可行性方面探讨雨洪资源调控措施及其他调控措施的合理性。

④促进公众在生态环境教育及保护方面的参与。

低影响开发通过综合体系来管理城市雨水径流，包括场地规划、水文分析、综合管理措施、侵蚀和沉淀控制及公众宣传等方面，通过五个层面的策略来确保该体系实施的高效性（图2-4）。其应用主要针对较小的降雨事件，而非偶然的大暴雨事件，是一种可以发挥长期生态效益的可持续性的雨水资源管理方式。

最理想的低影响开发场地设计会尽量利用自然景观，将径流量减到最小，并且保护现有的自然水流通道。从而减少对排水设施的依赖，减少工程量。设计层面，通常需要结合多种控制技术来综合处理场地径流，主要分为保护性设计、渗透技术、径流储存、径流输送技术、过滤技术、低影响景观等六部分，具体情况见

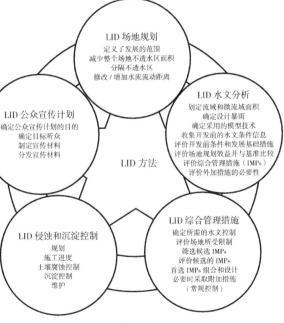

图2-4 LID方法的主要组成[31]

表 2-5。

低影响开发理念目前在美国、英国、澳大利亚、日本等国家均有采用。研究和实验表明，其措施可以削减 30% 以上的暴雨径流量，延迟暴雨径流峰值出现时间 5~20min；还能有效去除雨水径流中的 N、P、油类、重金属等污染物，中和酸雨；绿化屋顶能降低室内温度，美化环境，创造舒适的生活空间。我国对低影响开发的研究与应用处于起步阶段。针对雨水存储与应用的相关标准、规范和手册也陆续出台，如《室外排水设计规范》GB 50014—2006（2016 年版）、《建筑与小区雨水利用工程技术规范》GB 50400—2006、绿色建筑评价标准 GB/T 50378—2019 以及《海绵城市建设技术指南——低影响开发雨水系统构建（试行）》等，其对于我国城市的防涝、雨水利用和城市非点源污染控制将起到积极作用。

（3）可持续排水系统

欧洲城市将雨水控制管理作为可持续发展战略的一项重要内容。起源于美国的最佳管理措施在欧洲大部分地区被广泛应用。英国

在 1999 年 5 月更新的国家可持续发展战略和 21 世纪议程的背景下，为解决传统排水体制产生的多发洪涝、严重的污染和对环境破坏等问题，建立了可持续城市排水系统（Sustainable Urban Drainage Systems，SUDS），成为英国城市规划中雨洪管理的主流。可持续城市排水系统运用一系列的管理措施和控制手段，建立预防措施、源头控制、场地控制和区域控制的有等级优先次序的四个层面的一体化管理链条：其中预防措施和源头控制处于最高等级，在规划中尽量先通过预防手段在源头和小范围进行雨水的截流处理。只有当在源头或小范围不能处理时，才将雨水排放至下一级系统中，采取其他控制处理手段（图 2-5）。该管理链将各项具体措施组成一个有等级次序的一体化方案，通过这一种或多种措施组合，在雨水径流产生的"源—迁移—汇处"过程中将各种处理设施连接成链状或网状，来减少进入受纳水体的污染物量，从可持续的角度处理城市的水质和水量问题，实现对雨水的流量控制管理，并体现城市水系的宜人性。

LID 技术体系分类[17]　　　　　　　　　　　　　表 2-5

项目	技术说明
保护性设计	通过保护开放空间，如减少不透水区域的面积，降低径流量
渗透技术	利用渗透既可减少径流量，也可处理和控制径流，还可以补充土壤水分和地下水
径流调储	对不透水面产生的径流进行调蓄利用、逐渐渗透、蒸发等，减少径流排放量，削减峰流量，防止侵蚀
径流输送技术	采用生态化的输送系统来降低径流流速、延缓径流峰值时间等
过滤技术	通过土壤过滤、吸附、生物等作用来处理径流污染，通常和渗透一样可以减少径流量、补充地下水、增加河流的基流、降低温度对受纳水体的影响
低影响景观	将雨洪控制利用措施与景观相结合，选择适合场地和土壤条件的植物，防止土壤流失和去除污染物等，可以减少不透水面积、提高渗透潜力、改善生态环境等

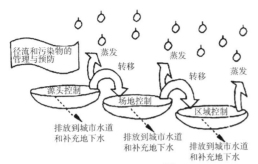

图 2-5 SUDS 对雨水的管理链[37]

（4）水敏感性设计

水 敏 性 城 市 设 计（Water Sensitive Urban Design，WSUD）是澳大利亚从1990年代初针对传统排水系统所存在的问题，发展起来的一种雨水管理和处理方法。"水敏感性城市设计是一种规划和设计的哲学，旨在克服传统发展中的一些不足。从城市战略规划到设计和建设的各个阶段，它将整体水文循环与城市发展和再开发相结合"。该体系是以水循环为核心，主要是把雨水、供水、污水（中水）管理视为水循环的各个环节，各环节相互联系、影响，统筹考虑，同时兼顾景观和生态环境。将城市整体水文循环与城市的发展和建设过程相结合，使城市发展对水文的负面环境影响减到最小，保护自然水系、将雨水处理和景观结合、保护水质、减少地表径流和洪峰流量，在增加价值的同时减少开发成本。水敏感性城市设计体系中的水循环系统见图2-6。

总体目标是减少城市水环境压力以及对生态环境的不利影响，主要满足水质、水量、供水、设施、功能五个方面的目标要求，实现在保护周边环境的同时在城市地区节约用水并最大化地实现水的自然循环，提升城市在环境、游憩、文化、美学方面的价值。

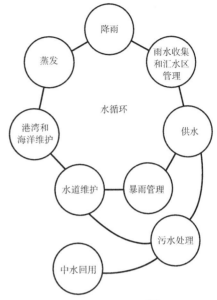

图 2-6 WSUD 中的水循环系统[39]

为实现这个目标，就必须权衡各种水过程之间的关系，强调最佳规划实践和最佳管理实践的结合。应用在从城市分区到街区、地块，包括从战略规划到设计、建设和维持的各个阶段。其主要的理念包括以下五点：

①保护自然系统：通过保护及提升策略充分发挥天然水系的功效，作为整个生态系统的核心基础。

②将雨水处理手段整合进景观中：将收集的雨水作为一种景观要素，最大化地提升视觉质量和游憩价值。

③保证水质：在雨水径流产生、传输、排放过程中去除污染物质，在城市发展过程中保证水体的水质。

④减少径流和峰值流量：通过渗池和减少不透水铺装等方法减少径流，保留并使用有效的土地利用方式来储蓄或滞留雨水。

⑤在减少城市发展成本的同时增加效益：使排水设施的成本最小化，并使景观得到改善，从而提升区域土地价值。

（5）绿色基础设施

20世纪90年代，美国保护基金会和农业部林务局首次明确提出"绿色基础设施是国家自然生命保障系统，是一个由下述各部分组成的相互联系的网络，这些要素有水系、湿地、林地、野生生物的栖息地以及其他自然区；绿色通道、公园以及其他自然环境保护区；农场、牧场和森林；荒野和其他支持本土物种生存的空间。它们共同维护自然生态进程，长期保持洁净的空气和水资源，并有助于社区和人群提高健康状态和生活质量。"

绿色基础设施体系在空间尺度上是由多个网络中心、连接廊道和小型场地组成的自然与人工的绿色空间系统（图2-7）。网络中心是大片的自然区域，较少受到外界的干扰的自然生境，承担多种自然过程的作用。包括：处于原生状态的土地、国家生态保护区、国家公园、森林、农田、牧场、城市公园、城市林地、公共开放空间等。连接廊道是线性的生态廊道，是网络中心之间、小型场地之间关联的纽带，

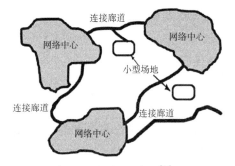

图2-7 绿色基础设施体系示意图[42]

从而形成完整的系统。包含有自然保护廊道、河流、城市绿带、农田保护区以及为动植物提供成长和发展的其他开放空间。小型场地是尺度上小于网络中心，并独立大型自然区域的生境，在网络中心和连接廊道都无法连通的情况下而设立的生态节点。小型场地兼具了小生境和游憩场所的功能，包括庭院、街道花坛、小型水体、林地、农田、河流等。

作为一种新理念，"绿色基础设施"应用于城市雨洪控制利用领域，正是利用城市空间尺度上的网络中心、廊道和场地的绿色空间系统。在城市层面上的城市湿地、生态公园、生态廊道；社区层面中的城市绿地、停车场、建筑屋顶等生态节点通过具体的技术方法来实现对雨水径流的控制、净化和利用，体现了绿色基础设施理念在城市雨洪管理中的连接性、适应性、可行性和实用性，发挥平衡生态环境和城市建设发展的作用。其基本内涵主要有以下几个方面：

①维护城市生态系统的完整性。城市公园或绿地系统相互联系，通过区域尺度内的水道、廊道将城市绿色空间连接起来，并通过小型场地延伸到城市的各个角落，形成完整的城市雨洪控制网络。

②促进雨洪的自然生态化控制。各"网络中心"将收集、处理区域内的雨水径流，并去除雨水中携带的污染物，形成高效自然的城市排水系统；"小型场地"采用植物生态净化和其他生态措施对城市雨水进行分散管理，就地对雨水径流进行收集、储存、利用或补充地下水。

③现实的可操作性。在土地开发之前，就可以规划和设计绿色基础设施网络，提前做好

具有高生态价值场地和连接网格的确认和保护，明确适合进行保护和发展的土地。在城市发展中，利用工程措施和生物措施在"小型场地"中模拟雨水的自然过程。同时需要公众参与，政府加强立法，资金支持，加强监督和后期的维护等。

2）国内的历史经验

中国的雨水控制利用古已有之。在传统的农业活动中，很早就有砌筑塘坝、大口井、土窖等方法收集雨水并用于灌溉、生活。更系统和完善的雨洪控制利用出现在我国的古代城市建设中。距今约6000年的湖南澧县城头山古城已有城墙和壕池。河南淮阳平粮台古城，建于距今约4500年以前，已出现陶质排水管道。

春秋战国时期的《管子·乘马》云："凡立国都，非于大山之下，必于广川之上，高毋近旱，而水用足，下毋近水而沟防省。"，指出城市的建设需要依山傍水，有交通水运之便，且利于防卫；城址高低适宜，既有用水之便，又利于防洪。"地高则沟之，下则堤之"，地势高则修沟渠排水，地势低则筑堤防障水。"内为落渠之写，因大川而注焉。"城内必须修筑排水沟渠，排水于大江河之中。城市建设应十分注意处理好"水用足"和"沟防省"的辩证关系。在此基础上，历代城市建设均大力发展城市的水系，充分利用自然水体，有组织地开挖沟渠，不仅达到了"水用足"的要求，而且对防洪、航运、美化环境等起到了重要作用。使得我国古城多有一个由环城壕池和城内河渠、湖泊、池塘等组成的水系，并具有多种功用。①供水；②交通运输；③溉田灌圃和水产养殖；④军事防御——古城水系的护城池即为军事防御而设；⑤排水排洪——城市水系排水排洪的作用是十分重要的；⑥调蓄洪水——这一作用至关重要，其调蓄容量大小是避免城市内涝的关键因素；⑦防火；⑧躲避风浪——一些沿海的港口城市，其城市河道或湖泊还往往兼有躲避风浪的作用；⑨造园绿化和水上娱乐——水是造园绿化的必要条件，凡是园林多、绿化好的城市，都与城市水系发达有关。洛阳、苏州、杭州都是例子；⑩改善城市环境；被誉为"城市之血脉"。其中，排水排洪和调蓄洪水二大功用对防止城市涝灾至关重要。

（1）城市水系的防涝作用

中国古代城市最重要的防止暴雨后内涝的经验，是建设一个完善的城市水系。鉴于我国各地地理环境的差别，城市水系的形态各异，可分为以线状水体为主的河渠、河网型水系；以面状水体为主的湖泊、坑塘型水系；和以线状、面状水体相结合的河湖型水系。同时由于城市的发展背景和气候的不同，其水系的规划布局、面积、容量更是每城各异。

①古城防涝典范——明清紫禁城

明清北京城的城市排水系统中，规划、设计得最周密、最科学的部分是紫禁城的排水系统。紫禁城为明清两代的宫城，平面呈长方形（图2-8），南北长961m，东西宽753m，周长3428m，面积约0.724km²。明永乐四年（1406年）开始兴筑，十八年（1420年）基本竣工。紫禁城沿用元代大内的旧址而稍向南移，规划设计以明南京宫殿为蓝本，尽量利用原元大都的排水系统，并在此基础上作了如下改进：

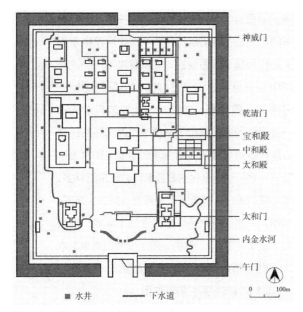

神威门

乾清门

宝和殿
中和殿
太和殿

太和门

内金水河

午门

■ 水井　——下水道

0　　100m

图2-8　清代紫禁城水道图

A. 开凿绕城一周又宽又深的护城河：明代开凿的紫禁城护城河（又名筒子河）宽52m，深6m，两侧以大块豆渣石和青石砌成整齐笔直的河帮，岸上两侧立有矮墙，河长约3.8km。筒子河的开凿兼有排水干渠和调蓄水库的两重作用。其蓄水容量为118.56万 m³，相当于一个小型水库。对于面积不足 1km² 的紫禁城而言，即使出现极端大暴雨，如日降雨量达225mm，径流系数取0.9，且城外又有洪水困城，紫禁城内径流全部泄入筒子河，也只是使其河水位升高不足 1m（0.97m）。

B. 开挖城内最大的供排水干渠——内金水河：明代开挖了内金水河作为宫城内最大的供排水干渠。内金水河从玄武门之西的涵洞流入城内，沿城内西侧南流，流过武英殿、太和门前，经文渊阁前到东三门，复经銮仪卫西，从紫禁城的东南角流出紫禁城，总长 655.5

丈，合 2097.6m。河身以太和门一带最宽，为10.4m，河东西两端接涵洞处宽为 8.2m，最窄处为 4~5m。凡流经地面之处，均以豆渣石及青石砌成规整的河帮石底。宫城内地下排水沟网最后均一一注入金水河，再由东南角出水关排出城外。同时，内金水河提供了消防、施工、鱼池等方面的供水。可以说内金水河的开凿，是紫禁城排水系统建设的关键性工程。

C. 设置多条排水干道和支沟，构成排水沟网：明代紫禁城内建设了若干条排水干沟，沟通各宫殿院落。总的走向是将东西方向的流水，汇流入南北走向的干沟内，然后全部流入内金水河。还建设若干支沟，构成排水沟网。其干沟高可过人。如太和殿东南崇楼下面的券洞，高 1.5m，宽 0.8m，沟顶砌砖券，沟帮沟底砌条石。小于干沟的支沟，如东西长街的沟道，也有 60~70cm 高，全部用石砌。城内明暗沟渠共长 2500 余丈，合 8km，密度为 11.05km/km²，与乾隆时京城大小沟密度（11.59km/km²）大致相同。

D. 采用了巧妙的地面排水方法：紫禁城地面排水的主要方法是利用地形坡度。水顺坡流到沟漕汇流，自"眼钱"漏入暗沟内。太和殿的雨水，由三层台的最上层的螭首口内喷出，逐层下落，流到院内。院子也是中间高，四边低，北高南低。绕四周房基有石水槽（明沟），遇到台阶，则在阶下开一石券洞，使明沟的水通过。太和殿因有螭首喷水，明沟改在房基之外，喷水落下之处，四角有"眼钱"漏水。全部明沟及眼钱漏下的水，流向东南崇楼，穿过台阶下的券洞，流入协和门外的金水河内。其他宫院排水情况也大致相同。

E. 排水系统的设计、施工均科学、精确，并有妥善的管理。

紫禁城排水系统的设计、施工都很科学、精确。明代的墙角与暗沟交叉处，均用整齐条石做出沟帮和沟盖。排水系统工整，坡降精确，上万米的管道通过重重院落，能够达到雨后无淤水的效果。还制定了一套妥善的管理措施，据《明宫史》记载："每岁春暖，开长庚、苍震等门，放夫役淘浚宫中沟渠。"这种每岁掏浚宫中沟渠的做法，成为管理制度，清代也沿用下来。

明清紫禁城外绕筒子河，内贯金水河，两河共长约6km，其河道密度达到8.3km/km^2，堪与水城苏州（宋代为5.8km/km^2）相媲美。紫禁城内共有90多座院落，建筑密集，如排水系统欠佳，一定会有雨潦致灾的记录。然自明永乐十八年（1420年）紫禁城竣工，至今已近六百年，竟无一次雨潦致灾的记录，排水系统一直沿用而有效，不仅是中国城市建设史上，也是世界城市建设史上的奇迹。

②临江丘陵城市——赣州

赣州地处章、贡两水汇合处的一个山间盆地之中，章、贡两江分别从城区东、西流过，在城北面会合成为赣江。古城东、西、北三面环水，地势中间高，东西低。地貌类型主要为河漫滩阶地、超河漫滩阶地和高阶地，仅有一些低山丘点缀其中。属亚热带湿润季风气候，降水强度大，日降雨最大达200.8mm（1961年5月16日）。如城内无完善的排水排洪系统，必致雨潦之灾。据记载，宋熙宁年间（1068—1077年），水利专家刘彝任赣州知州，作福、寿二排水沟"阔二、三尺，深五、六尺，砌以

砖，覆以石，纵横纡曲，条贯井然，东、西、南、北诸水俱从涌金门出口，注于江。""作水窗十二间，视水消长而启闭之，水患顿息。"水窗即古城墙下之排水口。古城的"福寿沟"排水系统有如下特点：

A. 历史逾千年，至今仍为旧城区排水干道

"福寿沟"北宋熙宁间已存在，迄今已有一千多年历史。历代均有维修，清同治八年—九年（1869—1870年）修后依实情绘出图形（图2-9），总长约12.6km，其中寿沟约1km，福沟约11.6km。1953年修复了最长的一段福寿沟——厚德路下水道，长767.7m，砖拱结构，断面尺寸宽为1.0m，深1.5~1.6m，拱顶复土厚0.8~1.2m，倒塌了的部分进行重建。至1957年，共修复旧福寿沟7.3km，约占总长度的58%，现仍是旧城区的主要排水干道。

根据福寿沟排水系统调查成果分析，"福寿沟"排水系统包括：主干、支沟、浅地表排水沟与蓄水池塘四部分组成。主干沟为砖拱顶、砌石底结构（图2-10），宽0.6~1m，高0.6~1.6m。支沟为石板顶、砌砖底结构，宽0.4~0.6m，高0.4~1.2m，部分支沟底部带有凹槽，宽0.15~0.2m，高0.2~0.4m。蓄水池塘是指分布于古城2.7km^{2}内的湖、塘、池等水体。

B. 水窗闸门借水力自动启闭

水窗闸门设计巧妙，原均为木闸门，门轴装在上游方向。当江水低于排水道水位时，借排水道水力冲开闸门。江水高于排水道水位时，借江中水力关闭闸门，以防江水倒灌。赣江路的水窗口，中华人民共和国成立后仍有木闸门，

保留了"水消长而启闭"的功能。1963年改建为直径1.4m的圆形铸铁闸门（图2-11）。

C. 福寿沟与城内池塘联为一体，系统调蓄。福寿沟把城内的三池（凤凰池、金鱼池、嘶马池）以及清水塘、荷包塘、花园塘等几十口池塘连通起来，组成了排水系统中容量很大的蓄水库，形成城内的活水系。"福寿沟"是一个非常科学的蓄、排水系统，强降雨通过浅地表排

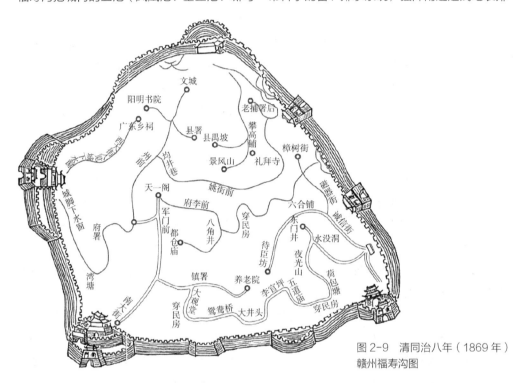

图2-9　清同治八年（1869年）
赣州福寿沟图

图2-10　赣州福寿沟主干沟

图2-11　赣州福寿沟现代改造后水窗

水沟收集地表汇流雨水，到福寿沟支沟，在支沟内，雨水被迅速分流，一部分雨水流入福寿沟主干，排入江中，一部分雨水流入蓄水池塘。待大雨过后，由于"福寿沟"主干水位不断下降，其水面低于蓄水池塘造成水位差，蓄水池塘的水又慢慢通过福寿沟排入江中，待水面降低到池塘排水口以下时，池塘水位则不再外流，以保证池塘储蓄一定量的水，起到了调节旱涝的作用（图2-12）。

（2）城市水系的营建经验

观今鉴古，我国的历代古城建设都十分注重对城市水系的营建。而古代最重要的防止暴雨内涝的经验，是建设一个完善的城市水系。这种由环城壕池和城内河渠、湖池、坑塘组成的水体，在城市规划层面具有科学的布局方式，城市水系所具有的"排蓄一体化"功能对防止涝灾至关重要。

①"城壕坏绕、河渠穿城、湖池散布"的水系格局

我国大多数古城建有环城壕池，与城内的河湖、渠道，城外的自然河道相连接，并在城内外相接处设水关、门闸、涵洞等设施。壕池、河渠、门闸构成了古城水系的主干，从距今4300年前平粮台古城内的陶制排水管道到历代古都名城，大都遵循了这样的排水规划原则。

古城水系在城市规划布局中存在一定的规律和模式（图2-13~图2-15），在城市的防洪排涝方面发挥着重要作用。首先，在城市外围建立一重或多重壕池直接收纳城内排出的污水、雨水。其绕城布局的方式，使城内的排水规划满足"四向可排，就近接纳"的特点，既避免因排水路径过长而造成的地面排水不畅，又合理有效的增加了河道密度与蓄容能力。在城池规模（汇水面积）与河道容量之间建立起一种内在的平衡。如宋东京城的内外城、宫城三圈城壕共长47.4km，蓄水容量1765.6万m³，占城市河渠总蓄水容量的95%；明清北京城的内外城、宫城三圈城壕共长44.27km，蓄水容量966.73万m³，约占城市河渠总蓄水容量的一半。

再者，贯穿城池的河渠，将城内进行了若干排水分区，避免因城池规模过大，仅靠城壕排水而出现的排水"盲区"，也增加排水河道的密度与蓄容能力。如宋东京城内的汴河、蔡河、五丈河、金水河共长约30km，蓄水容量86.63万m³；明清北京城内城的大明

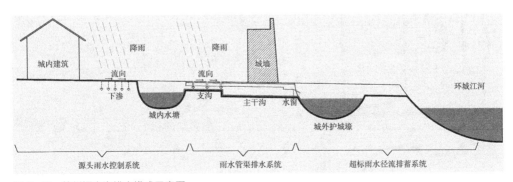

图2-12　赣州福寿沟排水模式示意图

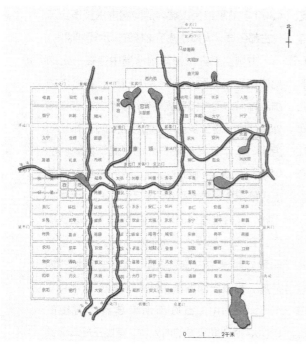

图 2-13　唐长安城水道图

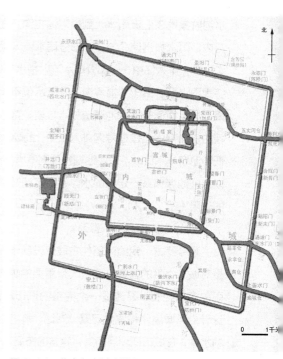

图 2-14　北宋东京城水道图

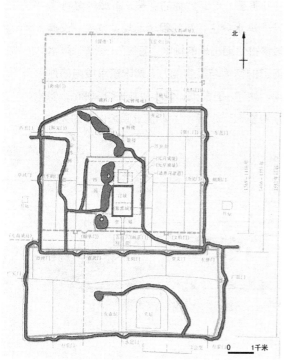

图 2-15　明清北京城水道图

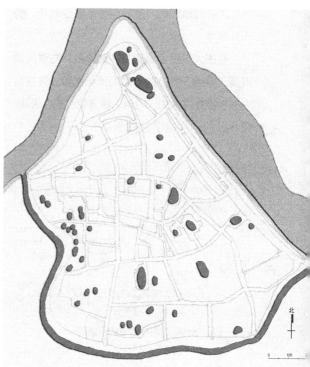

图 2-16　赣州 1872 年水道图

壕、东沟、西沟与通惠河，外城的龙须沟、虎坊桥明沟、三里河，共长 64.27km，蓄水容量 118.56 万 m³。

除环城壕池、穿城河渠外，古城街区中存在着众多的湖塘水体，由于受到城墙、街区空间的限制，一般面积不大，相互之间或与环壕、河渠之间相连通，或不连通。如赣州（图 2-16）古城内的"福寿沟"及其串联起来的多个坑塘；菏泽古城（图 2-17）内"七十二个坑塘、七十二道沟、七十二眼井"——"城包水"的坑塘格局；安阳古城（图 2-18）；荆州古城（图 2-19）号称"湖的社会"；古城开封（图 2-20）素有"北方水城"之称……。这些水体均匀"镶嵌"在城市街区之中，并且由于地势和排水路径的便捷，处于街区的低洼地带，当暴雨来袭时，这一座座小型的"蓄水池"，在城市街区中发挥出排水防涝的功效，起到"化整为零、分区承蓄"效果。

②古城水系是"排蓄一体化"的重要基础设施

A. 城市排洪河道密度和行洪断面两个重要技术指标是水系排水效率的直接体现。古

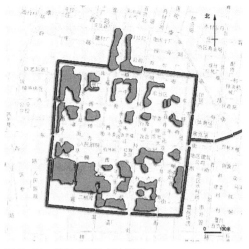

图 2-17　菏泽 1960 年水道图

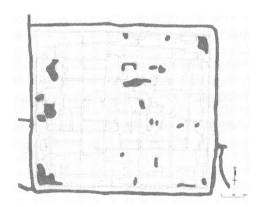

图 2-18　安阳 1933 年城水道图

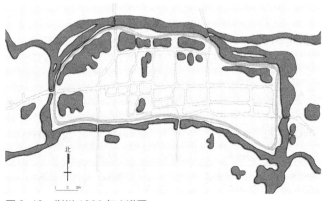

图 2-19　荆州 1880 年水道图

图 2-20　开封 1898 年水道图

城的水系可以不间断将城内雨水直接排出城外，当城外自然河流水位低于城壕水位时，城内雨水主要依靠沟渠排向城壕，此时城内河道的密度和行洪断面是检验城市排水效率的重要指标。根据《中国古城防洪研究》的研究表明，唐长安城的城市排洪河道密度仅为0.45km/km²，河道行洪断面仅28m²，存在较大的规划设计缺陷；元大都城的排水排洪系统的规划设计较好，城内河道密度为1km/km²，河道行洪断面分别为147m²和238.9m²，分别为唐长安城的5.25倍和8.5倍；明清北京城的城内河道密度为1.07km/km²，城壕行洪断面为238.9m²，排水排洪系统规划设计较有水平。宋东京城的排水排洪系统的规划设计水平更高，四水贯城，河道密度为1.55km/km²，为唐长安城的3.5倍，城壕的行洪断面为372.48m²，为唐长安城的13.3倍。明清紫禁城为我国古城排水系统规划建设的典范，其行洪河道密度达8.3km/km²，为唐长安城的18.4倍；筒子河的行洪断面为312m²，为唐长安城的11倍。

B. 城市水系的调蓄能力是防止雨涝之灾的重要因素。古城水系具有调蓄雨水的能力，这对暴雨或久雨后防止涝灾有重要作用。如果久雨造成城壕水体无法向城外河流自由排放时，只能依靠城壕、城内河渠、湖池的蓄水来避免涝灾。而排洪河道的密度和行洪断面也是量化河道蓄水容量的主要指标。我们可将历代古都的河渠调蓄能力进行初步的比较（表2-6）。唐长安城的水系蓄水总容量折合城内每平方米面积得到0.0714m³的蓄水容量。宋东京城为0.37m³，为唐长安城的5.2倍。明清北京城为0.3215m³，为唐长安城的4.5倍。元大都城为0.3999m³，为唐长安城的5.6倍。明清紫禁城为1.637m³的容量，为唐长安城的23倍，明清北京城的5.1倍，宋东京城的4.4倍，元大都城的4.1倍。这就是明清紫禁城建城近600年无雨涝之灾的重要原因之一。因此，城市水系有无足够的调蓄容量，是能否避免城市内涝的关键因素。

（3）历史经验的当代启示

①城市排水系统的古今演变

近年来，我国城市的高速发展，早已改变了城市原有的水系历史格局，市政排水管网取代了城市内部的河渠、湖塘；大面积的"不透水"地面阻断了雨水的下渗通道，加重了管网

中国古都河渠调蓄能力分析表[52]　　　表2-6

朝代	城市	城池面积长度（km²）	城壕蓄水量（万m³）	城内河渠蓄水量（万m³）	城内湖池蓄水量（万m³）	总蓄水量（万m³）	折算储蓄城内降水规模（mm）
唐	长安	83	103.6	255.2	233.94	592.74	71.4
宋	东京	50	1765.6	86.63	\	1852.23	370.5
元	大都	50	683.18	316.4	1000	1999.58	399.9
明清	北京	60.2	966.73	118.56	850	1935.29	321.5
明清	紫禁城	0.742	118.56	\	\	\	1597.8

的排水负荷；而城市雨水最终或经城市内部仅存的若干河渠排入城市外围河道，或直接排入外围河道。

与古城排水相比，城市雨水的最终收纳者仍是城市外围的水系，而现代排水设施的修建，减少了城内排蓄河道、湖池的数量（密度），但管网与河道、湖池相比存在明显的缺陷。首先，排水管网不具备蓄水功能。第二，由于城市规模的扩大，城市主干管网负担的雨水汇集面积（量）不断增加，需要相应的增加管径，提高标准，重复建设。第三，在遇到城市大面积强降雨时，外围河道在上游城区收纳雨水后，水位提高，高出下游城区排水口的标高时，将导致下游城区排水不畅。

②建立多层次的城市防涝排蓄一体化系统（图 2-21）

A. 在城市总体规划层面，构建城市防涝排蓄大系统

在城市总体层面制定排水防涝系统规划时，应改变以"快排"为主的思路，立足"排蓄并举、排蓄互补"的设计理念，构建以河、湖、渠、池等城市水系为主体，地下调蓄隧道、调蓄池等设施为辅的城市防涝大系统，达到满足设计高重现期暴雨（如 50~100 年一遇）的标准，成为城市防涝安全的最根本保证。

基于城市的排水管网与城市水系是一个前后承接的有机统一体，合理的水面率、河网密度、科学的城市竖向排水分区是规划排水防涝系统的基础先决条件。不同城市应根据现状地形、原有自然水系和规划用地布局，划分出若干竖向排水分区，建立城市宏观层面的雨水排、蓄平衡，规划设计合理的水系布局、各种水体

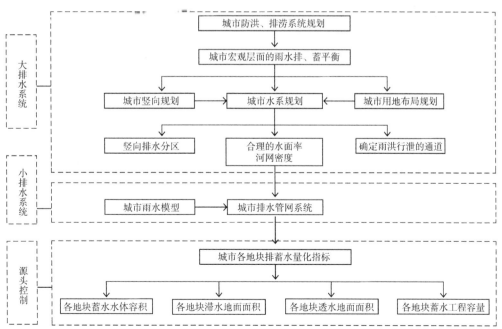

图 2-21　城市防涝规划体系框架图[52]

的形态与容量，确定雨洪行泄的竖向通道，引导排水安全流入河湖。对于水面率低、河网密度不足、城市低洼等内涝风险大的区域，应尽可能规划增加人工河湖、水道，或局部规划下凹式绿地、道路、广场等成为雨涝灾害情况下的地表行洪通道和调蓄水池。

B. 运用城市雨水计算模型，规划城市排水管网系统，校核、量化管网与水系的防涝排蓄能力

围绕城市各排水分区采用不同的排水管网设计标准。可利用 GIS 等地理信息系统建立城市竖向规划高程模型，SWMM 等雨洪软件录入拟设计的城市排水管网、河道、湖池、泵闸等排水排涝设施以及未来城市下垫面的规划信息，并在可能的条件下，加入流域水系的雨洪外围条件。模拟分析在不同暴雨强度下城市的排水、排涝状况，评估与校验各分区排水管网的排水排涝能力。既要修改完善城市水系防涝大系统的规划方案，有效弥补和衔接管网与水系之间的有机联系。又要以此为依据，明确各个排水分区的排水管网设计标准；制定合理的竖向规划高程，量化排蓄水系中河道、湖池等各类水体与下凹式绿地、广场等蓄水工程的设置指标；还要对未来城市下垫面的组成提出具体的规划要求。为进一步的城市片区、地块规划提供设计依据。

C. 引入城市雨水源头控制理念，在城市地块层面，制定防涝排蓄控制指标体系

当前城市内涝产生的一个重要因素就是城市硬化面积的扩张阻断了雨水下渗，破坏了自然水文循环，降雨产生的径流峰值与总量均大幅增加。发达国家的雨洪研究中，越来越强调雨水源头控制在径流减排及水质污染控制等方面所发挥的重要作用，如美国的低影响开发技术（LID）和绿色雨水基础设施（GSI）、英国的可持续排水系统（SUDS）等，我国的《室外排水设计规范》GB 50014—2006（2016年版）、《绿色建筑评价标准》GB/T 50378—2019、《公园设计规范》GB 51192—2016 等标准，以及《海绵城市建设技术指南——低影响开发雨水系统构建（试行）的通知》中，也都明确地应用 LID 雨水源头控制的措施。

雨水源头控制系统可以明显缓解排水管网和城市水系的排放压力，需要在城市的片区、地块规划层面，通过对雨水的"渗透、滞蓄、调蓄、净化、利用、排放"进行量化控制，才能高效率地实现对雨洪的综合管理。具体到城市各地块控制性详规中，要合理制订出蓄水水体容量、滞水绿地面积、铺装透水地面面积、各蓄水工程蓄水量等指标。既贯彻上层城市防涝规划和利用雨水模型所得到的数据信息，又科学地构建起"源头减排—排水管网—城市大排水系统"的城市防涝系统，成为具有强制性执行力的控规指标体系，保证城市防涝规划整体有效的实施。

3）海绵城市的理念

我国城镇化进入以提升质量为主的转型发展新阶段。"面对资源约束趋紧、环境污染严重、生态系统退化的严峻形势，必须树立尊重自然、顺应自然、保护自然的生态文明理念，把生态文明建设放在突出地位"。针对当前凸显的城市内涝、水质退化、水资源短缺等一系列水生态安全问题，习总书记在 2013 年中央城镇化工作会议上明确指出："解决城市缺水问题，必须顺应自然。比如，在提升城市排水系统时要

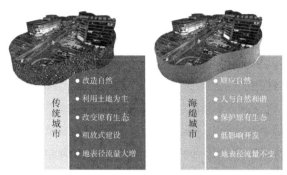

图2-22　传统城市与海绵城市建设模式比较[53]

优先考虑把有限的雨水留下来，优先考虑更多利用自然力量排水，建设自然积存、自然渗透、自然净化的海绵城市。"国家"十三五"规划中明确全面支持"海绵城市"发展，提出"加强城市防洪防涝与调蓄、公园绿地等生态设施建设，支持海绵城市发展，完善城市公共服务设施。提高城市建筑和基础设施抗灾能力"。"海绵城市"建设上升到了国家战略层面。住建部、财政部、水利部相继发布了《海绵城市建设技术指南——低影响开发雨水系统构建（试行）》《海绵城市建设国家建筑标准设计体系》《海绵城市专项规划编制暂行规定》《财政部 住房城乡建设部 水利部 关于开展中央财政支持海绵城市建设试点工作的通知》《水利部关于印发推进海绵城市建设水利工作的指导意见的通知》等，先后公布了30个"海绵城市"建设试点。

（1）概念

海绵城市是指城市能够像海绵一样，在适应环境变化和应对自然灾害等方面具有良好的"弹性"，下雨时吸水、蓄水、渗水、净水，需要时将蓄存的水"释放"并加以利用。而这也恰恰体现现代雨水管理的理念和方法，即城市建设在尊重自然、遵循生态优先的原则下，通过绿色与灰色基础设施相结合，使城市能够像海绵一样，在确保城市水安全的前提下，最大限度地实现雨水在城市区域的积存、渗透和净化，进而促进城市雨水资源的利用和生态环境保护。

海绵城市概念的核心是打破了传统以"快排""末端控制"为单一控制模式（图2-22），构建了以"源头""分散式""生态化""多目标"为指导思想的新型雨水控制利用系统，实现对城市雨水从源头到终端的全流程控制和利用，符合顺应自然、适应自然和与自然和谐共处的原则。与国外的城市雨洪管理理念与方法如低影响开发（LID）、绿色雨水基础设施（GSI）及水敏感性城市设计（WSUD）等非常契合。将水资源可持续利用、良性水循环、内涝防治、水污染防治、生态友好等作为综合目标。

（2）内涵

①海绵城市的本质——解决城镇化与资源环境的协调和谐

海绵城市的本质是改变传统城市建设理念，实现与资源环境的协调发展。传统城市利用土地进行高强度开发，人们习惯于战胜自然、超越自然、改造自然的城市建设模式，结果造成严重的城市病和生态危机；而海绵城市遵循的是顺应自然、与自然和谐共处的低影响发展模式。海绵城市实现人与自然、土地利用、水环境、水循环的和谐共处；传统城市开发方式改变了原有的水生态，海绵城市则保护原有的水生态；传统城市的建设模式是粗放式的，海绵城市对周边水生态环境则是低影响的；传统城市建成后，地表径流量大幅增加，海绵城市建成后地表径流量能保持不变。因此，海绵城市建设又被称为低影响设计和低影响开发（Low impact design or development，LID）。

②海绵城市的目标——让城市"弹性适应"环境变化与自然灾害

海绵城市的建设目标是要让城市"弹性适应"环境变化与自然灾害，本质上是转变排水防涝思路，遵循"渗、滞、蓄、净、用、排"的六字方针，把雨水的渗透、滞留、集蓄、净化、循环使用和排水密切结合，统筹考虑内涝防治、径流污染控制、雨水资源化利用和水生态修复等多个目标。

一是保护原有水生态系统。通过科学合理划定城市的蓝线、绿线等开发边界和保护区域，最大限度地保护原有河流、湖泊、湿地、坑塘、沟渠、树林、公园草地等生态体系，维持城市开发前的自然水文特征。

二是恢复被破坏水生态。对传统粗放城市建设模式下已经受到破坏的城市绿地、水体、湿地等，综合运用物理、生物和生态等的技术手段，使其水文循环特征和生态功能逐步得以恢复和修复，并维持一定比例的城市生态空间，促进城市生态多样性提升。

三是推行低影响开发。在城市开发建设过程中，合理控制开发强度，减少对城市原有水生态环境的破坏。留足生态用地，适当开挖河湖沟渠，增加水域面积。

四是通过种种低影响措施及其系统组合有效减少地表水径流量，减轻暴雨对城市运行的影响。

③转变排水防涝思路：传统的市政模式认为，雨水排得越多、越快、越通畅越好，这种"快排式"（图2-23）的传统模式没有考虑水的循环利用。海绵城市遵循"渗、滞、蓄、净、用、排"

的六字方针，把雨水的渗透、滞留、集蓄、净化、循环使用和排水密切结合，统筹考虑内涝防治、径流污染控制、雨水资源化利用和水生态修复等多个目标。

④开发前后的水文特征基本不变：通过海绵城市的建设，可以实现开发前后径流量总量和峰值流量保持不变，在渗透、调节、储存等诸方面的作用下，径流峰值的出现时间也可以基本保持不变。水文特征的稳定可以通过对源头削减、过程控制和末端处理来实现。建立尊重自然、顺应自然的低影响开发模式，是系统地解决城市水安全、水资源、水环境问题的有效措施。通过"自然积存"，来实现削峰调蓄，控制径流量；通过"自然渗透"，来恢复水生态，修复水的自然循环；通过"自然净化"，来减少污染，实现水质的改善，为水的循环利用奠定坚实的基础。

⑤海绵城市建设应统筹低影响开发雨水系统、城市雨水管渠系统及超标雨水径流排放系统：低影响开发雨水系统可以通过对雨水的渗

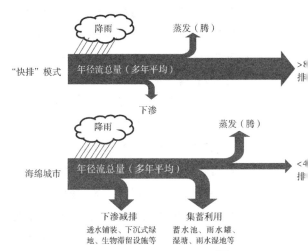

图2-23　海绵城市年径流总量控制率概念图[53]

透、储存、调节、转输与截污净化等功能，有效控制径流总量、径流峰值和径流污染；城市雨水管渠系统即传统排水系统，应与低影响开发雨水系统共同组织径流雨水的收集、转输与排放。超标雨水径流排放系统，用来应对超过雨水管渠系统设计标准的雨水径流，一般通过综合选择自然水体、多功能调蓄水体、行泄通道、调蓄池、深层隧道等自然途径或人工设施构建。以上三个系统并不是孤立的，也没有严格的界限，三者相互补充、相互依存，是海绵城市建设的重要基础元素。

（3）低影响开发雨水系统构建途径

据《海绵城市建设技术指南——低影响开发雨水系统构建（试行）》，海绵城市低影响开发雨水系统的构建需统筹协调城市开发建设各个环节。在城市各层级、各相关规划中均应遵循低影响开发理念，明确低影响开发控制目标，结合城市开发区域或项目特点确定相应的规划控制指标，落实低影响开发设施建设的主要内容。设计阶段应对不同低影响开发设施及其组合进行科学合理的平面与竖向设计，在建筑与小区、城市道路、绿地与广场、水系等规划建设中，应统筹考虑景观水体、滨水带等开放空间，建设低影响开发设施，构建低影响开发雨水系统。低影响开发雨水系统的构建与所在区域的规划控制目标、水文、气象、土地利用条件等关系密切，因此，选择低影响开发雨水系统的流程、单项设施或其组合系统时，需要进行技术经济分析和比较，优化设计方案。

低影响开发设施建成后应明确维护管理责任单位，落实设施管理人员，细化日常维护管理内容，确保低影响开发设施运行正常。低影响开发雨水系统构建途径示意图如图2-24所示。

2.4.3 城市内涝防治体系的组成

城市内涝防治是一项系统工程，涵盖从雨水径流的产生到末端排放的全过程控制，其中包括产流、汇流、调蓄、利用、排放、预警和应急措施等，包括源头减排、排水管渠和排涝除险设施，分别与国际上常用的低影响开发、小排水系统（minor drainage system）和大排水系统（major drainage system）基本对应。

源头减排也称为低影响开发或分散式雨水管理，主要通过生物滞留设施、植草沟、绿色屋顶、调蓄设施和透水路面等措施控制降雨期间的水量和水质，减轻排水管渠设施的压力。《海绵城市建设技术指南——低影响开发雨水系统构建（试行）》，对径流控制提出了标准和方法。排水管渠主要由排水管道和沟渠等组成，其设计应考虑公众日常生活的便利，并满足较为频繁的降雨事件的排水安全要求。排涝除险，在《室外排水设计规范》GB 50014—2006（2016年版）中称为"内涝综合防治设施"，主要用来排除内涝防治设计重现期超出源头减排设施和排水管渠承载能力的雨水径流，这一系统包括：天然或者人工构筑的水体，包括河流湖泊和池塘等；一些浅层排水管渠设施不能完全排除雨水的地区所设置的地下大型排水管渠；雨水通道，包括开敞的洪水通道、规划预留的雨水行泄通道，道路两侧区域和其他排水通道。应急管理指管理性措施，以保障人身和财产安全为目标，既可针对设计重现期之内的暴雨，也可针对设计重现期之外的暴雨。

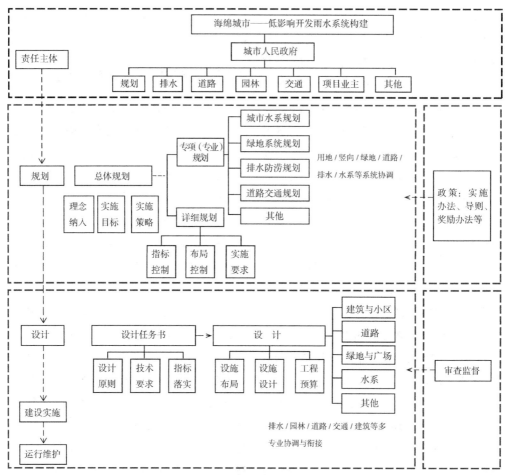

图 2-24　海绵城市——低影响开发雨水系统构建途径示意图

通过图 2-25 来简要分析源头控制系统和大小排水系统的关系。首先，大小排水系统应对的暴雨事件降雨量一般仅占城市全年降雨总量的 10%左右。为解决城市洪涝安全问题、实现对一定标准的小概率暴雨实施控制。LID 等源头控制系统针对的是占全年降雨总量 80%~90%的中小降雨事件，主要解决雨水资源利用、总量控制、水质及水循环和生态系统的问题。

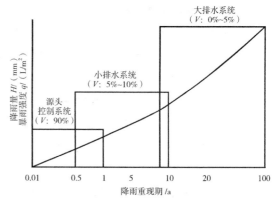

图 2-25　源头控制系统与大小排水系统关系示意图[54]

1）"大、小"排水系统

大排水系统则是指由地表通道、地下大型排放设施、地面的安全泛洪区域和调蓄设施等组成的，主要为应对超过小排水系统设计标准的超标暴雨或极端天气特大暴雨的一套蓄排系统。通常按100年一遇的暴雨对大排水系统的设计进行校核，高标准地为城市安全设防。

大排水系统通常由"蓄""排"两部分组成。其中"排"主要指具备排水功能的道路、开放沟渠等地表径流通道；"蓄"则主要指大型调蓄池、深层调蓄隧道、地面多功能调蓄、天然水体等调蓄设施。

传统管道排水系统称为小排水系统，一般包括雨水管渠、调节池、排水泵站等传统设施，主要担负重现期大致为1~10年范围的暴雨的安全排放，保证城市和住区的正常运行。大排水系统与小排水系统在措施的本质上并没有多大区别，它们的主要区别在于具体形式、设计标准和针对目标的不同。更重要的是，它们构成一个有机整体并相互衔接、共同作用，综合达到较高的排水防涝标准。

2）源头控制的重要意义

我们城市的建设目标是建立一个生态的、可持续发展的绿色、低碳、健康的城市。"大、小"排水系统并不能综合解决城市的地下水位下降、雨水无法下渗、水质污染和生态破坏的问题，也无法从根本上实现城市的良性水文循环。

发达国家从20世纪70年代至今，不断制定和实施了城市雨洪控制的新理念和新技术，如最佳管理措施、低影响开发、可持续排水系统、水敏感性设计和绿色雨水基础设施等，越来越突出强调雨水的"源头控制"在径流减排及水质污染控制等方面所发挥的重要作用，通过分散的、小规模、生态的城市绿地、水体景观系统，综合采用入渗、过滤、蒸发和蓄流等方式减少径流排水量和雨水引起的水质污染，对暴雨产生的径流实施小规模的源头控制。积少成多，从量变逐步转化为质变，在城市的各个角落构建良性的水文微循环系统，进而在城市区域层面上建立良性的水循环平衡系统。

2.4.4　城市排水（雨水）防涝规划的原则与目标

1）规划的原则

（1）突出重点、统筹兼顾原则：规划以解决城市排水防涝问题为重点，兼顾城市初期雨水的面源污染治理。同时各项措施的制定要以保障城市水安全、保护水环境、恢复水生态、营造水文化，提升城市人居环境，建立城市建康水循环系统为目标。在全盘考虑整个排水防涝系统规划基础上，重点关注影响居民生活、威胁公共安全的严重内涝积水区域（例如下穿通道、低洼易涝点等），坚持整体规划、分期建设，做到主次分明、先后有序，率先解决矛盾突出地点，兼顾雨水污染治理，消除不良影响。

（2）尊重自然、生态优先原则：转变传统的以"排"为主的单一排水思路，构建以"蓄""滞""渗""净""用""排"等多种措施组合的城市排水防涝理念。重视保护和利用城市的河流、湖泊、湿地、坑塘、沟渠等自然水系调蓄雨水。优先利用天然水系，结合城市水生态系统，合理规划人工水体，共同营建城市生态河道水系系统，成为城市防涝体系的首要保障措施。并不断提高城市水生态系统的自然修复能力，维护城市良好的生态水体功能。

积极推行低影响开发建设模式，有效控制雨水径流量和初期雨水面源污染，有效利用雨水资源。通过城市的自然绿化系统实现雨水的自然积存、自然渗透、自然净化和可持续水循环。采用绿色和灰色基础设施建设相结合的方式，一方面提高区域防洪防涝能力，另一方面大大改善区域生态环境。

（3）系统性与协调性原则：城市排水防涝系统规划全面考虑从源头、路径、末端的全过程雨水控制和管理，理顺各个雨水排蓄环节之间的衔接关系，有机统一源头控制系统、排水管道系统、受纳水体之间的衔接关系，保障排水通畅；在城市规划体系中，做到城市总体规划的修编与城市排水防涝的规划同步，并在城市总体规划的指导下，做好与城市的竖向规划、用地规划、道路规划、排水系统规划、水系规划、绿地系统规划、雨水利用工程规划、防洪规划、生态环境保护规划、综合防灾规划等相关专业规划的衔接。

（4）先进性与适宜性原则：强调理念和技术的重要性，学习借鉴国内外的有益经验，切实围绕整体思路要求，根据规划区内的地形条件、用地性质、开发强度等状况，以现代规划理念为先导、先进技术手段为支撑，建立涵盖源头控制、管网优化和综合防治的内涝防治体系，因地制宜地采取蓄、渗、滞、排等多种措施，借助经过鉴定的、行之有效的新技术、新工艺、新材料、新设备，进行多方案比较，并通过全面论证，制订出符合各地不同自然地理条件、水文地质特点、水资源禀赋状况、降雨规律、水环境保护与内涝防治标准等要求的具有科学性、权威性的城市排水防涝综合规划。

（5）科学管理与有效防范原则：城市内涝防治是一项系统工程，涵盖了包括产流、汇流、调蓄、利用、排放、预警和应急等工程性和非工程性相结合的综合控制措施。统筹考虑从源头到末端的整个过程雨水控制与管理，既要使工程措施保证规划的实现，又要引导城市建设理念的转变、应急管理的加强。科学建立内涝防治设施的运行监控体系、排水设施维护管理机制、建立内涝应急管理机制、建立健全相应的法律法规等。

2）规划的目标

规划整体目标可结合城市性质、规模和实际情况确定，把保障城市安全运行和维护人民群众生命安全放在首位。将雨水的简单排除转向对自然水环境和生态系统的全面管理，采取"蓄、渗、净、用、排"相结合的综合雨水控制措施，构建完善、高效、可持续的城市排水防涝系统，协调城市防洪规划，加强初期雨水治理，保障城市排水防涝安全，促进经济、社会、环境持续健康发展。

通过制定和实施工程性和非工程性措施，从雨水径流的产生到末端排放的全过程构建源头控制、排水管渠和综合防治控制的内涝防治系统。全面提升暴雨内涝灾害的防御能力，根据受纳水体的环境容量明确城市初期雨水径流的污染控制。目标达到实现特大城市中心城区能有效应对不低于50年一遇的暴雨，大城市中心城区能有效应对不低于30年一遇的暴雨，中、小城市中心城区能有效应对不低于20年一遇的暴雨。在摸清现状基础上，编制完成城市排水防涝设施建设规划；努力完成排水管网的雨污分流改造并建立较为完善的城市排水防涝工程体系。

同时提出内涝防治具体微观的规划控制目标：发生城市雨水管网设计标准以内的降雨时，地面不应有明显积水；发生城市内涝防治标准以内的降雨时，城市不能出现内涝灾害。发生超过城市内涝防治标准的降雨时，城市运转基本正常，不得造成重大财产损失和人员伤亡。城市排水防涝设施的改造方案，要结合老旧小区改造、道路大修、架空线入地等项目同步实施，并对敏感地区如幼儿园、学校、医院等提出明确要求，确保在城市内涝防治标准以内不受淹。

2.4.5 城市排水（雨水）防涝规划的策略与技术路线

1）规划的主要策略

（1）顶层设计，规划衔接：在城市洪涝综合防控体系中，"顶层设计"至关重要。在城市开发前通过洪涝风险评估，结合城市土地利用规划、城市景观规划、雨洪控制利用专项规划等应对城市洪涝及其他雨水问题，要远比在城市基础设施建成后的改造、弥补经济高效。前期风险评估主要是根据城市开发前的各种自然条件、未来的土地利用、基础设施、排水系统等各种条件及其他各方面因素，对洪涝风险发生的概率、情景、危害和损失程度等进行全面分析和评估，在此基础上，做出相应防治决策和控制措施。从而使城市的土地利用、城市规划、排水防涝系统的规划设计都应建立在开发前的风险评估的基础上。

城市内涝防治是一项系统工程，要在总体规划阶段合理确定排水系统的布局，优先解决城市雨水的去向和主要通道。只有多个城市规划专项的协调联动，才能使排水防涝规划能够顺应原有的自然水体，适应原有的自然蓄水和排水条件，符合千百年来自然界水循环的机理。因此，城市规划是内涝防治的顶层设计，排水规划是内涝防治的关键环节。

（2）构建城市大排水系统：大排水系统主要针对城市超常雨情，要解决高重现期暴雨的城市内涝问题，解决超管渠设计标准的雨水出路问题，必须构建大排水系统。该体系的构建主要针对超常暴雨情景，应能抵御高于管网系统设计标准、低于防洪系统设计标准的暴雨径流形成的内涝。由此，目前排水防涝规划的一项核心内容就是在顶层设计中增加大排水系统的规划、设计和建设，从而形成完善的内涝防治体系。

（3）雨洪管理，源头控制：为综合解决雨水问题，建立适合中国国情的城市雨水系统规划设计理论和方法体系。规划要结合我国城镇化的特色，强化绿色、低影响开发和可持续发展等理念，推广低影响开发、可持续排水系统、水敏感设计等规划技术，通过蓄、渗、滞、净、用、排等手段，使土地开发时能最大限度地保持原有的自然水文特征和自然系统，充分利用大自然本身对雨水的渗透、蒸发和储存功能，促进雨水下渗。从源头开始全程控制地表径流，降低雨水径流量和峰流量，减少对下游受纳水体的冲击，保护利用自然水系。达到防治内涝灾害、控制面源污染、提高雨水利用程度的目的。2014年住房和城乡建设部发布的《海绵城市建设技术指南——低影响开发雨水系统构建（试行）》可以认为是"中国版"的低影响开发模式。

（4）改进方法，模型应用：我国一直沿用传统的推理公式法计算雨水的流量。该方法的理论依据是恒定均匀流，即假定暴雨强度在整个汇水面积上是均匀分布的，且汇水面积随集流时间增长而均匀增加。欧美等国家也使用推理公式法，但使用时有严格的限制。欧盟标准规定，推理公式法仅适用于工程范围小于200hm^{2}的区域；美国标准规定，推理公式法仅限于面积 80hm^2 以内使用。这些规定表明，推理公式法只适用于汇流面积较小的区域，而对于汇水面积较大的地区，目前国际上通用的方法是采用水文水力模型进行模拟计算，这是由排水规划的特点决定的。

2）规划的技术路线

在全面普查、摸清现状排水设施基础上，编制城市排水防涝设施规划。加快雨污分流管网改造与排水防涝设施建设，解决城市积水内涝问题。积极推行低影响开发建设模式，将建筑、小区雨水收集利用、可渗透面积、蓝线划定与保护等要求作为城市规划许可和项目建设的前置条件，因地制宜配套建设雨水滞渗、收集利用等削峰调蓄设施。加强城市河湖水系保护和管理，强化城市蓝线保护，坚决制止因城市建设非法侵占河湖水系的行为，维护其生态、排水防涝和防洪功能。健全预报预警、指挥调度、应急抢险等措施，全面提高城市排水防涝减灾能力，建成较完善的城市排水防涝、防洪工程体系。具体的技术路线如图 2-26 所示。

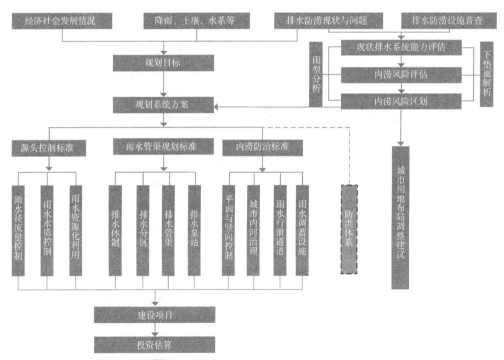

图 2-26　规划的技术路线图示[56]

2.4.6　城市排水（雨水）防涝规划的内容

城市排水（雨水）防涝规划主要应包括以下几个主要方面：城市概况分析、城市排水设施现状及防涝能力评估、规划目标、城市防涝设施工程规划、超标降雨风险分析、非工程措施规划。编制流程（图2-27）为实现这六方面的内容，具体要求如下：

1）城市概况分析

城市概况分析主要是对城市位置与区位情况、城市地形地貌概况、城市地质水文气候条件、城市社会、经济情况等基本情况进行整理分析。同时，对总体规划中关于城市性质、职能、规模、布局等内容进行解读，分析其中与城市排水相关的绿地系统规划、城市排水工程规划、城市防洪规划、道路交通设施规划、城市竖向规划等内容。

2）城市排水防涝现状及内涝风险评估

（1）城市水系：掌握城市内河（不承担流域性防洪功能的河流）、湖泊、坑塘、湿地等水体的几何特征、标高、设计水位及城市雨水排放口分布等基本情况。城市区域内承担流域防洪功能的受纳水体的几何特征、设计水（潮）位和流量等基本情况。

（2）道路竖向：理清城市主次干道的道路控制点标高。

（3）历史内涝：描述近10年城市积水情况，积水深度、范围等，以及灾害造成的人员伤亡和直接、间接经济损失。

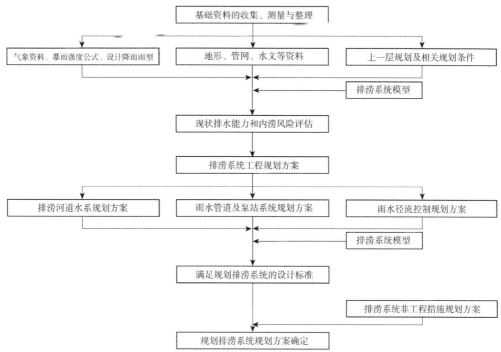

图2-27　规划编制的流程图示[55]

（4）城市排水设施现状调查：为了更好地、有针对性地编制城市排涝规划，需要对城市排水设施的现状情况进行分析评估，主要需要调查的数据包括：城市排水分区及每个排水分区的面积和最终排水出路，城市内部水系基本情况（如长度、流量、流域面积等以及城市现状雨水排放口信息），城市内部水体水文情况（如河流的平常水位、不同重现期洪水的流量与水位、不同重现期下的潮位等），城市现状排水管网情况（如长度、建设年限、建设标准、雨水管道和合流制管网情况），城市排水泵站情况（如位置、设计流量、设计标准、建设时间、运行情况）。同时对可能影响到城市排涝防治的水利水工设施，比如梯级橡胶坝、各类闸门、城市调蓄设施和蓄滞空间分布等也需要进行调研。

（5）内涝风险评估

对于城市现状排水设施及其排涝能力的评估，要在现状调查与资料收集的基础上，根据现状城市下垫面和管道现况，尽可能采用水文水力学模型对管道是否超载及地面积水进行评估；同时，需要通过模型确定地表径流量、地表淹没过程等灾害情况，获得内涝淹没范围、水深、水速、历时等成灾特征。并根据评估结果进行风险评价，从而确定内涝直接或间接风险的范围，进行等级划分，通过专题图示反映各风险等级所对应的空间范围。

3）规划标准

根据城市排水（雨水）防涝规划的目标和城市内涝防治系统的源头控制设施、排水管渠设施和综合防治设施的三部分组成，国内的相关规范与技术标准在借鉴欧美国家排水系统、防涝系统的设计标准的基础上对我国城市排水防涝的整体和各个组成体系都做了规划设计的标准制定，并与城市防洪标准相衔接。

（1）城市内涝防治标准

城镇内涝防治的主要目的是将降雨期间的地面积水控制在可接受的范围。《城镇内涝防治技术规范》GB 51222—2017 和《室外排水设计规范》GB 50014—2006（2016 年版）中内涝防治设计重现期和积水深度标准见表2-7，用以规范和指导内涝防治设施的设计。

内涝防治设计重现期，应根据城镇类型、积水影响程度和内河水位变化等因素，经技术经济比较后确定，按表 2-7 的规定取值，并应符合下列规定：

内涝防治设计重现期   表 2-7

城镇类型	重现期（年）	地面积水设计标准
超大城市	100	1. 居民住宅和工商业建筑物的底层不进水； 2. 道路中一条车道的积水深度不超过 15cm。
特大城市	50~100	
大城市	30~50	
中等城市和小城市	20~30	

注：按表中所列重现期设计暴雨强度公式时，均采用年最大值法；超大城市指城区常住人口在 1000 万以上的城市；特大城市指城区常住人口在 500 万~1000 万的城市；大城市指城区常住人口在 100 万~500 万的城市；中等城市和小城市指城区常住人口在 100 万以下的城市。

①经济条件较好，且人口密集、内涝易发的城市，宜采用规定的上限；

②目前不具备条件的地区可分期达到标准；

③当地面积水不满足表2-7的要求时，应采取渗透、调蓄、设置雨洪行泄通道和内河整治等措施；

④对超过内涝设计重现期的暴雨，应采取应急措施。

根据内涝防治设计重现期校核地面积水排除能力时，应根据当地历史数据合理确定用于校核的降雨历时及该时段内的降雨量分布情况，有条件的地区宜采用数学模型计算。如校核结果不符合要求，应调整设计，包括放大管径、增设渗透设施、建设调蓄段或调蓄池等。执行表2-7的标准时，雨水管渠按压力流计算，即雨水管渠应处于超载状态。

（2）城市雨水管渠的设计标准

雨水管渠设计重现期，应根据汇水地区性质、城镇类型、地形特点和气候特征等因素，经技术经济比较后按表2-8的规定取值，并应符合下列规定：

①经济条件较好，且人口密集、内涝易发的城镇，宜采用规定的上限；

②新建地区应按本规定执行，既有地区应结合地区改建、道路建设等更新排水系统，并按本规定执行；

③同一排水系统可采用不同的设计重现期。

雨水管渠排出口标高应与河道水位相衔接，并符合下列规定：

①雨水管渠出水口底高程宜高于受纳水体的常水位，条件许可时宜高于设计防洪（潮）水位。

②当雨水管渠出水口存在受水体水位顶托的可能时，应根据地区重要性和积水影响，设置潮门、拍门或雨水泵站等设施。

（3）城市雨水径流的控制标准

城市用地的开发，应体现低影响开发的理念，在城市开发用地内进行源头控制。根据低影响开发的要求，结合城市地形地貌、气象水文、社会经济发展情况，合理确定城市雨水径流量控制、源头削减的标准以及城市初期雨水污染治理的标准。

城市开发建设过程中应最大程度地减少对城市原有水系统和水环境的影响，而不应由市政设施的不断扩建与之适应，并以径流量作为地区开发改建的控制指标，即整体改建地区应

雨水管渠设计重现期（年） 表2-8

城区类型城镇类型	中心城区	非中心城区	中心城区的重要地区	中心城区地下通道和下沉式广场等
超大城市和特大城市	3~5	2~3	5~10	30~50
大城市	2~5	2~3	5~10	20~30
中等城市和小城市	2~3	2~3	3~5	10~20

注：1. 按表中所列重现期设计暴雨强度公式时，均采用年最大值法；
2. 雨水管渠应按重力流、满管流计算；
3. 超大城市指城区常住人口在1000万以上的城市；特大城市指城区常住人口在500万~1000万的城市；大城市指城区常住人口在100万~500万的城市；中等城市和小城市指城区常住人口在100万以下的城市。

采取措施确保改建后的径流量不超过原有径流量。新建地区综合径流系数的确定应以不对水生态造成严重影响为原则，新建地区的硬化地面中，透水性地面的比例不宜小于 40%；旧城改造后的综合径流系数不能超过改造前，不能增加既有排水防涝设施的额外负担。可采取的雨水径流综合措施包括建设下凹式绿地，设置植草沟、渗透池等，人行道、停车场、广场和小区道路等可采用渗透性路面，促进雨水下渗，既达到雨水资源综合利用的目的，又不增加径流量。严格执行规范规定控制的综合径流系数，当综合径流系数高于 0.7 的地区应采用渗透、调蓄等措施。径流系数，可按表 2-9 的规定取值，汇水面积的综合径流系数应按地面种类加权平均计算，可按表 2-10 的规定取值，并应核实地面种类的组成和比例。

径流系数　　　　　表 2-9

地面种类	Ψ
各种屋面、混凝土或沥青路面	0.85~0.95
大块石铺砌路面或沥青表面各种的碎石路面	0.55~0.65
级配碎石路面	0.40~0.50
干砌砖石或碎石路面	0.35~0.40
非铺砌土路面	0.25~0.35
公园或绿地	0.10~0.20

综合径流系数　　　　表 2-10

区域情况	Ψ
城镇建筑密集区	0.60~0.70
城镇建筑较密集区	0.45~0.60
城镇建筑稀疏区	0.20~0.45

4）系统方案

由于城市排涝系统是一个与雨水径流的产生、传输、排放相结合的有机整体，涉及城市排涝系统规划的三个方面内容：雨水管道及泵站系统规划、城市排水河道规划以及城市雨水控制与调蓄设施规划，在实际径流控制过程中相互衔接、彼此影响，因此需要构建统一的水文水力模型进行模拟计算、校核与调整：

首先，根据初步编制好的雨水管道及泵站系统规划、城市内部排水河道规划以及城市雨水控制与调蓄设施规划，分别构建雨水管道及泵站模型（含下垫面信息）、河道系统模型、调蓄设施系统模型，并将上述三个模型进行耦合。然后，根据城市地形情况构建城市二维积水漫流模型，并与一维的城市管道、河道模型进行耦合。接着，通过模型模拟的方式模拟排涝标准内的积水情况。最后，针对积水情况拟定改造规划方案并带入模型进行模拟验算，最终得到合理的、满足规划目标要求的规划方案。

在制定规划方案时，应在尽量不改变原雨水管道和河道排水能力的前提下，主要分析地表积水顺着地形的汇流路径，规划地表涝水的行泄通道。采用调整地区的竖向高程、修建调蓄池、雨水花园等工程措施，疏导积水汇入现状河道、湖库、水塘、下凹绿地、低洼广场等行洪、调蓄、临时调蓄设施降低风险。涝水行泄通道应尽量保留利用原始排涝路径，合理设计通道坡度与断面尺寸。对所采取措施的效果进行模拟分析，直到积水的深度和时间满足规划确定的标准。

根据降雨、气象、土壤、水资源等因素，综合考虑蓄、滞、渗、净、用、排等多种措施组合，按照多规协调原则，结合城市排水防涝现状和特征，采用水力模型和推理公式两种计算方法，通过方案优化和比选，确定排水防涝标准，评估排水能力和内涝风险，规划城市防涝系统、雨水径流控制设施、城市排水（雨水）管网系统，提出工程量和近期建设计划以及排水防涝管理和保障措施。

在城市地下水水位低、下渗条件良好的地区，应加大雨水促渗；城市水资源缺乏地区，应加强雨水资源化利用；受纳水体顶托严重或者排水出路不畅的地区，应积极考虑河湖水系整治和排水出路拓展。

5）城市雨水径流控制与资源化利用

（1）径流量控制：根据径流控制要求，提出径流控制方法、措施及相应设施的布局。对控制性详细规划提出径流控制要求，作为城市土地开发利用的约束条件，明确单位土地开发面积的雨水蓄滞量、透水地面面积比例和绿地率等。

根据城市低影响开发（LID）要求，合理布局下凹式绿地、植草沟、人工湿地、可渗透地面、透水性停车场和广场，利用绿地、广场等公共空间蓄滞雨水。

除因雨水下渗可能造成次生破坏的湿陷性黄土地区外，其他地区应明确新建城区的控制措施，确保新建城区的硬化地面中，可渗透地面面积不低于40%；明确城市现有硬化路面的改造路段与方案。

（2）径流污染控制：根据城市初期雨水的污染变化规律和分布情况，分析初期雨水对城市水环境污染贡献率；按照城市水环境污染物总量控制要求，确定初期雨水截流总量；通过

方案比选确定初期雨水截流和处理设施规模与布局。

（3）雨水资源化利用：根据当地水资源禀赋条件，确定雨水资源化利用的用途、方式和措施。

6）城市排水（雨水）管网系统规划

（1）排水体制：除干旱地区外，新建地区应采用雨污分流制。对现状采用雨污合流的，应结合城市建设与旧城改造，加快雨污分流改造。暂时不具备改造条件的，应加大截流倍数。对于雨污分流地区，应根据初期雨水污染控制的要求，采取截流措施，将截流的初期雨水进行达标处理。

（2）排水分区：根据城市地形地貌和河流水系等，合理确定城市的排水分区；建成区面积较大的城市，可根据本地实际将排水分区进一步细化为次一级的排水分区（排水系统）。

（3）排水管渠：结合城市地形水系和已有管网情况，合理布局城市排水管渠。充分考虑与城市防洪设施和内涝防治设施的衔接，确保排水通畅。对于集雨面积2km²以内的，可以采用推理公式法进行计算；采用推理公式法时，折减系数 m 值取1。对于集雨面积大于2km²的管段，推荐使用水力模型对雨水管渠的规划方案进行校核优化。

根据城市现状排水能力的评估结果，对不能满足设计标准的管网，结合城市旧城改造的时序和安排，提出改造方案。

（4）排水泵站及其他附属设施：结合排水管网布局，合理设置排水泵站；对设计标准偏低的泵站提出改造方案和时序。有条件的地区，应结合泵站或其他相关排水设施设置雨量自动

观测设施。

7）防涝系统规划

（1）平面与竖向控制：结合城市内涝风险评估的结果，优先考虑从源头降低城市内涝风险，提出用地性质和场地竖向调整的建议。

（2）城市内河水系综合治理：根据城市排水和内涝防治标准，对现有城市内河水系及其水工构筑物在不同排水条件下的水量和水位等进行计算，并划定蓝线；提出河道清淤、拓宽、建设生态缓坡和雨洪蓄滞空间等综合治理方案以及水位调控方案，在汛期时应该使水系保持低水位，为城市排水防涝预留必要的调蓄容量。

（3）城市防涝设施布局：城市涝水行泄通道，使用水力模型，对涝水的汇集路径进行分析，结合城市竖向和受纳水体分布以及城市内涝防治标准，合理布局涝水行泄通道。行泄通道应优先考虑地表的排水干沟、干渠以及道路排水；对于建设地表涝水行泄通道确有困难的地区，在充分论证的基础上，可考虑选择深层排水隧道措施。城市雨水调蓄设施，优先利用城市湿地、公园、下凹式绿地和下凹式广场等，作为临时雨水调蓄空间；也可设置雨水调蓄专用设施。

（4）与城市防洪设施的衔接：统筹防洪水位和雨水排放口标高，保障在最不利条件下不出现顶托，确保城市排水通畅。

（5）近期建设规划：根据规划要求，梳理管渠、泵站、闸阀、调蓄构筑物等排水防涝设施及内河水系综合治理的近期建设任务。

8）管理规划

（1）体制机制：建立有利于城市排水防涝统一管理的体制机制，城市排水主管部门要加强统筹，做好城市排水防涝规划、设施建设和相关工作，确保规划的要求全面落实到建设和运行管理上。

（2）信息化建设：按照《城市排水防涝设施普查数据采集与管理技术导则（试行）》要求，结合现状设施普查数据的采集与管理，建立城市排水防涝的数字信息化管控平台，实现日常管理、运行调度、灾情预判和辅助决策，提高城市排水防涝设施规划、建设、管理和应急水平。

（3）应急管理：强化应急管理，制定、修订相关应急预案，明确预警等级、内涵及相应的处置程序和措施，健全应急处置的技防、物防、人防措施。

发生超过城市内涝防治标准的降雨时，城建、水利、交通、园林、城管等多部门应通力合作，必要时可采取停课、停工、封闭道路等避免人员伤亡和重大财产损失的有效措施。

9）规划附图的基本要求

（1）城市水系图（1：25000~1：5000），描述城市内部受纳水体（包括河、湖、塘、湿地等）基本情况，如长度、河底标高、断面、多年平均水位、流域面积等以及城市现状雨水排放口信息。

（2）城市排水分区图（1：25000~1：5000），城市排水分为几个区，每个排水分区的面积，最终排水出路等。

（3）城市道路规划图（1：25000~1：5000），城市主次干道交叉点及变坡点的道路标高。

（4）城市现状排水设施图（1：25000~

1：5000），城市排水管网的空间分布及管网性质、各管段长度、管径、管内底标高、流向、设计标准、泵站的位置和流量及设计重现期等内容，大城市和特大城市可以只表现到干管，中小城市到支管。

（5）城市现状内涝防治系统布局图（1：25000~1：5000），能影响到城市排水与内涝防治的水工设施，比如城市调蓄设施和蓄滞空间分布、容量。

（6）城市现状易涝点分布图（1：25000~1：5000），根据实际勘查的城市现状易涝点的空间分布。

（7）城市现状排水系统排水能力评估图（1：25000~1：5000），城市现状排水各管段的实际排水能力，最好用重现期表示，包括小于1年，1~2年，2~3年，3~5年和大于5年一遇，并标识出低于国家标准的管段。

（8）城市内涝风险区划图（1：25000~1：5000），城市内涝高、中、低风险区的空间分布情况。

（9）城市排水分区规划图（1：25000~1：5000），城市排水分区、各分区的面积及排入的受纳水体。

（10）城市排水管渠及泵站规划图（1：25000~1：5000），城市排水管网布局、管网长度、管径、管内底标高、流向、出水口的标高，表达出是新建管渠还是雨污合流改造管渠还是原有雨水管渠扩建，城市泵站的名称、位置、设计流量，城市规划排水管渠的重现期。大城市和特大城市可以只表现到干管，中小城市要表现到支管。

（11）城市低影响开发设施单元布局图（1：25000~1：5000），城市下凹式绿地、植草沟、人工湿地、可渗透地面、透水性停车场和广场的布局，城市现有硬化路面的改造路段与方案，将现状绿地改为下凹式绿地的位置与范围，可根据需要用多张图纸来表达。

（12）规划建设用地性质调整建议图（1：25000~1：5000），对规划新建地区内涝风险较高地区，提出调整建议。

（13）城市内河治理规划图（1：25000~1：5000），河道拓宽及主要建筑物改扩建的规划方案。

（14）城市雨水行泄通道规划图（1：25000~1：5000），城市大型雨水行泄通道的位置、长度、截面尺寸、过流能力、服务范围等信息。

（15）城市雨水调蓄规划图（1：25000~1：5000），雨水调蓄空间与调蓄设施的位置、占地面积、设施规模、主要用途、服务范围等信息。

2.5　中外城市防洪典型实例

本节列举中外城市的防洪典型实例，中国以武汉市、上海市、广州市、哈尔滨市共四个城市的城市防洪为例，国外则以英国伦敦市的防洪为例。

2.5.1　武汉市防洪

1）概况

武汉市地处长江中游，汉水与长江交汇处，是湖北省省会，全省政治、经济、文化中心，中国水陆交通重要枢纽和综合性工业基地，钢铁、机械、轻纺、商贸、汽车、光纤通信等产业在全国占有重要地位。1999年底，城区人口740.2万人，市区建成区面积208km²，国内生产总值1085.68亿元。长江、汉水把市区分隔为武汉三镇（汉口、武昌、汉阳），汉口以北紧靠府环河。长江流经市区长为145km；汉水流经市区长为62km；府环河在市区流程长60km（图2-28）。市区地面除局部山丘外，一般高程在21~27m之间，平均地面高程约为24m，低于外江最高洪水位1~7m。武汉市主要受长江和汉水等外江洪水的威胁，市区暴雨会造成涝灾。武汉市防洪是长江防洪的重要组成部分。

2）洪水特性和洪涝灾害

武汉市的外江洪水主要呈现以下特征：①汛期长。长江洪水一般发生在5~8月，而汉水洪水发生在7~10月，因此武汉汛期长达6个月左右。②流量大。长江武汉河段多年平均年径流量7374亿m³，最大洪峰流量76100m³/s。③水位高，且高水位的发生频次愈来愈密。1954年洪水位最高，1865~1999年武汉关水位超过27m以上的达18次，平均7.5年1次。其中，1980~1999年以来发生9次，平均约2年1次。

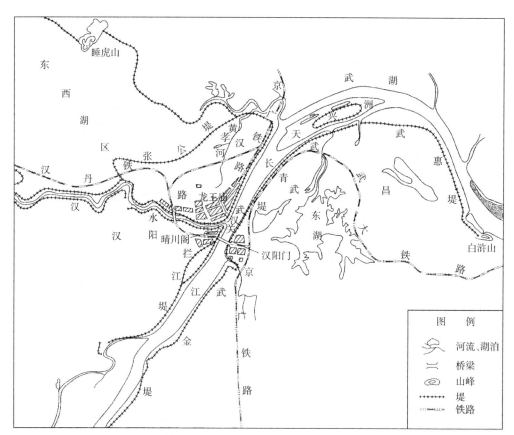

图2-28 武汉市防洪工程示意图[4]

3）武汉洪水类型主要有

（1）长江干支流洪水遭遇，高水位持续时间长、洪量大的洪水，如 1931 年、1954 年、1998 年洪水。

（2）长江中、上游若干支流发生强大集中性暴雨，洪峰流量特大的洪水，如 1935 年洪水。

两类洪水对武汉市均可造成严重的灾害。此外，还有市区集中暴雨灾害，如 1982 年 6 月涝灾。据不完全统计，清道光以前，武汉地区平均约 20 年有一次成灾洪水。近代自 1865 年汉口建立水文站以来，武汉市区几次被淹，灾害严重。1931 年洪水，武汉关最高洪水位 28.28m，三镇被淹近 100 天，最大水深 6m，市区街道行船，78 万人受灾，32600 人死于洪水、饥饿和瘟疫；1935 年洪水主要是汉水来水，汉口张公堤险情极度紧张，汉阳被淹，武昌沿江一带街道水深 0.3~0.4m；1954 年洪水武汉关最高洪水位达 29.73m，是 1865 年武汉关有水位记录以来的最高洪水位，汉阳被淹，武昌、汉口被洪水围困 100 多天，京广铁路中断约 3 个月，工厂大部分停工，损失难以估计。1982 年 6 月 19 日~21 日武汉市区降雨量 411mm，其中 24h 集中暴雨 300mm，受涝面积 62km²，受灾人口 127 万，死亡 15 人，当年经济损失约 2.5 亿元。1998 年长江发生自 1954 年以来的又一次全流域性大洪水，整个汛期历时 93 天，8 月 19 日 21 时武汉关出现最高 29.43m 的洪水位，最大洪峰流量 71100m³/s，城区出险 402 处。经过紧急抢险，尽管长江、汉水堤防没有决口，但是城区暴雨造成内涝，洪涝损失仍达 19 亿元。

4）防洪建设简史

公元 1~2 世纪前，武汉地区河道纵横，湖群密布，人口较少，多住武昌、汉阳高地。公元 2 世纪开始设军事城堡。公元 7 世纪，人口增多，修城墙的同时开始修堤防水。17 世纪初，汉水尾闾从晴川阁入江改由龙王庙入江后，汉口开始修堤。据有关记载：武昌汉阳门至平湖门间花蕊堤始建于 1111~1118 年；1190~1194 年筑万金堤；1206~1308 年修打门堤，1612 年后修熊公堤；1899~1900 年修武青堤、武泰堤。武昌历代所修堤防多次为洪水所毁，屡经修复。汉阳自 1506 年开始据地势修筑零星垸堤，1644 年修拦江堤。汉口 1635 年筑长堤（即袁公堤），1905 年修张公堤，1929 年修武汉关堤，1931 年后逐渐围成汉口圈堤。至 1949 年，三镇堤防总长 108km。但堤防堤身低矮，堤型参差，管理不善，隐患多，加之堤上挖壕沟，筑碉堡等工事，堤防遭到严重破坏，防御洪水能力很低。长江水位到 27m 以上，堤防即险象丛生。

1949~1954 年，按照 1931 年长江武汉关最高洪水位 28.28m 的标准。对堤防进行维护和建设。1954 年长江大水后，按照 1954 年武汉关最高洪水位 29.73m 加安全超高 1.0m 的标准进行维护和建设。武汉附近设杜家台、西凉湖、武湖、张渡湖、白潭湖和东西湖分蓄洪区 6 处。到 1974 年，根据整体防洪规划要求，三镇堤防系统和分蓄洪工程基本建成。1968 年丹江口水库工程初期规模建成，减轻了汉水洪水对武汉市的威胁。至此，武汉市初步形成具有堤防、分蓄洪工程和丹江口水库的防洪体系。1974~1982 年，按武汉关水位 29.73m

加安全超高 1.5m 的标准进行堤防维护和建设。1982~1999 年，按武汉关水位 29.73m 加安全超高 2.0m 的标准进行维护和建设，并把隔渗和除险加固纳入建设范畴。

5）防洪工程现状

武汉防洪工程包括堤防、涵闸、水库和分蓄洪区。城市堤防包括城区和郊区两部分。武汉市堤防全长 800km，其中按重要程度和水系划分，长江、汉水干堤 465km，连江支堤 335km；按等级划分，国家确保干堤 194.4km，一般干堤、连江支堤 605.6km；按堤防结构划分，混凝土防水墙 52.42km，其中蔡甸 2km，城区 50.42km，其余为土堤。武汉市城区分为汉口、武昌、汉阳 3 个独立的防洪保护圈。

（1）汉口防洪保护圈由汉口沿河堤、汉口沿江堤、张公堤组成，全长 52.73km，堤顶高程 31.7~32m，保护圈面积 133.8km²，除京广铁路留有约 20m 道口外，其余堤防均已形象达标。

（2）武昌防洪保护圈由长江武惠堤、武钢工业港堤、武青堤、武昌市区堤、八铺街堤、武金堤以及武昌地区以南的自然高地组成，堤线 77.72km，堤顶高程 30.7~32.2m，保护圈面积约 820km²。

（3）汉阳防洪保护圈由汉阳沿河堤、汉阳拦江堤、高公街堤、鹦鹉堤、江永堤、烂泥湖堤、永固堤、襄永堤、保丰堤、汉阳隔堤和自然高地组成，全长 63.95km，保护圈面积约 413.5km²。市区确保干堤防洪标准按 1954 年武汉关最高洪水位 29.73m 超高 2m，水面坡降按 1954 年当地最高洪水位控制建设。混

凝土防水墙采用"⊥"形结构，内外设置挡土墙及台马道，以控制墙身稳定；土堤顶宽为 8m，内外坡比为 1∶3，堤外防浪台（防渗铺盖）面宽一般为 10~25m；堤内压浸台多为一级，面宽 10m，部分堤段设置二级压浸台，面宽 15m，高出地面约 1~1.5m，两台边坡均为 1∶3。至 1998 年，全市长江、汉水干堤已达标 165km。武汉城区堤防上共有通道闸口 303 处，排水出口 80 处，涵闸 47 座，排水泵站 51 座。武汉全市有水库 273 座，其中大型 3 座，中型 6 座，小型 264 座，集雨面积 852km²，总库容 9.25 亿 m³。武汉附近 6 个分蓄洪区，规划分蓄洪水 68 亿 m³。1998 年大水后，国家在 1999 年安排了投资 6.5 亿元，主要实施堤防除险加固达标、涵闸除险、水库除险、泵站维护改造等重点水利工程 148 项，工程完成后，全市长江、汉水干堤达标堤段可增加到 283km。2000 年长江、汉水干堤计划达标堤段可增至 374km。至 2001 年，465km 长江、汉水干堤全部达标。

6）武汉市区河道状况

长江武汉市区河段按平面形态大体上可分为 3 段，上游段较为稳定，中游段次之，下游段由于节点间距较大，稳定性较差，且由天兴洲分为微弯分汊河段。汉水武汉段主要特性为多弯、窄深、堤岸合一。河宽一般均在 200~400m 之间，汉水铁桥以下（出口段）更窄。本河段堤岸合一河道长达 18km。

7）防洪工程运用方式

武汉市单靠城市自身的防洪设施是不能完全解决洪水威胁的，必须依靠全流域的全面规划和综合治理。首先是充分利用三峡、隔河

岩、丹江口等上游水库的调蓄作用，并充分发挥河道行洪能力，必要时，应用上游和武汉附近的分蓄洪区。武汉附近的防洪工程应用原则为：当武汉关水位达到 28.28m 时，武汉附近部分低矮民垸自溃蓄洪。当武汉关水位达到 29.5m，并预报上游继续涨水，武汉关水位接近 29.73m 时，作好运用武汉附近的分蓄洪工程分洪的安排，考虑东西湖社会经济、交通枢纽的重要性和其他因素，分洪运用放在最后。当预报水位超过 29.73m 时，若洪水主要来自汉水，则首先开启杜家台分洪闸运用杜家台分洪工程分洪，同时利用丹江口水库补偿调节洪峰，1983 年实践证明效果良好。若预见期内长江洪水大，汉水洪水小，且丹江口水库尚预留有较多防洪库容时，则利用黄陵矶闸或爆破长江江堤分洪入杜家台分洪区。按工程现状，如发生比 1954 年更大洪水，除充分利用市区上游和附近的分蓄洪工程外，还需利用其他圩垸分洪或适当抬高防御水位。

8）防洪工程存在问题

（1）堤防尚未全部按防御 1954 年洪水标准形象达标。

（2）工程质量差，部分建筑物年久失修，历史险工未彻底治理。

（3）江滩乱建乱占，人为设障影响行洪。

（4）分蓄洪区安全建设远未达标，运用时难以按分蓄洪标准调度。

9）市区防御外洪的总体能力

武汉市堤防通过多年的加修，干堤防洪能力有了较大提高，通过了 1998 年有水文记载 133 年间第二大洪水（29.43m）的考验。近年大规模防洪工程建设的实施，大量险工已处

理，险情大为减少。截至 2000 年汛前，长江、汉水尚有 91km 堤防未按 1954 年洪水形象达标。对于已经形象达标的工程，由于堤质堤身问题，险工险段的整治未得到全部解决，因此，武汉市区防御外洪的总体能力，还未达到防御 29.73m 的防洪标准。另外，从洪水量上讲，如果再发生 1954 年洪水量，在不能充分利用分蓄洪区的情况下，加上自然和人为因素造成的湖泊、河道调蓄能力下降，武汉关水位可能超过 29.73m。

2.5.2 上海市防洪

1）概况

上海市地处长江三角洲东南缘，太湖流域下游，1999 年全市总面积 6340.5km²，其中城区面积 550km²；全市人口 1313.1 万，其中市区人口 1127.2 万。全市国内生产总值 4034.9 亿元。1999 年上海港年吞吐量为 1.86 亿 t，集装箱 421.6 万标准箱，是世界十大港口城市之一。上海市地势低平，地面高程多在 3.0~4.0m（吴淞高程，下同），其中市区多为 3.0~3.5m，黄浦、静安等区最低处仅 2.2m，系由于过量抽取地下水，地面沉降所致。上海市沿杭州湾、长江口、黄浦江实测最高潮位，高于当地地面 0.5~3.5m，完全依赖海塘、市区防汛墙、黄浦江上游江泖堤防挡潮、防洪。如大汛期间遇台风影响或与太湖洪水下泄、地区大暴雨遭遇，全市有可能出现大范围严重受淹，因此全市防洪（潮）任务十分繁重。

上海常受台风、高潮、暴雨和洪水影响、侵袭。近 20 多年来，尤其是最近 10 年，沿杭州湾、长江口、黄浦江高潮位一再突破历

史记录。黄浦江黄浦公园站自 1981 年以来，共 9 次出现 5m 以上特高潮位。1997 年 8 月 19 日潮位最高，当时沿杭州湾、长江口、黄浦江干流全线大幅度突破历史记录，其中黄浦江黄浦公园站实测潮位达 5.72m，仅比 1984 年水利部、上海市批准的千年一遇潮位低 0.14m（比原历史记录抬高 5m）；米市渡站潮位达 4.27m，比原分析的万年一遇水位还高 1cm，经全市军民全力抢险，才保基本安全。

2）洪水类型及危害

从历史洪潮灾害的成因分析，上海洪水主要有台风暴潮型、太湖洪水与大潮遭遇型及地区暴雨型 3 大类。

（1）台风暴潮型

每年 5~10 月，特别是 8~9 月，上海常受台风（指热带风暴、强热带风暴、台风，下同）影响或侵袭，平均每年 2 次。汛期黄浦江黄浦公园站大汛期间（农历初三、十八前后）天文潮位一般在 4.0m 以上，最高 4.4m，如恰遇台风影响或侵袭，就有可能出现特高潮位，若再遭遇地区大暴雨，或太湖洪水下泄，将会出现"灾难性"特高潮位。据实测资料分析，凡黄浦公园站出现 4.80m（吴淞站为 5.10m）以上高潮位均系台风影响所致。1949 年以来几次特高潮位中，黄浦公园站增水达 0.70~1.49m，吴淞站增水达 0.77~1.58m。

台风暴潮型洪灾是上海地区出现次数最多、威胁最大、损失最严重的自然灾害。1470 年以来，因台风暴潮，"水高丈余，死人上万"的特大灾情共发生过 10 次，平均 50 年 1 次，最近一次出现在 1905 年 9 月 2 日。20 世纪

以来，较大洪潮有 15 次，其中 1949 年以来发生 10 次，有 2 次造成严重灾害，3 次发生一般灾害，其余为局部轻灾。1949 年以后 2 次严重潮灾。

①1949 年 7 月 25 日，当时台风在上海金山—浙江平湖一带登陆，上海市区瞬时风力在 12 级以上，日雨量为 148mm，黄浦公园站高潮位 4.77m。当时上海刚解放，市区未及设防，大部被淹，水深 0.3~2.0m，大批工厂进水停产，仓库、住宅遭淹受损，市内交通一度受阻，死亡 34 人，损失严重；因当时郊区海塘，江沿堤防和圩堤单薄、低矮，出现大范围漫溢和严重溃决，死亡 1613 人，受淹农田 13.9 万 hm²，损失严重。

②1962 年 8 月 2 日，台风在上海市以东约 300km 海面上掠过，市区瞬时风力达 10 级，日雨量 58mm，黄浦公园站高潮位 4.76m，市区黄浦江、苏州河等防汛墙溃决 46 处，多处漫溢，市区"一半"遭淹，一般水深 0.5~0.7m，最深近 2.0m，大量工厂、仓库、住宅进水遭淹，市内交通一度受阻，市区死亡 17 人，据事后估算，市区当时直接损失约 5.0 亿元；郊区宝山、川沙、崇明等县多处海塘溃决，淹死 32 人，受淹农田 0.9 万 hm²。

1949 年以来，造成一般损失的潮灾有 1974 年、1981 年、1997 年，其余损失较轻。1997 年 8 月 19 日台风在浙江省温岭登陆，上海市区瞬时风力为 10 级，徐家汇日雨量 81.1mm，黄浦公园站潮位 5.72m，仅比 1984 年水利部、上海市批准的千年一遇潮位 5.86m 低 0.14m，当时受灾农田 5.0 万 hm²，死亡 7 人，市区防汛墙溃决 3 处，黄浦

江中游近 50km 堤段有不同程度漫溢，30km 主海塘遭不同程度损坏。全市总经济损失约 6.3 亿元。

（2）洪水与大潮遭遇型

太湖洪水经黄浦江下泄，由于其历时在半个月以上，故必然与天文大潮遭遇，会对青浦、松江、金山等新市区产生较大影响；若与地区暴雨、大暴雨遭遇，会造成较严重后果；若太湖洪水经黄浦江下泄与台风高潮、地区暴雨遭遇，全市将出现"灾难性"汛情。

1949 年以来，因太湖大洪水经黄浦江下泄，与地区暴雨和天文大潮遭遇共出现 3 次（1954 年、1991 年、1999 年），都对黄浦江上游青浦、松江、金山等区造成严重危害：①1954 年 5~7 月梅雨期，因降雨量大，历时长，范围广，长江中下游和太湖流域都出现了特大洪水，7~8 月吴淞站平均高潮位比常年高 12cm，8 月 2 日黄浦江米市渡站出现 1916 年设站记录以来最高水位（3.80m），青浦南门站水位达 3.56m，高水位持续不退，造成西部地区受淹农田 7.0 万 hm²，其中重灾 1.6 万 hm²。②1999 年 6~7 月间，太湖流域和上海地区又出现了百年未遇特大梅雨，太湖流域洪水经黄浦江下泄，与天文大潮和地区大暴雨遭遇，使黄浦江上游广大地区出现特高水位，且持续时间较长，与江苏、浙江接壤 17 个水文站实测水位突破历史记录 1~43cm。米市渡站潮位达 4.12m，居历史第 2 高潮位。大范围特高潮位造成全市受淹农田 8.4 万 hm²，其中成灾 3.4 万 hm²，主要集中在西部青浦、松江、金山 3 区及北新泾地区，全市累计总损失约 8.7 亿元。

（3）地区暴雨型

上海地区 6~9 月多暴雨，据 1959~1983 年统计，平均每年有大暴雨 4 次。其中特大暴雨 3 年出现 1 次，多为热带气旋影响或雷暴雨所造成。市区西、北部地区，因距黄浦江较远，内河狭窄，水面积少，泄、蓄洪能力不足，沿河又有大量城市雨水经泵站排入，常使内河水位超出地面 0.5m 以上；如遇支流河口水闸关闸挡潮，因部分内河防汛墙简陋，可能使部分地段防汛墙漫溢或溃决。1975 年以来，市区内河部分地段出现漫溢、溃决先后有 10 余次，其中较严重是 1977 年、1991 年、1997 年。

①1997 年 8 月 21 日，暴雨中心在宝山塘桥附近，24h 雨量 581.3mm，为有记录以来的最大暴雨。日雨量 200mm 以上的笼罩面积约占全市总面积的 1/3，市区苏州河、蕴藻浜均出现罕见的全落潮现象，最大流量分别达到 197m³/s 和 477m³/s。苏州河以北大面积受淹，其中桃浦、吴淞、彭浦三大工业区受淹最重，道路水深 0.5m 以上，交通受阻，大批工厂、仓库进水受淹；蕴藻浜以南市区内河不少地段漫溢、局部溃决，造成损失；市郊宝山、嘉定等县有 6.5 万 hm² 农田受淹，3~4 天后退尽。

②1991 年 8 月 7 日市区出现特大暴雨，市区 12 个区平均日雨量达 150.8mm，最大达 231.9mm；最大 1h 雨量平均 101mm，最大达 138mm。由于降雨集中，雨量又大，造成支流河口水闸关闸挡潮期间，市区内河普遍出现了 4.10~4.30m 的特高水位，最高高出地面达 1.2m，桃浦、彭越浦、沙泾港、俞泾浦、走马塘等内河部分地段防汛墙漫溢、局

部地段溃决，不少地区被淹，造成一定经济损失。

3）防洪工程

（1）市区防汛墙

1949年后市区地面下沉幅度加大，潮水危害加重。1956年起，市区黄浦江、苏州河沿岸陆续修建砖防汛墙和土堤。1962年和1974年高潮后，曾进行过2次规模较大的防汛墙加高加固工程。1981年特高潮后，有关专家、领导和有关部门一致认定1974年颁发的市区防洪标准偏低。1984年经水利部和上海市人民政府批准，市区防洪标准提高到千年一遇高潮位设防（黄浦公园和吴淞口防御水位分别为5.86m和6.27m）。经国务院批准，于1988年起实施市区防汛墙按千年一遇防潮标准加高加固工程。到2001年汛前，原批准市区防汛墙加高加固工程基本完成，即包括长208km的市区防汛墙加高加固工程、新建苏州河水闸工程和47座支流水闸加高加固工程，惟吴泾、闵行包围工程未实施（后规划调整为新增市区防汛墙加高加固工程的一部分）。上海市区扩大后，经批准增加了长87km的市区防汛墙。现有江堤大部分尚不能保证20世纪90年代以来已出现过的高潮不出险；奉贤县长23km的江堤也不能保证20世纪90年代以来已出现过的高潮不出险，上述堤防急需立项建设。黄浦江上游地区堤防正在进行达标建设，部分已达50年一遇设防标准。

（2）上海市海塘

沿杭州湾、长江口海塘长508km，1949年后不断进行加高加固，尤其是1996年以来进行达标工程建设，到2000年底，已有282km达到防御100年高潮加11~12级风（风速28.6~32.7m/s）组合设防标准；有191km海塘外滩地为淤涨地段，准备结合今后滩地围垦，同时实施海塘达标工程；尚未达标的海塘长35km，其中约有一半正在加高加固。

4）存在问题和展望

上海市海塘、市区防汛墙和黄浦江上游江堤存在的主要问题：①海塘、新增市区防汛墙和黄浦江上游江堤尚有部分地段未达规划标准，同时海塘保滩工程建设刚刚起步，沿海塘尚有一些病险水闸，即全市尚未形成整体防御洪、潮能力；②市区防汛墙已进行加高加固的建设地段，由于种种原因，其防御能力在不断下降，已明显达不到千年一遇设防标准的要求，对未来防汛安全构成严重威胁；③已达标地段存在一些渗漏及局部损坏等隐患。

鉴于上海市区防洪问题严重性，①要加快海塘保滩、新增市区防汛墙和黄浦江上游江堤达标工程建设；②加快黄浦江河口建闸课题前期研究工作，尽早审定上海市区远景防洪标准和具体实施方案，尽早进入实质性建设阶段，为彻底解决上海市区防洪安全创造必要物质条件；③在防汛工程建设的同时，要加快、加强防洪非工程措施建设，如雨量、水位自动测报，防汛有线、无线通信保障，提高防汛水情、雨情预报精度，健全防汛计算机专用网络，建立防汛风险辅助决策系统，建立重要水利设施运行控制的自动测报系统，建立和完善防汛辅助决策系统，满足各级防汛指挥需要等。

2.5.3 广州市防洪

1）概况

广州市是广东省省会，华南经济中心和中国对外贸易重要口岸，位于珠江三角洲北缘，横跨珠江广州水道两岸（图2-29），1999年市区面积1444km²，城区面积285km²，市区人口405.49万，国内生产总值（GDP）1451.1亿元。广州市西北受西江和北江洪水的威胁，东南受台风暴潮的影响频繁，市内暴雨积涝也有一定危害。

2）洪水灾害

西江和北江洪水对广州市威胁最为严重，主要有3种情况。

（1）西江和北江同时出现大洪水或较大洪水

这种情况对广州威胁最为严重。1915年，西江、北江洪水遭遇，发生200年一遇大洪水，西江洪水经思贤滘入侵北江，保护广州市的北江大堤在石角、大塘、芦苞等处堤段决口，总长达3km，决堤流量达10000m³/s，洪水直泄广州，市区受淹7天，受淹面积占市区总面积的60%以上。广三、粤汉铁路中断逾月，轮船停航，市内水电和电话中断，工厂停工，大部分市区商业停市，死伤者数以万计。

（2）北江下游出现大洪水，西江为常遇洪水

这种情况下，北江大堤芦苞以上30km堤

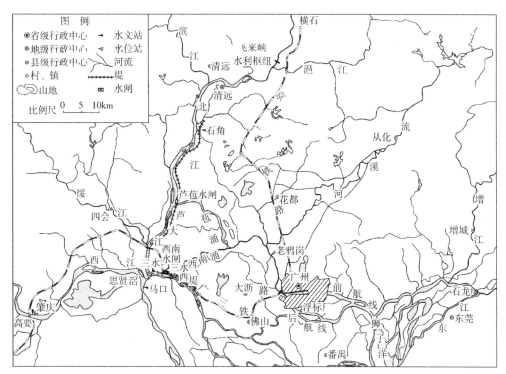

图2-29 广州市防洪示意图[4]

段受洪水严重威胁。1982 年洪水，北江下游堤防溃决甚多，北江大堤芦苞以上堤段出现多处较大险情。1931 年北江下游出现大洪水，北江大堤石角、芦苞等多处堤段溃决，广州市近郊 6.67 万 hm² 农田受淹成灾。

（3）西江出现大洪水，北江为常遇洪水

这种情况下，北江大堤芦苞以下 30km 堤段防守紧张，芦苞以上 30km 堤段亦受西江洪水顶托的影响，洪水历时较长。1949 年洪水，北江大堤的三水县西南镇等处溃决成灾。

20 世纪 50 年代初期至 70 年代中期的 20 多年里，西江、北江三角洲江海堤围普遍进行培修加固与建闸联围，小围并成大围，洪水归槽，广州市潮水位逐年有抬高之势。1950 年代初，曾拟定广州市安全水位为 2m（珠江基面），但之后常有突破，1990 年代初已把广州市安全水位修改为 2.5m。1993 年 9 月 16 日 9316 号强台风暴潮正面袭击珠江口，广州浮标厂水位站最高潮位达 2.44m，成为 1916 年以来广州市最高潮位。广州市濒临广州水道沿岸，如长堤天字码头一带道路街巷在盛潮期常遭水淹。此外，夏、秋高温多雨季节，常出现日雨量 100~200mm 的暴雨，每当大潮顶托，暴雨径流外排困难，不少低洼街道水深盈尺，影响城市交通和市民的正常生活。

3）城市防洪总体规划与布局

广州市城市防洪总体规划，在珠江流域防洪规划总体布局中，已作安排（图 2-29）。北江大堤（含芦苞、西南两座水闸）是防御北江和西江洪水，保护广州市防洪安全的堤防工程。为防御北江洪水，于 1999 年在北江建成飞来

峡水利枢纽。该水利枢纽结合潖江天然分洪，可使广州防御北江洪水的防洪标准，由原先 100 年一遇提高到 300 年一遇。对防御西江洪水，将结合红水河、黔江梯级开发，拟在西江红水河建龙滩水电站和在黔江建大藤峡水利枢纽。飞来峡、龙滩、大藤峡 3 个水库联合调洪，与北江大堤结合，广州市可抵御 1915 年型特大洪水。

广州市区内河网纵横，现有防洪（潮）堤防（岸墙）总长 478km。规划对其中防洪（潮）标准约为 10 年一遇的城区沿江两岸 257km 的防洪（潮）堤，按 200 年一遇防洪（潮）标准结合城市美化整修加固。对白云区现状防洪（潮）标准为 10 年一遇至 15 年一遇、长为 221km 的堤岸，规划按 20 年一遇至 50 年一遇标准整修加固。堤岸修建工程于 1996 年起动工，计划至 2010 年全部竣工。市区建成了雨污合流为主体的完整的城市排水系统，但治涝工程设施不配套，排涝标准仅达 2 年一遇至 5 年一遇，涝患时有发生。规划治涝标准采用 20 年一遇年最大 24h 暴雨不受淹。老城区近期采用 10 年一遇年最大 24h 暴雨不受淹标准。农作区采用 20 年一遇年最大 24h 暴雨 1 天排至农作物耐淹水深。

2.5.4 哈尔滨市防洪

1）概况

哈尔滨市是黑龙江省的省会，中国东北地区的重要交通枢纽和工业城市，位于松花江下游的右岸。1999 年全市总面积 1637km²，其中城区面积 165km²，人口 299.4 万人，国内生产总值（GDP）466.4 亿元。哈尔滨市防洪

是松花江防洪的重要组成部分。市区沿江和郊区地面高程为116~118m，江岸筑有防洪堤（图2-30），保护市内道里、道外、太平3个区和铁路、公路、航运等交通枢纽，保护人口120万人。

2）洪水与洪灾

威胁哈尔滨市安全的主要是松花江洪水，其次是市区暴雨洪水。松花江哈尔滨河段以上流域面积为39.0万km², 一次洪水历时60天，高水位持续时间长。1898~2000年间，发生过严重洪涝灾害的年份有1932年、1934年、1956年、1957年、1998年等。1932年洪水，哈尔滨站60天洪量540亿m³，最高洪水位119.75m，实测洪峰流量11500m³/s，其中

流量在10000m³/s以上的洪水历时达21天，市区堤防溃决20余处，道里、道外两个区大部被淹，街上行船，平地水深3m，受灾面积8.77km²，人口23万。1957年洪水，经丰满水库调蓄后，哈尔滨市最高水位仍超过1932年水位0.58m，经过抢护，保住了堤防和城市安全。1998年洪水，哈尔滨60天洪量为504亿m³，最高洪水位120.89m，超过历史实测最高水位0.84m，流量16600m³/s，洪水重现期约为150年，大于1932年（还原洪峰流量16200m³/s）和1957年（还原洪峰流量14800m³/s）洪水，为20世纪第一位大洪水。经过广大军民的严防死守，确保了哈尔滨市区的安全。

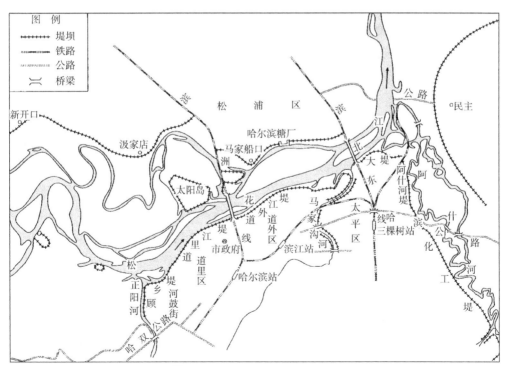

图2-30　哈尔滨市堤防工程示意图[4]

3）防洪工程

哈尔滨城市防洪堤的修筑始于东清铁路（后改称中东铁路）修筑时期。道里区江堤建于 1898~1903 年间，堤岸自滨洲线铁路桥向西到河鼓街，全长 4.2km，1916 年随着城市的发展进行了加固。道外区江堤始建于 1911 年，堤长 3.57km。江北岸松浦堤防始建于 1922 年，自松浦区马家船口至呼兰县糖厂（今哈尔滨糖厂），堤防长约 114km，上述堤防标准普遍较低。1932 年松花江洪水将江北、道外、道里区堤防多处冲决。1934 年洪水后江北堤防完全失效。以后分期进行加高加固，到 1946 年防洪堤全长 23.46km。1948 年松浦区修筑了由汲家店到糖厂 10.5km 的江北堤防。1954 年对城市防洪堤进行了大规模建设，使城市防洪堤全长达到 34km，防洪能力有所提高。1957 年洪水后，进行第 2 次大规模堤防建设，1958 年全线堤防建设完工。此外，还修筑了贯穿市区的马家沟河堤和阿什河堤。

1957 年洪水后，哈尔滨城市防洪堤设计标准提高到防御 1957 年洪水，流量为 12200m³/s，水位为 120.3m，设计堤顶超高 1.7m。沿江岸的堤防由道里、道外和东大坝 3 段组成，堤长 17.5m。与江岸堤防连接的阿什河堤长 7.46km。有 90% 以上采用干砌块石、混凝土板和浆砌石等护坡。两岸堤距 2~10km。1985 年城市防洪堤达 42.8km。1986 年大水后，对哈尔滨市堤防再次进行了大规模加高加固，使顾乡堤、道里堤、化工堤、道外堤、港务局附近河口横堤、东大堤、阿什河堤以及一、二水源围堤等沿江堤防达到 50 年一遇标准，允许泄量 15700m³/s。1991 年大水后又修建了太阳岛月亮湾、上坞堤防，其堤顶高程为 121.5m。1998 年松花江发生了有历史记录以来单独由嫩江来水形成的特大洪水。哈尔滨站实测最高洪水位 120.89mm，最大洪峰流量 16600m³/s，均超过 1957 年。但由于哈尔滨市区防洪大堤已多次加高加固，加之嫩江堤防溃决分流和几十万军民大力抗洪抢险，保住了哈尔滨市区大堤的安全。

松花江上游已建的白山、丰满水库，控制流域面积 42500km²，对调节松花江上游洪水和哈尔滨市防洪起一定作用。嫩江拟建的尼尔基水库，对哈尔滨市也有一定防洪作用。

哈尔滨市下游的阿什河和马家沟河已有堤防保护，其洪水一般不与松花江洪水遭遇，对哈尔滨市威胁不大。市区暴雨洪水，当松花江水位低于城市地面时，自流排泄，水位高时采取抽排。

4）问题与展望

1998 年哈尔滨市抗洪实践证明，现有防洪堤防薄弱环节多，穿堤建筑物施工质量差，河道阻水建筑物抬高水位，防洪标准偏低，只能防御 50 年一遇洪水，与哈尔滨市的经济社会发展要求不相适应。鉴于哈尔滨市经济社会发展的需要，应以 1998 年洪水作为今后防洪工程体系建设的依据，为进一步提高防洪标准，需要继续加高加固堤防，处理堤基隐患；加强蓄滞洪区建设，增强调蓄洪水的能力；扩孔改建阻水桥梁，努力增加河道泄量；研究清淤疏浚和北汉江道分流的可行性，制订切实可行的防御超标准洪水预案，确保哈尔滨市防洪安全。

2.5.5 伦敦市防洪

1）概况

伦敦是英国首都，位于泰晤士河下游，由市中心区及 32 个区组成，总面积 1610km²，人口约 740 万，是英国政治、工业、文化、金融和交通中心。市区跨越泰晤士河两岸，有 10 余座铁路公路桥相通。著名"伦敦桥"，距离泰晤士河口约 64km。伦敦主要因北海风暴潮涌入泰晤士河而遭受洪水灾害。

2）洪水与灾害

泰晤士河全长 338km，流域面积 13600km²，其洪水对伦敦市影响不大；威胁该市的主要是北海风暴潮洪水。由于英格兰东南部陆地不断下沉，北海风暴潮常涌入泰晤士河，使伦敦市的水位相对抬高，沿河地区受到洪水威胁。"伦敦桥"水尺的高潮水位见表 2-11。由表可见，泰晤士河高潮水位不断上涨。根据近 200 年资料分析，伦敦市地面每世纪平均下沉 0.30m，伦敦桥的高潮水位每世纪平均抬高 0.774±0.116m。

1953 年 2 月 1 日，大西洋上的暴风使海水位普遍升高，泰晤士河口海面上激起巨大涌浪，浪高 2.0~2.5m，潮水涌进河口向上游传播，漫过泰晤士河两岸堤防及防洪墙，淹没伦敦市沿河地区，受灾面积 116km²，使 300 人丧生，数以万计的人无家可归。市中心区幸免受淹（图 2-31），但市内供电、供水、排污、

电信、交通都处于瘫痪状态；许多机关无法办公，工厂停产。

3）防洪工程

历史上伦敦市依靠堤防与防洪墙来保护市区。从伦敦桥至泰晤士河特丁顿堰，沿河砌筑防洪墙。为防止北海风暴潮淹没市区，200 多年来，一直采用加高堤防与防洪墙的办法，但如再加高，不仅影响市容，还要占用昂贵的土地。大伦敦议会研究了各种防洪方案后，于 1969 年决定在泰晤士河兴建不影响通航的防潮闸。

该闸开工前两年，伦敦市已将两岸堤防与防洪墙加高 0.46m；开工后，又将该闸下游泰晤士河两岸堤、墙加高，使之与闸顶齐平，同时在一些重要的支流上建小规模的防潮闸，闸的两端与上述堤、墙相接。平时该闸敞开，闸门隐于深水中，河水畅流，船只畅行；遇北海风暴潮至，则关闸挡潮。据大伦敦市议会估计，如再遇 1953 年的（甚至稍大一些的）风暴潮，运用挡潮闸可保护沿河市区免遭淹没，减少损失 30 亿~40 亿英镑，约为建闸投资的 10 倍。

此外，伦敦市还组建了洪水预报警报系统。该系统包括防洪中心（监测北海水位和风暴情况），若干地区中心（接受洪水警报并将其传至下属防汛指挥所）和防洪应急管理组织（指挥公共运输系统特别是地下铁道系统、警察部门、地方当局和志愿救灾队进行抗洪抢险）。

伦敦桥历史最高潮水位（纽林法定基准面，ODN）[4]　　　　表 2-11

年份	1791	1834	1852	1874	1875	1881	1928	1953
最高潮水位（m）	4.21	4.50	4.59	4.78	4.80	4.92	5.23	5.44

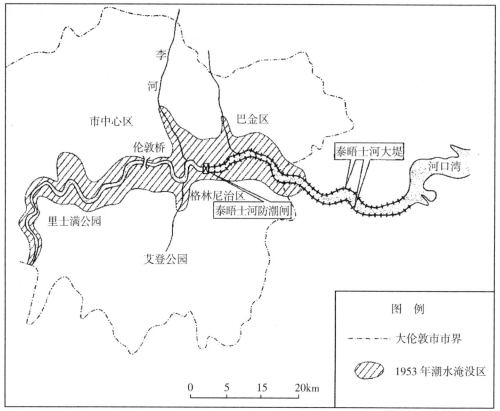

图 2-31 伦敦市 1953 年洪水淹没范围及泰晤士河防潮闸位置示意图[4]

第3章

建筑防风

中国的地理环境，决定了它是一个风灾严重而又频繁的国家。千百年来，处于多灾环境中的中国人民不懈地从事着营造活动，希望创造一个安全舒适、赏心悦目的人居环境，从借助天然庇所，到模仿改造，遂有原始建筑的产生。在与灾害的长期斗争中，推动着建筑的发展和演变。当代社会经济与科学技术的巨大进步，为防御风灾创造了必要的物质条件和技术手段。然而"道高一尺，魔高一丈"，灾害依然此伏彼起，严重威胁与制约着人类的生存与发展。事实反复证明，灾害发生时建筑物的损毁，往往是人员伤亡和财产损失的直接原因。为此，建筑的设计者们对确保建筑的安全，从而保护人民的生命财产，负有不可推卸的责任和义务。

古代建筑营造，无建筑与结构之分，建筑的安全由工匠通盘考虑。当代建筑设计的职业分工，容易使建筑师以为建筑安全是结构工程师的任务，在建筑防风设计中尤其突出。建筑师很少主动关心建筑的防风与安全，很少考虑所作设计是否存在安全隐患、是否使结构设计付出不科学、不必要的代价。为此，学习建筑防风知识是很有必要的。

3.1 灾害性风的基本知识

3.1.1 风、风向与风速

风是空气流动的现象，在全球范围内起到平衡温度、湿度等作用，是人类生存的必要条件。风对排解城市与建筑的空气污染、防热降温等都有极为重要的作用。同时，风也常常给人类的生产和生活造成灾害，还常与暴雨、寒潮相伴随，引起洪涝、海潮等其他灾害。

空气的流动现象有全球范围的"大气环流"和"季风"，有区域性的"气旋"、"寒潮"，以及局部地区出现的"雷暴""龙卷""海陆风""焚风""峡谷风"等，还有因城市和建筑物的存在而导致的"城市风""街道风"以及建筑周围的"怪风"等等。

风向和风速反映风的外部特征。风向是指风吹来的方向，我国在殷代就已出现表示东南西北各风向的文字，汉代出现了铜凤凰和相风铜鸟等测量风向的仪器，以后逐渐将风向细分为 24 个方位，西方在古罗马时代也有将风向分为 24 个方位的做法。现代气象学中将地面风向划分为 16 个方位，将海面上的风向划分为 36 个方位。

为了表示某地某一风向出现的次数多少，通常用风向频率表示，它是一年内该风向出现的次数与各风向出现总数的百分比。将各方向的风向频率用相同比例的线段表示，并在各相邻线段的端点之间用线条连接，形成的宛如玫瑰花的图形就是风向频率玫瑰图，简称风玫瑰图。我们在城市规划和建筑设计中经常使用的风玫瑰图，以实线表示全年各风向的频率，以虚线表示夏季各风向的频率（图 3-1）。

风速是单位时间内空气移动的距离，表示风速的单位常采用"米／秒"（m/s）或"千米／小时"（km/h）。由于风速的快慢与风力的大小有密切的关系，所以常用风力的大小来判断和表示风速。古代多用树木在风力作用下的状况，判断风速的大小并作为确定风速等级的标准。1805 年英国人蒲福（Francis Beaufort）按照风对地面和海面物体的影响程度，将风速划分为 13 个等级（蒲福风级），后来他又对每级风的速度范围作了具体规定，成为现代天气预报中普遍采用的风速等级划分方法（表 3-1）。有些国家在蒲福风级的基础上作了一些修改，将风速等级增加到 18 个等级。

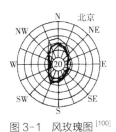
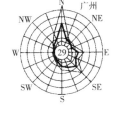
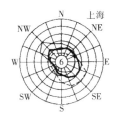

主要城镇的玫瑰图：
玫瑰图上所表示的风的吹向，是自外吹向中心
中心小圈内的数值为全年的静风频率
玫瑰图中每圆圈的间隔为频率 5%
玫瑰图上图形线条为：
——— 表示为全年
———— 表示为冬季
- - - - - 表示为夏季
夏季系 6,7,8 三个月风速平均值
冬季系 12,1,2 三个月风速平均值
全年系历年年风速的平均值。

图 3-1 风玫瑰图[100]

蒲福风力等级表* 表 3-1

风力等级	自由海面状况		陆地地面物征象	距离地面 10m 高处的相当风速	
	浪高				
	一般（m）	最高（m）		km/hr	m/s
0			静，烟直上	>1	0—0.2
1	0.1	0.1	烟能表示风向，但风向标不能转动	1—5	0.3—1.5
2	0.2	0.3	人面感觉有风，树叶微响，风向标能转动	6—11	1.6—3.3
3	0.6	1.0	树叶及微枝摇动不息，旌旗展开	12—19	3.4—5.4
4	1.0	1.5	能吹起地面尘土和纸张，树的小枝摇动	20—28	5.5—7.9
5	2.0	2.5	有叶的小枝摇摆，内陆的水面有小波	29—38	8.0—10.7
6	3.0	4.0	大树摇动，电线呼呼有声，举伞困难	30—49	10.8—13.8
7	4.0	5.5	全树摇动，迎风步行感觉不便	50—61	13.9—17.1
8	5.5	7.5	微枝折毁，人向前行，感觉阻力甚大	62—74	17.2—20.7
9	7.0	10.0	建筑物有小损（烟囱顶部及平屋摇动）	75—88	20.8—24.4
10	9.0	12.5	陆上少见，见时可使树木拔起或将建筑物损坏较重	89—102	24.5—28.4
11	11.5	16.0	陆上很少见，有则必有广泛破坏	103—117	28.5—32.6
12	14.0		陆上绝少见，摧毁力极大	118—133	32.7—36.9

* 引自参考文献 [65]：97，未包括海上船只征象。

3.1.2　大气环流与季风

包围地球的大气层，由下而上可分为对流层、平流层、中间层和外大气层等。影响城市与建筑的风、雨等主要天气现象，都发生在"对流层"内。地球上的大气处于永不止息的流动中，其动力来自太阳辐射。由于地球在赤道上受到的辐射强，而南北两极受到的辐射弱，造成赤道附近与南北两极之间大气温度不同，因此赤道附近的热空气上升并向两极流动，南北两极的冷空气不断下降并向赤道流动。于是在赤道和两极之间，形成大气南北环流。南北环流受到地球自转产生的地转偏向力的作用，在前进中向右侧偏转，纬度越高偏转越大，赤道低气压带的空气向两极流动到南北纬30~35°上空时，几乎变成西风，不再向南北推进，大量空气拥挤在这一带，形成副热带高压带。在副热带高压带和极地高压带之间的南北纬60°附近，则形成副极地低压带。于是，大气沿地球经线方向的南北环流，被不同的气压带所分割，在南半球和北半球各形成三条不同流向的风带。地球大气这种有规律的流动，构成了大气环流的基本气流（图3-2）。

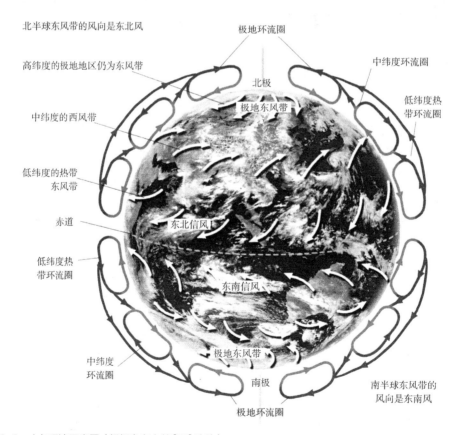

图3-2　大气环流示意图（根据参考文献[72]改绘）

北半球从赤道到北纬 30°为东风带，风带自东向西移动，吹东北风，风速 3~5 级且比较稳定，所以又叫"信风带"。在北纬 30~60°之间为西风带，风带自西向东移动，吹西南风，风速较大，所以也叫作"盛行西风带"。在北纬 60°以北地区，再度出现东北风，风带自东向西移动。这些风带上部的气流方向相反，形成循环。我国同时受低纬度东风带和中高纬度的西风带影响。

由于地球表面分布着热力学性质不同的海洋和大陆，对大气环流有很大影响。冬季太阳辐射减少时，海洋冷却较慢，空气温度较高，气压下降，因此空气由大陆流向海洋。夏季太阳辐射增加，海洋增温较慢，空气温度较低，气压上升，空气由海洋流向大陆。这种由于海洋和大陆冬夏冷却或增温差异，在海洋与大陆之间产生的大范围、风向随季节变化的大气流动，在气象学上称作季风。

我国东部是世界上著名的季风气候区。冬季在中国以北形成的寒冷干燥的气流，南下成为强劲的冬季风。夏季在夏威夷群岛一带形成太平洋副热带高压中心，推动温暖湿润的东南夏季风北上我国东部广大地区，从赤道附近的印度洋上吹来的西南夏季风，对我国西南南部、华南以及长江中下游地区产生影响。在冬季和夏季之间，冬季风、夏季风的强弱此消彼长，暖湿的夏季风与寒冷的冬季风相遇时，空气中的水分凝结下降，造成长时间、大范围的降水，是我国大陆的重要水源。降水强度和降水区域随着两种季风的强弱变化而变化，存在较大的复杂性和不均衡性，造成风灾和旱涝灾害。

3.1.3 温带气旋与热带气旋

地球大气中的风带受到地面海陆分布、地形变化等因素的影响，会出现局部的变化。像地面上的河流会出现大大小小的波动和涡旋一样，大气的风带中也会出现大大小小的涡旋，跟着风带一起流动。当这种移动着的涡旋经过某一地区时，便带来了该地区的天气变化，气象学称这种涡旋为天气系统。影响我国的主要天气系统包括温带气旋、热带气旋。

我国大陆冬、春和秋季都位于西风带内，夏季北纬 40°以北也基本处于西风带中。在西风带中，气流经常有大小不一的波动和涡旋，形成温带气旋并自西向东传播。西风带被青藏高原分为南北两支，南支西风经印度和缅甸进入我国南方，给南方各省带来湿润的空气。北支西风大多数经我国新疆、蒙古人民共和国和我国东北，然后东移入海。

按照温带气旋发生发展的区域，可将其分为四类。Ⅰ类气旋多数经过我国东北地区，除了夏季之外，这类气旋都跟随着冷空气南下。在春季则会带来大风和沙尘天气，是各类温带气旋中最强的一类。Ⅱ类气旋出现在我国华北地区，其数量和强度虽不如Ⅰ类，但却是我国华北地区降水的重要天气系统。Ⅲ类气旋多数出现在长江下游，少数出现在长江中游、淮河中下游和浙江。这类气旋不但有降水，而且会在东海出现较大的风力，影响沿海地区和东海、黄海海域。Ⅳ类气旋形成于东海，成因、路径与Ⅲ类气旋相同，但主要出现在冬季且次数最少。

热带气旋是形成于热带海洋上的大气涡

旋，往往带来狂风暴雨和惊涛骇浪，是一种灾害性天气系统。同时，它也带来人类生产和生活不可或缺的降水，是热带地区最重要的天气系统。在西太平洋地区，以往将最大风力达到8级的热带气旋称为台风，在东太平洋及大西洋地区则称其为飓风，在印度洋地区称其为热带风暴，在南半球称为热带气旋。我国气象学界曾经按照热带气旋近中心最大平均风速，将其分为强台风（风力12级及以上）、台风（风力8~11级）和热带低压（风力6~7级）。对出现在东经150度以西的台风，按年度及出现的先后顺序进行编号，如"8501号台风"即表示1985年第1号台风。从1989年1月1日开始，我国采用国际标准，对热带气旋按照表3-2的规定进行分类。

热带气旋发生在南北纬5°~20°之间海水温度较高的洋面上。全球风力8级以上的热带气旋主要发生在北半球的北太平洋西部和东部、北大西洋西部、孟加拉湾和阿拉伯海以及南半球的南太平洋西部、南印度洋西部和东部。北太平洋西部是热带气旋发生最频繁的地区，每年发生的热带风暴占全球总数的38%，因此我国东南地区是世界上受热带气旋影响最频繁、最严重的地区之一。

热带气旋形成和发展的问题，至今尚未有比较完善的结论。多数认为，热带气旋是由赤道附近东风带中的涡旋引发的。在赤道附近南北纬5°~20°左右的洋面上，空气在强烈的太阳辐射下会出现弱小波动，局部气温较高、气压低于周围，于是暖空气向这里聚集，在地转偏向力的作用下形成逆时针方向的涡旋，并带动周围的空气旋转。图3-3中的（b）图表示流向涡旋中心的气流受到与前进方向垂直向右的地转偏向力（f_A，f_B，f_C，f_D），使气流总体上呈逆时针方向旋转。（a）图表示逆时针旋转的气流，也受到与前进方向垂直向右的地转偏向力（f_A，f_B，f_C，f_D）。由于纬度越高地转偏向力越大，图（a）中地转偏向力的合力指向北方（$f_A>f_C$，f_B与f_D抵消），而图（b）中地转偏向力的合力指向西方（$f_A>f_C$，f_B与f_D抵消），使气旋整体上向西北移动。

涡旋中心的暖湿空气不断上升，在上升的过程中，水分冷凝成为云雨并释放出大量热能，促使气流上升得更快，而更多的暖湿空气源源不断地向涡旋中心集中，如此循环，涡旋旋转速度越来越快，形成热带气旋。热带气旋中的大部分因为不能继续得到暖湿空气的补充等原因而消亡，少数发展成为热带风暴，其中一部分发展成为强热带风暴甚至台风。热带风暴的范围很大，在平面上它像是一个近于圆形的空

热带气旋的分类　　　　　　　　　　表3-2

热带气旋的名称	近中心最大平均风速（m/s）	风力等级
台风（Typhoon）	≥32.7	≥12
强热带风暴（Severe tropical storm）	24.5~32.6	10~11
热带风暴（Tropical storm）	17.2~24.4	8~9
热带低压（Tropical depression）	≤17.1	≤7

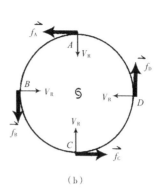

图 3-3　热带气旋形成和移动机理示意图[64]
（a）由气旋式旋转运动引起的向北移动的内力；（b）由辐合运动引起的向西移动的内力

气大涡旋，直径从几百 km 到 1000km，有的甚至达 2000km。其高度约 15~20km，少数可达 20km（图 3-4）。

　　热带气旋生成后，在地转偏向力的作用下向西北方向移动，平均移动速度约每小时 20~30km。影响我国的热带风暴的主要移动路径见图 3-5。由于热带风暴周围流场等因素的影响，移动路径十分复杂，有些热带风暴在移动过程中会出现左右摆动、打转或停滞现象，有些热带风暴登陆后又转向海面，得到加强后再度登陆。

　　热带风暴产生的灾害性天气包括大风、暴雨和海潮。热带风暴的风力很大，世界上已知的最大风速达 110m/s，1958 年 9 月 24 日出现在太平洋上。1962 年 8 月 5 日，在台湾花莲—宜兰一带登陆的热带风暴，最大风速达 75m/s，是我国陆上测到的热带风暴最大风速。在我国登陆的热带风暴中，有 40% 是台风（风力不小于 12 级）。台风中心附近 15~25km 范围内的风力可以远远超过 12 级，

半径 100~200km 范围内风力高达 10~11 级，半径 300~400km 范围内风力也有 8~9 级。

　　热带风暴登陆后会给所经过的地区带来暴雨，24 小时降雨量 300mm 的特大暴雨是常见的，个别甚至达到 1000mm 以上，造成洪涝灾害。有些热带风暴在深入内陆后虽然已经很弱，但在特定的天气条件下会重新产生大暴雨，造成内陆地区严重的洪涝灾害。有些热带

图 3-4　热带气旋卫星照片[67]

风暴深入内陆后地面环流虽已消失，但在较上层仍保持气旋环流，甚至可以在远如云南、陕西、黑龙江等地区形成大范围的中小降雨。

热带风暴中心附近的低气压使海面上升，形成随风移动的海浪。在接近陆地时，受到沿岸海底地形的阻挡，海浪更加高涨，若逢农历初三、十八的天文大潮，两种海浪作用叠加，会造成沿海地区严重的潮灾。在江河出海口，江河外流受高涨的海潮阻挡，甚至倒灌回流，引起江河流域大范围的涝灾。

3.1.4　寒潮、雷暴、飑和龙卷

在我国中、高纬度地区，冬半年经常出现局部的低温现象，引起空气下沉并向四周流动，中心气压上升，在地转偏向力的作用下形成顺时针方向旋转的气旋，其气温分布和旋转方向恰好与热带气旋相反，所有叫做冷性反气旋或冷高压。强烈的冷性反气旋带来强冷空气，如同寒冷的潮流滚滚而来，在广大地区造成剧烈降温、大风等灾害性天气，所以称其为寒潮。入侵我国的寒潮路径见图3-5。

冷性反气旋的出现相当频繁，大约每3~5天就有一次，但强度大小不一。按照我国中央气象台的规定，由于冷空气的侵入使气温在24小时内下降10℃以上，最低气温降至5℃以下，作为发布寒潮警报的标准。另外，长江中下游及其以北地区48小时内降温10℃以上，长江中下游（春秋季则改为江淮地区）最低气温不大于4℃，陆上三个大区有5级以上大风，渤海、黄海、东海先后有7级以上大风，作为寒潮警报标准。如果上述区域48小时内降温达到14℃以上，其余同上，则作为强寒潮警报标准。

冬半年寒潮天气的突出表现是大风和降温，风速一般可达5~7级，海上可达6~8级，

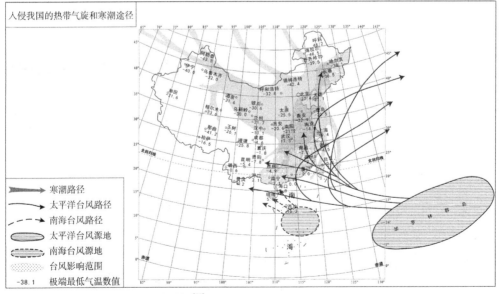

图3-5　入侵我国的热带气旋和寒潮路径[63]

有时短时出现12级大风。大风强度以我国西北、内蒙古地区为最，大风风向在我国北方为西北风、中部为偏北风、南方为东北风，大风持续时间多在1~2天。

雷暴和飑（biāo）是一定强度的积雨云强烈发展的结果。夏季晴天下午，常见翻滚的对流云迅速上升，那耸立云体不久便扩散开来，成为密布的乌云，顿时狂风四起、电闪雷鸣，这种发生在积雨云中的放电、雷鸣现象就是雷暴。较强的雷暴出现时，风力骤然加强，风速常达到20m/s，有的甚至可达到50m/s，风向急剧变化，气温下降，暴雨倾盆，甚至伴有冰雹、龙卷。气象学上把这种局部突然出现的强风现象称为飑。

雷暴和飑的形成需要有充沛的水气和强烈的上升气流，所以它的出现有一定的地区性和季节性。纬度较低的地区多于纬度较高的地区，内陆多于沿海，山地多于平原，夏季最多，冬季几乎绝迹。雷暴的移动受地形地貌的影响很大，在山区的雷暴受山地阻挡，常沿着山脉移动，发展强盛的雷暴可以越过不太高的山脊。在海岸、江河、湖泊地区，空气因水面温度较低而下沉，雷暴移动到这类地区时强度减弱，一些较弱的雷暴不能越过水面而沿岸线移动。

雷暴往往成群出现并呈狭窄的带状排列，飑与这些带状排列的雷暴同时出现，形成一条强烈的对流天气带——飑线。飑线的宽度只有0.5~6km，长度一般为150~300km，持续时间多为4~10小时，短的只有几十分钟。飑线在一个地区上空移动时，该地区风速急增、方向突变并伴有雷暴、暴雨，甚至有冰雹、龙卷等，是一种严重的灾害性天气。我国大部分地区每

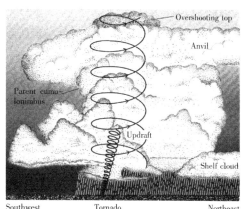

图3-6　龙卷风结构示意图[67]

年都有飑线出现，多见于春夏两季，秋季不多，冬季罕见。

龙卷风是积雨云中伸展出来的漏斗状高速旋转的气体涡旋，气象学中叫做龙卷。其直径一般在1000m以下，高度在800~1500m左右，移动距离从几千米至几十千米，生存时间少则几分钟、多则几小时，但它的风速可高达200~300m/s，具有极大的破坏力（图3-6）。只要具备空气强烈对流的条件，一年四季都可出现龙卷风，尤其是在温暖的季节里。龙卷风在世界各地都有出现。美国是世界上发生龙卷风最多的国家，平均每年有700个，大约占同期世界龙卷风总数的一半，主要发生在中西部各州。其次是澳大利亚、英国、新西兰、意大利、日本等国。我国龙卷风主要发生在华南、华东地区以及西沙群岛。

3.1.5　海陆风、山谷风、城市风和静风

地形、地貌和地物的存在都会对风的速度、方向等产生影响，形成一些局域性的特殊气流，如海陆风、山谷风、峡谷风、城市风，以及小

尺度的街道风、建筑群的湍流等。大风经过干旱的沙漠、黄土高原地区时，还会引起风沙灾害。

海陆风与季风一样，都是由于海陆分布所形成的周期性变化的风。但海陆风以昼夜为周期，范围也仅限于海陆交界的局部地区。白天风从海上吹向陆地（海风），最大风速可达5~6m/s；夜间风从陆地吹向海上（陆风），风速1~2m/s。海陆风的风速相对较低，不足以造成灾害，但对这些地区的城镇规划和建筑设计都有重要影响。

当大范围的风比较弱的时候，在盆地、山谷或有些高原与平原的交界处，会出现白天风从谷地吹向山坡（谷风），夜间风由山坡吹向谷地（山风）。冬季山风比谷风强，夏季相反。山谷风的强度不足以造成灾害，但对这些地区的工业排污和建筑设计都有重要影响（图3-7）。

当气流由开阔地区进入峡谷时，气流横截面缩小、流速加快而形成强风——峡谷风，这是气流"窄管效应"的结果。这种现象使大范围的风气候在局部地区发生很大变化，是影响城镇规划和建筑设计的重要因素。

风沙是沙暴和尘暴的通称，也叫沙尘暴，是风携带大量尘沙或尘土而使空气浑浊、天色昏黄的现象，主要是由于冷空气南下时，大风卷扬尘沙或尘土所致。我国的风沙主要发生在内蒙古、宁夏、甘肃和新疆等地，对我国西北地区的社会经济发展和城市建设威胁很大。特别强大的风沙，其影响可波及我国东部地区。

城市气温明显高于郊区的现象叫做城市的热岛效应。当大范围的风速很小时，由于城市热岛效应的存在，市区空气上升、郊区近地面的空气从四面八方流入市区，形成速度缓慢的热岛环流——城市风系。当风吹过城市的时候，气流往往会顺着街道流动，风速和风向因此发生了变化，形成所谓街道风。当风吹过建筑群的时候，气流的分布、流速和流向都发生显著的变化，并出现十分复杂的湍流现象。特别是在高层建筑群之间和周围相当大的范围内，会出现局部的、风向变化不定的灾害性强风。

风速小于0.3m/s的微弱风称静风。在大城市和工业区，静风会造成空气中污染物的积聚，使空气质量下降，甚至造成严重的空气污染。

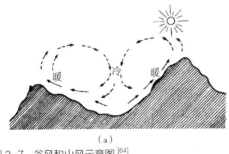 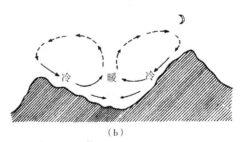

图3-7 谷风和山风示意图[64]
（a）日间的山风；（b）夜间的谷风

3.2 防风规划设计的原理

3.2.1 风与城市和建筑的关系

1）风与城市和建筑的相互影响

风是城市的环境要素之一，对减少城市空气污染、夏季降温和动植物生长等都有十分重要的作用。城市中产生的有害气体和粉尘等，需要风来稀释并带到郊外。在炎热的夏季，城市受到的太阳辐射热和生产、生活中产生的热量，通过风扩散到郊外，起到降温的作用。

风是建筑的环境要素之一。空气在建筑物室内外之间流动的现象就是所谓"通风"，通风对于减少室内空气污染、减少粉尘和异味，保持空气的洁净和新鲜等，都是必不可少的，所以通风是建筑设计的基本要求之一。除了少数建筑采用机械通风外，大部分建筑都是利用自然风达到通风的目的。

风具有能量——风能，是一种无污染的可再生能源。在蒸汽机出现之前，风力和水力是人力之外的两大动力来源，数千年前我国和尼罗河流域就出现以风力驱动的帆船，后来利用风车取水灌溉和加工谷物。风车于13世纪传入欧洲，自20世纪初以来风力机发电得到广泛的发展，全球风力机数量曾多达数百万台，但后来大部分被蒸汽机和内燃机所取代。全球性"能源危机"和"环境污染"的加剧，使风能的利用重新受到重视（参考文献[68]：46）。我国的风能资源比较丰富，如何对这一巨大的能源加以合理的利用，也是城市规划与建筑设计的一个最大课题。

当风的速度超过一定的范围，风就可能对人类的产生、生活和城市建设等造成危害。强风对道路、桥梁、线路和通信设备的危害很大，甚至造成车辆倾覆，对航空和航运的影响尤为严重。强风可能造成支架倒塌、线路中断，尤其在线路积冰时危害最大。在城市建设中强风的影响更为广泛，危及人的生命安全，造成各种城市设施的破坏，如建筑物和构筑物的倒塌和损坏，树木倒伏、管线断裂等等，致使停水、停电、供气供暖中断、交通中断等待，使城市和建筑的部分功能丧失，甚至导致城市瘫痪。

寒潮大风除了产生强风灾害外，还可能造成建筑物、构筑物和其他设施因热胀冷缩而产生的破坏，或所含水分因冻胀而产生破坏，如地基冻胀导致建筑物或构筑物损坏、水管冻胀破裂等。风沙（沙尘暴）不仅使空气质量下降、能见度降低，还会对各种设备造成损害，严重影响生产和生活，危害城市与建筑。相反，当风速过小时也可能造成灾害性后果。当风速小于0.3m/s时，即所谓"静风"现象，可能导致城市和工业区空气中的污染物不能及时排出郊外，使空气质量下降，甚至造成严重的空气污染。在夏季还会使城市中的热量不能及时排出，气温居高不下。

城市大范围密集而高低参差的建筑物，对流经城市的风产生阻滞作用，降低风速，改变风向，使风环境发生显著的变化。大城市市区平均风速一般比郊外空旷地区低30%～40%。例如北京城区年平均风速比郊区减小约41%。上海、广州、西安城区年平均风速比郊区的减少量分别是40%、37%和30%。小城市对风速也有明显减弱作用（参考文献[68]：187）。随着城市的扩大和多、高层建筑的增多，城市风速有继续减小的趋势，这有利于减少建筑物上的风荷载和城市各种设施因风灾造成的损失，但不利于污染物的排出和夏季降温，增加了静风出现的概率。

城市中排放出大量废气、废液、废渣、尘埃，燃烧时放出的热量等，在城市上空的一层灰蒙蒙的薄暮，使城市的气温高于郊区，形成所谓"热岛效应"，在城市和郊区之间形成小型的局地环流，即"城市风"。城市风的出现加重了市区的大气污染程度（参考文献[69]：267~269）。高大建筑物及建筑群，往往会使近地面局部地区的风速增大，风向发生显著的变化，在街道上形成顺着街道走向的"街道风"，在建筑物周围的某些部位出现强风或风向突然变化的风，对行人和行车的安全造成威胁。也可能在建筑物周围的局部出现回旋气流或静风，严重影响建筑的通风。由此可见，风对城市与建筑的影响利弊皆有。而城市与建筑的存在，反过来也对风产生影响，形成了特殊的风环境，有利也有弊。

2）风灾对建筑发展演变的影响

原始人类为避风雨寒暑和虫蛇猛兽，冬则居营窟，夏则居木橧巢。旧石器时代人类居住的洞窟，洞口皆避开当地大风方向，并与水源保持一定高差，以防风害水患。早期建筑的雏形，如风篱、窝棚、早期干栏、穴居、半穴居等，主要功能皆在防风避雨（图3-8），防风避雨成为建筑起源的直接原因。

在建筑发展演变过程中，风灾客观上对建筑起到了优胜劣汰的作用，人类一次又一次地从成功中总结经验，从失败中汲取教训，使建筑的设计逐步优化，这种现象与生物史上的进化过程有所相似。建筑平面的长宽比即面阔与进深之比，平面长宽比较大，不利于抵抗强风和地震等侧向荷载，对建筑的防风防震性能影响很大。商周至东汉的宫殿平面长宽比较大，这种状况大约从唐代开始转变，以后逐渐减小，宋《营造法式》殿堂平面长宽比为1.6~2.0。殿堂平面长宽比的取

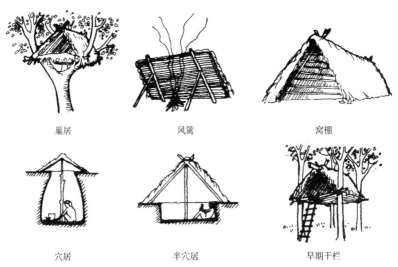

<table>
<tr><td>巢居</td><td>风篱</td><td>窝棚</td></tr>
<tr><td>穴居</td><td>半穴居</td><td>早期干栏</td></tr>
</table>

图3-8　早期建筑的雏形

值，与礼仪制度、建筑材料、结构形式等多方面因素有关，但防御强风等灾害毕竟是最基本的物质技术因素，这在风灾严重地区表现得尤为明显。我国东南沿海是风灾影响最严重的地区之一，根据对该地区现存七十余例古代殿堂建筑的调查和统计，平面长宽比的平均值仅为 1.4。少数平面长宽比大于 2 的实例，皆有特殊的加固措施。[82]

中国地域辽阔，各地自然条件和文化传统迥异，风灾的类型和影响程度也各不相同，促成了不同地区建筑形式与特色的多样化，这在风灾较严重的地区尤为突出。我国西部、北部和沿海及岛屿是风灾最为严重的地区，最大风速在 10 级以上。这些地区的居民利用当地的

条件，创造了形式多样、极富地方特色与良好防风性能的民居，风灾及其防御成为促成建筑形式多样化的因素之一（图 3-9）。

中国的砖石建筑起源较早、水平颇高，但在地面建筑中未得到充分的发展。然而出于防风灾的需要，砖石建筑仍有所发展且不乏成功之作。我国东南沿海地区为抵御台风海潮灾害，出现了巨型石梁石墩桥，如福建泉州的洛阳桥等，其施工方法和防灾技术堪称一绝。

防风灾还是古代建筑风水理论的起因与核心内容之一。古人将各种灾害归于神的意志，凡举大事，必先卜问，以求避凶趋吉。聚落、房屋等的选址建设更是如此。至原始社会末期即有了确定方位、辨别土质、考察山川为要点

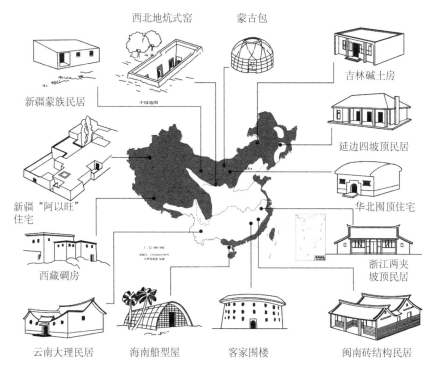

图 3-9 我国风灾严重地区的民居建筑
（其中阴影部分为最大风速在 10 级以上的地区）

的"相宅"方法,与秦末汉初产生的阴阳、五行、八卦等哲学思想结合,形成所谓"风水"。剔除其深奥晦涩的哲学思维和直观外推的思辨方法,可知其实际上是对建筑环境的选择、房屋布局设计,以及某些形式与象征手段,达到消灾避祸、趋吉避凶的目的,亦即防灾避灾。在当时的各种灾害中,风、水之灾为首要,应是"风水"之名的来源。

当代城市化的加速发展,高层建筑、超高层建筑和建筑群的大规模兴建,在努力克服风灾制约的同时,又产生了城市"风环境"的新问题。回顾风灾与建筑发展演变的历史,可以预见对高层建筑防风灾和城市风环境问题的研究和实践,必将深化人类对自然环境的认识,推动城市与建筑的新发展。

3.2.2 建筑风灾的基本特征

1）我国大风地域分布特征

灾害性大风是在一定环流和天气形势下发生的,冬春季节因冷空气的南下,北方各省以偏北大风为主,寒潮大风几乎可以遍及全国。夏季大范围的强风主要由台风造成,台风主要影响我国东部地区,雷暴大风和龙卷风具有一定的局域性。图3-10是我国大风日数的分布图,大风日数是当地瞬时最大风速超过17m/s（相当于8级大风）的天数。如图所示,全国有四个大风日数高值区,它们分别是青藏高原、中蒙边境地区和新疆西北部、东南沿海及其岛屿、东北松辽平原。另外,有些地处高山、河谷、山脉的隘口也是大风高发区。在我国绝大多数

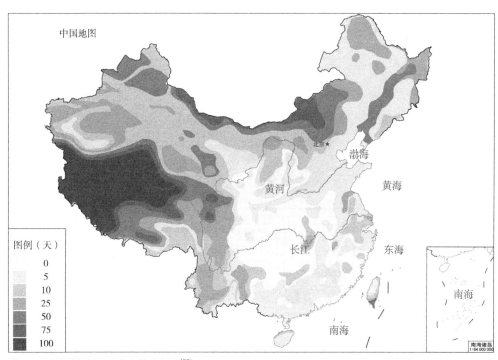

图3-10 我国年平均大风日数分布图[68]

地区，春季大风日数最多，冬季次之，而夏季最少（参考文献 [68]：135~138）。

建筑风灾的严重程度，虽然与大风出现的频率有关，但主要取决于最大风压力及其持续时间的长短。我国建筑防风设计中采用的"基本风压"（W_0），是将全国 700 多个气象观测站点 30 多年来积累的风速资料，统一换算成离地 10m 高、自动记录的 10min 平均年最大风速，经统计分析确定重现期为 50 年的最大风速，再按照风速与风压的关系换算成风压的。图 3-11 是我国基本风压的分布图。从中可以看到我国风压的分布的几个特点（参考文献 [62]：170~171）。

（1）东南、华南沿海和岛屿受台风的影响，基本风压最大。三北地区受大气环流的影响，风压较大，而云贵高原和长江中下游地区的风压较小。

（2）等风压线由沿海向内陆减小，且平行于海岸。台湾、海南岛、西沙、澎湖列岛等海岛，风速由海岸向岛中心减小，风压自成系统。这是由于陆地表面的摩擦力较大，使风速减少。

（3）等风压线在太行山和横断山脉等地都是平行于山体，这是由于气流遇到山脉屏障，风向和风速都随之发生了变化。在四周环山的盆地，等风压线基本是沿盆地的走向，风压较小。雅鲁藏布江、澜沧江等河谷的两岸地区，风速较小。这些都是在较大尺度地形影响下，气流的摩擦效应和绕爬运动作用的结果。

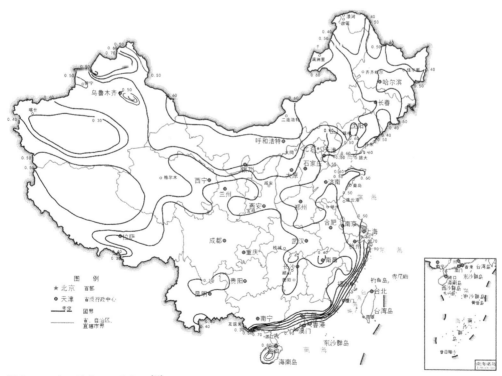

图 3-11　全国基本风压分布图 [96]

2）建筑风灾的基本规律

联合国"国际减轻自然灾害十年委员会"专家组对自然灾害有这样的界定：灾害是任何一种超过社会正常承受能力的、作用于人类生态的破坏。风灾作为一种自然灾害，有其自身的规律。正确认识和研究风灾的基本规律，是进行防灾设计的前提和基本依据。

（1）祸福相因——风灾具有两重性。古往今来，大气在不断的运动之中，人类生存得益于此，但也因此受到一些不好的影响。我国改革开放以来突飞猛进的开发与建设，在取得巨大成就的同时，也留下许多灾害隐患，灾害损失日趋严重。100多年前恩格斯在其《自然辩证法》中，以美索不达米亚等地的开发所带来的灾难告诫人们："不要过分陶醉于我们人类对自然界的胜利，对于每一次这样的胜利，自然界都对我们进行报复"。因此，应该充分认识灾害的两重性，积极探索防灾设计理论与方法，化险为夷，变害为利。

（2）祸福难卜——风灾具有偶然性。风灾有其规律可循，但受人类认识水平的局限，对风灾发生的时间、地点、程度，以及可能造成的危害等，难以完全预测，特别是龙卷风、雷暴等过程短暂却破坏力极大的灾害性大风。而作为设计依据的规范、标准等，也难免存在不足，若干年即需修订一次。因此，不能以为只要按规范设计，便万无一失，应主动考虑可能存在的灾害隐患，减少灾害发生的可能或减少灾害损失。

（3）在劫难逃——风灾具有必然性。就某一具体地点而言，风灾是否出现及危害程度都存在偶然性。但就一定范围的区域而言，某些风灾的出现或早或晚、非此即彼。灾害是可以防御的，

但某些毁灭性和大范围的灾害性大风，所造成的灾害却是难以完全避免的，应考虑灾害发生时可能出现的不利情况，进行防灾设计的前提。要让建筑物在各种灾害中都能绝对安全，需要付出巨大的代价，经济上不合理，技术上也不科学。为此，应综合考虑灾害的危险程度、建筑的重要性和经济技术条件，确定防御标准和技术措施外，更应本着顺应自然的态度，采取积极地适应灾害环境的措施，以避免或减轻灾害损失。

（4）祸不单行——风灾具有连锁性。一种灾害会诱发另一种或数种灾害，热带气旋可诱发潮灾、洪涝等伴生、次生灾害，而大风倒树、损毁市政管线，又将导致交通阻塞、通讯中断、停水停电等衍生灾害。现行的防御单一灾种的设计理论与方法对此无能为力，需要研究综合防灾的理论与方法。

（5）天灾八九是人祸——风灾与人类行为相关联。城市与建筑的规划设计不合理，或对灾害性风的预测预报失误，或疏于防范等，都可能导致灾害的发生或加剧灾害的严重程度。各种灾害的产生都是自然因素与人为因素共同作用的结果，如果不在地震区建设，就无所谓震灾；不在洪泛区建设，就无所谓水灾。不同历史时期、不同灾害种类，其中自然因素和人为因素所占比重不同。与地震相比，火灾的人为因素更多些；古今同类灾害相比，现代灾害中人为因素更多些。

3.2.3 建筑上的风压与风荷载

1）风压的形成及其特性

流动的空气遇到障碍物时，会因流动受阻而使气压升高，在障碍物表面产生压力——风压。

风压的大小与风速的平方成正比，还与空气的容重和当地的重力加速度有关，可由风速风压关系公式（伯努利方程）表示，即 $w = rv^2/2g$。其中 w 为风压；r 为空气密度；v 为风速；g 为重力加速度。设 k 为风压系数，$k = r/2g$，则风速风压关系公式可表示为 $w = kv^2$。由于各地区的空气容重和重力加速度各不相同，风压系数 k 的数值因地而异，相同的风速在不同地区所形成的风压不尽相同。在内陆地区较大，沿海地区较小，在高原地区最小。以汉口和拉萨相比，相同风速下汉口的风压值比拉萨的风压值大 1/3（参考文献 [66]：4~5）。

流动的空气在建筑物表面附近形成的高压气，对接踵而来的气流产生缓冲作用，使气流速度减小，风压下降，而接踵而来的气流再度加速，又形成新的高气压，建筑物表面的风压因此发生周而复始的变化，使建筑物产生振动，而振动着的建筑物又会反过来影响其表面风压的变化。因此，风与建筑物之间相互影响，即存在一定的耦合关系，从而使建筑物表面的风压分布和变化十分复杂。在建筑维护结构和建筑承重结构的防风设计中，分别采用"阵风系数"（β_{gz}）和"风振系数"（β_z）作简化处理。

流动的空气遇到建筑物时，会改变方向，向四周"溢流"，在建筑物表面附近所形成的压力分布很不均匀，大致上是中心部分的风压大，四周风压较小。建筑物表面风压的大小和方向，除了与风速和风压系数有关外，还与建筑物的形状、尺度、表面的粗糙程度以及与风向的相对方位等都有很大关系，所以建筑物表面各部位上风压的分布是十分复杂的。在防风设计中，

采用了"风荷载体形系数"（μ_s）对不同的受风面作简化处理。

起伏的地形和地表面的粗糙程度，对近地面的气流的阻滞作用较大，对高处气流的阻滞作用较小，在近地面数百米范围内，风速随高度增加而增大。因此，作用于建筑物上的风压也随高度变化而变化，且风压沿高度变化的缓急，与地形起伏程度和地貌类型有关。在防风设计中，采用"高度变化系数"（μ_z）对建筑上不同高度处的风压值加以修正。

2）建筑上的风荷载标准值

作用于建筑物上的风压叫风荷载。在建筑防风设计中，一般只考虑作用于建筑物外表面上的风荷载，而建筑物外表面上的风荷载可分解为平行于和垂直于建筑物表面的两种等效荷载。平行于建筑物表面的荷载对建筑影响不大，所以一般只考虑垂直于建筑物表面的风荷载，即建筑外表面上单位面积内所受到的垂直作用力。设计规范所规定的用于防风设计的风荷载，就是风荷载标准值（w_k）。

按照我国《建筑结构荷载规范》GB 50009—2012 规定，用于设计建筑承重结构的风荷载标准值 w_k 由风振系数 β_z、风载体形系数 μ_s、风压高度变化系数 μ_z 和基本风压 w_0 的乘积构成，即 $w_k = \beta_z \mu_s \mu_z w_0$，分别介绍如下。

（1）基本风压 w_0

《建筑结构荷载规范》给出了全国基本风压分布图（图 3-11）和各主要城市的基本风压值，并规定高层建筑、高耸结构以及对风荷载比较敏感的其他结构，基本风压值应适当提高，并应由有关的规范具体规定。当城市或建设地点的基本风压值在图表中没有给出时，其

基本风压值可根据当地年最大风速资料，按基本风压的定义，通过统计分析确定。当地没有风速资料时，可根据附近地区规定的基本风压或长期资料，通过气象和地形条件的对比分析确定，也可按全国基本风压分布图近似确定。

（2）风压高度变化系数 μ_z

对于平坦或稍有起伏的地形，风压高度变化系数 μ_z 应根据地面粗糙度类别，按《建筑结构荷载规范》的规定取值。风压高度变化系数 μ_z 在距地面450m高度及以上时，不受地面情况影响。在450m高度以下则随高度的降低而递减，递减的幅度和速率与地面粗糙度相关，地面粗糙度越大则递减得越多越快。地面粗糙度可分为A、B、C、D四类。A类指近海海面和海岛、海岸、湖岸及沙漠地区；B类指田野、乡村、丛林、丘陵以及房屋比较稀疏的乡镇和城市郊区；C类指有密集建筑群的城市市区；D类指密集建筑群且房屋较高的城市市区。

对于山区的建筑物，风压高度变化系数 μ_z 还要乘以地形修正系数 η。山间盆地、谷地等闭塞地形的 $\eta = 0.75~0.85$，与大风方向一致的谷口、山口的 $\eta = 1.2~1.5$。

（3）风荷载体形系数 μ_s

《建筑结构荷载规范》给出了各类建筑体形的风荷载体形系数 μ_s。当采用体形与规范列出体形不同时，可参考有关资料取值；无参考资料可以借鉴时，宜由风洞试验确定。体形复杂的重要建筑物，也应由风洞试验确定。当多个建筑物（特别是群集的高层建筑）相互距离较近时，宜考虑风力相互干扰的群体效应。一般可将单体建筑的体形系数 μ_s 乘以相互干扰放大系数，该系数可参考类似条件的试验资料确定，必要时宜通过风洞试验得出。

需要注意的是，规范给出的数值是建筑物表面相应部位的平均值，而实际上某些部位的风压值可能大大高于平均值。所以，在进行维护结构的设计时，这些部位的风荷载体形系数 μ_s 要采用较大的数值。如处于背风面等位置的负压区的墙面，取 -1.0；对墙角边，取 -1.8；屋面周边及屋脊，取 -2.2；檐口、雨篷、遮阳板等突出构件，取 -2.0。

（4）风振系数 β_z

建筑物表面的风压是一种周而复始变化的脉动荷载。当这种脉动荷载的周期与建筑物的基本自振周期相近时，会因"共振效应"而引起建筑物的动力反应，对建筑物的危害很大。但风荷载的变化周期较长，有时可长达60s，而一般混凝土结构建筑的基本自振周期只有0.4~0.7s，所以风荷载对一般建筑物的动力反应影响很小。但对刚度较小、自振周期较长的高层建筑、钢结构建筑和其他轻型建筑，在短周期的脉动风压作用下，可能出现一定的动力反应。

对于基本自振周期大于0.25s的工程结构，如房屋、屋盖及各种高耸结构，以及高度大于30m且高宽比大于1.5的高柔建筑，均应考虑风压脉动对结构发生顺风向风振的影响。对圆形截面的结构，还应进行横风向风振的校核。风振系数主要与建筑物的自振周期、阻尼特性和风的脉动性能等因素有关，规范对各种风振系数以及阵风系数的取值都作了规定。

3.2.4 防风规划设计的原则和指导思想

建筑防风灾设计原则即对建筑安全设计的总要求和总目的，包括以下几个方面：

（1）确保人员安全和尽可能减少财产损失。灾害造成的直接损失是人员的伤亡，以及建筑物、构筑物、城市设施和其他财产的破坏，所以避免人员伤亡和财产损失是防灾设计基本要求。人的生命是最为宝贵的，在任何情况下都要首先考虑人的安全。即使在某些毁灭性灾害的情况下，仍要尽一切可能减少人员的伤亡，并尽可能减少财产的损失。

（2）综合考虑灾害环境、防灾设计等级和社会经济条件。灾害环境是某一地区灾害的类型及其危险性程度在空间上的分布状况。一般由灾害危险性分析或灾害区划图确定，取决于人们对火害危险性的认识水平和预测方法的正确性，而防灾设计的等级取决于建筑物的重要性程度。灾害环境和防灾设计等级是防灾设计的基本依据，但同时还要兼顾当地社会经济的发展水平，合理确定防灾设计的标准。

（3）建筑物和构筑物在灾害中只发生有限破坏。在一些严重性灾害情况下，建筑物和构筑物的损坏难以避免，但必须将灾害造成的损坏控制在一定的范围内，不至于造成倒塌或完全失效，以避免或减少人员伤亡和财产损失，并使建筑物或构筑物在灾后可以修复。

（4）灾害发生过程中不会导致次生灾害的发生。在风灾发生过程中，因树木倾倒、建筑物和构筑物局部损毁或构件脱落等，常常导致其他建筑物、构筑物和管线设施的损坏，进而

发生交通阻塞、停水停电等现象。1988年浙江某大城市的许多行道树被台风刮倒，形成路障并扯断了部分供电线路，加上救灾指挥上的延误，造成大面积的交通停滞、停水停电、停工停学，整个城市陷于瘫痪。因此，避免次生灾害的发生往往比防御强风灾害更加重要。

（5）确保生命线工程在灾害中能够正常使用。生命线工程是保障城市功能、保障人民生命财产安全以及灾害救治所必不可少的建筑物、构筑物和城市基础设施。如道路、桥梁、堤坝、机场、车站、救灾指挥部门、消防站、医院、学校、通信和供水供电供气设施等。在生命线工程的规划设计中，必须提高设计的安全标准，确保在灾害中能够继续正常使用。

防风规划设计的指导思想建立在对人与灾害环境关系的正确认识之上。历史上人与灾害环境的关系经历了三个发展阶段，人类从惧怕与屈服于自然、逃避灾害，逐步发展到可以改变自然、防治灾害，直至试图征服自然，提出"战天斗地""抗灾"等口号。结果灾害问题非但没有解决，反而愈演愈烈，迫使人们重新认识人与灾害环境的关系，"减灾"口号的提出并被世界各国广泛接受，便是对灾害环境的一种妥协。

"逃灾"反映出人类对灾害环境的惧怕和无奈，"抗灾"强调的是对灾害环境的征服，而"减灾"强调尽可能地减少灾害损失。从"逃灾"到"抗灾"是人类工程技术进步的结果，而从"抗灾"到"减灾"则是人类重新认识灾害客观规律的结果。但是，"抗灾"和"减灾"都是以人为主体，将人与灾害环境相对立，似乎是处理

人类与灾害环境关系的两个极端。应当认识到我们生活于自然之中，也是自然的一部分，应该主动地去适应灾害环境，并依循自然规律对灾害环境加以改善，创造人类与自然相融合的、和谐的人居环境，这才是我们应当遵循的行为准则和追求的理想目标，并以此作为防灾规划设计的指导思想，创造适应灾害环境的城市与建筑。

3.3 城镇防风规划要点

风是城市和建筑必不可少的环境要素，也是可能造成灾害的不利因素。全面和正确地认识风气候的特点，并加以科学的利用和积极主动的防御，是城市规划和建筑设计的重要任务之一。如若不然，则往往造成严重的后果。北京市某电厂的规划建设，在未对当地风气候进行科学的研究论证的情况下就匆匆上马，投产后因烟尘滞留在山谷中而造成严重的空气污染，不得不将发电量减少 60%，造成巨大的浪费。类似现象在湖北、广东等地也曾发生，不仅使重大项目的效益大打折扣，还造成当地农作物减产和生态环境的严重破坏。英国某电站有 8 座高度超过百米的巨型冷却塔，由于设计标准取值不当，有 3 座冷却塔被大风吹毁。美国华盛顿州塔科马悬桥桥长 1662m，为当时的世界之最。但由于设计不当，桥身在一次大风中反复扭曲直至完全破坏（参考文献 [68]：12-15），触目惊心的破坏过程被电影摄影机及时地记录下来，成为大型工程项目风致灾害的典型案例，引起人们对风灾问题的极大关注。

风对城市和建筑的影响及其相互作用的机理是十分复杂的，其中许多现象还具有随机性。目前主要的研究手段包括现场测试、模型风洞测量和计算机数值模拟，研究的成果尚未达到对风速、风向分布的完全可预见的、定量的水平。因此，在城市规划和建筑设计中，采用的方法难免是定性的和粗略定量的。

风对城市与建筑的影响还包括气温的升降，即夏季降温和冬季防寒，以及风对空气湿度变化的影响等问题。由于有关课程对建筑通风降温和防寒保温等问题已有专门的论述，所以本节主要讨论风速和风向的影响。

3.3.1 城镇防风宏观对策

防御各种自然灾害是城市的基本功能之一，城镇的规划与设计都必须考虑对风灾的防御。例如热带气旋影响显著的我国东南沿海地区，防御风灾是城镇规划与建筑设计的一项重要内容。近二十多年来，我国城镇建设进入快速发展的阶段，但由于技术与经验跟不上要求，往往不重视、不熟悉风灾的规律及其防御措施，风灾损失惨重。仅仅在 20 世纪 80 年代的 10 年间，热带气旋损毁的房屋就达 513 万余间，伤亡 3 万余人，其主要原因就在于城镇建设缺乏科学的规划和严格的管理，忽视了风灾的规律和防风灾的历史经验。根据对我国东南沿海地区城镇建设防风灾历史经验的调查研究，提出以下几项具有指导意义或借鉴价值的城镇防风灾对策。

1）"藏风聚气"的选址可以从宏观上避免或减轻风灾的危害

我国古代以"藏风聚气"作为对城镇和建筑选址的要求，这是一种周边围合、北高南低、

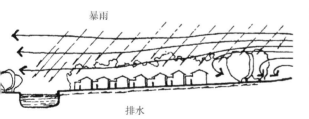

图3-12 沿海村落建筑布局

有山有水的理想化地形地貌环境，即"左青龙、右白虎、前朱雀、后玄武"。其中"左""右"和"前""后"分别指东西南北四个方向，"青龙"是河流，"朱雀""白虎"和"玄武"是不同的山形。这种地形地貌既可以遮挡冬季西北大风，又能减缓夏秋季节热带气旋的影响，具有良好的蔽风性，而河流则是城镇必不可少的水源和排水排污的渠道。

事实上这种理想的地形地貌环境是十分罕见的，绝大多数的城镇和建筑的基址都存在缺陷或不足，需要加以改善或弥补。我国东南沿海以丘陵地形为主，传统村落的选择建设一般选择南向的丘陵坡地，前临池塘，后靠山岗，周围种植树木或竹林，形成良好的居住生活环境。不仅可以减少热带气旋的危害，还利于夏季通风和冬季防寒（图3-12）。

城镇、建筑的选址应避开可能加剧风灾影响的"风口"地带。古代就有"凡宅不居当冲口处""不居百川口处"的经验总结。福建省厦门市的鼓浪屿和广东省汕头市的妈屿岛，都是位于江河出海口的岛屿，岛上的居民区都集中在背海一侧（图3-13），除了方便与大陆的联系外，防御风灾是一个重要的原因。当代城镇建设的急速发展和错综复杂的矛盾，往往使规划建设者无暇顾及防风灾问题，更谈不上主动地研究借鉴防风灾的历史经验。1985年10号台风在福建中部沿海登陆并造成很大破坏，奇怪的是损毁的房屋多数并非危房，而是近年来新建的房屋。事后有关部门调查发现，倒塌的新建房屋多位于风口处的独立地段。

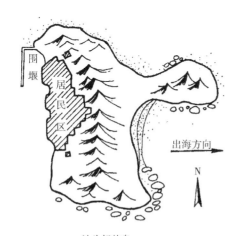

汕头妈屿岛

厦门鼓浪屿

图3-13 沿海岛屿居民区选址[80]

科学的选址和对环境的改善，对防御和减少风沙灾害具有特别重要的意义。风沙的流动及其与地形、地貌的相互影响，有其复杂的空气动力学特点和特殊的运动规律。风沙影响严重地区的城市规划建设，应有相关学科专业人员的参与，必须遵循风沙灾害的规律并认真借鉴风沙灾害的历史经验。风沙灾害并不局限在我国西部内陆地区，在东南沿海及其他局部地区，也有风沙淹埋房屋、道路，威胁城镇、村落的现象发生，也是应予以认真防御的。

2）城市化与低层高密度的建筑布局可以减轻强风灾害

城市大范围密集而高低参差的建筑物，可以显著地降低风速，有利于减少强风造成的危害。建筑以低层为主可以大大减少受风面积，从而减少强风的影响。高密度的建筑布局使建筑群可以相互遮挡，还可以将体量较小的单体建筑组合成为体量较大的整体，从而增加建筑在强风中的稳定性。

作用于建筑上的重力与风力的比值，是衡量强风中建筑物稳定性的重要参数。如图 3-14 所示，边长为 L 的正立方体，所受重力与风力的比值为 $\gamma L^3 / \omega L^3 = L\gamma / \omega$（其中 γ 为立方体的容重，ω 风压系数），重力与风力的比值与 L、γ

成正比，与 ω 成反比。γ 或 L 越大，立方体就越稳定。因此，同样大小的木块和石块，木块 γ 较小容易被风刮走，而石块却不易被风刮走，但当木块破碎成小石砾后 L 显著减小，也容易被风刮走。

3）城镇道路走向和建筑的主要朝向应避开灾害性强风的方向

当道路的走向与当地灾害性大风以及冬季大风的方向一致时，街道成为风道，加剧了强风的危害，可能对生产和生活造成严重的影响。福建省东部沿海重镇之一的三沙镇，历史上只有一条主要道路，而路上常常出现大风，该镇因而被称为大风之镇。其实该镇的环境风速与附近村镇没有多大差别，只是因为受地形所限，主要街道的走向与当地冬季盛行的东北大风一致，因此街道上的风速较大。

建筑物的主要朝向也应尽可能避开当地灾害性强风的方向。建筑物的长边一般是建筑的主要方向，也是建筑结构上的薄弱方向，所以应尽可能避开当地灾害性强风和冬季大风的方向。灾害性大风的方向，有些是有规律可循的，有些是具有随机性的。广东省汕头市历史上三次有记录的特大热带气旋灾害，其最大风速的方向均为东北。如果可以确定当地灾害性大风

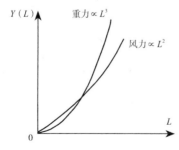

图 3-14　立方体重量与风力变化之比较

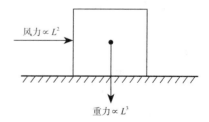

的方向具有这样的规律性，就可以成为规划设计的依据。

4）植树造林、保存城墙土坎等作为防风屏障

我国早在秦代就有种植行道树的记载，汉代开始在城市造林。宋代福州遍植榕树，"绿阴满城，暑不张盖"，因此得名榕城。传统城镇和村落周围大都种植树林或竹林并严加看管，称为"风水林"或"风水竹"。植树绿化的防风作用十分显著。防风林带迎风的一侧，风速在距林高 5 倍处开始减弱，背风一侧在林高 20 倍范围内的风速可降低 25%（参考文献 [80]），因此植树造林是一项重要的防风措施。

墙体等密实性风障，在背风一侧 15 倍墙高的范围内，风速可减少 50%~60%。在迎风面一侧，风速从离开墙体 5~10 倍高度处开始下降，至近墙处风速可减小 40%~50% 并产生涡流，沙土因而在此堆积（图 3-15）。

城墙、土坎等都是很好的风障，应加以保护和利用。明代为防倭寇，在福建沿海建设了许多卫所城堡，其中不少被保留至今。据调查，主要原因是它具有重要的防风防沙作用。例如莆禧城，当地热带气旋和风沙灾害十分严重，城墙外堆积的沙土已高于城内地面。若无城墙保护，房屋和街道可能早已被沙土掩埋，因此当地有在城墙外建房"不吉利"的说法。

图 3-15　风障挡风效果示意图

3.3.2　风与空气污染的防御

1）风向频率的影响

1914 年 A. Schmauss 提出工业区应布置在主导风向的下风方向，居住区应布置在其上风方向的原则，后来被世界上很多国家所采用，我国过去也采用了这个原则。但是，在中国等季风气候的国家里，冬季风和夏季风的风向相反，出现的频率相近，冬季的上风方向地段在夏季往往变成下风方向，而冬季的下风方向地段在夏季往往变成上风方向。在不同的地区，受当地特殊的地形地貌影响，风向频率具有不同的特点。因此，简单地将城市用地按照主导风向的上风向和下风向进行划分，存在不合理之处。按照我国城市的风玫瑰图，城市的风向频率特点大致可以分为以下四种类型。在城市规划中，应考虑各类风向频率的特点，采取相应的措施（参考文献 [68]：90~95；参考文献 [69]：197~201）。

（1）双主导风向型　盛行风向随着季节的变化而转变，冬夏盛行风向基本相反，所以也称为季节变化型，我国东部大部分地区属于这种类型。双主导风向地区的城市规划，不能仅仅根据全年风向频率玫瑰图，还要分别考虑 1 月份和 7 月份的风向玫瑰图，避开冬夏对吹的风向。工业区等有污染的建设项目布置在最小风频的上风向，居住区在其下风方向，使居住区的污染机会最小。

（2）主导风向型　一年中盛行风方向的变化在 90° 之内，我国西部大部分地区、内蒙古和黑龙江西部都属于这种类型。在主导风向地区的受污染区域，一般都在污染源的下风风向，

所以一般都将有污染的建设项目安排在主导风向的下风方向。

（3）无主导风向型 一年中各方向的风频率相差不大，一般在 10% 以下，没有一个主导风向，主要出现在我国中部的宁夏、甘肃的河西走廊和陇东以及内蒙古的阿拉善左旗等。在这种地区，某一方向上的污染程度，主要取决于风速的大小。因此，在城市规划中应将污染源布置在当地最大风速方向的下风位置上。

（4）准静止风型 全年静风频率在 50%~60% 以上，年平均风速为 1.0m/s，主要出现在我国中部的四川、陇南、陕南、鄂西、湘西、贵北和西双版纳的部分地区。在准静止风型地区不宜选择一个出现频率最高的风向作为主导风向，因为这个风向出现的频率并不大，其他风向的频率也较小。这些地区不宜建设有严重污染的项目，污染源和生活居住区之间须有足够的防护距离。防护距离主要与污染物的类型和风速有关，我国国家标准对各类风向类型地区的工业企业的卫生防护距离有所规定，可作为城市规划的依据之一。

在上述各种风向频率类型中，风向都是指近地面的风向。应注意风向往往会随高度的增加而发生变化，近地面的风向与上空风向并不一致，有时差别很大。所以，不能只从地面观测的风来推断高空中污染物的扩散轨迹。

2）复杂地形的影响

我国的地形复杂，海岸和湖岸线较长，出现山谷风、海陆风和湖陆风环流的地区较广，应注意其对城市规划的影响。山谷、丘陵、海岸和大湖沿岸，局地气流有时会与主导风向不一致甚至相反。在全年风向玫瑰图上，山谷风、海陆风与季节变化型风的图形是一样的，只有按照月份或季节分别绘制风向玫瑰图，才能看出山谷风、海陆风与季风型风的不同。具有与平坦地形不同的局地污染特点。

（1）山区风向的变化十分复杂。在坡地或小山丘上，气流会沿山坡抬升，而在背风面会出现强烈的湍流，烟囱等污染物排放点设在低处时，可能出现烟气下沉触地，发生地面严重污染的现象。山谷地带，往往出现与主导风向不一致的局地气流。白天空气顺着山坡向山顶爬升形成"山风"，夜间空气向山谷底流动形成"谷风"，风速往往大于"山风"。山地这种近地面昼夜方向相反的山风和谷风就是山谷风（图 3-7）。南北走向的山谷，朝南一侧的空气受日照升温形成山风，朝北一侧的空气温度较低而产生谷风，也会形成一种山谷风。此外，当大范围的风吹过山谷时，会带动山谷中空气的环流而形成山谷风。

（2）在山谷风风向变换期间，风向不稳定，风速很小，山谷中污染源排出的污染物聚积在山谷中，会造成严重的空气污染。夜间温度较低的"谷风"沿着山坡下滑沉积在谷底，不仅将污染源排出的污染物带回谷底，而且使山谷中的气温呈下冷上暖分布，大气扩散作用几乎消失，可能造成严重的空气污染（参考文献[69]：227~229）。因此，在山谷地带的建设项目，特别是有污染的建设项目，除了考虑主导风向外，还必须考虑山谷风在日夜之间的风向、风速变化特点，以及山谷的走向、污染物排放的时间等。

（3）海陆风是局地的闭合环流，即高空风与地面风的风向相反，循环流动。污染源排放的污染物可以随环流周而复始地循环累积，使该地区空气污染浓度升高。当风从海上吹向陆地时，因气温较低，会向地面下降沉积，阻止空气中的污染物向上扩散，地面污染浓度可能迅速升高。相反，当风从陆地吹向海面时，对净化空气十分有利。在城市规划中应该将污染源与生活居住区，分别布置在两条与海岸线垂直的平行线上，使生活居住区的污染机会最小。

3.3.3 龙卷风的危害及其防御

龙卷风对建筑物的破坏力源自其极高的风速和很低的气压。龙卷风的最大时速超过500km，是世界上最强的旋风。由于风压力与风速的平方成正比，所以强烈的龙卷风（F_5-F_6级）对建筑物形成的风压力之大是我们难以想象的，其破坏力是毁灭性的。龙卷风经过之处的空气气压，在几秒至十几秒时间内可下降标准大气压的 8% 以上，在建筑物内外形成强烈的气压差，在建筑物表面产生约 9.5kPa（甚至更大）的负压，是一般住宅楼面设计活荷载（1.5kPa）的 6.3 倍。建筑物骤然受到如此巨大的负压力，往往在顷刻间发生"爆炸"般的破坏（参考文献 [72]：88-89），这是一般工程方法无法抗拒的。所以，建筑物或构筑物防御龙卷风的重点是在建筑物损毁的情况下，如何保障人员、重要物资和设施的安全。常见的方法是在建筑物之下或附近设置地下避难室（图 3-16），或将重要的物资和设施安置在地下。重大建设项目则必须通过合理的规划选址，避免受到龙卷风的影响。

特定地点出现龙卷风的概率很小，因此以往的城市规划与建筑设计都不考虑龙卷风的影响。但是在一定区域范围内，龙卷风还是时有发生的，如上海市域近几十年来平均每年出现大约 2 次。鉴于龙卷风的危害往往是毁灭性的，重大建设项目的规划设计应该考虑其影响。例如美国在三哩岛核电站事故发生后，就已开始重视龙卷风对重要工程项目的影响。

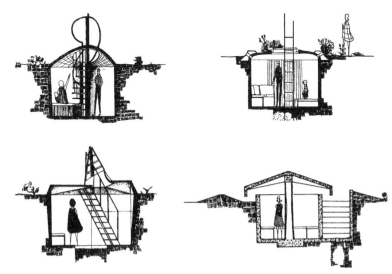

图3-16 美国中西部的几种防风避难室[91]

由于龙卷风出现的概率小、过程短暂又破坏力极大，对龙卷风的研究十分困难，一般只能通过灾后的现场调查，间接地了解灾害破坏力及其规律，需要进行长期的观察研究，对龙卷风发生的时间、地点、路径、出现的频率以及最大风速进行统计分析，寻找其规律性，为重大建设项目的选址和设计提供参考。例如通过对上海市发生的近80次龙卷风史料的分析研究，发现龙卷风的一般发生在"城市热岛"外的若干区域，因此有可能划分出"龙卷区"和"非龙卷区"，作为城市规划和重大工程项目选址和防灾设计的依据（参考文献[97]）。

3.3.4 沿海城市风暴潮的防御

风暴潮是由热带气旋、温带气旋或寒潮引起的海面异常上升或下降的现象，当风暴潮到达海岸浅水域时，水位一般会暴涨数米高。当风暴潮与天文大潮相遇，水位往往超过沿岸的警戒水位线，风灾伴随着潮灾，造成海地区带来巨大的社会经济损失。因此，风暴潮也是影响沿海城镇规划建设的自然灾害之一。当代全球性的海平面加速上升，必将导致风暴潮的水位的提高和灾害次数的增加，加剧风暴潮的危害性。对此，在沿海城镇和新开发区的规划与建设中，应予以足够的重视并采取相应的措施。

我国台风暴潮造成的危害远不止于沿海城镇。由于大面积的台风暴雨使内陆地区水位猛增，而台风暴潮涌向江河出海口，顶托江河水流逆行，造成内陆地区严重的洪涝灾害。1986年7号台风在广东东部登陆，暴雨和风暴潮造成梅州等内陆城镇严重的洪涝灾害，梅州市区

平均积水深度超过2m，10余万人被水围困在屋顶上。

沿海城镇发生风暴潮灾害的原因，除了异常的高水位和强风外，应归咎于城镇规划建设的某些缺陷或失误：

（1）城镇基址低下或地理位置不佳 城镇往往是在江河湖海沿岸发展起来的，这里方便的交通和水源是城镇发展的有利条件。然而沿海地区这类地带的地势一般比较低下，江河出海口的冲积地带更是如此。而在长江口、杭州湾这类外宽内窄的喇叭口状地带，风暴潮进入时潮水涌积上涨，危害性加强。

（2）御灾工程能力不足或管理不善 基址比较低下的城镇主要依靠修建堤防等工程性的措施来防御风暴潮灾害。受经济和技术水平的限制，部分防御工程设施的御灾能力不够或管理不善、年久失修，造成猝不及防的突发性灾害。海平面的加速上升，也使原有防御工程的防灾能力相对下降。此外，建筑物或构筑物防御能力差也是造成灾害的原因之一。

（3）没有建立灾害预警系统，疏散途经和救灾设施不完备 清代康熙年间长江口一带发生风暴潮，"忽海啸，飓风复大作，潮挟风威，声势汹涌，冲入沿海一带数百里。……漂没海塘千丈、灶户一万八千户，淹死者共十万余人"（《三冈续识略》），是我国历史上死亡人数最多的一次潮灾。清代《崇明县志》对这次潮灾造成人员伤亡的原因作了很好的分析：潮灾"发于月初半夜，时久无海啸、人不设防。又黑夜无光，猝难求避，故随潮而没者至数万人，沿海民人庐舍为之一空。"

我国沿海风暴潮灾的数量和潮位都居世

界前列。沿海地区城镇，特别是位于江河口岸的经济技术开发区域的规划与建设，应特别重视风暴潮灾害的影响，解决好防潮灾问题。通过研究防御风暴潮灾害的历史经验和教训，得总结出城镇规划建设中必须予以重视的几个要点：

（1）选址须得当　选择有利的地理位置是防御风暴潮灾害的战略性措施，主要包括选择蔽风性好、可避免海潮冲击的地形，足够的地面标高和排水坡度。前面所述我国东南沿海地区的村落多选在山脚坡地上，前临池塘，后靠山岗，房屋沿坡地前低后高布置，不仅利于夏季通风和冬季防寒，而且使排水顺畅而无内涝之患，遇风暴潮时人畜可往高处转移。沿海岛屿上的城镇和村落选址面向大陆、背向外海，可以有效地避免或减轻风暴潮的危害。

（2）修筑海塘等必要的防潮灾工程　城镇的选址是由多方面因素决定的，而理想的地理位置毕竟不多，在这种情况下就需要采取工程性措施以避免或减轻灾害的破坏。兴建海塘可以在大范围内阻止潮水入侵，使沿海城镇免受风暴潮灾害，土地免遭海水淹没和卤化，还是防止海岸坍没和人工造地的重要途径。同时还要注意海塘等防潮灾工程设施对生态环境和景观环境的不利影响。

（3）加强建筑物和构筑物的御灾能力　建筑物和构筑物抵抗潮水浸泡和抵抗潮水和风力冲击能力的好坏是保证安全的关键，应合理地选择建筑物和构筑物的形式和材料。底层架空的干栏建筑和石砌高台基建筑是滨海地区常见的建筑形式，地面标高高于历年风暴潮灾的水位。建筑物和构筑物平面上较短的一边（山墙）

朝向大海，可以减少潮水和强风的冲击力。石材的容重大、耐腐蚀性和耐水性好，是濒海地区很好的风暴潮灾的建筑材料。黏土砖的抗风化性能较差，滨海的建筑物和构筑物比较少用。海风和海潮的腐蚀性很强，使用钢材和混凝土须特别注意做好防腐措施。

（4）确定迁徙地点，疏通撤退路线　风暴潮灾害虽然来势迅猛，但持续的时间有限。因此，对于特别严重的风暴潮灾害，或御灾能力较差的城镇和村落，及时迁徙人畜和贵重物品，是防御风暴潮灾害的重要措施之一，历史上有不少成功的经验。在规划设计中应确定避灾地点，如山头、高地、城墙、高而坚固的建筑物和构筑物等。有条件的可以建楼房，不仅可避潮水淹没，还可以节约土地。沿海地区因地形复杂和人口稠密，城镇道路往往较狭窄、曲折，还常常发生挤占道路的现象。为此，必须加强对疏散通道的管理，保证疏散通道的顺畅。[80]

3.4　建筑防风设计要点

当代建筑的防风设计问题，集中表现在大量性低标准房屋和高层建筑这两种类型的建筑上。大量性低标准房屋的建设受到经济技术条件的限制，对风灾的防御应充分利用建筑形式的群体组合的优势，合理利用防风建筑材料和各种适宜的防风技术措施。高层建筑受风力的影响很大，还会出现近地面风速风向的复杂变化，即所谓风环境问题。因此，高层建筑的设计应特别注意形体及其组合，处理好风环境问题。高层建筑防风设计的要点，也适用于一般低层和多层建筑。

3.4.1 建筑形式和组合方式

建筑形式和建筑群的组合方式对提高建筑的防风性能、减少风灾的影响具有十分重要的意义。当代建筑材料和结构技术的发展，使建筑的防风性能得到很大的提高，一般底层和多层建筑的防风设计，还是应该注意从建筑的形式和组合方式入手，尽可能减少对结构技术和建筑材料的依赖。受经济条件等客观因素的限制，大量性低标准房屋的建设尚不能完全满足现行设计规范的要求，防风问题仍然比较突出，更应该通过选择合理的建筑形式和组合方式来减轻灾害的影响和损失。

中国各地自然条件与生活习俗不尽相同，在风灾影响较大的地区，当地人民因地制宜地创造出形式多样、适应风灾环境的建筑形式，民居就是其中最为丰富多彩的一类建筑（图3-9）。华北、西北黄土高原窑洞民居的防风效果很好，吉林西部平原地区的"碱土平房"抵御着每年数月不止的风沙。草原地区游牧民族的毡包，适应流动性生活和草原大风气候，其圆形平面和弧形屋顶是很好的防风体型。内蒙古等地牧民建造蒙古包，它的外形直接来自毡包。我国东南沿海地区受热带气旋的影响最大，浙东温州郊区民居采用主体建筑加左右坡屋的组合方式，加强整体抗风能力。闽西南、粤东和赣南地区的土楼围屋，高大厚重的围墙具有很好的避风性。生活在海南的黎族人民为适应频繁的风灾和湿热气候，创造了墙体与屋顶一体的"船形屋"。云南的"一颗印"、青藏高原等地的"碉楼"、新疆的"阿以旺"、广东的"竹筒屋""竹竿厝"和福建的"手巾寮"等，都是利用当地条件防御风灾的典型范例，这与当代我国从南到北千篇一律的方盒子住宅，形成了鲜明的对照。

屋顶的形式也是建筑防风的关键。传统建筑屋顶形式主要有庑殿式、歇山式、硬山式和悬山式等，其中庑殿式在历史上始终是最为尊贵的屋顶形式，成为皇权至高无上的象征。根据国内外对风灾现场的调查以及风洞模型试验，证明庑殿式（即四坡顶）的防风性能最好。与常见的双坡顶建筑相比，四坡顶屋面的风荷载分布比较均匀，最危险的屋脊部位的最大风压值可减小约50%，屋架因主要构件受力状态改善使承载力增加约40%（参考文献[93]）。

屋顶坡度对建筑造型和屋面排水影响很大。表3-3是根据现行《建筑结构荷载规范》GB 50009—2012计算得出的各种坡度屋面的风荷载体形系数 u。从中可见当屋面坡度在15°~45°之间时，坡度大小对屋顶的防风性能影响不大，决定屋顶安全的不是水平推力和屋面正压，而是背风屋面负压（向上的吸力）的大小。负压对瓦片等小块材料铺砌的屋面危害最大，屋顶乃至整个房屋的破坏过程，一般是从负压揭瓦开始的。

建筑群体的组合方式对防御风灾具有重要的作用。我国传统的多进院落式、水平方向扩展的建筑群组合方式，就是有利于防御风灾的一种建筑群组合方式。我国海南岛东部室热带气旋影响最严重的地区之一，这里的建筑群体布局多采用多进排列，形成狭长的总平面，或前后数宅共同形成狭长的总平面；天井的进深一般不超过其面阔。前院设围墙，出入口设在侧面，围墙高度接近屋檐。

各种屋面坡面的风荷载体形系数 u_8 [93]　　　　　　　　　　　　　表 3-3

高跨比	倾斜角度	迎风面风压系数	背风面风压系数	说明
≤ 1：7.5	≤ 15.0	−0.6		坡度很小时，迎风面负压达最大值，对瓦屋面威胁很大
1：6.3	17.5	−0.5		迎风面与背风面负压值相同，屋顶所受水平推力为 0
1：5.5	20.0	−0.4		各种坡度屋顶背风面所受负压，均为 −0.5
1：5.0	21.8	−0.3	−0.5	即福建沿海民居屋顶平均坡度
1：4.0	26.6	−0.1		即所谓"瓦屋四分"，迎风面负压很小
1：3.5	30.0	0.0		即浙江沿海民居的屋顶坡度，迎风面无风荷载
1：3.0	33.7	＋ 0.1		即所谓"茸屋三分"，迎风面风压很小且为正压
1：1.0	45.0	＋ 0.4		迎风面正压随坡度增加而加大
≥ 1：1.2	≥ 60	＋ 0.8		坡度 ≥ 60°，迎风面正压相当于垂直墙体的迎风面正压

确定建筑的朝向也是建筑防风的措施之一。一般山墙的面积比纵墙小、整体性较好，特别是硬山式建筑的山墙有抗风防火作用而得名"风火山墙"。尤其是滨海建筑将山墙朝向当地风力最大的方向，可显著减少风灾的危害。

传统建筑无建筑设计与结构设计之分，每有营造必以选取适应当地环境的建筑形式及其组合方式为先，从整体上增强建筑物的防风减灾能力，而现代建筑设计先由建筑师确定建筑的形式，再由结构工程师通过确定梁柱之大小及其所需钢筋之多少，以此解决建筑的防风问题，似有本末倒置之嫌。

3.4.2　建筑材料和技术措施

1）就灾取材，材尽其用

在风灾严重地区进行建设，不仅要就地取材，还要"就灾取材"，选择适于防风灾的建筑材料。应向传统建筑学习，按照建筑上各个部位的不同要求，选择适合的材料并结合使用，达到物尽其美、材尽其用的目的。例如在基础、

勒脚和墙角等部位采用砖石材料，上部可用夯土或土坯，并根据其重要性和当地的气候特点，加入不同的胶结材料。墙面可贴面砖、贝壳或抹灰，顶部采用砖瓦压顶并抹灰。综合利用各种材料特性，达到经济合理的目的，产生了丰富多彩的艺术效果。

石材容重大且耐水耐风化性能好，是理想的建筑防风材料。我国古代建筑用石有悠久历史，殷墟卜辞中已有记载，历史上也不乏像隋代安济桥这样高超的石构建筑，但未能成为中国传统建筑的主流。然而在石材比较丰富、风灾比较严重的地区，石构建筑还是有所发展，甚至成为当地的主要建筑形式，例如西南等地区的石碉楼，闽南地区建筑的各种构件，甚至平屋顶都可采用石结构，其优质石材和能工巧匠闻名海内外。

砖也是一种有利于防风防水的建筑材料，砖砌体一般与石、木、混凝土等相结合，形成砖石、砖木和砖混结构，也是一种防风性能较好的结构形式和构造方法，但滨海地区咸湿强

劲的海风还具有很强的腐蚀性和风化力，砖的抗风化剥蚀性能较差，滨海的建筑物和构筑物比较少用。使用钢材和混凝土时，须特别注意做好防腐措施。

2）屋顶材料与构造

混凝土平屋顶的防风主要是防止屋面构件脱落，加设墙是很好的做法。各种瓦面的屋顶必须特别注意其防风问题，因为大风中房屋的破坏往往是从屋顶开始的。为此应采用防风性能较好的硬山式屋顶，采用悬山式屋顶时应尽量少出檐。体量和面积较大的建筑应选择四坡顶。在各种方向风力的作用下，坡屋顶的屋脊和檐部的最大瞬时风压是屋面平均值的7倍，坡屋顶的破坏一般发生在屋脊或从屋檐开始。因此要特别注意保护屋檐和屋脊，尽可能增加屋檐、屋脊和瓦面的重量与整体性，少出檐或不出檐，在屋檐下加设封檐板或挑檐板，特别是加建混凝土平顶外廊，或在屋檐上加设檐墙，可以取得很好的防风效果（图3-17、图3-18）。

门窗是房屋的薄弱点，一旦被风吹脱，气流冲入室内，使室内气压瞬间剧增，屋顶受室内托力和室外吸力的共同作用，瓦面全飞甚至被掀翻，瓦片和其他散落构件随风飞舞，造成人员伤亡以及其他次生灾害。所以应使门窗的安装牢固可靠，尽量少开门窗、开小门窗。在大门外建照壁或在窗外加设推拉式挡板，都是很有效的门窗防风措施。

3）以变应变的技术措施

中国古代建筑工匠曾创造出不少以变应变的建筑与建造方法。宋代喻浩主持建造的开宝寺塔，根据开封地平无山又多西北风的特点，有意将塔倾向西北，以期"吹之不百年当正"，现存实例还可见于湖南武岗斜塔等，是一种预加变形的设计方法。广东潮州的东门楼临江高耸而倍受风害，遇有特大风灾将临即拆卸门窗扇，让大风呼啸而过。

通过整体结构变形或位移来消耗风能也是一种以变应变的技术措施。例如高层建筑顶部的巨幅广告牌，可以划分成一些较小并可旋转的单元，类似建筑中的上旋窗，当风速超过一定范围时，旋转板即可翻转泄风，广告牌不至

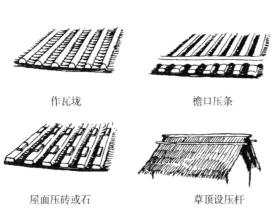

作瓦垅　　　　　　檐口压条

屋面压砖或石　　　草顶设压杆

图3-17　几种屋面防风构造

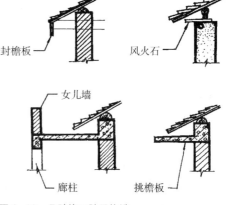

封檐板　　　　　　风火石

女儿墙

廊柱　　　　　　　挑檐板

图3-18　几种檐口防风构造

因大风而倾倒。当风速降低时依靠重力自行复位。海南文昌的文庙大成门在 1973 年的特大台风中发生了整体位移，各柱子都偏离了柱础达半个柱径之多，当地工匠采用同时敲打各柱柱脚的方法使建筑整体复位。当然，这类措施仅适用于不需严格控制变形或位移的建筑。

4）"保本弃末"的防风灾措施

特大风灾毕竟是一种小概率事件，鉴于建筑物各部分的重要性不同和投资的合理性，在建筑物的不同部分采用不同的设计可靠度和不同的建筑构造，不失为一种经济合理的设计方法。我国大量性中低标准的建筑限于经济与技术条件，不可能都建造得十分坚固。为了保证在特大风灾时人、畜的安全，尽可能地减少财产损失，应将有限的人力物力重点用在建筑物的主要部分，以保其在特大风灾时不至于完全毁坏。例如海南有些民居在卧室的坡屋顶之下加建一层平顶，金门岛的民居也有类似做法，还将两层屋顶之间的空间用来储物（图 3-19）。设置防风避难室，也是沿海人民防御特大风灾的经济而十分有效的方法。

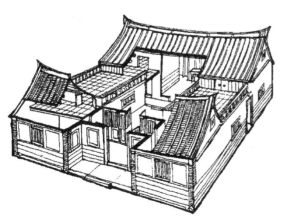

图 3-19 双层顶式民居

尽可能降低房屋的高度，也是减少风灾危害的有效途径。降低房高意味着减少受风面积和缩短风力传递路径、减少材料用量。以单层双坡顶房屋为例，若屋顶高跨比为 1：5，进深为 6m，当檐高由 4m 降至 3m 时，房屋所受水平风力可减少近 30%，墙体材料可节约 30%。降低房高的同时也缩短了柱子的高度。根据材料力学的原理，构件的刚度（即抗变形能力）与其长度的四次方成反比，柱子高度的降低大大增加了柱子的刚度，改善了梁柱间的受力状态，从而增加了结构整体的刚度。

5）临时性防风灾措施

强风的破坏力很大但出现的概率很小，这使得建筑设计中，尤其是大量性低标准房屋的设计中，安全性与经济性的矛盾比较突出。解决这一矛盾的好方法之一就是采取临时性的防灾措施。在灾害来临前，应及时对建筑的破损部位和室外的桅杆、招幌等构件进行检查维修。对建筑的薄弱部位进行加固，如加设斜撑、拉索和屋面重物等，并在原结构的相应部位预设连接构造。这类措施的要点在于增加建筑物的变形约束条件，其费用很低而效果十分显著，但往往妨碍正常使用。

3.4.3 高层建筑的防风体型

高层建筑受风荷载和地震荷载的影响很大，往往超过重力等垂直荷载的影响，成为控制性的荷载。按照所处地区的基本风压和地震烈度的不同，有些地区的风荷载是主要的控制性荷载，有些地区则是地震荷载成为控制性荷载，还有些地区两种荷载的影响不相上下。建筑防风与防震之间有许多共同之处，例如都要求建筑的结构整体性好、建筑体型的稳定性高、建筑平面及质量分布匀称等。但也存在相悖之处，防风要求建筑的刚度大、重量大，而防震则要求建筑有较好的柔性，尽可能减少重量。为了协调建筑物刚度和重量在防风防震中的矛盾，使建筑物即能防风又能防震，应本着求同存异的原则，根据各地风荷载和地震荷载的影响程度，合理确定建筑物的刚度；加强建筑结构的整体性；提高建筑体型的稳定性；尽可能使建筑平面及质量匀称分布等。在建筑设计中，应特别注重建筑物体型设计在防风中的作用。具体而言，主要就是确定建筑物沿高度方向的收缩变化，选择合理的建筑物平面形状。

1）建筑体形沿高度的变化

建筑物体形沿高度方向收缩变化也叫"收分"。建筑物体形沿高度方向收缩变化，可以有效降低建筑物的重心位置，从而增加建筑物的稳定性，对防风和防震都是十分有利的。建筑物在水平方向的风力和地震力作用下，犹如固定在地面上的悬臂梁，水平力越大、特别是力的作用点越高，对建筑物的危害就越大。建筑物的体型沿高度方向的收缩变化，可以减少较高部位的风荷载和地震荷载。由于风荷载具有沿高度递增的特点，因此风荷载的减少更加明显。总之，高层建筑体形沿高度的收缩，对改善建筑防风防震的作用是十分显著的，成为高层建筑体形设计中常用的方法。采用不同的收缩方法，还可以得到各具特色的建筑造型，世界上有许多高层建筑因此成为佳作巧构。

美国芝加哥的西尔斯大厦（Sears Tower，1974）高达443m，是当时世界上最高的建筑物。设计采用束筒结构的概念，建筑平面由9个22.9m见方的正方形组成，沿高度分段收缩，很好地解决了高层建筑的防风问题。

芝加哥约翰·汉考克大厦（John Hancock Center，1970）高337m，采用四棱台体型，平面面积由基底处的约3716m²，逐渐收缩到顶部的1672m²。还在建筑的外表面设置了斜向交叉的钢结构，使建筑物具有很好的防风和抗震性能，建筑用钢量也大为减少（图3-20）。

香港中国银行大厦（Bank of China Tower，Hongkong，1990）总建筑面积12.9万m²，建筑高度315.4m。平面为边长52m的正方形，按对角线分成4个三角形，沿高度先后截断成斜面，形成十分奇特的建筑造型（图3-21）。但是就建筑的平面形状而言，三角形不是防风的理想平面形状。

2）建筑平面形状的选择

风载体形系数 μ_s 是衡量各种建筑平面形状防风性能优劣的指标，表3-4列出了常见平面形状的 μ_s 数值。风荷载体形系数 μ_s 较小的平面形状，其防风性能一般较好。在各种建筑平

图3-20 芝加哥约翰汉考克大厦　　图3-21 香港中国银行大厦

面形状中，圆形的μ_s最小，仅为 0.7；正八边形的μ_s为 1.12；方形的μ_s为 1.4。"Y"字形等比较伸展的平面、特别是转角尖锐突出或弧形内凹的平面，μ_s数值都较大。从理论上讲，圆形是最理想的防风平面形状，但圆形平面在设计和施工上存在缺陷，一般只适用于一些特殊的建筑。正多边形的边数越多，就越接近圆形，防风性能也就越好。但是边数多了，也会给设计和施工造成困难，所以并不是边数越多越好。如何加以选择，我们可以从中国古塔平面形状演变的过程中，得到一些有益的启发。

塔随佛教传入中国后，先由印度"窣堵波"（Stupa）的单层圆形平面，演变成中国式的多层方形平面，再由方形平面演变成八角形平面，其原因是多方面的，在客观上改善了塔的防风性能（图 3-22）。

按现行风荷载取值方法，对正四、六、八、十、十二边形和圆形平面，在相同平面面积、

相同迎风面宽度和相同周长的情况下，分别进行风荷载的定量比较分析，结果也证明：与正四边形平面相比，正八边形平面的风荷载较小。当边数超过 8 后，增加边数对减小风力的效果较小。正八边形平面的防风性能虽不及圆形平面，但综合考虑面积、迎风面宽度、周长等因素，仍是一个较好的选择。[81]

高层建筑的平面设计需要考虑多种因素，不可能都采用圆形或正八边形，只要明了其中的道理，适当加以变形和调整，便能做出种种变化，产生许多新颖的、防风性能较好的设计方案（图 3-23）。有关风洞模型试验的结果表明，将方形平面的四个角各截去一小部分，就能收到改善风压分布和减少风压效果。广东国际贸易大厦高 195m，是当时国内最高的建筑，就是采用截去四个角的方形平面。深圳国贸大厦高 160m，深圳市第一座超高层建筑，也是采用截去四个角的方形平面。

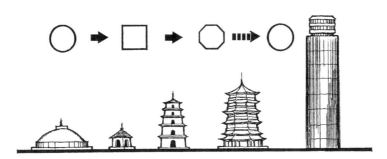

图 3-22　塔平面形状的演变过程示意图[81]

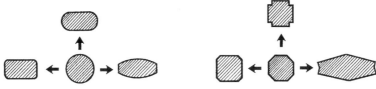

图 3-23　圆形和八角形平面的衍化[81]

3.4.4　建筑的风环境问题

风环境是风的方向和速率在空间上的分布情况。受到地形、建筑物和树木等障碍物的影响，风在流动过程中都会发生显著而又复杂的变化。当风吹过建筑物时，建筑物周围的风环境会发生明显的变化，高层建筑时还会将上空的高速风引至地面。建筑风环境的变化可能在建筑周围一些特定的部位，甚至相邻的街道和广场等地方出现变幻莫测的强风，对行人、行车安全和建筑物或构筑物的安全构成威胁，对城市与建筑的排污、通风、绿化等发生显著却难以预料的影响。即使不是大风天气，也可能造成比较严重的伤害和损失。在高层建筑比较密集地段的风环境问题尤为突出，有些高层建筑林立的大城市因此被称为"风之城""风之街"。随着城市建筑群和高层建筑的大量出现，建筑的风环境问题也日益突出。因此，在城市规划和建筑设计中必须充分认识建筑的风环境问题及其不利影响，并采取相应的措施。

1）建筑风环境问题的不利影响

（1）造成行人活动障碍，影响行人和行车安全。1982年在美国纽约一幢超高层建筑前的广场上，有行人被突如其来的强风吹倒受伤。伤者对设计者、施工者、业主等提出控告。虽然法院最终判定原告败诉，但却引起人们对城市和建筑群风环境问题的注意，有人将其列为"城市环境公害之一"。风对行人的影响有不同的评价标准，表3-4是HUNT氏提出的标准。在风速或风向突变的地段，即使风速并不很高，行人往往也会因猝不及防而闪失或跌到，而当风速较高时，甚至会对车辆（特别是摩托车和自行车）的行驶安全构成威胁。

（2）对建筑及其附属物的安全构成威胁。由于新建筑拔地而起，原来的风环境会发生很大的变化，致使原有建筑物上风荷载的大小、方向及其分布发生明显的变化，原有建筑的一些部位就可能处于危险状态，这是原设计所始料不及的。不利风环境对建筑的附属物也会造成很大的破坏，如刮倒广告牌、掀翻雨篷、屋顶等，造成绿化树木倒伏折枝。高层建筑上被强风吹脱的构件或零碎物体，会被强风挟卷并撞击在建筑物上，造成玻璃幕墙和玻璃窗的破损，危及行人和其他建筑。1987年著名的西尔斯大厦在强风中有90块窗玻璃破损，第二年又有100块窗玻璃破损。据称西尔斯大厦的窗户设计可抵抗时速240km的强风，而当时风的最大时速只有120km，主要原因是大厦两侧建筑工地上的物体被强风卷入空中所造成。该大厦有1.6万块玻璃，每年都有破损的记录

HUNT氏提出的评价标准化 [94]	表3-4

风速（m/s）	人的行为表现
0 ~ 6	行动无障碍
6 ~ 9	大多数人行动不受影响
9 ~ 15	还可以按本人的意愿行动
15 ~ 20	步行的安全界限

（参考文献 [94]: 44）。

（3）造成局部空气污染、噪声和温湿度变化过大。在复杂的风环境中，建筑物的某些部位可能形成不稳定的正压区或负压区，使气压分布发生出乎意料的变化，室内有害气体不能顺利排出甚至倒灌。强风与建筑物表面发生摩擦，在某些部位产生特殊振动，造成或尖锐刺耳或低沉强劲的呼啸声，成为影响正常生活和工作的噪声。在建筑周围，特别是近地面的一些部位因风速过大，导致温度和湿度过低，或因风速过低而闷热异常，影响正常使用和植物的生长。

2）建筑风环境的特点

目前对建筑风环境的研究，目前采用的主要现场观测记录、计算机数值模拟和风洞模型测试。利用测量仪器进行现场观测的方法，可以取得比较客观、可靠的第一手资料，但须有足够数量的观测点、足够大的观测范围和长期的观测资料积累，这样的工作不是某个建设项目所能胜任的。利用计算机进行数值模拟分析计算，是一种比较快捷经济的方法。但模拟分析必须建立在足够的现场观测资料的基础上，才可能得到比较准确和具有使用价值的结果。

将拟兴建的建筑物及其周边一定范围内的其他建筑物等，按比例制作成模型，在风洞中测量其风压的数值和分布、测量建筑物受到的总倾覆力和水平扭转力，还可以直观地测量模型周围风速和风向的分布情况，提供具有一定实用价值的设计数据和建筑物周围风环境的大致状况，是目前比较常用的方法。

研究结果显示，建筑物周围气流和风压状况如图 3-24 所示，当风吹向建筑物时，在迎风面产生正压，在背风面产生负压，建筑物两侧因此产生较高的负压。在高度方向上，迎风面上的气流被分为向上和向下的两股，向下的分流在近地面产生负压，向上和从两侧绕过建筑物的气流，在背风面产生大范围的负压。对于宽度较大的横长型高层建筑，气流主要是从建筑的顶部翻越而过，风速最大区在建筑上方。对于体型比较细高的建筑，气流主要是从建筑的两侧绕过，风速最大区在建筑的两侧（图 3-25）。

当建筑的迎风面前有低层建筑时，在低层建筑上部将产生很大的逆流，形成较强的负压。建筑迎风面的下部有通透的架空柱或洞口时，气流会从中急速穿过并产生很大的负压。

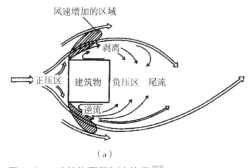 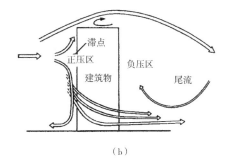

图 3-24　建筑物周围气流状况 [92]
（a）近地面的气流状况；（b）竖向气流状况

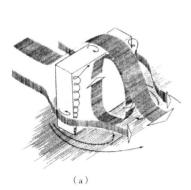
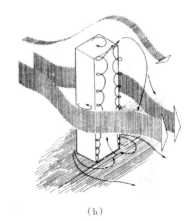

（a）　　　　　　　　　　　　　　（b）

图 3-25　横长与细高建筑周围的气流状况 [92]
（a）横长形高层建筑周围的气流状况；（b）细高形高层建筑周围的气流状况

上述建筑物周围气流和风压，只是简单体型正面迎风情况下的大致状况。在建筑物平面现状或体型不同、周围的环境不同或风向不同的情况下，都会产生气流走向和风压分布的较大差异，其变化的情况是相当复杂的。现行《建筑结构荷载规范》对此作了简化处理，规定"当多个建筑物，特别是群集的高层建筑，相互间距较近时，宜考虑风力相互干扰的群体效应；一般可将单独建筑物的体形系数 μ_s 乘以相互干扰增大系数，该系数可参考类似条件的试验资料确定；必要时宜通过风洞试验得出。"

我国的建筑风环境研究还处于初级阶段，较多的是利用风洞模型试验等方法，对重要的建筑物和构筑物的风荷载、风振和风环境问题进行个案研究，并为结构设计提供数据。国外所做的研究比较多，一些城市还根据研究成果制定了法规，如美国波士顿市政当局限定，新建建筑不能引起风速超过 14m/s 的建筑风；当建设用地已经有 14m/s 的建筑风，如果新建建筑将加剧这一种状况则也要被禁止。旧金山市规定新建建筑不允许在步行者腰部以下引起超过 5m/s 的风速，任何建筑引起 12m/s 的风速达 1h 以上也是不允许的（参考文献 [94]：48）。

3）改善建筑风环境的一些措施

（1）通过合理的选址避免或减少风环境的恶化。日本建筑师丹下健三在设计新宿的东京都厅舍时，为了减少对风环境的不利影响，根据新宿地区以南北风为主的特点，将建筑物布置现有的几栋超高层建筑的南面，并尽量减少迎风面的宽度，还专门邀请风工程的研究单位进行分析和评价，并利用风洞对 1.4km² 范围内的 137 个关键点进行测试，发现在新都厅舍建成后只有一个点的风速有所增加，而原有 46 处强风区域减少为 44 处，最大强风区由 21 处减少为 16 处，证实新都厅舍的建设不仅没有恶化当地的风环境，反而还有所改善（参考文献 [94]：46-47）。

我国的旧城改造往往采用拆旧房建高楼的方法，旧城区中一幢幢拔地而起的高层建筑，不仅破坏了旧城的空间结构和景观环境，还使高层建筑周边地段的风环境发生显著变化，产生不利甚至灾害性的影响。综合考虑旧城历史环境保护、旧城整治的科学性与可行性以及不利风环境的控制等因素，不应在旧城区新建高层建筑。

（2）通过建筑体型设计减少风环境的恶化。某种建筑型体的防风性能好，是因为其对风环境的改变较少，所以防风性能好的建筑型体一般对风环境的不利影响也较小。除了前面已经介绍过的实例外，东京日本电气本社（图3-26）是另一个很好的例子。该建筑的设计方案初为方盒子及类似体形，为避免产生不利的风环境，邀请风工程研究单位进行风洞模型试验，在建筑周围320m半径范围（即建筑高度的1.8倍）

图3-26 东京日本电气本社

内，对8种基本形状分别进行测试，对比结果表明圆柱形体型最理想，方柱形效果最差。若在建筑物上开洞则风速增加的区域减少，而且孔洞越集中效果越好。据此，调整了设计方案，建筑体型沿高度逐步退缩，并在第13~15层开了一个15m高、42m宽的大洞（参考文献[94]：47）。

对建筑表面加以局部处理，也可以减少建筑上的负压和对风环境的不利影响。如将方形平面的四个转角各截去一小部分，可以有效地减少气流在转角处产生的剥离现象，从而改善风压分布并减少风压。建筑物的墙面利用阳台或线脚的凹凸变化，也可以减弱气流的剥离。1991年建成的日本新横滨王子饭店是个直径38.2m的圆筒形建筑，外墙采用铸铝墙板，墙板上每平方米内设置了24个长16cm，宽5.5cm，高2.75cm的条状凸出。试验结果表明在出现最大风压的部位，风压值可减少约30%（参考文献[94]：48）。

（3）在近地面设置蔽风物。在高层建筑的底部及附近，因迎风面下冲的气流及侧面和背风面不稳定负压，是风环境问题比较突出的部位，而这里又恰恰是人们活动频繁的地方。可以在风环境问题比较突出的部位设置裙房、门廊、雨篷、封闭的廊道、围墙或隔断等，还可以利用树木、攀藤等形成风障。美国达拉斯第一相互广场大厦在设计时进行的风洞试验发现，大厦底部每年有10天以上产生风速16~18m/s的强风，大厦附近强风可达22m/s。为此，在大厦底部附近种植大量树木和设置盆栽，在必要的部位设置3m高的预制混凝土板墙，并设了一个下沉式广场，使强风天数减少了一半（参考文献 [94]：48）。

（4）避免不利风环境对建筑通风的影响。建筑通风不仅是夏季防热的需要，也是人类健康和安全所必需的。在"非典型性肺炎"等以空气为媒体的传染性疾病的出现后，人们对建筑通风的重要性认识大大提高。目前一般建筑的通风设计主要根据空气对流的直观分析，即所谓有没有"穿堂风"，大多没有量化的分析，更没有考虑建筑及建筑群的风环境影响。实际上，建筑物的迎风面与背风面之间的风压差过小时，即使室内通风条件很好，也不能形成有效的空气对流。建筑物周围的某些部位受复杂风环境的影响，室内污染物不能排出不断聚集而导致空气质量下降。因此，在建筑群的规划设计中也应考虑风环境问题，利用各种方法对规划设计方案的风环境进行预测，并按照预测的结果调整规划设计方案。在建筑物的设计中，还应根据所处的具体位置和当地的风气候特点，进行室内通风的量化分析，作为改进设计的依据和评价设计方案优劣的一个标准。

（5）利用绿化改善城市和建筑的风环境。城市林带绿地不仅具有净化空气、降温增湿等改善城市生态的作用，而且能十分有效地降低强风的速度。林带降低风速效应可以用透风系数表示，透风系数是风向垂直于林带时，林带背风面的平均风速，与空旷地带的平均风速之比。经验表明，透风系数为 0.5 左右的林带，既能较大地降低风速，又有较远的防风距离，防风效果最佳。林带的防风效应除了与林带结构、树种及其枝叶茂密程度等因素有关以外，还与林带行数及其宽度有关。据国内研究，宽度为 4m 的 2 行林带透风系数为 0.60，宽度为 4.5m 的 3 行林带透风系数为 0.52。国外风洞试验结果显示，平面为矩形或椭圆形林带的防风效果最好（参考文献 [68]：215）。

第4章

建筑防水

4.1 建筑防水概论

建筑防水，作为现代建筑的基本功能要求，可直接纳入建筑安全的概念之中。以安全、环保、公众健康为原则的国家标准强制性条文中就收入了建筑防水的部分内容。建筑防水设计重点在概念及构造。构造设计包括构造层类及构造节点。节点是防水设计最复杂的部分，为便于理解文字简述，读者可结合本章内容，并适当参阅有关规范中细部构造的示意图。

4.2 屋面防水设计

随着人们对屋面功能要求的提高及建筑技术的发展，人们在屋面工程实践中已经逐渐认识到，要提高屋面工程的技术水平，就必须把屋面当作一个系统工程来进行研究。因此，这里所说的屋面防水设计，实际也包括屋面工程设计，不仅考虑防水，还考虑保温隔热及其他有关内容的设计。屋面防水设计要符合《屋面工程质量验收规范》GB 50207—2012，本节下文简写为规范。

4.2.1 屋面构造分类及防水等级和设防要求

1）屋面构造分类

主要是针对平屋面的，通常分为上人屋面、不上人屋面、保温屋面、不保温屋面、隔热屋面等；隔热屋面又分为架空隔热屋面、种植屋面、倒置屋面、蓄水屋面等。上人屋面与不上人屋面，主要区别在屋面表皮构造，表面构造常常也是防水层保护层，不对屋面系统产生重要影响。现在民用建筑提倡屋面利用空间的利用与开发，因此，有的专家建议改为使用屋面和不使用屋面。使用屋面大多数会成为刚柔复合防水的屋面或倒置式屋面。保温屋面与不保温屋面，由于建筑节约要求和减少屋面温度变形的需要，完全不考虑保温的屋面将日趋减少。保温与隔热，随着制冷空调的大批使用及倒置屋面的推广，二者之间的界线在许多情况下已经变得不重要，除非采用传统保温材料及架空隔热构造。因此，本章节有时将保温隔热统称为绝热，特别在倒置屋面的讨论中。种植屋面、倒置屋面、蓄水屋面，按屋面系统分，应单列。其中种植屋面、倒置屋面是发展方向，蓄水屋面只适用某些地区，故未作详尽讨论。既然把屋面构造当作一个系统来研究，屋面的分类也应按系统来进行。基于这种思路，本书屋面的分类，主要为一般平屋面、倒置屋面、种植屋面和坡瓦屋面。

2）防水等级及设防要求

屋面防水设计最基本的依据是防水等级。因此，首先应根据建筑物的性质、重要程度、使用的功能要求以及防水层合理使用年限，确定屋面防水等级，再据此决定设防要求。防水等级的确定，也可以直接按业主要求的耐用年限确定。表4-1为屋面防水等级和设防要求详表。

4.2.2 防水设计的一般原则

1）"16字方针"

屋面排水的两种基本方式：无组织排水、有组织排水。无组织排水又称自由落水，即雨水直接从檐口落至室外地面，一般适用于低层建筑、少雨地区建筑及积灰较多的工业厂房。有组织排水是指将屋面划分成若干个排水区，雨水沿一定方向流到檐沟或天沟，再通过雨水口、雨水斗、落水管排至地面，最后排往市政地下排水系统的排水方式。高层建筑屋面宜采用内排水；多层建筑屋面宜采用有组织排水；低层建筑及檐高小于10m的屋面，可采用无组织排水。多跨及汇水面积较大的屋面宜采用天沟排水，天沟找坡较长时，宜采用中间内排水和两端外排水。屋面工程防水设计应遵循"合理设防、防排结合、因地制宜、综合防治"的原则。我国屋面防水工程由于整个建筑传统的外围护结构、材料、构造、工艺的复杂而面临更多的困难。国外有些非常成熟先进的作法，

屋面防水等级和设防要求详表 表4-1

项目	屋面防水系统			
	Ⅰ级	Ⅱ级	Ⅲ级	Ⅳ级
建筑物类别	特别重要或对防水有特殊要求的建筑	重要的建筑和高层建筑	一般的建筑	非永久性的建筑
合理使用年限	25年	15年	10年	5年
设防要求	三道或三道以上防水设防	二道防水设防	一道防水设防	一道防水设防
防水层选用材料	宜选用合成高分子卷材、高聚物改性沥青防水卷材、金属板材、合成高分子防水涂料、细石防水混凝土等材料	宜先用高聚物改性沥青防水卷材、合成高分子防水卷材、金属板材、合成高分子防水涂料、高聚物改性沥青防水涂料、细石防水混凝土、平瓦、油毡瓦等材料	宜选用高聚物改性沥青防水卷材、合成高分子防水卷材、三毡四油沥青防水卷材、金属板材、高聚物改性沥青防水涂料、合成高分子防水涂料、细石防水混凝土、平瓦、油毡瓦等材料	可选用二毡三油沥青防水卷材、高聚物改性沥青防水涂料等材料

注：1. 在《屋面工程质量验收规范》GB 50207—2012中采用的沥青均指石油沥青，不包括煤沥青和煤焦油等材料。
2. 石油沥青纸胎油毡和沥青复合胎柔性防水卷材，系限制使用材料。
3. 在Ⅰ、Ⅱ级屋面防水设防中，如仅作一道金属板材时，应符合有关技术规定。
4. 选用最合适的材料比选用最高档的材料更为科学合理，这也是在工程实践中，防水材料的选用远比规范表述的要复杂许多的原因。
5. 防水材料须与保温隔热及节点密封材料同时选用，以充分考虑相邻材料的相容匹配问题。

往往因国情或原材料不同，不能系统性地整体移植；只取部分，常带来新的问题，因此，强调上述 16 字方针格外重要。

2）多道设防

屋面提倡多道设防，就是结合我国当前防水工程实际情况提出的原则之一。多道设防，以刚柔复合为宜，刚性在上，柔性在下，可使柔性防水层——通常作为主防水层——得到有效的保护。刚性防水上人屋面，还可结合饰面层设置聚合物水泥砂浆铺贴浅色饰面块材，形成辅助防水层，一举多得。

3）保温隔热

不同地区采暖居住建筑和需要满足夏季隔热要求的建筑，其屋盖系统最小传热阻及使用保温材料的导热系数可按现行《民用建筑热工设计规范》GB 50176—2016 和《民用建筑节能设计标准》JGJ 26—2010 及不同气候分区的地方建筑节能标准确定。

4）附加防水层

屋面局部，如天沟、檐沟、阴阳角、水落口、变形缝等部位应设置附加防水层。这些部位是防水的薄弱环节，因此应作防水增强处理。

5）防水层选用一般原则

我国建筑防水材料发展的技术路线是：全面提高我国防水材料质量的整体水平，大力发展弹性体（SBS）、塑性体（APP）改性沥青防水卷材，积极推进高分子防水卷材，适当发展防水涂料，努力开发密封材料、聚合物防水砂浆和止水堵漏材料，限制发展和使用石油沥青纸胎油毡和沥青复合胎柔性卷材，淘汰焦油类防水材料。卷材或涂料的选择应根据当地历年最高气温、最低气温、屋瓦坡度和使用条件

防水层选用一般原则　　　　　　　　　　　　　　　　　　　　表 4-2

项目	具体原则
环保要求	屋面工程采用的防水材料应符合环境保护要求，有条件时，应选用可再生材料
结构条件	根据地基变形程度、结构形式（大跨度和装配式）、当地年温差、日温差和震动等因素，选择拉伸性能与基层变形相适应的卷材或涂料
耐候性	卷材或涂料长期受太阳紫外线和热作用时，会加速老化；长期处于水泡或干湿交替及潮湿背阴时，会加快霉烂。如设有涂层、粒料或刚性防水层保护时，紫外线作用引起的老化则大大减缓；若置于绝热层之下，则热老化作用也将大幅减弱
	若置于绝热层之下，热老化作用也将大幅减弱；排水好的设计会使霉烂减少。因此，选材时，要视防水层（柔性）的暴露情况选择耐老化保持率和耐霉烂性能相适应者
刚性防水	性防水屋面应采用结构找坡，主要适用于防水等级为Ⅲ级的屋面防水，也可用作Ⅰ、Ⅱ级屋面多道防水设防中的一道防水层；不适用于设有松散材料保温层的屋面及受较大震动或冲击的屋面
	刚性防水的关键是分缝及其密封防水
防水密封	密封防水设计是根据屋面防水等级，进行密封部位的接缝设计，选择密封材料和背衬材料及基层处理剂，同时还要考虑外部条件和施工可行性
相容性	工程实践中，最重要但却也是最容易被忽视的问题，就是相邻材料之间的相容匹配问题。材料的相容主要是指两种柔性有机防水材料紧邻时的相互亲及匹配的能力，包括物理性质和化学性质。相容性还包括如下材料之间：防水卷材、涂料与基层处理剂或保护层，基层处理剂与密封材料，密封材料与防水材料，防水材料与胶粘剂

等因素，选择耐热度、柔性相适应的卷材或涂料。各种卷材的耐热度和柔性指标相差甚大，耐热度低的不能在气温高的南方和坡度大的屋面上使用，否则就会发生变软流淌，而柔性差的材料在北方低温地区使用就会变硬变脆。同时也要考虑使用条件，如倒置屋面，卷材在保温层下，对耐热度和柔性的要求就不那么高了，而用在高温车间则要选择耐热度高的卷材。同样，涂料用在高温地区应选择耐热度高者，以防流淌；用在严寒地区应选择低温柔性好的，以防冷脆。

6）屋面材料及相容性

防水卷材可按合成高分子防水卷材和高聚物改性沥青防水卷材选用，防水涂料可按合成高分子防水涂料、聚合物水泥防水涂料和高聚物改性沥青防水涂料选用。外观质量和品种、规格应符合国家现行有关材料标准的规定。屋面材料在下列情况下应具有相容性：防水材料与基层处理剂；卷材与胶粘材料；卷材与卷材或涂料复合使用；密封材料或接缝基材。

4.2.3 屋面的排水设计

1）屋面排水系统的设计

排水系统的基本设计至少应包括排水分区、水落口的分布及排水坡度。并明确给出分水脊线，排水坡交线。排水途径应力求通畅便捷，水落口应负荷均匀。建筑屋面雨水排水系统应将屋面雨水排至室外非下沉地面或雨水管渠，当设有雨水利用系统的储存池（箱）时，可排到蓄存池（箱）内。屋面水落管数量，应通过水落管排水量及每根水落管的屋面汇水面积计算确定。一般情况下，水落管内径应大于100mm；每根水落管的最大汇水面积宜小于200m^2。

2）结构找坡

设计应优先采用结构找坡。规范规定，室内允许顶板有斜度，应作结构找坡。跨度大的一般工业建筑和公共建筑，对平顶水平要求不高或加作吊顶的应采用结构找坡。其他平屋面，只要建筑功能允许，均宜采用结构找坡。

卷材基层处理剂及胶粘剂的选用   表4-3

卷材	基层处理剂	卷材胶粘剂
高聚物改性沥青卷材	石油沥青冷底子油或橡胶改性沥青冷胶粘剂稀释液	橡胶改性沥青冷胶粘剂或卷材生产厂家指定产品
合成高分子卷材	卷材生产厂家随卷材配套供应产品或指定产品	

涂膜基层处理剂的选用   表4-4

涂料	基层处理剂
高聚物改性沥青涂料	可用石油沥青冷底子油
水乳性涂料	掺0.2%~0.3%乳化剂的水溶液或软水稀释。质量比为1：0.5~1：1 切忌用天然水或自来水
溶剂型涂料	直接用相应的溶剂稀释后涂料薄涂
聚合物水泥涂料	由聚合物乳液与水泥在施工现场随配随用

结构找坡不仅节省材料、降低成本，减轻屋面荷重，还有利于构造的合理设计，简化层类，有利防水，方便维修。特别是在没有合适的找坡材料的地区，意义重大。

3）找坡坡度

规范规定，平屋面的排水坡度，结构找坡宜为3%：材料找坡宜为2%；天沟、檐沟纵向坡度不宜小于1%；沟底水落差不得超过200mm，即要求水落口距离分水脊不得超过20m。平屋面排水坡度：当建筑功能允许时，宜采用结构找坡，且结构找坡不宜小于3%；采用材料找坡时，宜采用质量轻、吸水率低和有一定强度的材料，坡度宜为2%。

4.2.4　提高屋面板刚度，减少板缝开裂

1）提高刚度

屋面结构刚度大小，对屋面变形大小起主要作用，这在多雨雪地区尤为重要。因此，除非在干燥少雨地区，屋面最好是现浇钢筋混凝土。

2）减少板缝开裂

结构层为装配式钢筋混凝土板时，规范规定其板缝应用强度等级不低于C20的细石混凝土灌缝；灌缝的细石混凝土中宜掺入UEA等混凝土膨胀剂，使混凝土密实不裂；板缝宽度大于40mm或上窄下宽时，还须设置构造钢筋。这些增加预制屋面板整体刚度的构造措施，只能避免较大的板缝开裂。因此，经常有人活动的屋面，全年屋面温差大于55℃的地区，建议加掺聚合物，改善灌缝混凝土的脆性，减少板间裂缝的发生率。全年屋面温差大于55℃的地区大约有东北、西北和华北地区，在气候作用

强度分区中属于强作用区和较强作用区。

4.2.5　一般平屋面构造

1）一般原则

（1）采用现浇钢筑混凝土屋面板，增加板厚，提高刚度，控制裂缝宽度，并直接找坡、压实抹光，不设找平层，乃是提高基底防水能力的主要措施。

（2）完整的结构找坡，不仅使构造大为简化，还可减少破坏性维修。因此，凡设有吊顶或不在意平顶略带小坡之层面，均应结构找坡（其实可参见倒置屋面）

（3）排水顺畅，消除积水，是平屋面防水长寿之关键。

（4）坡长较长时，坡度可分区分段设定。其要旨：大面、下游，应保证2%~3%；局部、上游，则可1.5%~1.0%。水落口四周，仍应5%。

（5）为减少温变裂缝，所有屋面均应设置绝热层。轻型屋面或无硬质保护层的屋面，可采用冷屋面涂层或简单的采用白色表面。

（6）柔性防水层，均应设置保护。上人之居住、办公屋面，首选配筋的细石混凝土保护。细石混凝土可兼作辅助防水层，但须正确设计分格缝，并作好密封防水（图4-1）。

（7）较大设备的基础，应直接在结构板上生根；小型设备应在细石混凝土上加设非锚固基座。任何情况下，任何支架的锚接，不允许穿透防水层。

（8）屋面管线设计安装，应设在钢筋混凝土女儿墙泛水之上。若落在屋面上，应按小型设备基础设计。

（9）应保证泛水高度及卷材收头的连续性、

密封性,首选金属(成品)压条(图4-2)。

(10)女儿墙及其他檐板,若为连续现浇的混凝土,可适当考虑诱导缝。

(11)变形缝的设计,应在结构要求的基础上,作合理调整:简化、取直,尽量形成高低缝、高平缝,并注意与外墙连续形成密封系统。必要时,宜考虑泄水。

2)构造设计

(1)找平层采用现浇钢:找平层只在必要时才设计,可做可不做时,不做为好。找平层厚度和技术要求应符合有关规范的规定。卷材或涂膜防水屋面的找平层,在屋面基层与突出屋面结构(女儿墙、立天窗壁、变形缝、烟道、通风井等)的交接处,以及基层的转角处

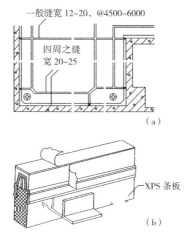

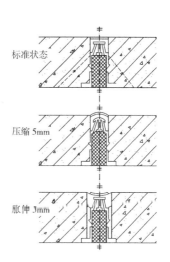

图4-1　细石混凝土保护兼防水层的分格缝
(a)平面示意;(b)定型接缝条

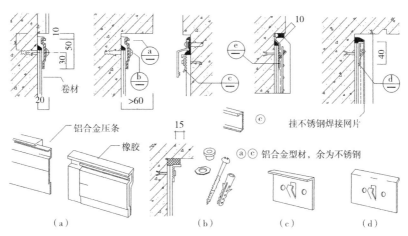

图4-2　卷材泛水配件

（水落口、天沟、植沟、屋脊等），均应做成圆弧。

（2）找坡层：材料找坡，过去采用 75 号水泥炉渣，近年则倾向采用现浇水泥聚苯或 1:8 陶粒。除水泥炉碴和水泥陶粒为单纯找坡材料外，其他材料兼保温隔热，将在下一节中讨论。

（3）保温隔热层：我国大部分地区冬冷夏热。随着空调制冷的大量使用，保温与隔热措施的有时会变得模糊起来，因此，设置导热系数小的材料时，也可称之为绝热层。源自挑檐平屋面的传统架空隔热屋面，由于通风效果普遍比当初研究时差（条件不相同），注定要逐渐让位于其他隔热保温屋面，比如倒置式屋面。适合于倒置屋面的绝热材料有聚苯乙烯泡沫板、硬质聚氨酯泡沫、泡沫玻璃等，将在下面有关章节中讨论。

（4）隔汽层：规范规定：在纬度 40°以北地区且室内空气湿度大于 75%，或其他地区室内空气湿度常年大于 80%，且采用吸湿性保温材料作保温层时，应设隔汽层。除此之外，建议少设隔汽层。因为设置了隔汽层的屋面，隔汽层与柔性防水层对保温层内的水汽形成"双封"，"双封"的构造就不免要作排汽（图 4-3）。

（5）隔离层：配筋的细石混凝土刚性防水层，其下应设隔离层，为的是保证刚性防水层能自由伸缩。但直接做在保温层之上时，可不设隔离层，因为保温材料一般密度较小，不构成对刚性防水层的约束。柔性防水层上铺设卵石、浇细石混凝土或铺贴块材保护时，应设隔离层，为的是保护防水层。隔离层可采用干铺塑料膜、土工布或沥青卷材，也可采用铺抹的低强度等级砂浆。

（6）防水层

①卷材：相对而言，卷材的优点是：工厂生产、质量稳定、厚度均匀、耐穿刺性好；缺点是接缝多、施工技术要求高。

②涂料：涂料的优点是操作简单、连续无缝，适合平剖面复杂、阴阳角多的屋面；缺点

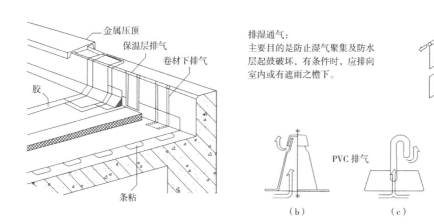

图 4-3 排湿通气
（a）自粘像塑排气孔板；（b）防水层敷设在排气板上；（c）于排气筒基部施打密封胶

是成膜受环境温度制约，膜层质量受温湿度影响，膜层厚度受人为因素影响大。

③刚性防水层：其具体技术要求是：厚度不应小于40mm，设隔离层，设分格缝，配置双向钢筋网片。刚性防水层内严禁埋设管线，更不允许事后凿打钻孔埋设螺栓等。

④复合防水：只要涉及复合防水，不论是多道复合，还是两种材料作为一道复合，都有一个相容匹配的问题。多道复合：当然先考虑刚柔复合，刚性在上，基本上解决了耐穿刺、耐老化问题，对下面的柔性防水层起到良好的保护作用。而柔性防水层有良好的适应基层变形的能力，又弥补了刚性防水层易开裂的弱点，实现了刚柔互补。刚性防水上人屋面，还可结合饰面层设置聚合物水泥砂浆辅助防水层。刚柔复合，相容匹配的问题几乎不存在。卷材与涂膜复合使用时，可弥补各自的不足。原则上说，涂膜在上，有利于弥补卷材接缝封闭不严和减少维修；涂膜在下，有利于提高涂膜的耐久性。为解决好相容、匹配的问题建议采用沥青类材料，同类与同类复合；同时，选用热熔粘贴，直接粘贴于混凝土基层或水泥砂浆找平层之上。同种材料热熔粘贴多道复合时，宜单纯使用热熔胶，而不使用冷胶，避免了溶胀，且比直接加热卷材更能保证质量。含焦油的材料（包括911），宜与刚性材料复合，不宜与柔性材料复合。选用热熔焊接的材料，一般宜单层使用，比如PVC卷材。该卷材独成一系统，只要有足够的厚度，不需要再与其他材料复合，但刚性防水层例外（图4-4）。相对而言，聚合物水泥防水涂料相容性好，与其他防水层及构造层也易匹配。材料选用，还应考虑施工环境条件和工艺操作的不同对防水层施工质量的影响。

（7）保护层：柔性防水层的保护层，均应设置保护。首先要解决日光曝晒，防止紫外线照射；有条件的还要解决热老化问题。上人的居住、办公屋面，首选配筋的细石混凝土保护。细石混凝土可兼辅助防水层，必正确设计分格缝，并做好密封防水。

①饰面保护层　随着城市建设的发展，高层建筑的涌现，早就提出建筑第五立面的问题。因此，城市民用建筑屋面，单纯的保护层宜设计成饰面保护层。饰面保护层最宜在刚性防水

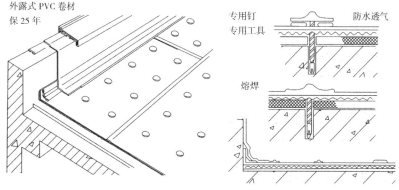

图4-4　旧屋面防水改造方案

层之上加作。

②非上人屋面的保护层 非上人屋面的保护层有多种做法，各有利弊。浅色耐老化涂料保护层很薄，耐久性较差，抵抗外力冲击能力差，但施工方便。卷材自身带有金属保护膜（如铝箔），不仅防紫外线，还有隔热防水功能，但若空气中粉尘多，空气清洁度差，则耐久性差。改性沥青油毡常自身带有页岩片或粒料面用来保护，但雨量大的地区，坡度大的屋面，应选用质量好的产品；若图便宜，则质量差，保护面容易脱落。复合隔热板是一种带水泥聚苯绝热层的石屑混凝土砖，不失为一种好办法，既保护，又隔热，而且便于施工与维修。

3）节点设计

（1）天沟、檐沟：天沟、檐沟是排水最集中的部位。为确保其防水可靠，规范规定天沟、檐沟应增设附加防水层。如果沟浅，且沟的平、剖面复杂，阴阳角多，则建议沟内全部采用涂膜，并加设胎体增强材料。天沟、檐沟与屋面交接处，由于构件断面变化和屋面的变形，常在此处发生裂缝，装配式结构更甚。因此，规范规定屋面与天沟的附加层在转角处应空铺。

（2）挑檐：无组织排水屋面的檐口，在800mm范围内应采用满贴法；卷材收头应固定密封。涂膜收头处带胎体增强时，应如卷材般作固定密封。无胎体增强时，应用防水涂料多遍涂刷或用密封材料封严。刚柔结合，刚性在上的屋面，其挑檐处刚性防水层收头，应采用密封材料密封。

（3）压顶、泛水：压顶女儿墙、山墙可采用现浇或预制混凝土压顶，也可采用金属制成品封顶。一般情况下，金属制品压顶多与立面为幕墙的女儿墙压顶配套使用，包括玻璃幕墙、金属板幕墙及干挂石材幕墙。预制混凝土压顶板，应注意纵向缝的防水处理。现浇配筋的混凝土压顶，粉刷用水泥砂浆也应掺加聚合物或采用纤维防水砂浆。联结长度较长时，宜设置诱导缝。采用钢筋混凝土女儿墙时，当然不需要再做压顶。泛水铺贴在泛水处的卷材应采用满粘法，其目的是防止立面卷材下滑。泛水收头应根据泛水高度及泛水处墙体材料确定其密封形式。屋面管线的设计安装，应设在钢筋混凝土女儿墙泛水之上。对落在屋面上者，应按小型设备基础设计。应保证泛水高度及卷材收头的连续性、密封性，首选金属（成品）压条。连续长度较长的钢筋混凝土女儿墙，应考虑设置诱导缝，以控制其温度裂缝产生的位置及预先采取防水密封措施。

（4）变形缝：变形缝内宜填充泡沫塑料，上部填放衬垫材料，并用卷材封盖，顶部宜加扣混凝土或金属盖板。由于屋面板提倡现浇，缝两侧上翻的矮墙就没有必要采用砌体，而应当同时改为现浇的钢筋混凝土。女儿墙及其他檐板，若为连续现浇的混凝土，可适当考虑诱导缝。金属或混凝土盖板，虽然只起保护作用但接缝的处理，建议按女儿墙压顶的办法，包括混凝土盖板上部的防水砂浆粉刷（图4-5）。屋面变形缝的标准构造节点并不复杂，变形缝的设计，应在结构要求的基础上，做合理调整：简化、取直、尽量形成高低缝、高平缝，并注意与外墙连续形成密封系统。必要时，宜考虑泄水。但变形缝与女儿墙相接处就较复杂，将在外墙防水中展开讨论。

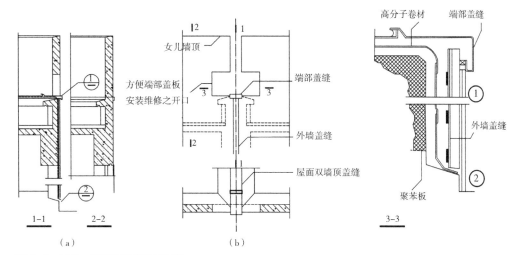

图 4-5 屋面、墙面变形缝系统方案
（a）屋面、外墙变形缝；（b）女儿墙处外墙立面

（5）水落口

①水落口。水落口杯的埋设标高，应充分考虑水落口设计时增加的附加防水层、柔性密封、保护层、找平层以及排水坡度的影响，宁低勿高。

②水落口周围 500~600mm 的范围内，坡度应增大至 5%，以形成必要的壅水高度，使雨量大时，仍能顺畅及时地排除水口附近汇集的雨水。

③刚性防水屋面在水落口约 300mm 范围内，应采取柔性防水层过渡至水落口杯。柔性防水层应先施工，并预先延伸至刚性防水层下至少 200mm；刚性防水层施工完成后，应在其边缘处用密封材料密封。

④水落口的平面布置。屋顶平面排水设计中，水落口应给出准确位置。准确位置的确定，主要应考虑水口四周 5% 坡降的影响。

设在女儿墙拐角处的横式水落口，其两侧 250~300mm 范围内不应妨碍柔性防水层特别是卷材防水的铺展粘贴。

同样道理，直式水落口也不应紧邻女儿墙阴阳角，更不应紧溜女儿墙边。溜边的结果是：防水层折皱不展，粘贴密封难以正确完成，易渗漏，而且难以修补。

⑤寒冷地区内落水口附近，因坡降而使保温层减薄甚至没有。此种情况下，应在室内水落口周边补偿，以减少水口处温变裂缝的发生。保温层补偿最方便的办法是采用罐装聚氨酯直接发泡。

（6）出屋面管道

①伸出屋面的管道应作好防水处理。首先，管道与混凝土楼板的联结应牢固。尽量不采取管道由室内直接穿出屋面的设计，这种设计不利管道的安装、固定，也使施工，维修不便，导致防水可靠程度下降。

②伸出屋面管道周围的找平层应作成圆锥台，管道与找平层间应留凹槽，并嵌填密封材料。圆锥台可先用保温层找出。

③管道四周应增设防水附加层，该层延至管道上方 250mm 处，收头用密封材料。

（7）屋面出入口

①垂直出入口屋面垂直出入口防水层收头，应压在混凝土压顶圈下（图4-6）。根据我国实际情况，现行典型的人孔仍为木制，上表面包覆镀锌铁皮，故尚须考虑木制入孔盖与混凝土圈的连结。若能将混凝土圈与木框合一，改用断面较大的木质框，将柔性防水收头压住，并加密封材料密封，既防水，也牢靠，还便于维修更换。

②水平出入口带水平出入口的屋面，若室内能高出屋外，比如高300mm，则出入屋面的门下口就可能与两侧泛水收头同高，收头密封比较连贯、方便。否则，泛水在出入口处降低，须有详细的节点设计。

（8）反梁过水孔

因各种设计的原因，大挑檐或屋面出现反梁的情况日渐增多。调查表明，因反梁过水孔过小或标高不准造成的渗漏很是不少。

解决的办法：优先选用方形大孔。孔四角做成圆弧状，方便孔内的防水施工。如果梁高

较小，不宜留洞，可以埋管。应选不锈钢管，梁的防水层与不锈钢管之间用密封材料相接，使过水孔处的防水形成封闭状态。

4.2.6 倒置式屋面

1）一般原则

（1）将绝热层设置在防水层之上的屋面称倒置式屋面。

（2）倒置屋面使防水层免受紫外线辐射，且使屋面板形成外绝热，其内外表面温差小，减少板开裂；相应的防水层温度，夏季不超过30°，冬季不低于5°，减缓其老化。

（3）倒置屋面，应为钢筋混凝土现浇板，结构找坡，坡度宜取大不取小，并在水落口四周实行5%的坡降（图4-7）。

（4）防水层。若保温层为有机闭孔材料时，应选高分子卷材（如PVC、TPO、EPDM），不含溶剂的高分子涂料或带PE膜的改性沥青自粘卷材。保温层为泡沫玻璃时，则不受此限。

（5）保温材料最普通、最合理者为挤塑聚

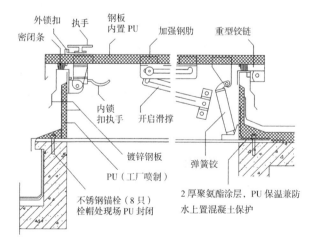

图4-6　金属（成品）入孔

金属（成品）入孔，轻便、耐久、美观、防水隔热（可防台风雨），且安装简便。

剖面左半为上翻留洞，右半为平洞

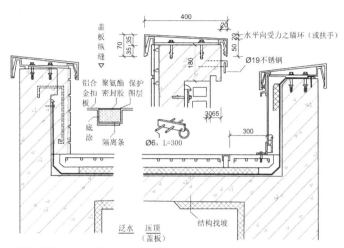

结构找坡，屋面直接找平、压实、抹光，令倒置屋面的构造极为简洁、合理

图4-7 泛水压顶节点

苯板（XPS）；防火要求较高，可选聚异氰脲酸酯或泡沫玻璃。

对形状复杂的屋面，特别是旧屋面节能改造，宜选 PU 硬泡，现场喷发，且不要割除其表面自然形成的膜壳。

（6）隔热为主的地区，其压置层应首选精致砌块，空铺，下设聚酯毡，形成开放式倒置屋面，隔热效果好，且便于施工与维修。

（7）只有双层架空的倒置屋面，可较好地解决保温板下的排湿问题。该系统上层可承重硬纸板，下层为保温板，专用支座架空，形成两个空气层，消除粘滞水。

（8）准倒置屋面，即保温层含水率相对较高的倒置屋面。该构造适用于屋面平剖面复杂、需材料找坡，且饰面层为传统地砖的上人屋面，可谓居住建筑首选。

（9）传统保温材料吸水率高，只能设置在防水层之下。吸水率低的新型保温材料的出现，使其铺设于柔性防水层之上成为可能。

（10）倒置式屋面最大的好处是，保温层形成对防水层的有效保护，隔绝了紫外线辐射，减缓了臭氧的侵蚀，且使屋面板形成外绝热，其内外表面温差小，减少板开裂；相应的防水层温度，夏季不超过 30℃，冬季不低于 5℃，减缓其老化。减少了热老化及温变的影响，大大延长了柔性防水层的正常使用寿命。

2）构造设计

（1）压置层的设计：压置层同时具有防水作用时，称封闭株式；反之，称开敞式、封闭式压置层，主要指配筋的细石混凝土。这时的压置层宜兼作防水层，因此应按刚性防水层设计。该构造设计若用在防水设防要求两道，且为刚柔结合屋面时，则是一种较好的选择。

（2）排水设计（图4-8~图4-10）绝热层水分积久不散的原因之一，就是对倒置屋面的排水认识不足，导致排水设计不周。在许多工程实践中，屋面专用挤塑聚苯板，其板下纵向边缘之凹缝，常常被取消，就是一例。解决

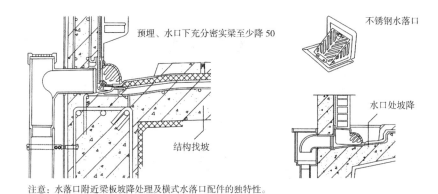

预埋、水口下充分密实梁至少降 50

不锈钢水落口

结构找坡

水口处坡降

注意：水落口附近梁板坡降处理及横式水落口配件的独特性。

图 4-8　水落口节点（外排）

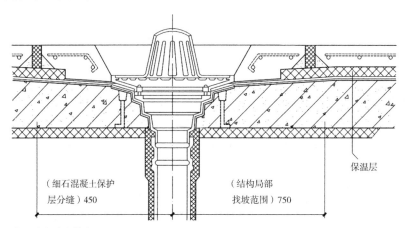

保温层

（细石混凝土保护
层分缝）450

（结构局部
找坡范围）750

图 4-9　水落口节点（内排）

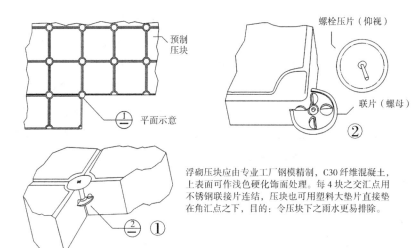

预制
压块

平面示意

螺栓压片（仰视）

联片（螺母）

②

①

②

浮砌压块应由专业工厂钢模精制，C30 纤维混凝土，
上表面可作浅色硬化饰面处理。每 4 块之交汇点用
不锈钢联接片连结，压块也可用塑料大垫片直接垫
在角汇点之下，目的：令压块下之雨水更易排除。

图 4-10　精制混凝土浮砌压块

的办法,应当按正规设计,选用专门加工的板材,不要随意取消板下排水凹缝。压置层为开敞式构造者,水落口周边的泄水孔宜选用不锈钢方通,周边至少8个。也可以设计现浇水泥陶粒混凝土封边,但要保证大孔率。封闭式压置层,水落口周边,则建议用现浇配筋的混凝土封边,不必设置泄水孔;但在多雨地区,建议在保温层下,水落口周边600mm范围内加设聚酯毡,偶尔聚积在保温层下的雨水可通过水落口周边加设的聚酯毡渗出。只有双层架空的倒置屋面,可较好地解决保温板下的排水问题。该系统上层为可承重硬质板,下层为保温板,专用支座架空,形成两个空气层,消除粘滞水。

(3)防水层设计(图4-11):规范规定,倒置式屋面应选用变形能力优良,接缝密封保证率高的防水材料。另一方面,由于倒置式屋面的防水层与绝热层多为直接接触,因此,两种材料有相容匹配问题。在同等条件下,若保温层为有机闭孔材料时,防水层应优先选高分子卷材(如PVC、TPO、EPDM),不含溶剂的高分子涂料或带PE膜的改性沥青自粘卷材。保温层为泡沫玻璃时,则不受此限。聚酯型聚氨酯或改性沥青自粘卷材。它们与绝热层相容匹配,适应基层变形能力好,其中卷材的搭接缝的密封操作方便,密封效果可靠,但选用PVC卷材时,应连带选用其所有配套之构配件,包括水落口、压条、胶粘剂及泛水密封材料。

(4)绝热层设计:关于聚苯板。一般情况下,应注意其直接吸水问题。模压工艺生产的聚苯板与挤塑工艺比,其吸水率要高出许多,且随其表观密度的减小而增加。因此,在以保温为土的屋面,宜选挤出型的聚苯板。保温材

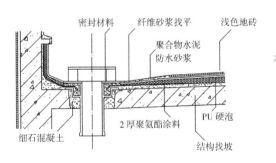

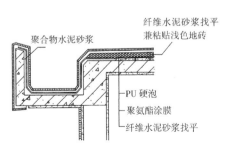

图4-11　现场喷发聚氨酯硬泡构造

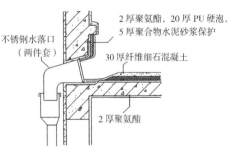

PU:水平面保温,30厚;泛水(净高≥250)、水口附近(400范围内)20厚。

保护层:水平面30厚纤维细石混凝土;泛水及水口附近为聚合纤维水泥防水砂浆。

找平层:优选结构找坡;不得已,陶粒混凝土找平。所有阴阳角R80~100

料最普遍、最合理者为挤塑聚苯板（XPS）；防火要求较高，可选聚异氰脲酸酯或泡沫玻璃。对形状复杂的屋面，特别是旧屋面节能改造，宜选PU硬泡，现场喷发，且不要割除其表面自然形成的膜壳。采用硬质聚氨酯泡沫板时，可在泛水、穿屋面管线及水口附近预留一定宽度，以便采用现场喷发的PU硬泡，使绝热板密封连接，不仅增强其整体绝热效果。而且起到附加防水的作用。

（5）隔热：倒置屋面采用的高效绝热材料，与混凝土屋面构成外保温绝热系统，科学合理，不仅用于保温，也适用于隔热；更由于压置层的设置，使绝热层之外又有一层蓄热量较大的构造层，有利夜间散热。若该屋面以隔热为主，只需将压置块表面加做白色涂层，便可大幅提高屋面隔热效果。其压置层应首选精制砌块，空铺，下设聚酯毡，形成开放式倒置屋面，隔热效果好，且便于施工与维修。准倒置屋面，即保温层含水率相对较高的倒置屋面。该构造适用于屋面平剖

面复杂，需材料找坡，饰面层兼刚性防水层，且保温、装饰、防水（刚性）之整体性好，构造效率高，综合造价低（图4-12）。

4.2.7 种植屋面

21世纪是生态的世纪。种植屋面是生态建筑最通俗的表达方式之一。种植屋面实际上也是一种倒置屋面，特别是隔热为主的地区，轻型绿化即可取得良好的节能效果。土层厚度超过600mm的重型绿化，可同时具有保温作用，但严寒地区应另设保温层。模块种植系统，最适合旧屋面绿化改造。防风。乔木，可加带底框的斜撑或在树坑四周预埋锚拉装置。轻型草本植层则加置于土中之尼龙网。

1）一般原则

（1）种植屋面实际上也是一种倒置屋面，特别是隔热为主的地区，轻型绿化即可取得良好的节能效果。土层厚度超过600mm的重型绿化，可同时具有保温作用，但严寒地区应另设保温层。

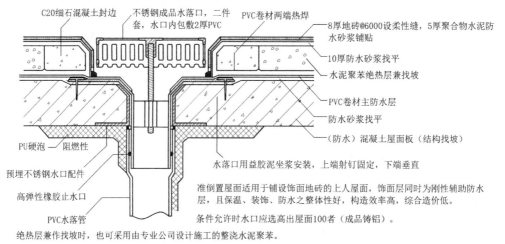

图4-12 准倒置屋面构造

（2）种植屋面的卷材防水，须可靠、耐久、耐蚀、耐菌，搭接缝耐长期漫水，整体耐根穿。选用 PVC\TP0 高分子卷材时，建议双道热熔焊接，专用配件固定。用于轻型种植时，可不加设保护层（图 4-13）。

（3）使用耐根穿改性沥青卷材时，应设置保护层。配筋的细石混凝土能经受一般强度的园艺操作，可对防水层形成有效保护。

（4）掺入水泥基渗透结晶防水剂的配筋细石混凝土，其分格缝采用阻根型聚氨酯密封胶嵌缝，可兼做阻根层。需要时，缝处覆盖 300mm 宽聚乙烯丙纶保护，JS 粘贴。

（5）地下室顶板重型种植屋面的植土宜与周边土体连成一片。暗沟系统排水，结构找坡（图 4-14）。

（6）屋顶花园设计，应与结构柱网及梁板布置配合。高大乔木，应一树一柱；硬地、路面之地表水与种植部分之排水，可按系统分别设计。条件许可时，优选外排水。可兼排植土中饱合水的明沟排水系统，通常与走道一并设

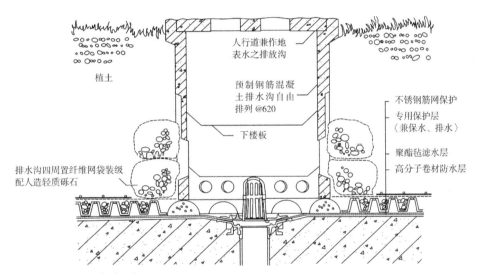

图 4-13　水落口及构造层类

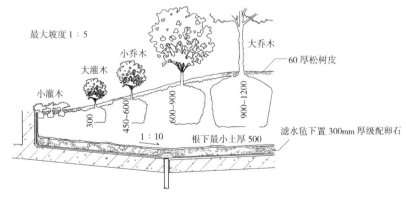

图 4-14　重型种植屋面

计。集中降水量较小的地区，宜采用暗沟排水（图4-15、图4-16）。汀步比木道更自然、简便，免维修，若配合暗沟设计，可使整个植屋设计变得简单。

蓄排水层：在凹凸类蓄排水板中，只有凸面顶带泄水孔者，才能构成蓄水，并形成利于植物根系生长的空气穴。轻型种植屋面，应采用营养毯代替蓄排水板。在大部分情况下，植土厚度超过600mm，或采用高度较大的蓄排水板，可减小或取消排水坡度。

（7）模块种植系统，最适合旧屋面绿化改造。

（8）防风：乔木，可加带底框的斜撑或在树坑四周预埋锚拉装置。轻型草本植层则加置于土中之尼龙网。

（9）防排水：种植屋面排水的复杂性，不亚于防水，特别是屋顶花园。屋顶花园因为有池、亭、路、台，高低各不相同，要想使每一部分都顺畅排水，并非易事。对于大型而复杂，剖面变化较多的屋顶花园，其解决办法之一，就是分开设置：种植部分通过滤排水层（有的构造实际上是由滤水和蓄排水层组成）组成单独的排水系统；道路及池亭阶台另组成一个系

统排放；但雨量较大的地区，草地表面的水，主要还应通过后一系统排放。当然，如果可能，外排水是最好的（图4-17、图4-18）。

（10）绝热：种植屋面的覆土种植部分，其屋面隔热问题是可同时解决的，不管是在何种气候地区。保温就有些不同：长江中下游地区，如采用轻质植土，一般可基本解决冬季保温问题；标准较高，则要根据具体情况增设保温层。北方则应设置保温层，对于大型种植屋面，由于植土轻而厚，能起到一定的保温作用。

（11）保水：种植屋面要考虑设置保水层。植土不能完全取代保水层，特别是北方干旱地区。实际上，适当设计的滤水层有时可以同时具有保水性。干旱地区还可以考虑设置小型滴灌系统。标准较高的保水，是靠设置专门设计的蓄排水板实现的，有时蓄排水板与吸水毡同时使用；一般情况下，在陶粒滤水层中填加适量的蛭石可起一定的保水作用。

（12）结构设计：屋顶花园的设计，应结合结构柱网进行。

种植屋面的防水要求很高，大面上的防水层，必须设置在刚度较高，密实不裂的钢筋混凝土基层之上。

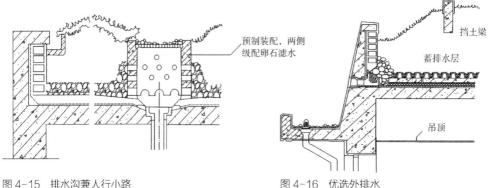

图4-15　排水沟兼人行小路　　　　　　图4-16　优选外排水

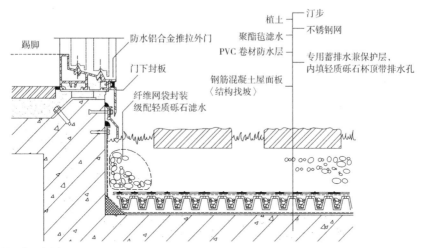

图 4-17　门下泛水

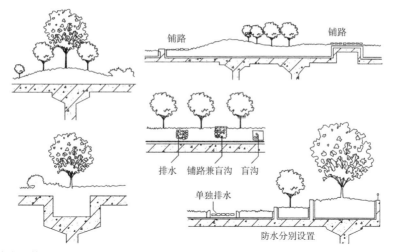

图 4-18　与结构协调

（13）斜面种植：若用花盆，则其底部透水水口用细砾石铺填。若只有斜面，则使用粗目不锈铁网钉覆，防止土量流失（图 4-19）。

2）构造设计

（1）防水层：防水层选用的原则是耐穿刺、耐蚀、耐菌、耐长期水浸，整体耐根穿，耐水浸这一点对冷胶粘贴的卷材应特别注意。选用 PVC/TPO 高分子卷材时，建议双道热熔焊接，专用配件固定。用于轻型种植时，可不加设保护层。

如选用改性沥青卷材，应设置保护层，建议与阻根层同时使用。配筋的细石混凝土能经受一般强度的园艺操作，可对防水层形成有效保护。但若为轻型种植屋面，则可在改性沥青中加入高质量的根系抑制物质，这些物质经长时间后也不消失，仍能保持其活性，使植物根

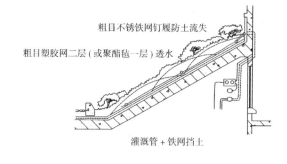

图 4-19　斜面种植

系在穿入沥青层时，因产生化学反应而停止发展。

PVC 卷材耐穿刺，且较软，可单独用于一般种植屋面，但竹类种植除外。因竹子根状茎过于强壮，必须设置特殊的 PE 层来阻止其扩散增生。

（2）找坡层：种植屋面的找坡层可以不做。植土中的积水，则不必强调排除速度，因此对结构找坡要求不高，不积水即可，这是取消找坡层的必要条件。不设找坡层的主要好处是防水层可直接作在钢筋混凝土板面上。

（3）排水层：常用的排水层为陶粒，其一般厚度不小于 200mm，也有作 300~500mm 厚的。太薄了影响排水效率，过厚也没用。一次性雨量不太大的地区，可以采用陶粒暗沟排水，省掉排水层，但在多阴雨地区不能省，否则可能缺少了陶粒排水层的透气作用而使植物生长受影响。

（4）蓄排水层：主要材料是合成树脂，也称树脂排水板。其断面呈连续杯状，正反相间，高约 30~50mm，壁厚约 2mm；强度高，韧性好；表面光洁，棱角均按圆弧过渡，因此可直接置于 PVC 卷材之上，起到保护层作用。

正置杯内可填轻质石粒；倒置杯则底朝上，杯底中央开有小孔。植土下层水及蓄在正置杯内多余的水，满后溢出，并通过小孔排入倒置杯内形成的连续空间排除。倒置杯内留存的空气则有利于植物根系的生长。因此，树脂板可排水、可蓄水，还透气，并兼作防水层保护，一板多用。

掺入水泥基渗透结晶防水剂的配筋细石混凝土，其分格缝采用阻根型聚氨酯密封胶嵌缝，可兼作阻根层。需要时，缝处覆盖 300mm 宽聚乙烯丙纶保护，JS 粘贴。

（5）构造系统：构造系统设计，即放弃较孤立的分选各层，然后简单组合的方法，而着重考虑层间的合理匹配，力求一层多用。

有些擅长种植屋面防水施工的防水公司和某些专业种植屋面设计公司所提供的种植屋面防水构造设计，都可视为构造系统设计。总体设计单位或业主应注意系统的整体选用。

4.2.8　坡瓦屋面

屋面改造：根据满足功能和改善城市景观的需要对平屋顶进行改造过程中，可采用倒置式保温屋面、平改坡、顶层加建等；夏热冬冷地区平屋面通过"平改坡"，可以在改善城市景观面貌的同时改善顶层住户的舒适度。此外，还可以结合屋顶绿化、太阳能设备安放等进行屋面改造。

1）一般原则

（1）坡屋面的分类直接影响其构造的合理性，故应综合考虑构造差别，差大者分，差小者并。

（2）坡屋面易形成自然通风，故应积极考虑构造通风。采用轻钢结构、沥青通风波型大瓦、金属隔热膜、XPS 保温板，有利于构造通风及保温隔热的多种组合设计（图 4-20）。

坡屋面增强城市热岛效应，故应积极采用冷屋面设计。

（3）现代瓦的设计，有完善的构造防水。只需满足坡度要求，采取正确的勾挂系统，就能使瓦成为主防水层。

无构造防水的纯装饰瓦，实际就是面砖。其屋面构造难度大于平屋面，故防水设防应高于其他坡屋面。

（4）坡瓦屋面应优选挂瓦系统。强风地区应使用钢钉、搭扣作局部加强。座铺的瓦，削弱或破坏了瓦的构造防水功能，不应采用。

（5）瓦的专业公司应能提供完美的整套屋面系统，不仅包括配套的瓦及其构造节点，也包括其他构造层及其构配件。设计应按要求选用，避免自造节点。

（6）防水层宜选用自闭型卷材。

钢筋混凝土现浇坡屋面，若采取措施确保振捣密实，且直接压实抹光，可用渗透环氧涂层代替附加防水。

（7）金属板屋面，关键是排水方向上的搭接，要靠足够的坡度。金属内天沟，常因尺寸过小，排水不畅致水满上溢，翻入檐板下，渗入室内。

（8）大型公建，应优先选用直立锁边的连续金属板系统。在该系统上设置大量横向天窗或另加表皮的设计，都会破坏该系统的合理性（图 4-21）。

（9）光伏软板可直接粘固在金属板上，是光伏屋面的最佳选择。光伏光热复合组件的双层坡屋面，消除热岛效应，是目前节能效率更高的系统。

（10）大型天窗，应设计足够高度的泛水。

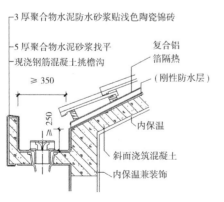

图 4-20 坡瓦隔热屋面节点示意

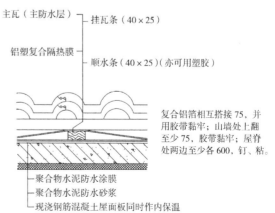

齐平式设计，意味着单靠密封胶。依赖大量现场施胶进行防水密封，是脱离实际的想法。

（11）坡瓦屋面与山墙及突出屋面结构的交接处是坡屋面防水的薄弱环节，须做好泛水处理（图4-22）。

（12）平瓦屋面适用于防水等级为Ⅱ级，Ⅲ级，Ⅳ级的屋面防水。平瓦主要是指传统的黏土机制平瓦和混凝土瓦，主要应用于檩条望板系统中，传统的望板为木板。平瓦屋面应在基层上先铺一层卷材，并用顺水条将卷材压钉

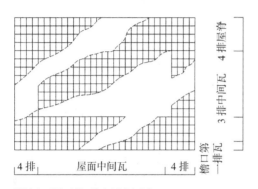

强风地区屋面挂瓦加固范围示意

图4-21 瓦的加强固定

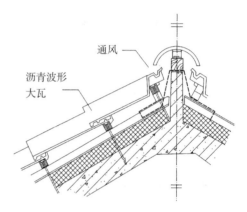

坡瓦的通风构造

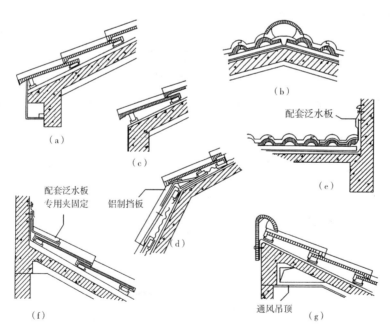

图4-22 瓦屋面节点举例
（a）木板屋檐；（b）斜脊；（c）檐；（d）曼莎屋面；（e）垂直结合部；（f）水平结合部；（g）单向脊

在基层上；再在顺水条上铺钉挂瓦条。平瓦也可采用在基层上设置泥背的方法铺设；泥背即草泥，座扣平瓦，冬暖夏凉，但多用于北方。瓦单独防水的屋面，防水等级为Ⅳ级。

（13）油毡瓦屋面适用于防水等级为Ⅱ级、Ⅲ级的屋面防水。油毡瓦又称多彩沥青瓦，须与防水卷材或防水涂膜复合使用。卷材铺设在木基层上时，可用油毡钉固定。为防止钉帽处外露锈蚀，需将钉帽盖在卷材下面，卷材搭接宽度不应小于50mm。

平瓦屋面坡度大于50°或油毡瓦屋面坡度大于150°时，应采用加强固定措施。

（14）在大风或地震地区，必须采取措施使瓦与屋面基层固定牢固，通常按瓦的厂商提供的详尽技术资料进行。须考虑的因素有：抗震裂度、强风等级、屋面坡度、瓦的种类及勾挂钉固措施，容易忽视的是基层材质和构造层类的影响。

加强固定的基本原则是：使用钢钉或搭扣固定瓦片；周边瓦每块要固定，中间瓦固定率为50%（间隔固定）；周边瓦指四周连续4排瓦；檐口第一排使用的搭扣为檐瓦专用搭扣。

坡屋面应设置绝热层。金属板材屋面可选用夹芯钢板解决保温问题（图4-23）。

（15）金属板材屋面适用于防水等级为Ⅰ级、Ⅱ级、Ⅲ级的屋面防水，金属板可直接铺设在檩条上。

天沟、檐沟的防水层可采用防水涂膜，特别是尺度小、变化复杂时，尺度较宽、平剖面简单的沟，也可采用卷材防水；金属坡屋面通

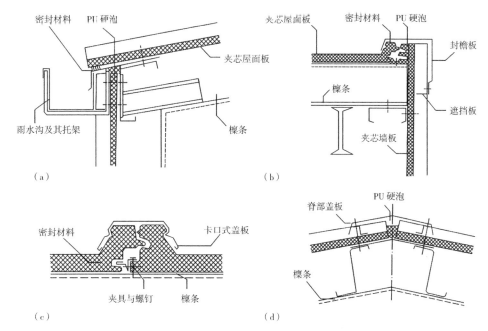

图4-23 夹芯钢板节点示意
（a）檐口构造；（b）山墙节点；（c）横向板缝；（d）屋脊构造

常自配金属板材天沟（檐沟）。

2）构造设计

（1）平瓦屋面的瓦头挑出封檐的长度宜为50~570mm，主要是有利于檐口防水。

（2）平瓦屋面的泛水，应采用泛水板。标准较低时，可采用聚合物水泥砂浆或掺有纤维的混合砂浆分次抹成；烟囱与屋面的交接处在迎水面中部应抹出分水线，并应高出两侧各30mm。

使用泥背的非永久性建筑，也可采用传统的水泥石灰磨刀砂浆作泛水。

油毡瓦屋面和金属板材屋面的泛水板，与突出屋面的墙体搭接处高度不应小于250mm。

（3）为使雨水顺坡落入天沟，防止爬水现象，平瓦、金属板材伸入天沟的尺寸应为50~570mm，且檐口油毡瓦和天沟、檐沟防水卷材，以及檐口油毡瓦和卷材之间，均应采用满粘法铺贴。

（4）因脊瓦与坡屋面之间的缝隙需用纤维混合砂浆座实抹平，故规范规定脊瓦下端距坡瓦面的高度不宜超过80mm，一是考虑施工操作，二是防止砂浆干缩开裂。

（5）平瓦、油毡瓦屋面与屋顶窗交接处，应采用金属排水板、窗框固定铁角、窗口防水卷材、支瓦条等连接；上述配件一般由斜屋顶

窗的生产厂家配套供应。

（6）金属板材屋面檐口挑出的长度不应小于200mm；屋脊应采用金属屋脊盖板，并在屋面板端头设置挡水板和堵头板。

（7）传统的金属板材的安装，常使用单向螺栓或拉铆钉连接固定；金属板与固定支架则应用螺栓固定，特别是夹芯钢板。

更合理的设计是螺栓只用来固定支架，板材与支架则按搭扣式连接：即在现场用专用机器自动将板端咬合在支架上。确切地说是将已初步扣在支架上的先装板的另一端连带一起咬合在支架上。搭扣式咬合连接的目的是使板能在温度作用下自由伸缩。

折中连接的办法是：将板的一侧用拉铆钉固定，另一端机器搭扣咬合，宜用在坡度较大的金属板材屋面上。

（8）天沟用金属板制作时，应伸入屋面金属板材下不小于100mm，以便固定密封；当有檐沟时，屋面金属板材应伸入檐沟内，其长度不应小于50mm，以防爬水。

金属板材类型不一，其屋面檐口和山墙应用与板型配套的檐口堵头板和包角板封严（图4-24、图4-25）。

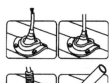
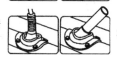

图4-24 小型管线穿金属屋面的防水密封

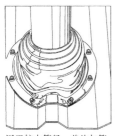
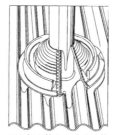

用于较大管径，盖片与管同时安装　　　　用于较小管径，盖片后装

图 4-25　中大型管道穿金属屋面的密封安装

（资料来源：得泰软金属盖片系统）

4.3　外墙防水设计

4.3.1　基本原则和问题

1）基本原则

（1）外墙防水首先要注重其综合性能，包括各构造层类的合理整合。

（2）外墙发生严重渗漏，无不与贯穿裂缝的存在有关。所以首先要保证砌体质量：选用合格的砌块，按有关规程设计施工。并采取足够措施，减少结构主体变形的影响。

（3）硬质块材饰面系统中，宜选用混凝土空心砌块或其他轻集料混凝土砌块，按有关规程砌筑，局部采用封底砌块；带端肋的空心砌块应采用肋灰法砌筑。该系统之找平层、粘贴层都有兼顾防水之责。通常采用纤维防水砂浆底，聚合物水泥防水砂浆薄层满浆粘贴饰面砖。

（4）加气混凝土外墙，应采用配套砂浆及基层处理，按不同配比，薄层粉刷，分层过渡，总厚度控制，选配涂料饰面。涂料宜选硅丙系列，抗裂防水、透气自洁、耐久。

（5）钢木装配系统中，多以外饰之披水条板作主防水层，内设专用防水透气薄膜，全程干作业，维修便捷。

（6）幕墙等外围护开放系统中，包括设置空气夹层的外墙，其下端不应封闭，且宜设置泄水，使渗入之水借助重力及时导出室外。

（7）幕墙立面分格；横梁标高宜与楼板标高对应；立柱宜与房间隔墙一致。幕墙紧邻的窗帘盒及窗台应由幕墙公司统一设计。幕墙开启扇应按横向设计，上悬外开。

（8）隔汽防潮。以保温为主的外墙系统中，特别是严寒地区，应设隔汽层。

（9）透气防潮。内外饰面均应透气。至少，外封则内透，内封则外透。室内装修包封愈严，对渗漏愈敏感。

2）主体变形

减少结构主体变形的影响是外墙防水的先决条件。除了结构专业须控制荷载变形及整体温度变形外，容易忽视屋盖温度变形屋面与墙体交接处产生裂缝，导致外墙渗漏。

3）综合性能

注意提高墙体的综合性能：选择热工性能好的墙体材料，饰面考虑呼吸性、自洁性、耐候性，采用合理的外墙防水绝热构造系统。外墙防水首先要注重其综合性能，包括各构造层类的合理整合。单纯提高墙体材料或某一构造层类的抗渗性能而牺牲过多的其他物理性能，是不可取的。"专治"渗水，往往治不了渗水。

4）砌筑质量

外墙发生较严重的渗漏，大多与砌体砌量有直接关系，与贯穿裂缝的存在有关，而与砌块种类基本无关。保证砌筑质量选用合格的砌块，按有关规程设计施工，并采取足够措施，减少结构主体变形的影响。确保灰缝，特别是竖缝砂浆的饱满度，乃是外墙防水的基本条件。

保证砌筑质量，除按有关规定浇筑芯柱或设置拉结钢筋、拉结网片之外，还应积极采用专用砂浆砌筑。专用砂浆，俗称干粉砂浆。干粉砂浆还可视使用部位（砌筑或粉刷）、适用砌体（混凝土空心砌块、加气混凝土砌块等）预先添加胶粉，和易性好，粘结力高，保水性强，收缩率低，有效减少砌缝开裂。

但竖缝砂浆的饱满，仍主要靠施工操作人员的认真态度和技术水平来保证。

5）温变裂缝

解决温度变形引起的外墙裂缝，最好的方法是采用外墙外保温系统。不仅节能，同时也解决防水。该系统用于新建建筑的关键是外墙设计必须一次到位，包括所有外挂设备及预留预埋条件。若旧建筑外墙大面积渗透，借用该系统，进行节能治理，不失为明智之选择（图4-26）。标准较低，且以隔热为主的新建建筑，若选用混凝土空心砌块（外墙），其东、西朝向的外墙，应采用3排孔砌块。该砌块总厚190mm，两侧扁孔各宽约20mm，形成的空气层对流活动少，可起隔热作用。外墙饰面设计成浅色，增加隔热效果显著。多层建筑，特别是低层建筑，绿化遮阳则是一种既有效又经济美观的隔热措施，也有利防水，应为首选。

6）内装修的影响

内装修的规模对防水效果有直接影响：大拆大建，引发裂缝的产生与发展，渗漏机会多；较温和的装修引起的渗漏要少得多。对住宅来说，解决的办法之一是实行菜单式装修，一方面可避免大拆大建，另一方面，责任也更为明确。

隔汽防潮：以保温为主的外墙系统中，特别是严寒地区，应设隔汽层。

透气防潮：内外饰面均应透气。至少，外封则内透，内封则外透。室内装修包封愈严，对渗漏愈敏感。

4.3.2 设计构造措施

1）混凝土墙体

（1）螺栓孔：混凝土外墙进行外饰面施工前，必须对模板螺栓孔进行认真的防水处理。如果防水标准较高，则应采用下文提到的专用模板螺栓。

（2）施工缝：防水标准较高的混凝土外墙（包括外柱、外剪力墙），其施工缝（主要是水平施工缝）应做防水处理。

2）关于挂金属网

大面积挂网，其构造固有的缺点是：钢板网不易平展。因此，粉刷层虽可减少裂缝，但

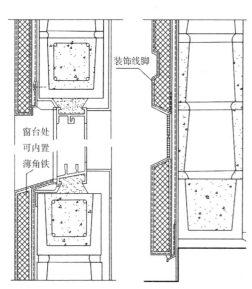

图4-26 外墙外绝热系统

却更易空鼓，这显然于安全不利，更不宜用来防水。所以，通过外墙满挂金属网来防止渗漏的方法是不可取的。

3）混凝土空心砌块

（1）应采用合格的机制砌块：工地现场制作的砌块，质量不稳，尺寸不准，养护条件差，影响砌体质量，渗漏率高（图4-27）。

（2）砌筑：砌块砌筑时要保持基本干燥；应采用肋砌法，水平面提倡用电振铺灰器，仅在两侧肋面上铺灰。肋灰法有助减弱毛细渗水现象。

（3）粉刷：粉刷前对砌体质量进行验收，重点在竖向灰缝。对有问题的灰缝用掺有膨胀剂1：3水泥砂浆作勾缝处理，将是大幅减少渗漏率的重要措施。

（4）实孔：首先砌块应满浆铺砌，并用C15混凝土将孔填实，门窗洞口两侧空孔亦用混凝土填实，变形缝两侧若为砌块，其临缝之空孔，也应用C15混凝土填实。

（5）窗口：窗上口的钢筋混凝土之梁底，设计成外低内高状，窗下口混凝土卧梁，亦作成外低内高状。混凝土空心砌块墙体，其窗洞上下口也可用封底配套砌块砌筑，并配筋后浇筑混凝土。

（6）留洞：墙体施工留洞，建议留直槎，加过梁；洞两侧按上述窗两侧作法填实混凝土。施工后期补洞时，锚接拉筋、补砌混凝土砌块，必要时，勾缝注浆。留槎填砌的传统作法不适用于空心砌块。

（7）锚固：空心砌块上事后打孔锚固，不仅容易渗水，而且有不安全因素。因此，安装在外墙上的构配件（空调机、排油烟孔等）、管道、螺栓，均当预先定位，且于定位所在砌块处用C15混凝土预先填实，并在预埋件四周嵌聚合物水泥砂浆。

（8）局部加网：外墙砌体与混凝土梁板柱相接处，均应加设镀锌钢丝网，宽200mm，并用射钉（用于混凝土）或钢钉（用于砌体）

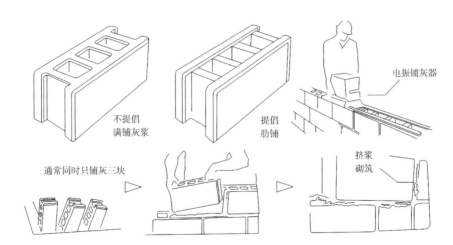

不提倡满铺灰浆　提倡肋铺　电振铺灰器

通常同时只铺灰三块　挤浆砌筑

上墙前不浇水，砌筑时注意竖缝满浆，砌后7天粉刷。

图4-27 空心砌块砌筑示意

绷平固定。填充墙顶部砌块，用封底配套砌块倒砌，再用斜砖挤浆顶砌。

（9）内外装饰：外墙之外饰面及内装修，应考虑透气性：外封则内透，内封则外透；内外不可同时采用封闭（不透气）式粉刷，目的是减少进入墙体内水分的迁移阻力。若使蒸发速率总是大于渗透速率，偶有渗漏，湿渍不现，不影响正常使用，则内外粉刷都应采用透气式。

（10）防水层

①聚合物水泥防水砂浆　外墙防水层主要采用聚合物水泥砂浆。视砌体平整度，可分层找平，也可一次找平。外墙面砖不能单独作为一道防水层，但采用 3mm 厚聚合物水泥砂浆满浆粘贴时，可按一道防水设防考虑。聚合物可选用粘结力及耐水性都比较好的乙烯—聚酯酸乙烯与丙烯酸的复合乳液。

108 胶有吸潮性，更无耐水功能，因此从来不用在防水工程上。

②JS 防水涂膜　外墙若选用聚合物水泥涂膜（JS 或 PMC）做主防水层，且同时选用块材（面砖），则应由有经验的施工队连续作业完成。两层构造间隔时间若过长，可能会因涂膜过分干燥而影响块材的即时粘贴质量。

③勾缝　面砖勾缝，一般选用 1：2 水泥砂浆（过去用 1：1 水泥砂浆）。局部看，强度高、抗渗好，但整体看，易裂，于防水并不利。因此，多雨地区，采用聚合物水泥砂浆为最佳选择。

④憎水砂浆凡憎水性的防水材料，其表面不宜再作其他粘贴性饰面材料，因此，只能用在最终饰面层。

将憎水性防水材料掺在水泥砂浆里并用在墙面上，也是不对的，其本身在墙体基层上的粘结力同样因带有憎水性而有所下降。

4）加气混凝土

（1）专用砂浆：加气混凝土砌块上墙之前应停留 3 个月以上（从生产之日起计算）。砌筑砂浆应专用砂浆。专用砂浆配制的原则是：和易性好，强度等级与加气混凝土砌块较匹配。

（2）局部加网：加气混凝土砌块粉刷前须局部加网，不推荐钢丝网，而建议选用耐碱纤维网格布。理由是：在加气混凝土上用钉，容易松动，历来不是好办法。网格布应先用 JS 贴在聚合物水泥砂浆底灰之上，随即进行面层抹灰。

（3）粉刷特点：加气混凝土的吸水特性是：整体少而慢，表层多而快。因此，粉刷前一天浇水，粉刷前数小时禁止浇水；基层先涂 JS 一道，随后即做聚合物水泥砂浆找平打底。无强风暴雨地区，也可用混合砂浆打底。

（4）饰面层：加气混凝土外墙饰面不宜采用重质块材贴面。其粉刷要点是：采用薄层过渡，总厚度控制在 15mm 之内。薄层过渡找平层：聚合物水泥砂浆 8mm 或纤维防水砂浆 8mm，均为低标号水泥配制；面层：聚合物水泥砂浆（细砂）5mm 厚；饰面层：涂料，防水、透气、耐候、表面憎水。

（5）窗洞口：加气混凝土外墙砌体，其门窗洞口四周，建议用聚合物水泥砂浆加耐碱纤维网格布增强。安装外门窗，应采用注射式锚栓固定。强风暴雨的地区则建议洞口两侧使用黏土实心砖或混凝土构造柱。

（6）吊挂重物：加气混凝土外墙不宜挂吊设备，更忌事后打洞预埋。唯一可行的办法是：设计之初，就确定需吊挂物件之位置，施工时将预制混凝土卧梁或混凝土砌块随墙砌入，使物件锚在混凝土基底上。事后预埋，只能埋在圈梁或框架之上。

5）条板

加气混凝土条板，不宜用在多雨地区的外墙上，条板用于外墙，已无优势。

4.3.3 节点构造措施

1）外墙窗的安装

（1）立樘 外墙窗立樘，越靠近外墙皮，窗口四周渗漏率越高。窗四周安装空隙要根据外墙饰面厚度预留充分，特别要确保窗下樘雨水能顺畅排出，窗下樘框料设计的泄水孔面积，不同地区应有不同取值。

（2）塞缝 窗樘与墙体之间的空隙，在充分考虑了风压影响（如增设锚固点）的前提下，可用发泡聚氨酯封填。在强风暴雨地区，以填聚合物水泥砂浆为好。铝合金窗樘安装前，应在与砂浆接触面上做防蚀处理，最简便的办法是涂聚氨酯涂膜。

（3）锚固 窗樘锚固，应采用专用锚铁。工地自行加工的锚铁，必须镀锌防腐，且宽度不小于30mm，厚度不小于2mm。锚铁与窗樘应为卡固联结，不应使用铆钉。锚铁与窗洞口联结，以使用钢膨胀螺栓为好，牢固、方便。有防雷侧击要求时，也可将铺铁直接通过短筋焊接在主体配置的钢筋上。

固定点一般间距为350~450mm，端部锚点距窗边约130~180mm。风压较大时，间距可再小。

（4）折窗 在有强风暴雨的地区，若采用平面转折窗或条形带窗，应适当增设立樘。立樘应先于窗樘锚固在过梁与混凝土窗台板上，再将窗樘之一侧锚装于立樘上。

（5）密封 窗樘周边密封胶的施打质量普遍存在问题。很少工程预先留槽，更鲜有留出合格之胶槽者，后剔槽更因无法下手而只是纸上谈兵，较彻底的解决办法是改进窗料（樘料）设计，创造出良好的嵌填条件。

2）空调机座

（1）窗式空调机座宜整体预制，随墙砌入。

（2）分体空调室外机托板应设反梁，并用聚合物水泥砂浆向外找坡粉刷。

3）外墙孔洞

住宅排油烟采用的定型薄壁烟道，不推荐附外墙设置者，原因是：安装节点不成熟，于外墙防水及饰面均不利。多层住宅排油烟，若采用直接排放，其排油烟应为预制带孔之混凝土块，随墙砌入。多层住宅空调冷媒管出墙孔，也应预制，随墙砌入，而不应由砌块留孔，包括将套管直接砌入，也不应留待安装空调时打孔。

4）防盗网

安装防盗网引起的外墙渗漏很多，特别是空心砌块墙体。防盗网有碍观瞻，不利消防。外墙窗防盗网可用铝合金卷闸百叶窗代替，有利防水。带纱普通玻璃窗（推拉）与金属百叶窗三合一的新型多功能窗已经进入市场。使用安全玻璃，可由室内锁固的新型金属或塑料窗也可以解决因装防盗网而带来的一系列麻烦。

5）变形缝

传统的外墙变形缝盖板采用镀锌铁皮，标准较高时，应为不锈钢。较宽的缝，则粘贴聚氨酯泡沫。大于300mm的宽缝，则需专门设计。

在强风暴雨地区，或建筑立面美观要求较高时，宜选铝合金迷宫式盖缝条。它简洁美观，而且可以确保遇强风暴雨时，入缝的雨水在侵入缝内深处之前就沿盖缝条落下，故多重迷宫式盖缝条可省去防水构造层（图4-28）。

6）干挂石材

干挂石材的结构基底，无论是砌体还是钢筋混凝土，均应做防水层。砌体应加设型钢骨架。混凝土可直接干挂，两种情况下，防水层均以为好。

干挂石材外墙，在门窗洞口处须注意：所有接缝须作防水密封处理，并预留泄水孔，窗的安装与石板的安装密切配合进行（图4-29、图4-30）。

7）幕墙

幕墙一般应由有相应资质的专业公司设

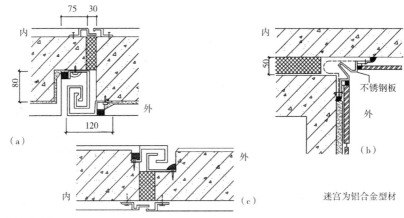

图4-28　外墙变形缝
（a）多重迷宫；（b）拐角处；（c）简易迷宫

迷宫为铝合金型材

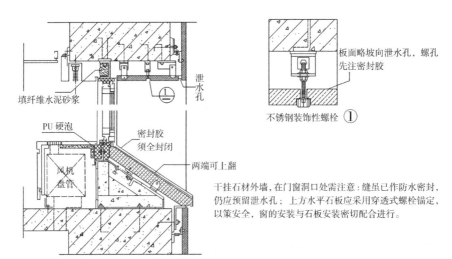

板面略坡向泄水孔，螺孔先注密封胶

不锈钢装饰性螺栓 ①

泄水孔

填纤维水泥砂浆

PU硬泡

密封胶须全封闭

两端可上翻

风机盘管

干挂石材外墙，在门窗洞口处需注意：缝虽已作防水密封，仍应预留泄水孔；上方水平石板应采用穿透式螺栓锚定，以策安全，窗的安装与石板安装密切配合进行。

图4-29　干挂石材外墙窗安装实例

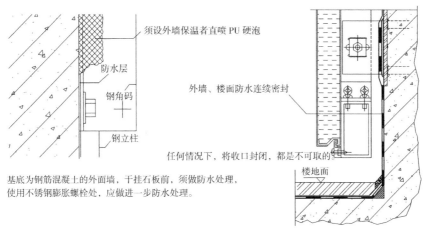

须设外墙保温者直喷 PU 硬泡

防水层

钢角码

钢立柱

外墙、楼面防水连续密封

任何情况下，将收口封闭，都是不可取的

楼地面

基底为钢筋混凝土的外面墙，干挂石板前，须做防水处理，
使用不锈钢膨胀螺栓处，应做进一步防水处理。

图 4-30　干挂石板基地防水　　　　　　　　　图 4-31　幕墙下端开敞式收口

计。其渗漏主要发生在幕墙周边，因为专业公司设计时，周边情况不确定，设计无法到位。也就是说，建筑设计与幕墙设计存在严重脱节现象。脱节造成的渗漏有时也发生在主体局部（图 4-31）。

（1）主体设计　立柱分格与平面隔墙位置对应；横梁分格与楼板位置对应。工程实践中，对应者少，不对应者却占大多数。不对应的分格，令构造设计生硬、勉强，缺少合理的技术支持，也常与内部空间使用功能相悖。

（2）节点密封　幕墙主体渗水，大多与密封质量有关。密封材料各项性能指标中，除耐候性外，应重视其热收缩性、压缩永久变形性。

（3）顶部封板构造　幕墙顶部封板应由幕墙公司统一设计、制作与安装。设计封板横剖面时，应考虑将密封胶设置在侧面，呈竖向外露，以减少阳光垂直照射；封板纵向接缝的正确设计是：将封板纵向侧边形成凹槽；一板扣一板，先铆后扣；预先在槽底贴隔离条，槽内

两侧作底涂，然后满槽施胶，最后在胶表面刷保护层。

（4）窗台构造幕墙所带之外窗，窗洞口四周原则上应采用金属扣板，并由幕墙公司连带设计、制作与安装。

（5）底部端口构造正确的设计是：幕墙在近屋面面层以上约 200mm 收住，形成开敞式自由端，不受屋面任何约束，并使偶入幕墙之水随进即出。这种设计的好处还有：可使屋面的主防水层之泛水，在幕墙背后与墙基底之防水层相接，形成连续的防水层，设计思路清晰，施工条理分明，维护维修方便。

4.4　地下防水

随着我国房屋建筑和城市基础设施建设的快速发展，地下工程内容越来越多，分类也更趋复杂。按最通俗的分法，并考虑防水的因素，大致可分为地下建筑物、地下构筑物和城铁隧道工程。

随着地下工程，特别是大型地下工程的快速增加，随着地下工程电气化、自动化程度的提高，防水问题显得越来越突出。如地下工程防水质量不好，造成渗漏，会导致内部装修破损，设备锈蚀加快，电气故障频出，仓储物质霉变，人员健康受损。

《地下工程防水技术规范》GB 50108—2008中，明确将"地下工程防水设计内容包括：防水等级和设防要求"列为强制性条文。与该规范配套执行的《地下防水工程质量验收规范》GB 50208—2011也作出了"地下防水工程应按工程设计的防水等级标准进行验收"的规定。这些规定对保证地下防水工程的质量控制具有重要意义。

4.4.1　地下工程防水设计

1）防水设计原则

（1）概念设计的首要原则，就是简化。建筑以平剖面简并为主；结构则主要是减少变形缝，底板设计采用无梁厚板，外墙柱分离，以跳仓打或超前止水代替传统后浇带。

（2）混凝土自防水。混凝土着力解决的问题，始终是裂缝。需要设计、施工、监理、业主各方，从实验室到搅拌站，从养护到拆模，全方位配合才可能解决好。

（3）柔性外防水。地下室迎水面的柔性防水，是主体防水必不可少的一部分，不仅直接关乎混凝土的寿命，也是解决因渗水而导致污染的最有效措施。水溶性的防水涂料不宜用于地下室。反应型预铺反粘卷材，是外防内贴施工最好的选择之一。

（4）水泥基渗透结晶防水涂层，可作为主体辅助外防水。用于内防只在防水失败或业主书面要求时才采用。

（5）膨润土毡，应优选天然纳基产品。适用于地下水长期稳定的环境中：无流动水，静水压稳定，pH值（4~10）稳定。地下室全寿命周期内，地下水无腐蚀性污染。

（6）回填土应坚持黏土分层夯实。回填石粉等透水材料，只在设计了外排水系统的情况下才是合理的。

（7）分期建设的项目，其连成整片的地下室应一次完成，并严格控制沉降影响。不得已分开时，先建较深的部分，并充分考虑防水构造的预留与保护。

（8）变形缝，最大允许沉降值不应大于30mm，缝宽不超过40mm。变形缝可采用新材料、新构造、新工艺。平面排水系统设计时，应使变形缝紧邻集水坑或排水沟，方便维修，也备留退路。

（9）地下水池在作好刚性内防水的同时，应做好外防水。若水池壁同为地下室外墙时，可适当提高其外防水的设防标准。生活水池应选择不锈钢成品水箱组装（图4-32）。

（10）穿墙管应采用套管，装管后，采用新材料、新构造、新工艺，密封。

（11）注浆堵漏应注意不同条件下的不同裂缝，选择不同的注浆材料。可重复注浆系统应有合理的清洗回路，并注意不同的注浆应选用不同构造的主浆管。

（12）总原则

地下工程的防水设计原则，以前的提法很多，各行业系统的提法也不尽一致。《地下工程防水技术规范》GB 50208—2011规定：地

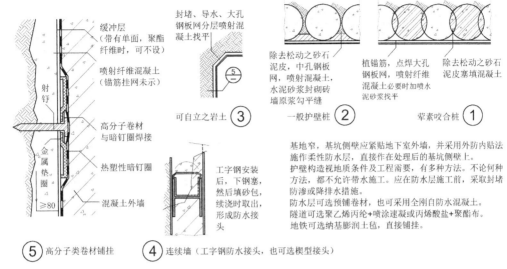

缓冲层
（带有单面，聚酯
纤维时，可不设）

喷射纤维混凝土
（锚筋挂网未示）

射钉

高分子卷材
与暗钉圈焊接

金属
垫圈

热塑性暗钉圈

混凝土外墙
≥80

⑤ 高分子类卷材铺挂

封堵、导水、大孔
钢板网分层喷射混
凝土找平

⑤

可自立之岩土 ③

工字钢安装
后，下钢塞，
然后填砂包，
续浇时取出，
形成防水接
头

④ 连续墙（工字钢防水接头，也可选楔型接头）

除去松动之砂石
泥皮，中孔钢板
网，喷射混凝土，
水泥砂浆封砌砖
墙原浆勾平缝

一般护壁桩 ②

植锚筋，点焊大孔
钢板网，喷射纤维
混凝土必要时加喷水
泥砂浆找平

荤素咬合桩 ①

除去松动之砂石
泥皮塞填混凝土

基地窄，基坑侧壁应紧贴地下室外墙，并采用外防内贴法
施作柔性防水层，直接作在处理后的基坑侧壁上。
护壁构造视地质条件及工程需要，有多种方法。不论何种
方法，都不允许带水施工。应在防水层施工前，采取封堵
防渗或降排水措施。
防水层可选预铺卷材，也可采用全刚自防水混凝土。
隧道可选聚乙烯丙纶+喷涂速凝或丙烯酸盐+聚酯布。
地铁可选纳基膨润土毡，直接铺挂。

图4-32　紧邻基坑之防水

下工程防水的设计和施工应遵循"防、排、截、堵相结合，刚柔相济，因地制宜，综合治理"的原则。

防水原则既要考虑如何适应地下工程种类的多样性问题，也要考虑如何适应所处地域的复杂性问题，同时还要使每个工程的防水每个工程的防水设计者，在符合总的原则的基础上，可根据各自工程的特点有适当选择的自由。

站在可持续发展的战略高度上看问题，为降低因工程降排水或防水失败（被迫设置永久性引流降排水系统）对生态环境和资源耗费造成的不利影响，更应强调"以防为主"的原则，特别是在地下水资源匮乏的地区或因长期连续降排水可能引起地面下沉的城市，要以防为主。

2）地下室防水概念设计

（1）简化平剖面设计　地下室平剖面设计应尽量简化，即所谓"简、并、避、离、升"（图4-33）。

这种简化原则，作为地下室防水设计的基本概念，曾为建筑专业几十年来所遵循。其中最主要的是"简""并"原则。在"工艺"要求的地下室平面给出来以后，首先将地下室外墙琐碎细部简化，将单独的零散部分并入，最后调整外墙，原则是使其总长愈小愈好。

平面简化，可从剖面入手。比如窗井，进排风井，这将在下文有关部分讨论。

（2）关于分期建设　分期建设的项目，有时地上是分开的，地下却是连成一片的。连成一片的地下部分最好不分期。资金有困难，施工可分期，设计则不应分；若一定要分，必须将两期之间交接处的预留设计一次完成。交接预留主要与防水设计的变形缝、施工缝、后浇带、预注浆有关，将在下文相应部分讨论。

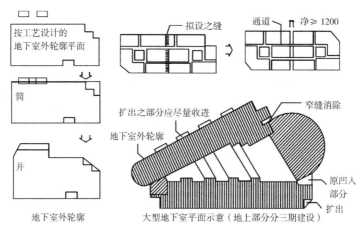

图 4-33　简化平面设计示意

（3）变形缝的设计　变形缝的设计不是一个简单的缝的构造设计，而是涉及很多方面的一个系统设计，因此将其归在防水概念设计之中。其设计原则主要是尽量减少变形缝的设置数量、设计长度，并充分考虑缝的设置位置。缝的位置要与建筑平面功能划分及剖面设计形式协调好，不能矛盾。其次，变形缝还与集水坑的设置、施工组织设计有关，详见下文有关部分。

（4）地下室外墙柱　地下室的防水，重要的是主体防水；主体防水主要是结构自防水，钢筋混凝土外墙防水主要是防止混凝土产生有害裂缝，减少或消除有害裂缝的主要措施之一就是设计后浇带；后浇带在地下室外墙上的作用能否发挥，就与外墙及柱的设计有关（图 4-34）：墙柱分离有利，墙柱合一则有害。这部分内容将在关于后浇带的部分讨论（图 4-35）。

（5）降排水　地下工程中具有自流排水条件且允许做自流排水的工程，应积极采用排水系统以降低地下水的压力，使防水设防做到简单、省钱、效果好。

地下室无论使用性质如何，其底板一般均应设计保护层。对于地下车库、设备用房，保护层建议按 100~200mm 厚 C20 混凝土设计，该保护层兼找坡作沟。

（6）回填土　地下室回填土历来要求采用黏土或原土，按每层 300 分层夯实。近年一些工程为赶工期而采用石渣回填，从而，使地下室长年浸泡在地下水中，对防水大为不利；且建筑物周边地面在经年雨水的沉实作用下，有下沉开裂的可能。

周边回填的下沉，也容易引起侧壁柔性附加防水层的破坏，因此回填土是防水设计的组成部分之一，不可忽视。

（7）连续墙　将连续墙加厚，与内衬墙合二为一，并非好思路。若没有特殊措施，建议还是另加内衬墙补墙紧贴连续墙，并采用内掺自修复全刚自防水混凝土。若连续墙与内衬墙之间设置空腔或滤水层，当然要在内衬墙施工前，对连续墙实施全面认真的堵漏防渗（图 4-36）但更重要的是，该构造形成的内排

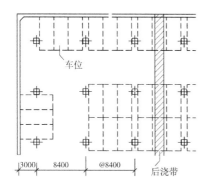
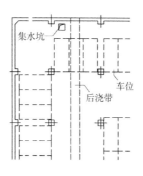

推荐做法

地下室外墙与柱分开设置。后浇带成功率较高，外墙与柱混凝土设计强度等级不同时，也不会给施工带来不便。这样的平面设计时还可能提高地下空间利用率。

习惯做法

地下室外墙与壁柱合一。由于壁柱的分段约束，后浇带实际作用与理论上有所不同，特别是柱大、壁薄时。

后浇带渗透率很高，因此，就近设计集水坑很有必要，既方便施工期间排水，更为运行后的维修治理提供方便。

图 4-34 墙柱设计

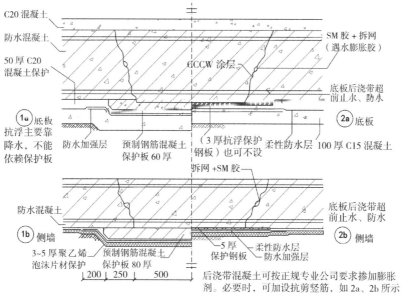

图 4-35 后浇带设计

系统，需要更大系统的支持以及采取更多的措施才是合理的。因此只建议用于渗漏治理。

3）设计依据

（1）水文地质

地下工程防水设计应根据工程的特点和需

要，搜集有关资料：

①最高地下水位的高程，出现的年代，近几年的实际水位高程和随季节变化情况；地下水类型、补给资源、水质（有无腐蚀，腐蚀性质，腐蚀程度）、流量流向、压力。

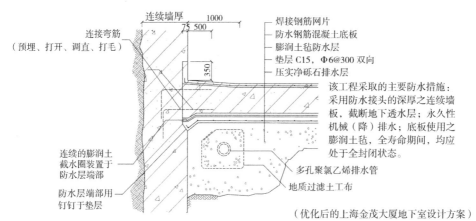

连续墙深约60m，截断两个透水层，并采用了防水接头。
十年后回访，排水量仅为设计的十分之一。
底板外排，主要采用地下浮力释放系统。

图4-36 连续墙外墙合一防水方案

②工程所在区域的地震烈度、地热、工程地质构造，包括岩层走向、倾角、节理及裂隙，含水地层的特性，分布情况和渗透系数、溶洞及陷穴、填土区、湿陷性土和膨胀土层等情况。

③历年气温变化情况、降水量、地层冻结深度。

④区域地形、地貌、天然水流、水库、废弃坑井以及地表水、洪水和给水排水系统资料。

⑤施工技术水平和材料资源。

（2）人为因素对水文地质的影响

地下工程防水设计除应考虑地表水、地下水、毛细管水等的作用外，还应考虑由于人为因素引起水文地质改变的影响。近几十年，由于高强度、高速度开发建设的活动使得水文地质条件远不如过去稳定，其变化幅度和频率都将变得更大更快。因此，地下工程就不能再单纯以地下最高水位来确定工程防水标高了。具体说，对单独建造的地下建筑的防水层应采用全封闭式；对附建式地下或半地下建筑的防水层设防高度，应高出室外地坪500mm以上。采用部分封闭，只在确保地下水体稳定、地层渗透性较好（地表水影响弱）时采用，或采用自流排水，能及时排走进入工程内的渗漏水时使用，如地铁隧道。

4.4.2 混凝土结构主体防水

如前所述，结构主体防水分为防水混凝土和其他防水层，过去也称自防水混凝土和附加防水层。将附加防水层郑重改称其他防水层，就是要强调其他防水层与防水混凝土同等重要，也是结构主体防水必不可少的一部分。

其他防水层包括水泥砂浆、卷材、涂膜、塑料防水层、金属板。为叙述方便，直接将它们与防水混凝土列在一起讨论。

1）防水混凝土

防水混凝土应通过调整配合比、掺外加剂、掺合料配制而成，抗渗等级不得小于S6。

（1）设计

①防水混凝土的设计抗渗等级应按规范选用，其主要依据是工程埋置深度。

抗渗等级并不是越高越好。片面强调混凝土抗压强度和抗渗等级导致单位水泥用量的相应增加，水化热增高，混凝土水化收缩量加大，如施工中不采取足够保险的措施，很难避免使混凝土产生裂缝。

对于防水来说，混凝土主要着手解决的始终是裂缝问题。

②规范对防水混凝土结构作了以下规定：

结构厚度不应小于 250mm；迎水面钢筋保护层厚度不应小于 50mm。

裂缝宽度不得大于 0.2mm，并不得贯通；但暴露于侵蚀性环境中的混凝土结构，裂缝允许宽度可控制在 0.1~0.15mm。

为减少混凝土自身裂缝，还可以采取减少配筋直径，同时增加配筋密度的措施。

③防水混凝土的环境温度，不可高于 80℃；处于侵蚀性介质的防水混凝土的耐侵蚀系数，不应小于 0.8。

四防水混凝土结构底板的混凝土垫层，强度等级不应小于 C15，厚度不应小于 100mm，在软弱土层中不应小于 150mm。

（2）材料

①防水混凝土使用的水泥，其强度等级不应低于 32.5MPa。

在受侵蚀性介质作用时应按介质的性质选用相应的水泥。在硫酸盐侵蚀环境下应选用火山灰质硅酸盐水泥或矿渣硅酸盐水泥，当侵蚀严重时，还要同时掺用矿物掺料，并采用低水灰比。选用粉煤灰硅酸盐水泥时，注意粉煤灰中应以 SiO_2 为主，而不能用以从 Al_2O_3 为主。

在有气离子的环境中，可采用高 C_3A 量的水泥和 Al_2O_3 含量大的粉煤灰硅酸盐水泥或火山灰质硅酸盐水泥。环境水中含碳酸水侵蚀时，则与水泥品种无特别关系，其主要措施是增加混凝土表面密实度和消除流动水。

在受冻融作用时，应优先选用普通硅酸盐水泥，而不宜采用的火山灰质硅酸盐水泥和粉煤灰硅酸盐水泥。

②防水混凝土所用的砂、石应符合有关标准的规定。

③防水混凝土可根据工程需要掺入减水剂、膨胀剂、防水剂、密实剂、引气剂、复合型外加剂等外加剂（掺合剂）。其品种和掺量应经试验确定。

所有外加剂应符合国家或行业标准一等品及以上的质量要求。

④防水混凝土可掺入一定数量的粉煤灰、磨细的矿渣粉、硅粉等活性掺合料。掺合料可填充混凝土空隙，提高密实度，增加混凝土的流动性，且不参加早期反应，因此可降低水泥早期水化热，减少水化收缩裂缝的产生；由于掺合料的活性，使其能参与水泥后期的水化反应，对混凝土后期强度的提高有利。

⑤防水混凝土可根据工程抗裂需要掺入钢纤维或合成纤维。

⑥每 m^3 防水混凝土中各类材料的总碱量（Na_2O 当量）不得大于 3kg。

2）水泥砂浆防水层

水泥砂浆防水层可粗分为掺各种外加剂、掺合料的水泥防水砂浆和聚合物水泥砂浆两大类。

（1）一般防水砂浆

掺外加剂及掺合料的水泥防水砂浆，因为没有明显改善砂浆的抗裂性能，建议不单独使用，可以作为找平层兼作防水，用在地下水较弱的地区。

（2）聚合物水泥砂浆

聚合物水泥防水砂浆有时简称聚合物水泥砂浆，虽两者有区别，但为方便，常用简称。聚合物水泥砂浆可按辅助防水层采用，也可以作为独立的一道防水层。

聚合物水泥砂浆不仅改善了水泥砂浆的粘结强度、抗渗性、吸水率等，而且抗折强度有所提高，干缩率有所下降，因此具有抗裂性。

聚合物水泥砂浆厚度单层施工宜为6~8mm，双层施工宜为10~12mm。

（3）关于刚性多层抹面做法

由于该法施工步骤多，对人员素质要求高，目前很难保证技术操作水平，因此，新规范未予收入。但其基本做法仍可用于上述防水水泥砂浆之中。

3）卷材防水层

卷材防水层应铺设在结构主体迎水面的基面上。一是为了保护结构主体不受侵蚀介质的作用，同时由于卷材与混凝土基面粘结力不会很大，只有铺贴在迎水面才能更好地达到防御外部压力水渗透的目的。

（1）设计：卷材防水层为一层或二层。高聚物改性沥青卷材宜双层使用，总厚度不应小于6mm，而且不宜采用2mm与4mm厚的卷材复合，因2mm厚卷材在热熔法施工时卷材易被烧穿；单层使用时，厚度不应小于4mm。合成高分子卷材单层使用时，厚度不应

小于1.5mm；双层使用时，总厚度不应小于2.4mm；但一般情况下，多为单层使用。

（2）材料：

①卷材的主要物理性能应符合现行国家标准或行业标准。

②粘贴各类卷材，必须采用与卷材材性相容的胶粘剂，包括卷材接缝采用的密封材料。

③采用热焰法铺贴高聚物改性沥青卷材和采用热风焊接法粘贴合成树脂类热塑性卷材的接缝，不存在材料相容问题，且粘贴、粘结质量较易保证。

但合成高分子卷材一般只能采用冷粘法铺贴，为保证其在潮湿面上的粘贴质量，施工时应选用配套相容的湿固化型胶粘剂或使用潮湿面隔离剂。

底板垫层混凝土平面部位的卷材可采用空铺法或点粘法，其他与混凝土结构相接触的部位应采用满粘法。

4）涂料防水层

涂料防水层分有机、无机两大类。有机防水涂料应用于工程的迎水面，这能充分发挥有机防水涂料在一定厚度时有较好的抗渗性，又能避免涂料与基层粘结力较小的弱点。无机防水涂料由于凝固较快，与基面有较强的粘结力，可用于背水面。水乳型有机涂料，虽对基层干燥要求不高，可在潮湿基层上施工，但在压力水长期作用下有二次乳化的问题。

（1）设计要点

①地下工程由于受施工工期的限制，要想使基面达到比较干燥的状态较难，因此在潮湿基面上施作涂料防水层应选用与潮湿基面粘结力大的无机涂料。因为水泥基防水涂料在比较

潮湿的基面上也可以施工，且与其他涂层防水粘结也较好，因此，也可采用先涂水泥基类无机涂料而后涂有机涂料的复合涂层。

②有腐蚀性的地面环境宜选用耐腐蚀性好的涂料。暴露于干湿交替循环环境下的混凝土，会导致其表面沉积的盐分浓度迅速增加，可能危害混凝土（其他可溶性侵蚀性物质均有类似情况），导致地下室混凝土内表面有松脆剥落现象，解决的办法就是在混凝土内表面加作保护性的防水涂料，这也是背水面作防水层的主要目的。因此，背水面防水层只能是无机涂料而不是有机涂料或卷材。

③水泥基防水涂料的厚度宜为 1.5~2.0mm；水泥基渗透结晶型防水涂料厚度不应小于 0.8mm，这种材料一般是按单位面积上的用量控制的；有机防水涂料根据材料的性能，厚度宜为 1.2~2.0mm。设计应注明厚度而不应按遍数。

④有机防水涂膜应设置保护层：底板、顶板应采用 40~50mm 厚细石混凝土保护，顶板防水层与保护层之间宜设置隔离层。底板梁侧、梁底可选用 15~20mm 聚合物水泥砂浆保护。侧墙迎水面宜选用软保护层。

5）塑料防水板防水层

塑料防水板是采用工厂生产的具有一定厚度和抗渗能力的高分子卷材。用于一般土体防渗工程时，习惯称土工膜；用于地下隧道时常选用较厚（因厚而硬）者，故称防水板，主要是铺设在初期支护与内衬砌之间的防水层。

6）金属防水层

金属防水层在一般工业与民用建筑工程中很少使用，仅用于环境高温，且面积较小的工程，如冶炼厂的浇筑坑、电炉基坑等，不仅工作温度高，而且要求完全不能发生渗漏。

4.4.3　细部节点

1）施工缝

（1）水平施工缝：防水混凝土应连续浇筑，宜少留施工一般只留水平施工缝。

当留设水平施工缝时，应避免设在剪力与弯矩最大处或底板与侧墙的交接处，一般留在高出底板表面不少于 300mm 的墙体上；但地下水池，建议只留在顶板梁下皮处；地上泳池则不留，整体连续浇筑（图 4-37）。

当墙体有预留孔洞时，施工缝距孔洞边缘不应小于 300mm。当然，一般情况下，应当是孔洞的设置避让施工缝；除非孔洞较多，且相对集中在同一标高位置上，这时，调整施工缝的高度，可能是更为方便合理的办法。

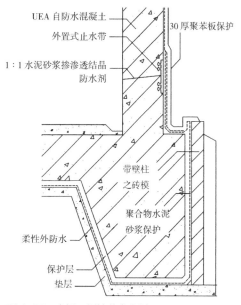

图 4-37　底板、侧墙节点实例

（2）垂直施工缝：单独设置垂直施工缝的情况不多见，且不合理。

实际上，垂直施工缝大多以后浇带的形式出现。

在地下室改造工程中，可能会出现单独的垂直施工缝。这时，垂直施工缝宜与变形缝结合设置，除非结构专业确认变形很小，可忽略不计。

垂直施工缝的位置，还应避开地下水和裂隙水较多的地段。

③构造形式：水平施工缝的构造形式，就防水混凝土而言，基本有三种：敷设缓膨型遇水膨胀止水条，设置外贴式止水带，埋设钢板止水带（图4-38）。遇水膨胀止水条有腻子条及橡胶条两类。腻子条用在表面不太规则的混凝土基底上，橡胶条则用在预留嵌槽且槽内表面坚实光滑的情况下；二者均应为缓膨型，并居中敷设；但橡胶条若不能居中敷设时，应距混凝土边缘至少70mm。钢板止水带与缓膨型遇水膨胀腻子条复合使用，克服了腻子条不易固定的缺点，可能是一种较好的选择。SM胶是一种防渗的遇水膨胀胶，用标准的填缝枪就可施工。该胶与多种基面（混凝土、钢板、PVC等）均有很好的粘结性，可以配合钢板止水带使用，而用在不平整的混凝土面上尤为方便。

在垂直缝处，用SM胶代替须机械固定的止水条或腻子条则更为方便、合理。

对重要工程，建议SM胶与水泥基渗透结晶型防水涂层复合使用。

除上述构造外，在设计主体其他防水层时，还应在缝处增设加强层。

2）后浇带

（1）设计原理：混凝土的水化收缩，一般认为在头两周之内完成15%，60天之内至少完成30%，这一阶段的收缩裂缝被称为早期裂缝。中期裂缝发生在3~6个月，后期裂缝则延至一年左右，此时的水化收缩大约完成了95%。采用后浇带，被认为是解决早期裂缝的主要方法。

（2）设计位置：后浇带的设置位置由结构专业确定。一般应设在受力和变形较小的部位，间距为30~60m，宽度宜为700~1000mm。

3）变形缝

（1）设置位置：建筑专业在方案或初步设计阶段就应注意：避免在多层地下室的多层部分设置变形缝；或与结构专业密切配合，采取

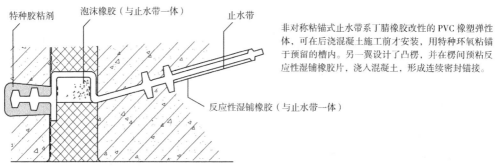

图4-38 非对称粘锚式止水带

非对称粘锚式止水带系丁腈橡胶改性的PVC橡塑弹性体，可在后浇混凝土施工前才安装，用特种环氧粘锚于预留的槽内。另一翼设计了凸楞，并在楞间预粘反应性湿铺橡胶片，浇入混凝土，形成连续密封锚接。

必要措施，避免在平、剖面复杂之处设置沉降缝。在面积很大且进深也较大的地下室设置变形缝，应将平、剖面在缝处设计成"葫芦腰"状，也就是说，在缝两侧设置双墙，只在必要的通道处设置变形缝。工业建筑，也要尽量避免设置大尺寸的柔性变形缝，工业建筑实践中常采用一系列后浇带或加强带的办法解决变形问题，近年多采用跳仓法浇筑混凝土，实际上等于将后浇带扩大为一仓，从而将施工缝减少了近一半。

所有地下防水设计的节点中，变形缝是最复杂的，失败率也是最高的。为此，建议在地下室排水系统设计时，尽可能考虑在变形缝附近设置集水坑或排水明沟，以防万一渗水后，采取导流措施，不影响正常使用，也有利于堵漏注浆等补救工作的开展（图4-39）。

（2）设计原则：用于沉降的变形缝，其最大允许沉降差值不应大于30mm。当计算沉降差值大于30mm时，应在设计上采取措施，不可用增加缝的宽度来解决沉降差较大的问题。沉降缝的宽度，在地下室部分，宜为20~30mm。从防水的角度看，变形缝的宽度宜小不宜大，超过40mm，就应慎用。变形缝两侧应考虑避开明、暗柱梁，以便止水带的安装固定不受箍筋的影响。最简单的办法就是两侧均出挑350mm，令此范围内，只有构造配筋，可以方便地采用钢筋套夹固定止水带。为解决现场交圈的困难，最好由工厂按尺寸订制，加工成环，这对于不锈钢翼板的PVC止水带尤为重要。

4）穿墙螺栓

防水混凝土结构内部设置的各种钢筋或绑

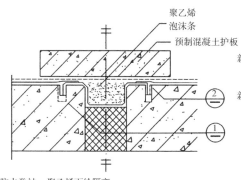

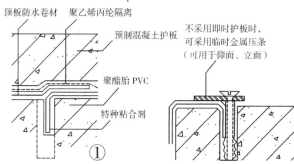

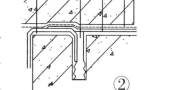

图4-39　地下室顶板变形缝嵌锚密封粘接构造实例

扎钢丝，均不得接触模板，为的是减少压力水沿金属与混凝土之间的界面产生渗透。

固定模板用的螺栓必须穿过混凝土结构时，可采用工具式螺栓或螺栓加堵头。螺栓中部应加焊方形止水环，防止螺栓在施工过程中的转动，也可延长渗水路线。拆模后应采取加强防水措施，将留下的凹槽封堵密实。

5）穿墙管（盒）

穿墙管线不论设计为何种形式，都不应当简单的采用留洞口，装管后封填混凝土的办法，更应避免凿洞安装的方式。穿墙管（盒）均应在浇筑混凝土前预埋。为了便于管道安装和防水施工操作，穿墙管与内墙角、凹凸部位的距离应不小于250mm。穿墙管线较多时，宜相对集中，采取穿墙盒办法。穿墙管部位应视工程具体情况，采取适当的防护措施，防止管道撞击移位（图4-40）。

6）埋设件

地下室一般应避免直接在底板上设置预埋件或沟槽坑孔，特别是其数量较多时。解决的办法之一，是将需要设置预埋件（或沟槽坑孔）的部分相对集中布置，并简化为成片设置基础，整体设置在底板之上，避免了直接在底板上设置数量众多的预埋件。

7）预留通道接头

（1）设计原则：分期建设的地下工程，设计要充分考虑分期衔接的防水问题。解决衔接防水问题的途径之一，就是按变形缝自然划分分期范围，两期之间的联系，设计成通道形式，变形缝就设置在通道内。在任何情况下，在几十米甚至上百米的大尺度上设置变形缝，均非好办法。

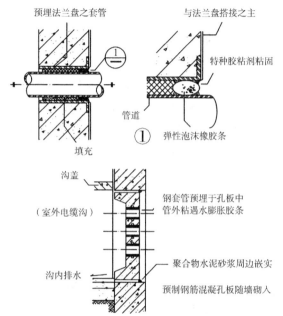

图 4-40　穿墙管

（2）构造要求：预留通道接缝两侧的最大沉降差不得大于30mm。

预留通道接头应采用复合防水构造。若用在大尺度的通道接头（大尺度的接头有时已不是通道形式，而几乎是全断面接头形式），应事先预埋预注浆管，待接缝变形及收缩稳定后，注入活性浆液。事先预埋注浆管的办法，也适用于未作任何预留条件的通道接头，此情况下，须要加作化学植筋，联结新、旧混凝土结构，在缝面建议加设SM遇水膨胀胶。预先埋设注浆管（图4-41）。

位置膨润土毡，应优选天然纳基产品。适用于地下水长期稳定的环境中：无流动水，静水压稳定，pH值（4~10）稳定。地下室全寿命周期内，地下水无腐蚀性污染。

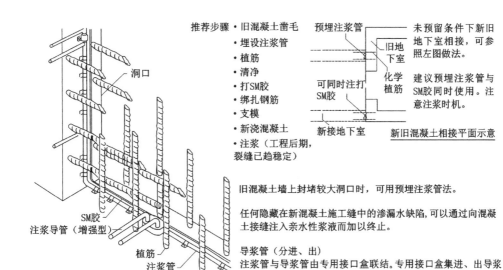

推荐步骤·旧混凝土凿毛
· 埋设注浆管
· 植筋
· 清净
· 打SM胶
· 绑扎钢筋
· 支模
· 新浇混凝土
· 注浆（工程后期，裂缝已趋稳定）

预埋注浆管

旧地下室

化学植筋

可同时注打SM胶

新接地下室

未预留条件下新旧地下室相接，可参照左图做法。

建议预埋注浆管与SM胶同时使用。注意注浆时机。

新旧混凝土相接平面示意

洞口

SM胶
注浆导管（增强型）
植筋
注浆管

旧混凝土墙上封堵较大洞口时，可用预埋注浆管法。

任何隐藏在新混凝土施工缝中的渗漏水缺陷，可以通过向混凝土接缝注入亲水性浆液而加以终止。

导浆管（分进、出）
注浆管与导浆管由专用接口盒联结。专用接口盒集进、出导浆管与注浆管为一盒，自带锚固钢片，联结、安装便捷。

图4-41 预注浆用于新旧混凝土冷缝防渗

8）桩顶

桩顶需设防水，以便底板主体防水层形成连续封闭状态。桩顶防水，国外过去用环氧砂浆（清净、凿毛、浇筑），效果好，但价格贵。国内常用水泥基渗透结晶型防水涂层，只要用量足够，且养护到位，是简单方便的好办法。这种桩顶的刚性防水层，建议与底板的主体柔性防水层在桩顶侧面有100mm以上宽度的"超量搭接"，并在垫层交接处，用密封材料密封。卷材与桩顶防水可通过涂料防水层过渡，不一定非要用卷材，卷材用在此处，废其长而显其短。

抗渗要求较高时，还可将桩顶预留的每根钢筋周边，用遇水膨胀腻子条或遇水膨胀胶嵌封，并在浇筑混凝前才嵌封上去为好（图4-42）。

与钢柱交接的桩顶，也应在型钢或钢管周边嵌粘遇水膨胀腻子条或遇水膨胀胶。

9）孔口窗井

孔口：地下工程通向地面的各种孔口应设计防止地表水倒灌的构造。常见的地下人防出入口，应设计高出地面不小于500mm的台阶，且在门上方设计雨篷。地铁出入口，其高出地面的台阶，要求较宽松，为150~500mm，一般都会取上限，进出口处设台阶，并无造成不便。

地下停车库车道出入口处，应设排水明沟，沟后设反坡，反坡高度不宜小于100mm。在总平面排水设计时，宜将人员及车辆出入口设计在排水起点（脊部）上，使地表水不流经此处，更不向此处汇集，明沟只为排除暴雨积水而设，并不作为路面及广场的雨水口使用（图4-43）。

10）窗井（通风井）

窗井的设计应遵循简、并的原则，能简减则简减，能合并的则合并。除了半地下室之外，建

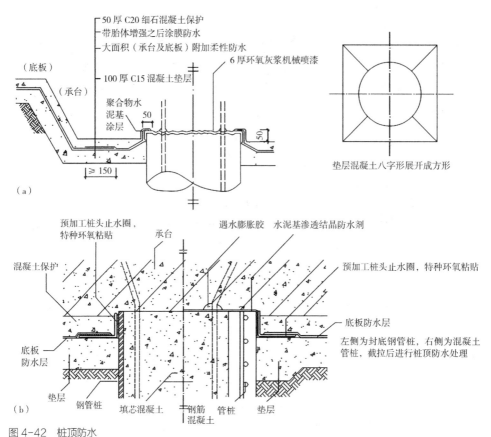

图 4-42　桩顶防水
（a）人工挖孔桩；（b）预制桩

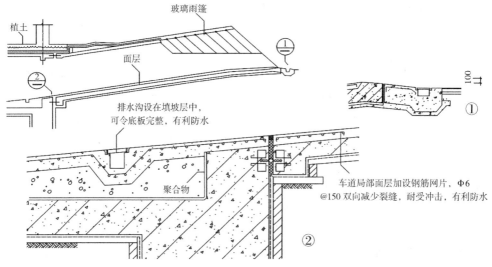

图 4-43　地下出入库坡道出入口实例

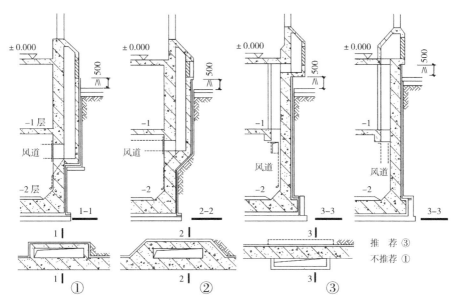

图4-44　外墙通风道出口设计

议不要随意在地下室外墙外侧附设窗井或加建风井。因窗井（风井）可能破坏地下室外墙外防水的连续性（图4-44），如有可能，风井最好设计在室内。其上部出口可在室外地坪标高以上至少500mm处由外墙侧挑出，这样，使地下室外墙平剖面简化，有利于防水构造的设计与施工。窗井内作好排水十分重要。窗井或窗井的一部分在最高地下水位以下时，窗井应与主体结构连成整体，其主体柔性防水层也应连成整体，并在窗井内设集水井排水。窗井内的地坪，应比窗下口低300mm。窗井墙高出室外地坪不得小于500mm。窗井四周室外地坪应作散水，散水与墙面交接处应采用密封材料嵌填。

如可能，窗井上方作透明或半透明的装饰性雨篷则更好。

11）坑、池

（1）一般坑、池：设置在底板以下的坑、池，其局部底板必须相应降低，并应使防水层保持连续。与地下室结构主体连在一起的水池，应在作好内防水的同时，作好外防水。

（2）关于饮用水池：地下饮用水池不宜与消防水池合用。饮用水池的柔性外防水是必需的（指与地层接触面）。水池内防水，应首选水泥基渗透结晶型防水涂层，并加作防菌无毒涂层。该涂层作成后表面呈瓷釉状，憎水，像不粘锅一样，清洗起来十分方便。于水池导流墙、水池平剖面简化处理及其他构造详见本章第四节有关部分。

4.5　室内工程防水设计

4.5.1　厨房、卫生间、浴室

1）防水概念设计

（1）平面位置

①厨房、卫生间、浴室的平面设计位置应充分考虑对下层房间的影响。

②平面设计中，公共厕浴、厨房，特别是浴室，还应考虑对相邻房间的影响。将装修标准高、对蒸汽渗透敏感的房间换到其他位置上去，必要时改换墙体材料。

③以餐饮为主要特色的某些大型酒店，会有多个厨房连续集中布置在楼层上，此时整个大厨用房范围内都不应跨越变形缝，即使是干货仓库也不例外。

（2）方法及要点

①大厨平面，在初步设计阶段就应有包括明沟在内的主要设备设施布置示意，以便进入施工图阶段确定给水排水及其他预留预埋条件，这些条件有时是防水构造设计的前提。

②公共浴室、卫生间、厨房的楼面结构设计应适当增加厚度及配筋率，以提高板的刚度，为减少其裂缝创造条件。

③厨、卫、浴室内使用的防水材料应对人体无害（图4-45、图4-46）。

下沉式卫生间，暂时还没有彻底解决防水的办法：建议沉槽内设置暗管排水；下沉部分的混凝土板面，经表面处理后加涂渗透结晶型防水涂层，然后再作下防水层。

（3）关于整体式卫生间

整体式卫生间面积虽小，但舒适度高。质量易于控制，是住宅工业化、现代化的典型产物，技术含量高，值得大力推广。

4.5.2　半室外楼梯

半室外楼梯和与室内空间紧邻的室外楼梯，作好防排水，可以减少雨季可能对邻墙内表面产生湿迹的机会。防排水，以排为主，防为辅（图4-47）。

建议的办法是利用梯边排水：在梯段周边作槽。

沟的设计原则应从顶层到底层连续转下，将雨水排至室外地坪。

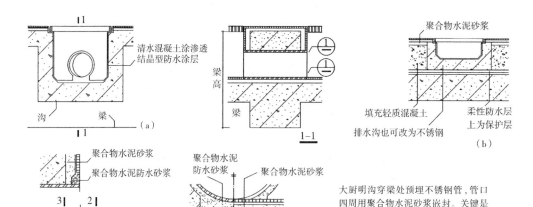

混凝土掺渗透结晶防水剂是主要防水措施

图4-45　厨卫构造设计

（a）深沟；（b）浅沟

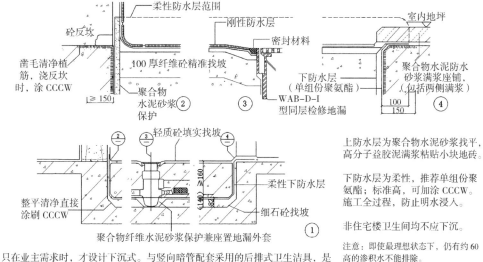

只在业主需求时，才设计下沉式。与竖向暗管配套采用的后排式卫生洁具，是解决同层排水的首选方案。不仅有利防水、维修，还额外提供搁置什物之条台。

图 4-46 下沉式卫生间

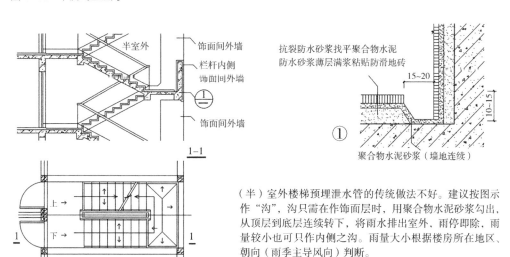

（半）室外楼梯预埋泄水管的传统做法不好。建议按图示作"沟"，沟只需在作饰面层时，用聚合物水泥砂浆勾出，从顶层到底层连续转下，将雨水排出室外，雨停即除，雨量较小也可只作内侧之沟。雨量大小根据楼房所在地区、朝向（雨季主导风向）判断。

图 4-47 室外梯、半室外梯梯边排水示意

4.5.3 阳台、平台

1）阳台防排水

（1）关于泄水管：阳台排水不推荐设置泄水管。较好的解决办法是，阳台周边设槽。凹槽的做法同前述半室外楼梯。周边设槽的结果使排水坡，立即减为阳台短边宽度的一半，环周边设置的凹槽，与阳台地漏联通，其表面高度比槽底略低 2~3mm 即可。

（2）阳台应作防水：阳台的防水标准可

比卫生间略低；纤维水泥砂浆或纤维细石混凝土找坡，聚合物水泥砂浆，满浆铺贴地砖（图4-48）。

2）平台

实际上，平台就是大阳台；大平台几乎就是屋面。平台设计的要点是：结构降板。结构不降，建筑作门槛，标准低，使用不便，即使作好了，也只解决防水，不解决防潮。因此，结构降板不仅是为了处理好门口处进出方便及充分做好泛水，也是防止室内局部受潮的主要措施。一般平台的主防水构造，可参照卫生间。但大平台之各层构造应按屋面，当然包括防水，也包括绝热。

4.5.4 水池

1）防水概念设计

（1）迎水面设防：水池主要防水层应设在迎水面，并采用刚性防水。埋在地下或设在地下室的水池，在做好内防水的同时，应做好外防水。

（2）结构自防水：水池防水设防，应采用结构防水混凝土。结构防水混凝土宜采用补偿收缩混凝土，抗渗等级不低于S8。水池一般只允许设置水平施工缝。体积不大，且设防标准高的水池，设计上也可要求不设施工缝，包括不设水平施工缝，连续整浇（图4-49）。工业用水池、污水池，需按工艺要求另作防蚀。

水池平剖面设计应作简化处理。简化处理的原则是减少水池内表面积。为保证池壁刚性内防水的施工质量减少或消除小于90°的阴阳角是必要的。水池底板与侧壁，侧壁与侧壁相接处，设计"八"字倒角是消除90°阴角的方法之一。

（3）关于导流墙：导流墙给水池内防水的设计、施工、清洗均带来不便。导流墙的本意是使水体流动，减少微生物繁殖。实际上，导流墙的设置大大增加了水池内表面面积，并形成大量阴阳角，不仅为微生物的附生提供了更多的机会，且因导流墙多为后砌，隔断内壁连续设置的防水层，于防水不利。其实，合理安排进出水口，也能减少死水角，故导流墙，不如去之为快。

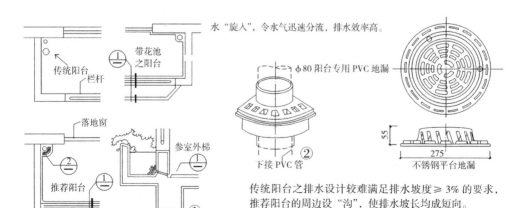

水"旋入"，令水气迅速分流，排水效率高。

φ80阳台专用PVC地漏

下接PVC管 ②

55 275

不锈钢平台地漏

传统阳台之排水设计较难满足排水坡度 ≥ 3% 的要求，推荐阳台的周边设"沟"，使排水坡长均成短向。

图4-48 阳台防排水

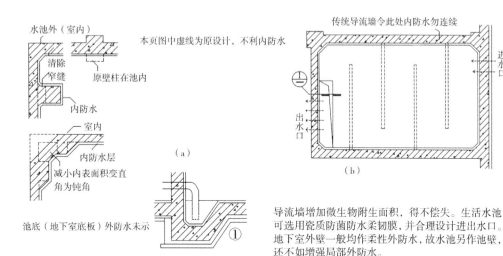

图4-49　水池局部平面

（a）水池局部平面实例；（b）地下室水池平面示意

导流墙增加微生物附生面积，得不偿失。生活水池可选用瓷质防菌防水柔韧膜，并合理设计进出水口。地下室外壁一般均作柔性外防水，故水池另作池壁，还不如增强局部外防水。

（4）生活水池

①有规范规定，地下饮用水水池，必须单独设池壁。现在，大多数设置生活水池的民用建筑，规模大，地下室全为钢筋混凝土，防水抗渗等级最低 S6，而且绝大多数都须按Ⅰ、Ⅱ级防水等级设置柔性主体外防水。

②水池顶板作双层混凝板的传统做法也需要分析。该做法主要适用于预制楼面下设水池的情况。现在楼面、水池顶板都是现浇者多，若将两层钢筋混凝土板合并，只需避免在水池上设置可能产生任何污染的房间（包括非用水房间）是完全可行的办法。至于人孔进人，可开设在水池侧壁顶端，也可设在顶板以上平面中单独隔离的小间内。

（5）水池平剖面：水池平剖面设计应作简化处理。简化处理的原则是减少水池内表面积。为保证池壁刚性内防水的施工质量减少或消除小于90°的阴阳角是必要的。水池底板与侧壁、

侧壁与侧壁相接处，设计"八"字倒角是消除90°阴角的方法之一。

2）构造设计

（1）"八"字倒角：若结构专业没有要求，（倒角）直角边长以不小于200mm为好；为减少裂缝，并增加转角处的刚度，倒角应设构造配筋。倒角的设置特别有利于刚性内防水的施工，方便施工操作是保证质量的重要措施之一。

（2）爬梯：不锈钢爬梯的设置，注意不应减少预埋件安装后地壁的有效厚度。大型水池因倒角尺度大，局部壁厚增加较多，将预埋件安装于此，正好满足上述要求，而不需另想办法。

（3）内防水：水池内防水，应首选水泥基渗透结晶型防水涂层，然后作聚合物水泥砂浆。聚合物选用丙一苯系列为好。饮用水池则需加作卫生防疫部门检验合格的无毒防菌涂层。

（4）穿壁管道及模板螺栓孔：这部分内容参见 4.4 地下防水有关部分。

4.5.5　游泳池

1）大型公用泳池

泳池不论室内室外，均应按一次整体浇筑设计，不应设变形缝，也不宜设施工缝，包括水平施工缝。但室外埋地式或池塘式游泳池除外。

池底板直接与地层接触，池四壁直接与回填土接触的泳池为埋地泳池。

（1）主体防水：埋地泳池应先按地下室做好主体外防水，混凝土自防水是当然要设计的。主体外防水建议按二级设防标准设计。重要的是泳池内防水。

（2）内防水：鉴于池内壁，包括底板内表面，最终饰面一般以硬质块材为主。因此，考虑内防水时，必须将块材的粘贴因素一并考虑。具体说，对面层起隔离作用的柔性防水层基本应被排除，虽然柔性防水层上粉刷、贴面砖也

有相应的构造。但多属于没有办法的办法。

较简便有效的设计是：水泥基渗透结晶型涂层加聚合物水泥砂浆。7mm 厚纤维聚合物水泥砂浆找平；3mm 厚聚合物水泥砂浆（细砂）满浆粘贴面砖，并用聚合物水泥砂浆勾缝，聚合物宜选用丙一苯系列。

渗透结晶型防水涂层用在游泳池是非常必要的，可以有效防止泳池水中可能含有的氯离子构成对钢筋锈蚀的危害。

2）小型泳池

中小型泳池，特别是私家泳池，不论室内室外，均建议选用戴思乐系统。该系统采用装配式池壁，也用于砖砌或钢筋混凝土池壁，需要的只是一个平整牢固的内表面，其防水层则为量身订制的 PVC 无缝防水内衬，兼做装饰饰面。

本章涉及诸多局部平剖面设计和构造节点设计，限于篇幅，未予展开。有需要的读者可以参阅防水专业的教科书及其他有关资料或图集。

第5章

建筑防火

5.1 建筑防火概述

5.1.1 防火规范

建筑防火设计的理念与技术，是在火灾教训中不断取得进步与发展的，并主要以规范的形式指导建筑防火设计实践。现行规范为《建筑设计防火规范》GB 50016—2014（2018 年版）。

完全按照法规的规定进行设计，一般可以保证相当程度的安全性。

但是要达到百分之百的安全，不论在技术上或是经济上都是困难的。况且，随着经济和科学技术的发展，各种复杂的多功能的大型建筑物迅速增多，新材料、新结构、新工艺不断涌现，对建筑物的防火提出了新的要求。

5.1.2 综合防火设计

建筑防火设计的目的，基本上可以说是火灾时保障生命安全、减少财产损失，以及防止建筑物以外的部分受到影响。

如果从综合的观点出发进行设计，就能有效避免机械套用规范产生的弊端，这就是综合防火设计的目的。也就是说综合防火设计是一个安全系统。

概括地说，该系统按各阶段，从防止起火出发，分为发现火灾、防止初期火灾扩大、初期灭火、防止火势扩大、防烟、安全疏散、防止倒塌、正规灭火及救援等子系统。要充分有效地发挥这些子系统的防火安全作用，就需要了解其相互间的关系、针对实际火灾性状，按照子系统的性能，组合各种防火措施，达到防火安全目的。组合的方法并不是一种，如果加强了某项措施，另一项措施可能置于次要地位；当其他功能或要求改变使某一措施不完善时，即可强化其他措施以弥补之。这样就自然形成了措施之间的变换关系，这种思考方法就是综合防火设计方法。

采用综合防火设计方法，可以使设计人员为达到建筑防火安全的目的，有选择地采取防火措施，不仅有利于建筑创新，也使更合理、更经济的防火设计成为可能，为全面过渡到性能化设计作好准备，为之提供技术支持及经验积累。

1）火灾发展阶段

火灾发展阶段如图 5-1 所示，一般情况下，火灾发展阶段大致分为：起火、初期火灾、轰燃、火灾旺盛期、渐熄 5 个阶段。轰燃是前后两种状态由量变到质变，在短暂瞬间完成，因此，也称作闪燃，主要作为两阶段时间与性质的划分界线，对防火设计没有也不可能采取针对性措施；渐熄阶段，对消防设计已没有实际意义。因此，从防火设计角度，实际上主要讨论起火、初期火灾、旺燃期三个阶段。

2）各阶段的特点、策略与措施

（1）起火：不产生起火的条件，在极大程度上取决于建筑物的使用方法和火源的管理水平。但这里主要讨论的只能是建筑技术方面的问题。

建筑防火设计的基本要求是：不得因日常使用明火和散热器具而发生起火，包括明火处理方面的稍微疏忽在内。明火的散热条件和散热器具长时间使用而使相邻的装修材料或基底材料起火，不仅与明火及散热器具的辐射热有关，也与装修材料、基底材料的热常数和大火温度有关，但是，要一一测定这些数据及预测这些热辐射的实际情况并不容易。比较现实可行的办法，一是必须散热，二是相邻材料使用不燃烧体，不燃烧体要考虑热传导对其相连燃烧体的影响。实际上，民用建筑的内装修材料限制，在防止起火方面几乎是唯一有效的建筑防火技术措施。

（2）初期火灾

①特点：局部燃烧、火势不稳，室内平均温度不高，燃烧有中断的可能。

初期火灾持续的时间，视可燃物的燃烧性能、分布情况、通风状况、起火点位置、散热条件等有所不同，大约在 5~20min 之间，但通常都按完全时间考虑。

从防火的角度看，建筑物耐火性能好，建筑密闭性好，可燃物少，则火灾初期燃烧缓慢，甚至窒息自灭，有"火警"而无火灾。从灭火角度讲，火灾初期燃烧面积小，只用少量水或灭火器就可把火扑灭，是扑救的最好时机。

②策略：针对初期火灾的特点，防火设计采取的策略是：尽早发现，及时自救，推迟火灾扩大，将火势控制或消灭在起火点上。及时自救包括灭火，也包括安全疏散。

③措施：自动报警，自动喷淋，人工灭火——配备适当数量的灭火设备——是初期火灾灭火的主要措施。安全疏散，主要指房间内人员逃离起火房间，其安全疏散涉及相当多的内容，将在第 5 节中单独展开。必须指出的是，控制可燃物的燃烧性，特别是严格限制易燃物品的使用，对防止着火点燃烧急剧扩大有良好的预防作用。这部分内容安排在第 6 节。

（3）旺燃阶段：初期灭火失败，火势未能得到有效控制；热量不断积蓄，当燃烧速度和放热速度达到某一临界值，发生轰燃，即房间由局部燃烧在瞬间变成全室性燃烧：整个房间立即被火焰充满，室内可燃物的外表面全部同时起火燃烧；火灾即进入旺燃阶段。

①特点：温度高、时间长。火灾发展到旺燃期，室内绝大多数可燃物都卷入燃烧，可燃

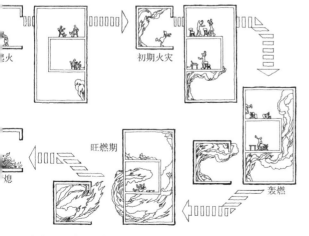

→初期火灾→轰燃 旺燃期→渐熄

初期火灾

旺燃期

轰燃

5-1　火灾发展阶段示意

物充分燃烧，室内温度上升迅速，最高温度可达 1100℃以上。这一阶段中，门、窗等可燃易损构件已经破坏，形成了良好的通风条件，燃烧稳定，对建筑物损伤最为严重。火灾旺燃阶段持续时间一般都较长，直至可燃物基本耗尽，火势才会逐渐衰减。这一阶段持续时间的长短，主要同可燃物的种类和数量有关。可燃物越多，燃烧时间就越长；单位发热量高的物质越多，则温度也就越高。可见，建筑物内可燃物的数量和种类，是决定火灾时间和火灾温度的基本要素之一。

②策略：限制蔓延。火灾旺盛期直接扑灭燃烧的可能性很小，也没有必要，因为所有可燃物都已在猛烈燃烧，且高温辐射，根本无法靠近。减少生命财产损失的唯一办法就是防止大火突破起火房间或火场有限空间的限制，向其他建筑空间蔓延。

③措施：防火分隔。火灾蔓延的途径和范围不同，采取的防火分隔措施也不同：防止火势向同一楼层蔓延，其分隔措施主要是设置防火分区。防止火势向不同楼层蔓延，其分隔措施主要围绕竖井、楼梯间、中庭进行。并考虑外墙窗下墙的隔火作用，包括玻璃幕墙的防火构造。防止建筑物之间的火灾蔓延，其分隔措施主要是规范建筑物之间的最小间距。防止火灾向相邻街区或其他地区蔓延，引发城镇火灾，其分隔措施则主要体现在城市的合理规划之中。防火分隔，将在本章第 4 节着重讨论。

（4）衰减期（熄灭）：火灾旺盛期之后，防火分区内可燃物大都被烧尽，火场温度渐渐降低，直至熄灭。一般把火灾温度降低到最高值的 80% 作为火灾旺盛期与衰减期的分界。

这一阶段虽然有焰燃烧停止，但火场仍能维持一段时间的高温。衰减期温度下降速度是比较慢的。剩下的问题，就是灾后评估，确定建筑损毁情况，或提出修复方案，或予以拆除。

需要指出的是，火灾过程中，所有的消防扑救工作都基于建筑不致倒塌这一重要前提才得以进行。因此，建筑必须耐火，建筑耐火等级与建筑火灾危险性有关。这就是本章第 2 节要讨论的内容。

5.1.3 性能化防火设计

（1）传统规范与性能化规范：传统的设计规范，即指令性规范，是建立在部分火灾案例的经验和局部小比例模拟实验基础上的。这种经验总结不可能涵盖所有的影响因素。建筑防火相关领域新成果的不断涌现和现代信息处理技术，已经可以改造现行的规范体系，去创造一种更科学系统的、更能充分体现人的因素对整体安全度影响的概念设计体系，即性能化设计体系。

（2）性能化设计的概念：近年来，一些国家进行了火灾物理、火灾结构、火灾化学、人和火灾的相互影响、火灾探测、火灾统计和火险分析系统、烟的毒性、扑灭技术和消防救援方面的研究，涉及多种学科，反映了火灾科学在推动火灾防护和防火灭火工程技术方面的显著进步。

（3）性能设计的表现是：①已经提出了工程中可以应用的许多计算机程序，如建筑物火灾模型（可用于计算火焰、烟气、毒气蔓延运动，逃生时间），计算结构的火灾承受能力和稳定性及作为火灾灾害评定的专家系统。②已建立了材料可燃性能和毒性测试的试验设备和测试方法，开发了一批新的耐火、阻火、灭火材料。③出现了火灾安全防护的新措施、新结构、新系统，而且对这些火灾安全防护工程有了计算机辅助的火灾火险或安全评估方法。④对城市、城市街区、建筑物制定了安全防护设计方法。⑤对整个火灾统计、火灾评定，火灾安全防护工程中降低火灾代价的研究。

火灾科学现在已发展到了应用现代科学技术进入定量分析的阶段，火灾科研在控制火灾损失方面已取得了明显效果，为性能设计及其规范的建立，奠定了坚实的理论基础。

（4）性能设计的基本特征是：目标的确定性、方法的灵活性和评估验证的必要性，这些特征分别由性能规范、技术指南及评估模型支持，即由后三者形成性能设计的框架实体和支撑体系。

（5）性能设计的框架和支撑体系：①性能规范。规范的作用是制定防火安全的系统目标。包括社会性目标、功能性目标、性能要求。规范不明确规定某项要求的解决方案，只给出建筑要达到的总体目标或功能目标，规定一系列性能目标和可以量化的性能准则及设计准则，且一般附带一个指导性的技术文件。②技术指南。与性能规范相配套的技术指南提出了为实现性能目标需要考虑的问题，提供了一些比较成熟的设计方法供设计人员参考。其中还给出为实现规范中的性能目标所应达到的性能参数的取值范围。技术指南含有大量的研究成果，是性能设计的重要参考书籍。③评估模型。建立在科学实验、计算模型和概率分析基础上的评估模型可对设计方案在建筑火灾中的实际应用效果进行测算和模拟，并判断其是否能实现既定的性能目标。在火灾安全评估中有许多数值评估模型，其中有两种较复杂的评估模型被认为是评价性能设计的最重要的评估模型。即区域模型和场模型。其中大部分的区域模型已被验证且为人们所接受。

（6）国外研究情况：英国在1985年颁布了第一部性能化防火规范后，日本、澳大利亚、美国、加拿大、新西兰以及北欧等国家先后投入大量研究经费积极开展了消防安全工程学和性能化安全设计方法理论及技术的研究。南非、埃及、巴西等发展中国家也都纷纷开展了这方面研究工作。美国已完成性能目标和基本完成性能级别的确定，并于2001年发布了《国际建筑性能规范》和《国际防火性能规范》。

（7）我国研究情况：性能化设计在我国已经开始了研究和试点工作。早在1996年有关单位和人员就认识到开展大型公共建筑（包括地下和地上）、大空间建筑、高层民用建筑、高火灾危险工业建筑和储罐区、建筑内的烟气控制、人员安全疏散的性能化设计和评估技术研究的必要性和迫切性。近年来，在全面掌握和分析比较国外性能化规范和评估模型的基础上，结合我国工程建设的实际，研究提出了适合我国国情的性能化消防设计方法以及相配套的设计指南、计算机评估模型。

实际上，性能化设计所需的工作量大，费用高，对设计和审核人员的技术水平要求也高，只能先用于特殊大型复杂的项目，而对于常见的普通建筑和场所，使用指令性规范进行设计，可能会更加简单、安全、经济。性能化防火设计和处方式防火设计两者互有优点，相互补充，并将长期共存，并将通过综合防火设计平稳过渡。

5.2 防火设计基本知识

5.2.1 建筑分类

《建筑设计防火规范》GB 50016—2014（2018年版）对民用建筑分类，火灾危险性分类，作了明确规定。

1）民用建筑的分类

民用建筑根据其建筑高度和层数可分为单、多层民用建筑和高层民用建筑。高层民用建筑根据其功能和楼层可分为一类和二类。民用建筑的分类应符合表5-1的规定。

2）火灾危险性分类

火灾危险性分类的目的，是为了在建筑防火要求上，有区别地对待各种不同危险类别的生产和仓储，使建筑物既有利于节约投资，又有利于保障安全。

生产的火灾危险性分类详表5-2所示，贮存物品的火灾危险性分类如表5-3所示。

应该注意的是，尽管生产和贮存的是同一种物质，由于生产和贮存的条件不同，其危险性不同。

固体、液态、气体的详细分类标准，请查阅相关资料。

当生产或贮存的物品为单一物品时，其火灾危险性类别可参照上述划分标准。对于一些新产品新工艺等，其闪点、爆炸下限及常温下危险性不明确时，应查阅《化学危险品手册》《防火手册》等，弄清其基本化学特性，然后根据上述标准进行划分。

应该指出的是，在实际工作中，常常会遇到在同一车间或同一库房，其生产或贮存物品的危险性并不相同，这时，就应根据具体情况来进行划分。

民用建筑的分类[119]　　　　表 5-1

名称	高层民用建筑		单、多层民用建筑
	一 类	二 类	
居住建筑	建筑高度大于54m的住宅建筑（包括设置商业服务网点的住宅建筑）	建筑高度大于27m，但不大于54m的住宅建筑（包括设置商业服务网点的住宅建筑）	建筑高度不大于27m的住宅建筑（包括设置商业服务网点的住宅建筑）
公共建筑	1. 建筑高度大于50m的公共建筑； 2. 建筑高度24m以上部分任一楼层建筑面积大于1000m²的商店、展览、电信、邮政、财贸金融建筑和其他多种功能组合的建筑； 3. 医疗建筑、重要公共建筑、独立建造的老年人照料设施； 4. 省级及以上的广播电视和防灾指挥调度建筑、网局级和省级电力调度建筑； 5. 藏书超过100万册的图书馆、书库	除一类高层公共建筑外的其他高层公共建筑	1. 建筑高度大于24m的单层公共建筑； 2. 建筑高度不大于24m的其他公共建筑

注：1. 表中未列入的建筑，其类别应根据本表类比确定。

2. 除《建筑设计防火规范》GB 50016—2014（2018年版）另有规定外，宿舍、公寓等非住宅类居住建筑的防火要求，应符合此规范有关公共建筑的规定；

3. 除《建筑设计防火规范》GB 50016—2014（2018年版）另有规定外，裙房的防火要求应符合此规范有关高层民用建筑的规定。

生产的火灾危险性分类 [119]
表 5-2

生产类别	火灾危险性特征
甲	使用或生产下列物质的生产: 1. 闪点 <28℃的液体 2. 爆炸下限 <10% 的气体 3. 常温下能自行分解或在空气中氧化即能导致迅速自燃或爆炸的物质 4. 常温下受到水或空气中水蒸气作用,能产生可燃气体并引起燃烧或爆炸的物质 5. 遇酸、受热、撞击、摩擦、催化以及遇有机物或硫磺等易燃的无机物,极易引起燃烧或爆炸的强氧化剂 6. 受撞击、摩擦或与氧化剂、有机物接触时能引起燃烧或爆炸的物质 7. 在密闭设备内操作温度等于或超过物质本身自燃点的生产
乙	使用或生产下列物质的生产: 1. 闪点 ≥ 28℃至 <60℃的液体 2. 爆炸下限 ≥ 10% 的气体 3. 不属于甲类的氧化剂 4. 不属于甲类的化学易燃危险固体 5. 助燃气体 6. 能与空气形成爆炸性混合物的浮游状态的粉尘、纤维、闪点 ≥ 60℃的液体雾滴
丙	使用或生产下列物质的生产 1. 闪点 ≥ 60℃的液体 2. 可燃固体
丁	具有下列情况的生产: 1. 对非燃烧物质进行加工,并在高热或熔化状态下经常产生强辐射热、火花或火焰的生产 2. 利用气体、液体、固体作为燃料或将气体、液体进行燃烧其他用的各种生产 3. 常温下使用或加工难燃烧物质的生产
戊	常温下使用或加工非燃烧体的生产

储存物品的火灾危险性分类 [119]
表 5-3

贮存物品的类别	火灾危险性特征
甲	1. 闪点 <28℃的液体 2. 爆炸下限 <10% 的气体,以及受到水或空气中水蒸气作用,能产生爆炸下限 <10% 气体的固体物质 3. 常温下能自行分解或在空气中氧化即能导致迅速自燃或爆炸的物质 4. 常温下受到水或空气中水蒸气作用,能产生可燃气体并引起燃烧或爆炸的物质 5. 当遇酸、受热、撞击、摩擦、催化以及遇有机物或硫磺等极易分解引起燃烧爆炸的强氧化剂 6. 受撞击、摩擦或与氧化剂、有机物接触时能引起燃烧或爆炸的物质
乙	1. 闪点 ≥ 28℃至 <60℃的液体 2. 爆炸下限 ≥ 10% 的气体 3. 不属于甲类的氧化剂 4. 不属于甲类的化学易燃危险固体 5. 助燃气体 6. 常温下与空气接触能缓慢氧化,积热不散引起自燃的物品
丙	1. 闪点 ≥ 60℃的液体 2. 可燃固体
丁	难燃烧物品
戊	非燃烧物品

5.2.2　建筑耐火等级

建筑物无论用途如何，都是由墙、柱、梁、楼板、屋架、吊顶、屋面、门窗、楼梯等基本构件组成的。这些构件通常称为建筑构件。

建筑物的耐火性能是由其组成构件的燃烧性能和耐火极限决定的。

1）构件的燃烧性

根据建筑构件在明火作用下的变化，其燃烧性能可分为不燃烧体、难燃烧体、燃烧体三大类。

不燃烧体是指用不燃烧材料做成的构件。不燃烧材料系指在空气中受到火烧或高温作用时不起火、不燃烧、不炭化的材料，如建筑中采用的金属材料和天然或人工的无机矿物材料。

难燃烧体是指用难燃烧材料做成的构件，或用燃烧材料做，而用不燃烧材料做保护层的构件。难燃烧材料系指在空气中，在火焰或高温作用时难起火，难燃烧，难碳化，当火源移走后，燃烧或微燃立即停止的材料。如沥青混凝土，经过防火处理的木材，用水泥填充的有机物如水泥刨花板等。

燃烧体是指用燃烧材料做成的构件。燃烧材料系指在空气中受到火烧或高温作用时立即起火或燃烧，且火源移走后仍继续燃烧或微燃的材料，如木材等。

2）构件的耐火极限

所谓建筑构件的耐火极限，是指任一建筑构件按时间－温度标准曲线进行耐火试验，从受到火焰作用时起，到失去支持能力或完整性被破坏或失去隔火作用时为止的这段时间，用 h 表示。

在耐火试验炉中作建筑构件的耐火试验时，只要失去支持能力、完整性被破坏、失去隔火作用，这三个条件中任何一条，就可确定达到其耐火极限了。

截至目前的研究表明：建筑构件的耐火极限与构件的材料性能、构件尺寸、保护层厚度、构件在结构中的连接方式等有密切关系。因此，做设计时，建筑专业向结构专业提资时，应包括该建筑的防火等级，提醒结构设计者确定楼板保护层需要适当加大的部位，以保证火灾时结构的安全。

3）耐火等级

建筑耐火等级，是衡量建筑物耐火程度的标准，它是由组成建筑物的构件的燃烧性能和耐火极限的最低者所决定的。

划分建筑物耐火等级的目的在于根据建筑物不同用途提出不同的耐火等级要求，做到有利于安全，又节约建设投资。

根据我国多年的火灾统计资料，结合建筑材料、建筑设计、建筑结构及其施工的实际情况，将民用建筑的耐火等级划分为四级，不同耐火等级建筑相应构建的燃烧性能和耐火极限不应低于表 5-4 的规定。

4）耐火等级的选定

我国因经济和技术条件的限制，也受人们对防火安全认识之限，消防安全投资在建筑总投资中所占比例偏低，因此，我们在选定耐火等级时，更要注意建筑物的使用性质与重要程度、生产和贮存物品的火灾危险性类别、建筑物的高度和面积等，选用准确，才能既安全、又节约。

不同耐火等级建筑相应构件的燃烧性能和耐火极限[119]　　　　表 5-4

构件名称		耐火等级			
		一级	二级	三级	四级
墙	防火墙	不燃性 3.00	不燃性 3.00	不燃性 3.00	不燃性 3.00
	承重墙	不燃性 3.00	不燃性 2.50	不燃性 2.00	难燃性 0.50
	非承重外墙	不燃性 1.00	不燃性 1.00	不燃性 0.50	可燃性
	楼梯间和前室的墙、电梯井的墙、住宅建筑单元之间的墙和分户墙	不燃性 2.00	不燃性 2.00	不燃性 1.50	难燃性 0.50
	疏散走道两侧的隔墙	不燃性 1.00	不燃性 1.00	不燃性 0.50	难燃性 0.25
	房间隔墙	不燃性 0.75	不燃性 0.50	不燃性 0.50	难燃性 0.25
柱		不燃性 3.00	不燃性 2.50	不燃性 2.00	难燃性 0.50
梁		不燃性 2.00	不燃性 1.50	不燃性 1.00	难燃性 0.50
楼板		不燃性 1.50	不燃性 1.00	不燃性 0.50	可燃性
屋顶承重构件		不燃性 1.50	不燃性 1.00	可燃性 0.50	可燃性
疏散楼梯		不燃性 1.50	不燃性 1.00	不燃性 0.50	可燃性
屋顶承重构件		不燃性 1.50	不燃性 1.00	可燃性 0.50	可燃性
疏散楼梯		不燃性 1.50	不燃性 1.00	不燃性 0.50	可燃性
吊顶（包括吊顶格栅）		不燃性 0.25	难燃性 0.25	难燃性 0.15	可燃性

5.2.3　建筑火灾的蔓延方式

（1）火焰燃烧：火焰初始燃烧表面，将可燃材料连续燃烧，并使之蔓延开来，即形成火焰延烧。其速度主要取决于火焰传热的速度。

（2）热传导：火焰燃烧产生的热量，经导热性能好的建筑构件或建筑设备传导，能够使燃烧蔓延到其他可燃物，即形成热传导蔓延方式。其特点：一是必须有导热性好的媒介，如金属构件、薄壁构件或金属设备等；二是传导的距离较近，一般只能是相邻的建筑空间。可见传导蔓延扩大的火灾，其范围是有限的。

（3）热对流：对流是建筑物内火焰及燃烧蔓延的主要方式。它是燃烧过程中热烟火与冷空气不断交换形成的。燃烧时，烟气轻热，升腾向上，温度较低的空气就会补充过来，形成对流。起火房间轰燃后，门窗大多被烧毁，烟火窜向室外或走廊，在更大范围内进行热对流，向水平及垂直方向蔓延，如遇可燃物就会加剧燃烧和对流。风力也会助长燃烧，并使对流更快。

（4）热辐射：是相邻建筑之间火灾蔓延的主要方式之一。建筑防火设计中限定的最小防火间距，主要就是考虑防止火焰辐射引起相邻建筑着火而设置的间隔距离。

5.3　初期灭火

所谓初期灭火，就是针对起火点及火灾初期阶段的消防设计。

火灾的早期发现和扑救具有极其重要的意义，它可能花最小的代价，将损失限制在最小范围之内，对防止造成灾害有特别重要的作用。

自动报警和自动喷水灭火系统是现代建筑最重要的初期灭火措施。有国外资料显示，其成功率高达97%；不成功的3%，原因是设计欠缺，维护不当，失灵、缺水。

5.3.1 火灾自动报警系统简介

为了在火灾发生时能够及时发现并报告火情，控制火灾的发生，尽早扑灭火灾，需要提高火灾监测、报警和灭火控制技术以及消防系统的自动化水平。

火灾自动报警系统是实现这一目的的重要组成部分。为叙述方便，这里只介绍与建筑设计有关或建筑师应当了解的内容。

民用建筑火灾自动报警系统的设置，应按国家现行有关规范的规定执行。首先应按照建筑物的使用性质、火灾危险性划分的保护等级选用不同的火灾自动报警系统。一般情况下，一级保护对象采用控制中心报警系统，并设有专用消防控制室。二级保护对象采用集中报警系统，消防控制室可兼用。三级保护对象宜用区域报警系统，可将其设在消防值班室或有人值班的场所。但在具体工程设计中还需按工程实际要求进行综合考虑，并取得当地主管部门认可，在系统的选择上不必拘于上述的一般情况。

5.3.2 自动喷水灭火系统简介

1）系统的特点

自动喷水灭火系统是一种能自动打开喷头洒水灭火，同时发出火警信号的固定灭火装置。自动喷水灭火系统有以下特点：用于火灾初期自动喷水灭火，因着火面积小，所以用水量少；灭火成功率高，达90%以上，财产损失小，无人员伤亡；目的性强，直接面对着火点，灭火迅速，不会蔓延；造价高，需长年维护，保持状态。

2）系统的应用范围

自动喷水灭火系统适用于各类民用与工业建筑，但不适用于下列物品的生产、使用及储存场所：遇水发生爆炸或加速燃烧的物品；遇水发生剧烈化学反应或产生有毒有害物质的物品；洒水将导致喷溅或沸溢的液体。

3）系统设置的场所

自动喷水灭火系统一般设置在下列部位和场所：

（1）容易着火的部位。如舞台（道具、布景、幕布、灯具等）、厨房（炉灶等）、旅馆客房、汽车停车库、可燃物品库房、垃圾井道顶部等。这些部位可燃物品多，容易因自燃、灯光烤灼、吸烟不慎等原因产生起火点引发火灾，因此必须予以迅速扑灭。

（2）人员密集的场所。如观众厅、会议室、展览厅、多功能厅、舞厅、餐厅、商场营业厅、体育健身房等公共活动用房等。人员密集场所一旦发生火灾，由于出口少人员多，往往会因拥挤碰撞，甚至跌倒践踏而造成疏散困难，因此在人员密集的场所也应设置喷头及时扑灭火灾，以减少人员心理恐慌。

（3）兼有以上两种特点的部位。如餐厅等，人员密集，有蜡烛、电热灶具、燃气灶具等明火，容易着火；展览厅也具有人员密集和展板、展品、电气设备多而容易着火，均应设置自动喷水灭火系统。

（4）疏散通道。如门厅、电梯厅、走道、自动扶梯底部等。一旦发生火灾，人员需及时疏散，迅速离开火场和着火建筑物，因此在疏散通道设置自动喷水灭火系统有利于通道的安全畅通和人员的安全疏散。

（5）火灾蔓延途径。如玻璃幕墙、共享空间的中庭、自动扶梯开口部位等，也应设置自动喷水灭火系统。

（6）疏散和扑救难度大的场所。地下室一旦发生火灾，不仅疏散困难，也不容易扑救，应设置自动喷水灭火系统。

5.3.3 室内消火栓灭火系统

室内消防栓灭火系统是把室外给水系统提供的水量，经过加压（外网压力不满足需要时）输送到用于扑灭建筑物内的火灾而设置的固定灭火设备，是建筑物中最基本的灭火设施。多层建筑内的室内消火栓灭火系统的任务主要控制前 10min 火灾，10min 后由消防车扑救；高层建筑消防立足自救，室内消火栓灭火系统要在整个灭火过程中起主要作用。

5.3.4 其他灭火系统

其他灭火系统主要指气体灭火，泡沫灭火和干粉灭火。气体灭火系统：只用于建筑物、构筑物内部不能用水作为灭火剂的场所。

气体灭火系统主要适用于：①大中型电子计算机房；②大中型通讯机房或电视发射塔微波室；③贵重设备室；④文物资料珍藏库；⑤大中型图书馆和档案库；⑥发电机房、油浸变压器室、变电室、电缆隧道或电线夹层等电气危险场所。

泡沫灭火系统：泡沫可漂浮或粘附在可燃、易燃液体、固体表面或者充满某一有着火物质的空间，使燃烧物质熄灭。泡沫能覆盖或淹没火源，同时可将可燃物与空气隔开，泡沫本身及从泡沫混合液中析出的水可起冷却作用（只有低泡沫才较为明显）。

干粉灭火系统：所用灭火剂是干燥而易流动的细微粉末，喷射后呈粉雾状进入火焰区，抑制物料的燃烧。灭火剂与火焰接触，在高温条件下，可使干粉颗粒爆裂成为更多更小的颗粒使干粉的表面积剧增，增强了干粉与火焰的接触面积和吸附作用，从而提高了干粉灭火的效能。

5.3.5 灭火器

1）灭火器的特点和作用

灭火器是一种移动式应急的灭火器材，主要用于扑救初起火灾，对被保护物品起到初期防护作用。灭火器轻便灵活，使用广泛。虽然灭火器的灭火能力有限，但初起火灾范围小，火势弱，是扑灭火灾的最佳时机，如能配置得当，应用及时，灭火器作为第一线灭火力量，对扑灭初起火灾具有显著效果。

2）灭火器的设置要求

灭火器应设于明显和便于取用的地方，而且不能影响安全疏散。当这样设置有困难和不可能时，必须有明显的指示标志，指出灭火器的实际位置。灭火器应相对集中、适当分散设置，以便能够尽快就近取用。

灭火器最大保护距离，指灭火器配置场所内，任意着火点到最近灭火器设置点的行走距离。即要求灭火器设置点到计算单元内任一点的距离都小于灭火器的最大保护距离。对在不同危险等级的场所，要求有不同的保护距离。

5.4 防火分隔

防火分隔是针对火灾旺燃期所采取的防止其扩大蔓延的基本措施。如前所述，防止火势在建筑内部的蔓延——水平或垂直的蔓延，其主要措施就是设置防火分区。所谓防火分区，就是用具有一定耐火能力的墙、楼板等分隔构件，作为一个区域的边界构件，能够在一定时间内把火灾控制在某一建筑空间之内。防火分区按其作用，又可分为水平防火分区和竖向防火分区。水平防火分区用以防止火灾在水平方向扩大蔓延，主要是按建筑面积划分的。竖向防火分区主要是防止起火层火势向其他楼层垂直方向蔓延，主要是以每个楼层为基本防火单元的。

5.4.1 建筑平面防火设计

这里只简单涉及民用建筑，工业厂房及库房可查阅有关规范。

1）水平防火分区

（1）普通民用建筑防火分区的面积，按照建筑物耐火等级的不同给予相应的限制。一、二级耐火等级民用建筑的耐火性能较高，除了未加防火保护的钢结构以外，导致建筑物倒塌的可能性较小，一般能较好地限制火势蔓延，有利于安全疏散和扑救灭火，所以规定其防火分区面积为2500m²。三级建筑物的屋顶是可燃的，能够导致火灾蔓延扩大，所以，其防火分区面积应比一、二级小，一般不超过1200m²。四级耐火等级建筑的构件大多数是难燃或可燃的，所以，其防火分区面积不宜超过600m²。

（2）高层民用建筑防火分区的最大允许建筑面积规定为1500m²。

（3）地下室或半地下室，特别是用作商场、游乐场、旅馆、仓库等，或人流较大，或可燃物多，一般又无窗。地下室防火分区面积不能大于500m²。

鉴于以上理由，除了限制防火分区面积外，还对建筑物的层数也提出了限制，详见表5-5。

（4）当建筑内设置自动灭火系统时，可按本表的规定增加1.0倍；局部设置时，防火分区的增加面积可按该局部面积的1.0倍计算。

建筑内的大型百货商店、大型展览楼，其面积较大且不宜分隔，从目前经济发展情况来看，4000m²基本能满足商店、展厅的使用要求。因此，当设有自动报警系统和自动灭火系统，并且采用不燃烧材料或难燃烧材料装修时，地上部分防火分区允许最大建筑面积4000m²；地下部分防火分区最大建筑面积2000m²，见表5-6。

高层建筑相连的裙房，建筑高度一般较低，火灾时疏散较快，扑救难度也较小，易于控制火势蔓延。因此，当高层建筑主体与裙房之间用防火墙分隔时，其裙房的防火分区可达2500m²；且设有自动灭火系统时，面积还可增加1倍，见表5-6。

建筑中设有贯通数层的各种开口，如中庭、开敞楼梯、自动扶梯等，为了既照顾实际需要，

不同耐火等级建筑的允许建筑高度或层数、防火分区最大允许建筑面积[119]　　表 5-5

名称	耐火等级	允许建筑高度或层数	防火分区的最大允许建筑面积（m²）	备注
高层民用建筑	一、二级	见表 5-1 所述	1500	对于体育馆、剧场的观众厅，防火分区的最大允许建筑面积可适当增加
单、多层民用建筑	一、二级	见表 5-1 所述	2500	
	三级	5 层	1200	
	四级	2 层	600	
地下或半地下建筑（室）	一级	——	500	设备用房的防火分区最大允许建筑面积不应大于 1000m²

注：1. 表中规定的防火分区最大允许建筑面积，当建筑内设置自动灭火系统时，可按本表的规定增加 1.0 倍；局部设置时，防火分区的增加面积可按该局部面积的 1.0 倍计算。
　　2. 裙房与高层建筑主体之间设置防火墙时，裙房的防火分区可按单、多层建筑的要求确定。

设置自动灭火系统时的民用建筑防火分区最大允许建筑面积[119]　　表 5-6

建筑类别		每个防火分区建筑面积（m²）		备注
		无自动灭火系统	有自动灭火系统	
一般高层建筑	一类建筑	1000	2000	一类电信楼可增加 50%
	二类建筑	1500	3000	
	地下室	500	1000	
	裙房	2500	5000	裙房和主体必须有可靠的防火分隔
大型公共建筑	商业营业厅、展览厅	地上部分　4000		必须同时具备：1. 设有自动喷水灭火系统 2. 设有火灾自动报警系统 3. 采用不燃或难燃材料装修
		地下部分　2000		

又能保障防火安全，应把连通的各部分作为一个整体看待，其建筑总面积不得超过表 5-6 的规定。若在开口部位设置耐火极限大于 3h 的防火卷帘和水幕等，其面积可不叠加计算。

2）建筑平面布置

建筑物的平面布置，应对建筑内部空间进行合理分隔，防止火灾在建筑内部蔓延扩大。下面就某些场所的布置问题，作简要阐述。包括燃油燃气、燃煤锅炉、油浸变压器、多油开关和柴油发电机组及商业服务网点和人员密集或行为能力较弱的场所。

（1）设备用房或特殊用房的布置：燃油、燃气锅炉，容易发生燃爆事故，应严格控制。可燃油油浸变压器发生故障产生电弧时，极易引起燃烧、爆炸。变压器爆炸后，火灾将随高温变压器油的流淌而蔓延，容易形成大范围的火灾。充有可燃油的高压电容器、多油开关等，也有较大的火灾危险性。因此在建筑防火设计中，对上述设备用房，规范都作了明确的、详细的限制性规定。实际上，建筑设计有时可避免使用高压蒸汽锅炉，而采用低压电热锅炉。需要高压蒸汽的部分如洗衣房，可通过管理途径，利用社会服务解决。高压电容器、变压器、多油开关也应优选干式，不选油浸式。

（2）商业服务网点：是指建筑面积不超过300m² 的百货店、副食店、超市、粮店、邮政所、储蓄所、饮食店、理发店、小修理门市部等公共服务用房。如果多层住宅下部有几层均设有这种服务设施时，应视作商住楼。对于底部设有商业营业厅的高层住宅，也应视作商住楼。住宅建筑的底层如布置商业服务网点时，应符合下列要求：

①商业服务网点应采用耐火极限不低于3h 的隔墙和耐火极限不低于1h 的不燃烧体楼板与住宅分隔开。

②商业服务网点的安全出口必须与住宅部分隔开。

（3）人员密集场所：高层建筑内的观众厅、会议厅、多功能厅等人员密集场所，应设在首层或二、三层；当必须设在其他楼层时，对高层民用建筑设计防火另有规定外，尚应符合下列要求：①一个厅、室的建筑面积不宜超过400m²。②一个厅、室的安全出口不应少于两个。③必须设置火灾自动报警系统和自动喷水灭火系统。④幕布和窗帘应采用经阻燃处理的织物。

（4）婴幼儿生活间、养老院：婴幼儿缺乏自处理能力，行动缓慢，火灾时无法进行适当的自救和安全疏散活动，易造成严重伤害，需依靠成年人的帮助来实现安全疏散。因此，当一、二级耐火等级的多层或高层民用建筑内设托儿所、幼儿园时，应设置在建筑物的首层或二、三层；当设在三级耐火等级的建筑内时，不应设在三层及三层以上；当设在四级耐火等

级的建筑内时，应设在首层。养老院及病房楼也应按此原则设计。

3）防火分隔措施

（1）防火墙：是指用具有4h 以上耐火极限的非燃烧材料砌筑在独立的基础（或框架结构的梁）上，用以形成防火分区，控制火灾范围的部件。高层建筑因消防设计标准较高，防火墙的耐火极限定为3h。在靠近防火墙的两侧开窗，窗口的最近距离A 不应于小2m。在U 形、L 形建筑物的阴南转角处设防火墙，也能形成火灾蔓延的条件。因此，两侧门窗洞口的最近水平距离B 不应小于4m（图5-2）。

防火墙上端应直接砌至钢筋混凝土框架梁或板底，顶紧塞实，并且要保证防火墙的强度和稳定。防火墙两侧的可燃构件（如吊顶等）应全部被防火墙截断以免火从墙内延烧过去。建筑物的外墙为难燃烧体时，为了防止火沿外墙蔓延，应把防火墙砌出屋面400~500m²。但是，如果由于某种原因，不便突出墙面时，则可用砌筑防火墙带的办法来代替：防火墙带即在防火墙中心线的两侧，用非燃烧体墙代替原有燃烧体或难燃烧体墙，宽度保持4m。防

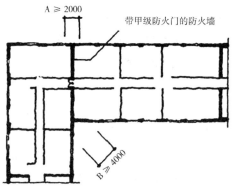

图5-2 防火墙两侧窗

火墙两侧的玻璃幕墙与防烟楼梯间及其前室窗相邻的外墙窗也应按此原则处理。

（2）防火隔断：一般指耐火极限不低于2h的墙体。主要用于疏散楼梯间、疏散走道两侧的隔墙、面积超过100m²的房间隔墙、贵重设备房间隔墙、火灾危险性较大的房间隔墙及医院病房间的隔墙。防火隔墙均应砌至梁板的底部，不留缝隙，以防止烟火延烧，扩大灾害。

（3）防火门窗是指具有一定的耐火能力，能起到防火分隔作用的门窗。防火门和具有开启通风要求的防火窗，为了在火灾时能控制火灾蔓延，有时需要具有自动关闭功能。防火墙上不宜开设门窗。当必须开设门窗时，为保证不导致防火分区之间的火灾蔓延，必须采用甲级防火门、窗。我国把防火门窗按照耐火极限分为甲、乙、丙三级。甲级防火门的耐火极限不低于1.2h，主要用在防火墙上；乙级防火门的耐火极限不低于0.9h，主要用于疏散楼梯间及其前室，以及某些条件下高层住宅开向楼梯间的户门等；丙级防火门的耐火极限不低于0.6h，主要用于电缆井、管道井、排烟竖井等处的检查门。

为了平时便于通行，在一般情况下，防火门是敞开着的，特别是设在走道上的防火门。为了保证防火门能够在火灾时自动关闭，最好采用自动关门装置，并与感烟、感温探测器联动。图5-3是钢制防火门，其中，（d）为防烟楼梯与消防电梯合用前室的防火门（卷闸）。防火门上设有弹簧穿过水龙带的小门，以便消防员以前室为据点，展开救火活动。

（4）防火卷帘：在建筑中广泛用于开敞的电梯厅、百货大楼的营业厅、自动扶梯的封隔、高层建筑外墙的门窗洞口（防火间距不满足要求时）等。普通型钢质防火烟卷帘门，可分为耐火极限为1.5h及2h两种。复合型钢质防火烟卷帘门，可分耐火极限为2.5h及3h两种，后者常归为特级防火卷帘门。大跨度防火卷闸，双层骨架，双轨滑落。缺少立柱，且开口较大的中庭外廊，可选用水平防火卷闸，其总长度可达30m以上。在选用防火卷帘时，应该注意采取保护措施，使之充分发挥作用。

（5）穿墙管线与风道

①输送煤气、氢气、汽油、柴油等可燃气体或甲、乙、丙类液体的管道，火灾危险性大；

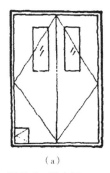 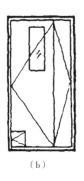 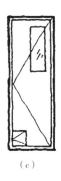 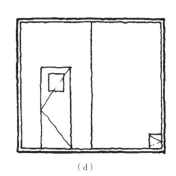

（a）　　　　　　（b）　　　　　（c）　　　　　　　　　（d）

图5-3　防火门

（a）双扇；（b）大小扇；（c）单扇；（d）卷闸

一旦发生燃烧或爆炸，危及范围大。因此，这类管道应严禁穿过防火墙。输送其他物质的管道必须穿过防火墙时，应用不燃烧材料将其周围缝隙紧密堵塞（图5-4）。走道等防火分隔的墙体穿过管道时，构造可参照防火墙。

②在风道贯通防火分区的部位（防火墙），必须设置防火阀门。防火阀门需用厚1.5mm以上的薄钢板制作，火灾时由高温熔断装置或自动关闭装置关闭。为了有效地防止火灾蔓延，防火阀门还应该有较高的气密性。此外，防火阀应可靠地固定在墙体上，防止火灾时因阀门受热、变形而脱落，同时还要用水泥砂浆将

风管四周堵塞严实。为安装结实可靠，阀门外壳可焊接短钢筋，以便与墙体、楼板可靠结合，如图5-5（a）所示。

③通风管道穿越变形缝时，变形缝两侧均应设防火阀门，并在缝两侧各2m范围内将管道用不燃烧绝热材料包敷，如图5-5（b）所示。

④当建筑物内的电缆用电缆架布线时，往往因电缆架在火灾时的热传导作用，使电缆保护层燃烧，导致火灾从贯通防火分区的部位蔓延。电缆比较集中且用电缆架布线时，危险性则特别大。因此，在电缆贯通防火分区的部位，用石棉或玻璃纤维等堵塞空隙，两侧再用石棉

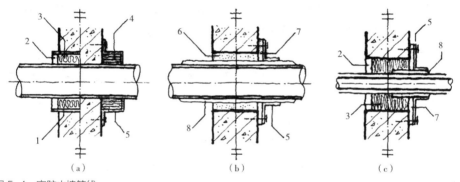

图5-4 穿防火墙管线

（a）用岩棉紧塞缝隙的做法；（b）用水泥砂浆紧塞缝隙的做法；（c）电缆穿防火墙的做法

1—钢套管；2—防火胶泥；3—岩棉；4—膨胀阻火带；5—防火固定圈；6—水泥砂浆；7—防火垫；8—防火带

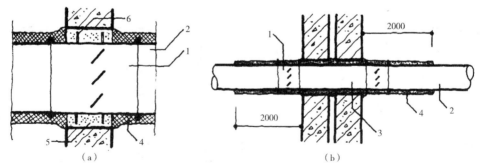

图5-5 穿墙风管

（a）穿防火墙风管；（b）穿变形缝风管

1—防火阀；2—风道（管）；3—柔性防火管段；4—防火材料；5—水泥砂浆；6—锚筋

硅酸钙板覆盖，然后再用耐火的封面材料覆盖，这样，可以截断电缆保护层的燃烧和蔓延参照图 5-4（c）。

5.4.2　建筑剖面防火设计

火灾垂直蔓延主要以热对流方式进行，也有辐射和传导。

1）竖向防火分区

主要是由具有一定耐火能力的钢筋混凝土楼板做分隔构件。试验表明，一、二级耐火等级的楼板，分别具有经受一般建筑火灾 1.5h 和 1h 的作用，火灾实例说明，这对于 80% 以上的火灾来说，是安全的。

2）**防止火灾从外窗蔓延**

火焰通过外墙窗口向上层蔓延，是建筑火灾蔓延的一个重要途径。解决的办法是，要求上下层窗口之间的墙体（包括窗下墙及边梁）保证一定高度，一般不应小于 1.5~1.7m。减少火灾从窗口向上层蔓延，也可以采取减小窗口面积，或增加窗上口边梁的高度，或设置阳台、挑檐等措施。

3）竖井防火分隔措施

楼梯间、电梯井、通风管道井、电缆井、垃圾井因串通各层的楼板，形成竖向连通的井孔。竖井通常采用具有 1h 以上（楼梯间及电梯井为 2h）耐火极限的不燃烧体做井壁，必要的开口部位应设防火门或防火卷帘加水幕保护（如电梯厅）。这样就使得各个竖井与其他空间分隔开来，它是竖向防火分隔的一个重要组成部分。应该指出的是，竖井均应单独设置，以防各竖井之间互相蔓延烟火。安装管线后，不需要连通的井通，应按规定作竖向防火分隔。

4）自动扶梯防火设计

由于自动扶梯的设置，使得数层空间连通，形成了竖向防火分区的薄弱环节。自动扶梯本身运行使用过程中，也会出现火灾事故。

根据自动扶梯的火灾危险性和工程实际，应采取如下防火安全措施：

（1）在自动扶梯上方四周加装喷水头，间距为 2m，其流量采用 1L/s，压力为 350kPa 以上。发生火灾时既可喷水保护自动扶梯，又可进行防火分隔，阻止火势竖向蔓延。

（2）在自动扶梯四周安装防火卷帘，同时安装水幕保护。扶梯四角若无柱，可选用水平启闭的防火卷帘。

（3）在出入的两对面设防火卷帘，非出入的两侧面设防火玻璃隔墙。

（4）扶手下面的装饰挡板应采用不燃烧材料，采用全透明形式时，有支撑比无支撑耐火性能好。

（5）单独设置的单跑自动扶梯，梯下封板应采用不燃烧材料。

5）**中庭的防火设计**

（1）中庭消防设计的基本要求

中庭通常出现在高层建筑中。其最大的问题是发生火灾时，以楼层分隔的水平防火分区被上下贯通的大空间所破坏。因此，建筑中庭防火分区面积应按上、下层连通的面积叠加计算，超过一个防火区面积时，应符合如下规定：①房间与中庭回廊相通的门、窗应设自行关闭的乙级防火门、窗；②与中庭相连的过厅、通道处应设乙级防火门，或耐火极限大于 3h 的防火卷帘分隔；③中庭每层回廊都要设自动喷水灭火设备，以提高初期火灾的扑救效果。喷头要求间距不小于 2m，也不能大于 2.8m，以提高灭火和隔火的效果；④中庭每层回廊应设火灾自动报警设备，以求早报警，早扑救，减少火灾损失；⑤按照要求设置排烟设施。净空高度小于 12m 的中庭，其可开启的天窗或高侧窗的面积不应小于该中庭面积的 50%。中庭屋顶承重构件采用金属结构时，应包敷不燃烧材料或喷涂防火涂料，其耐火极限不应小于 1h，或设置自动喷水灭火系统。

以上诸条，也是我国有关规范对中庭防火设计仅有的几条规定。

（2）中庭消防设计的复杂性

中庭防火设计虽有若干规定，但由于中庭本身的复杂性，许多规定的实现率较低，有些规定还有待进一步研究、实践、总结。美国国家防火协会的生命安全规范中要求把建筑物的全部水平开孔都封闭起来（当然包括中庭）。"只有证明了设计中所采取的安全措施相当于全封闭的安全程度，这样的中庭设计才得到批准。"按照如此严格的要求，美国有关部门花了 17 年工夫，才对中庭消防制定出一个国家标准，足见中庭消防设计的复杂性。中庭消防设计的复杂性还体现在防排烟上。中庭烟气的控制与排除对稳定火灾中人群惊恐的情绪及防止火势蔓延，都具有重要意义。

但无论是加压送风还是排除烟气，都因为影响因素多，假设条件多而使设计计算复杂而不可靠。比如烟的排除可经过中庭，也可不经过中庭。这不仅与中庭的大小有关，也与中庭开敞还是封闭，开敞程度、封闭程度有关。许多情况下，还与中庭四周连通的房间门和窗是否开启有关，而这些因素常常是随机变化的。

高度在 20m 以上的中庭，烟气本身就可自动从屋顶排烟窗排除，因此，高大中庭应选择经中庭排除烟气的方案。中庭排烟若采用顶部机械排烟，换气次数应在 4~6 次 /h 之间。

中庭的自动灭火报警系统也有其特殊的一面。高度在 17m 以上的中庭高处可不设自动喷淋，因在此高度上，喷出的水在落到火头之前就蒸发了，起不到灭火的作用，还可能冷却中庭上部空间，干扰烟气向上顺利排除。

但 17m 以下的中庭顶部就要装设自动喷淋，并采用小敏感度的烟感探测器，且设双回路装置来确定从第二探测器来的信号是否需要触发报警器。

（3）中庭消防设计建议

虽说，合理的给出中庭的消防设计是困难的，但参考了国外的研究成果和总结中庭火灾实例教训，还是有一些较好的建议值得推荐。

①危险等级高的建筑，不应设置中庭。

②中庭每层回廊应按双向疏散设计并保证人员经中庭回廊进入安全疏散楼梯。这实际上就同时要求中庭的疏散梯不应少于 2 个（图 5-6）。

③向中庭开放的楼层，最多不超过 3 层。

④中庭每边宽至少 6.1m，每层面积至少 93m²，以便获得使火焰冷却和处理烟气的适当容积。

⑤中庭周围功能各异的房间必须各自独立，相互之间用防火墙分隔，各独立空间开向中庭的门必须是防火门。

⑥中庭每层回廊设置的自动喷淋以侧喷更为有效，且喷头数量要比一般位置时的数量增加一倍。

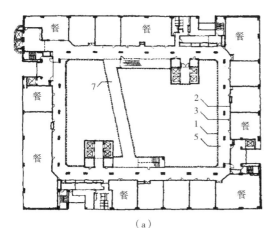

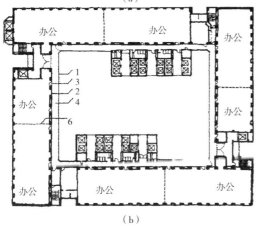

图 5-6　日本新宿 NS 大厦中庭防火平面设计

（a）29 层餐饮；（b）标准层

1—夹丝防火玻璃；2—不燃烧材料隔墙；3—防火门；
4—回廊；5—加宽了的回廊；6—防火卷闸；7—渡桥

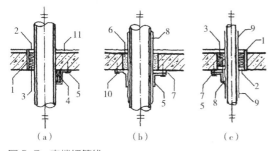

图 5-7　穿楼板管线

1—钢套管；2—防火胶泥；3—岩棉；4—膨胀阻火带；
5—防火固定圈；6—水泥砂浆；7—防火垫；8—防火带；
9—电缆绝缘层；10—射钉固定防火装饰板；11—楼板面层

⑦中庭回廊或开向中庭的防火玻璃隔断，采用夹胶泡沫玻璃是有效的。

⑧中庭的电梯不能为消防人员使用，特别是安装着玻璃的观光电梯。

6）穿楼板管线

穿楼板的管线，在竖向防火分区上造成薄弱点。有资料显示，耐火极限为 1.5h 的楼板，穿楼板而不采取防火措施，其耐火极限降到只有 7min。穿管线处的防火分隔措施主要是用不燃烧材料封堵填实，其构造与穿防火墙管线相同（图 5-7）。

5.4.3　建筑防火间距

防火间距是一座建筑物着火后，火灾不致蔓延到相邻建筑物的最小间隔。

火灾在相邻建筑物间蔓延的主要途径为热辐射和飞火，也有热对流（图 5-8）。

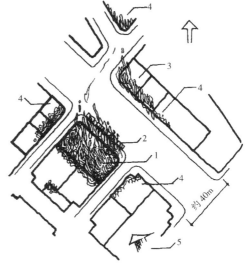

图 5-8　巴西圣保罗安乃拉斯大楼火灾对周边建筑影响

1—安乃拉斯（31 层）；2—停放车辆（4 辆全烧毁）；
3—全烧毁建筑；4—部分烧毁建筑；5—风向

1）防火间距

（1）防火间距的确定：虽然影响防火间距的因素很多，但在实际工程中不可能都考虑。通常根据以下原则确定建筑物的防火间距：

①考虑热辐射的作用。热辐射是影响防火间距的主要因素。火灾实例表明，一、二级耐火等级的低层民用建筑，保持7~10m的防火间距，有消防队扑救的情况下，一般不会蔓延到相邻建筑物。

②考虑灭火作战的实际需要。建筑物的高度不同，救火使用的消防车也不同。对低层建筑，普通消防车即可；而对高层建筑，则要使用曲臂、云梯等登高消防车。防火间距应满足消防车的最大工作回转达半径的需要。最小防火间距的宽度应能通过一辆消防车，一般宜为4m。

③有利于节约用地。以有消防队扑救的条件下，能够阻止火灾向相邻建筑物蔓延为原则。

④防火间距应按相邻建筑物外墙的最近距离计算，如外墙有凸出的可燃构件，则应从凸出部分外缘算起；如为储罐或堆场，则应从储罐外壁或堆场的堆垛外缘算起。

⑤耐火等级低于四级的原有生产厂房和民用建筑，其防火间距可按四级确定。

（2）建筑防火间距标准

①多层民用建筑防火间距：根据防火规范的规定，多层民用建筑之间的防火间距不应小于表5-7的要求。在执行表5-7的规定时，有关规范还作了许多具体规定，需要时，可查阅之。执行时应注意，数座一、二级耐火等级且不超过6层的住宅，如果占地面积的总和不超过2500m²时，可以成组布置，如图5-9所示。组内建筑之间的防火间距不宜小于4m，组与组之间的防火间距仍按表5-7的规定执行。

民用建筑距甲、乙类厂房的防火间距不应小于25m；重要的公共建筑距甲、乙类厂房不应小于50m。民用建筑距甲、乙类厂房的防火间距不应小于25m；重要的公共建筑距甲、乙类厂房不应小于50m。

②高层建筑防火间距：高层民用建筑底层周围，大多设置一些附属建筑。设计防火间距时，为了节约用地，可将附属建筑与高层主体建筑分别考虑如表5-8及图5-10。

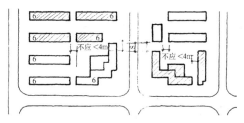

图5-9 住宅成组布置时防火间距示意
一、二组住宅，每组占地≤2500m²；

耐火等级	一、二级	三级	四级
二级	6	7	9
三级	7	8	10
四级	9	10	12

民用建筑的防火间距（m）[119]　　　　　　表5-7

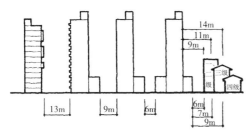

图5-10 高层民用建筑防火间距示意

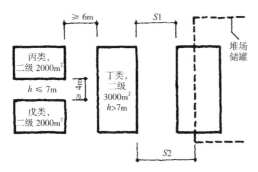

图5-11 厂房成组不知防火间距示意图

S1 按图5-9的规定；S2 按其他有关规范堆场储罐丁类，二级 3000m² h > 7m；丙类，二级 2000m² h ≤ 7m；戊类，二级 2000m² h ≤ 7m

在实际设计中，常常会出现两座相邻高层建筑的局部，不能满足上述防火间距要求的情况。为此，可将不能满足的一侧外墙做防火处理，如外墙为不燃烧材料且耐火2h以上、墙上开口部位用甲级防火门、窗或防火卷帘。这样，防火间距可适当减少，但不宜小于4m。

对于供高层建筑使用的燃油锅炉房的燃油

以及科研、通信、医疗等多功能高层建筑所需的少量化学易燃品、可燃气体及高层建筑与丙类以下厂房、库房、煤气调压站、液化石油气气化站、混气站和城市液化石油气供应站瓶库的防火间距等，规范根据国内外火灾爆炸事故的经验教训，都分别作了具体规定。

如图5-11所示，设有三座二级耐火等级的丙、丁、戊类厂房，其中丙类火灾危险性最高，丙类二级厂房最大允许占地面积为7000m²，则三座厂房面积之和应控制在7000m²以内。因丁类厂房高度超过7m，则丁类厂房与丙类、戊类厂房间距不应小于6m。丙、戊类厂房高度均不超过7m，其防火间距不应小于4m。

一般工业建筑的防火间距，对于甲类厂（库）房、储罐、堆场等的防火间距，应按《建筑设计防火规范》的规定执行，不在此详述。

③汽车库防火间距

汽车库是指停放由内燃机驱动且无轨道的客车、货车、工程车等汽车的建筑物；修车库是指保养、修理上述汽车的建构筑物；停车场是指停放上述汽车的露天场地或构筑物。根据停放汽车的数量，车库的防火分类分为四类（表5-9）。汽车主要使用汽油、柴油等易燃液体。在停车或修车时，容易因各种原因引起火灾，造成损失。特别是对于Ⅰ、Ⅱ类停车库，

高层建筑之间及高层建筑与其他民用建筑之间的防火间距（m）[119]　　表5-8

建筑类别	高层建筑	裙房	其他民用建筑		
			耐火等级		
			一、二级	三级	四级
高层建筑	13	9	9	11	14
裙房	9	6	6	7	9

停放车辆多、经济价值大，车辆出入频繁，火灾隐患也多；Ⅰ、Ⅱ类修车库的停放维修车辆多，库内还常有不同的工种，需使用易燃物品和进行明火作业，火灾危险性大。因此，汽车库与修车库不宜合建，特别地下车库，不应设置修车位。在平面布置时，不应将汽车库布置在易燃、可燃液体和可燃气体的生产装置区和储存区内，与其他建筑物间也应保持一定的防火间距。而Ⅰ类修车库则宜单独建造。

2）消防车道

（1）消防车道及其通道：街区内的道路应考虑消防车通行。因此，设计总平面时，常利用交通道路作为消防车道。并规定其道路中心线间距不宜超过160m。这是因为室外消火栓的保护半径在150m左右，同样道理，对于一些使用功能多、面积大、建筑长度大的建筑，如U形、L形建筑，当其沿街长度超过150m或总长度超过220m时，应在适当位置设置穿过建筑的消防车道（图5-12）。穿越建筑物的消防车道其净高与净宽不应小于4m，门垛之间的净宽不应小于3.5m；穿过高层建筑的消防车道，其净宽与净高均不应小于4.00m；穿行大型消防车时，还应加大，如深圳市规定其净高不少于5m。此外，为了

日常使用方便和消防人员快速便捷地进入建筑内院救火，应设连通街道和内院的人行通道，通道之间的距离不宜超过80m。严寒地区的建筑常设有面积较大的内院。为了防风，底层较封闭。这种内院一旦发生火灾，如果消防车进不去，就难于扑救。所以规范规定，当内院或天井短边长度超过24m时，宜加设消防车道。24m的规定是便于消防车辆在内院有回旋掉头的余地（图5-12）。规模较大的封闭式商业街、购物中心、游乐场所等，进入院内的消防车道出入口不应少于2个，且院内道路宽度不应小于6m。

厂房、库房，特别是一些大面积的工厂、仓库，火灾时火势发展快，扑救时间长，投入的灭火力量多。这样势必造成各种消防车辆阻塞，使消防车无法靠近火场，延误灭火时间。为此，应沿厂房、库房两侧长边设置消防车道或宽度不小于6m的可供消防车通行的平坦空地。易燃、可燃材料露天堆场区，液化石油气储罐区，甲、乙、丙类液体储罐区，应设消防车道或供消防车通行的宽度不少于6m的平坦空地。一个堆场、储罐区的总储量较大时，场区四周，宜设置环形消防车道；场、区、占地面过大时，宜增设与环形消防车道相通的中间

车库的防火分类[124]   表5-9

数量 名称	类别 Ⅰ	Ⅱ	Ⅲ	Ⅳ
汽车库	>300辆	151~300辆	51~150辆	≤50辆
修车库	>15车位	6~15车位	3~5车位	≤2车位
停车场	>400辆	251~400辆	101~250辆	≤100辆

注：汽车库的屋面亦停放汽车时，其停车数量应计算在汽车库的总车辆数内。

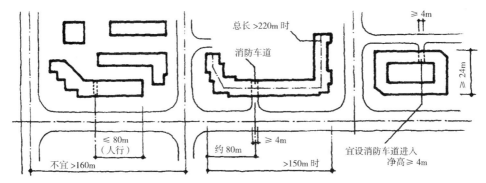

图 5-12　沿街消防车道示意

纵、横消防车道，其间距不宜超过 150m。对于特大型厂房，如飞机库，还应在厂房内设消防车道。

在总平面的设计中，还应注意消防车道应尽量短捷，并避免与铁路平交。如必须平交，应设置备用车道，两车道之间的间距不应小于一列火车的长度。否则，发生火灾时，正遇火车调车，列车阻塞交叉路口，消防车不能及时通过，延误灭火时机。

（2）消防车道的技术要求：消防车道的宽度如按单车道考虑，不应小于 3.5m，道路上空遇有架线、管道、栈桥等障碍物时，其净高不应小于 4m。消防车道下的管道和暗沟等，应能承受大型消防车的压力。消防车道的坡度应小于 7%，性能好的消防车可在 9% 的坡道上行驶，但连续长度不应超过 150m。

（3）环形车道及尽端回场：高层建筑的平面布置、空间造型和使用功能往往复杂多样，特别是带有裙房时，给消防扑救带来不便。为了使消防车辆能迅速靠近高层建筑，展开有效的救助活动，高层建筑周围应设置环形消防车道。沿街的高层建筑，其街道的交通道路，可作为环形车道的一部分。当设环形车道有困难时，可沿高层建筑的两个长边设置消防车道。不能设置环道时应设置尽头式消防车回车场。一般情况下回车场不应小于 15m×15m；大型消防车的回车场不宜小于 18m×18m（图 5-13）。对于大型公共建筑，如超过 3000 座位的体育馆、超过 2000 座位的会堂及占地面积超过 3000m² 的展览馆等，其体积和占地面积都较大，人员密集，为便于消防车靠近扑救和人员疏散，宜在建筑物周围设置环行车道。对一些大型厂房、库房，如占地面积超过 3000m² 的甲、乙、丙类厂房和占地面积 1500m² 的乙、丙类库房，宜设置环行车道。消防环道至少应有两处与其他车道连通。

（4）高层建筑扑救工作面

高层建筑火灾的外部扑救，主要靠大型登高消防车。带登高云梯的大型消防车辆，灭火时要靠近建筑物。为此，高层建筑主体周围，应设置消防登高面，登高面要求最少有一长边或总长度不小于周边长度的 1/4 且不小于一个长边长度。计算总长度时，只可累加一次，且小于 2.4m 的凹缝不能计入。登高面不应布置高度大于 5m，进深大于 4m 的裙房建筑，也不应设置妨碍登高消防作业的树木、架空管线等；建筑物的底层不应设很多的突出物。供登高作业的消防车道或硬地地面坡度应小于 1%，虽然性能好的消防车可适应 2% 以内的坡度，如图 5-14 所示。为了便于云梯车的使用，高层建筑与其邻近建筑物之间应保持一定距离。消防车道距高层建筑外墙宜大于 5m，消防车与建筑物之间的宽度，如图 5-15 所示，其中 B 值可根据配备的消防车参数来确定。消防车参数不变，则 B 值与建筑高度有关。

3）室外消火栓

室外消火栓主要为消防车取水而设，因此应沿消防车通行的道路设置。路宽超过 60m 时，为灭火方便，避免水带穿越道路而影响交通或被车压破。宜在道路两边设置，并靠近十字路口。消火栓间距不应超过 120m。消火栓距路边不应超过 2m，距房屋外墙不宜小于 5m，对高层建筑，同时要求不大于 40m。消火栓一般

采用地上式；寒冷地区或因其他原因，可选用地下式，但应有明显标志。室外消火栓是室外消防给水系统的组成部分之一。室外消火栓以外的其他内容请参阅其他有关资料。

5.4.4 城市消防安全

城市消防安全，主要是作好消防规划。消防规划的主要目的之一是防止或减少火灾向相邻街区的蔓延。火灾在相邻街区的蔓延，主要与飞火有关（图 5-7）。

城市消防安全也包括城市消防站、绿地广场、消防水源的规划及旧城遗留的问题，主要是极端密集的城市屋村。

1）消防规划

消防规划就是对城市规划的防火要求。其主要内容为：

（1）用地分区：把易燃易爆的工厂和仓库，布置在远离城市的下风方向。位于河岸上的大型油库，最好设在下游，并与城市保持相当大

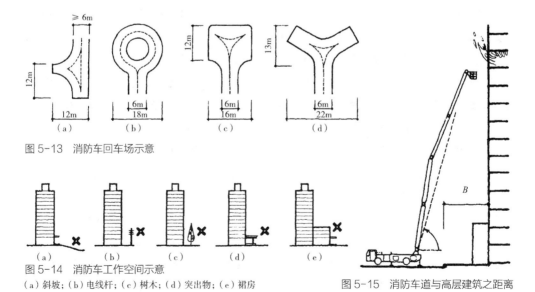

图 5-13 消防车回车场示意

图 5-14 消防车工作空间示意
（a）斜坡；（b）电线杆；（c）树木；（d）突出物；（e）裙房

图 5-15 消防车道与高层建筑之距离

的距离。易燃、可燃液体仓库，应设置在地势较低的地带。

（2）城市绿化隔离带：大城市应设置贯穿整个城市的大型绿化隔离带，种植草坪或林木。不仅满足防火分隔，对大型火灾或其他灾害发生时的人员避难（含急救车辆），物资疏散、消防操作（含消防器材堆放）均是必需的。

（3）城市广场、干道：大中城市应适当设置多个广场及街心花园。市政道路的宽度一般不应小于沿街对面建筑之间的防火安全距离。

（4）消防水源：为保证灭火用水需要，在规划城市生活与生产用水的同时，也应充分考虑消防水源的规划。

2）城市消防站

（1）消防站的分布：消防站的任务，是以能控制砖木结构初起火灾为标准，消防队必须在规定要求的最短时间内到达火场。从发现起火，到消防队赶到火场并接通出水需要的时间分别为：报警 5min、接警出动 1min、消防车途中行驶 5min、战斗展开出水 4min，共计 15min。消防车按平均时速 30km 计算，以其行驶 5min 的实际路程为半径，得到消防队管辖区的面积，约为 $6.25km^2$。实际上，消防队管区的面积，除要求 5min 到达管区边界外，还要考虑不同地区火灾危险度的大小和消防队相应灭火任务的多少，故将消防队管区面积按实际定为 $5km^2$、$6.25km^2$、$8km^2$ 和 $12km^2$。消防站的位置，应设在交通方便，面

临广场或较宽的街道上，以利随时出动，见表 5-10。

（2）消防站的场地设计：对于扑救一般初起火灾，为保证控制火势蔓延所需要的灭火力量，要求每个消防站至少应该配备两部消防车。县消防站有消防车 2~3 辆，城市一般消防中队，配备消防车 4~5 辆；较大的消防中队，配备消防车 6~7 辆。消防站用地，包括消防站的建筑物、构筑物、训练场等，其占地总面积，随消防站规模的大小而有区别。在城市规划中，遇到的主要问题是消防训练场地。消防站训练场地的面积，是按基本功训练的需要确定的。但是，仅为完成《消防战士基本功训练规定》的部分科目，就需要不小于 $1000m^2$ 的场地；故为完成全套科目训练所需的场地面积一般是无法实现的。所以，在规划消防站位置时，可将消防站与训练场分开，采取邻近几个中队共用一个训练场的办法，也可利用附近公共体育场等设施解决用地问题。

5.5　安全疏散

5.5.1　安全分区与疏散路线

安全疏散设计，是建筑设计中最重要的组成部分之一。其目的就是要根据建筑物的使用性质、人们在火灾事故时的心理状态与行动特点及火灾危险性大小、容纳人数、面积大小等合理布置疏散设施。

人口密度与消防站的数量表　　　　　　　　　　　　　　表 5-10

人口密度（万人 /km²）	1 以下	1~2	2.1~3	超过 3.1
定额（万人 / 站）	5~8	12~15	16~18	20~25

1）疏散安全分区

（1）疏散与防烟：当建筑物某一空间内发生火灾，并达到轰燃时，沿走廊的门窗会被破坏，导致浓烟烈火扑向走道。若走道的吊顶、墙壁上未设有效的阻烟、排烟设施，或走道外墙未设有效的排烟窗，则烟气迟早会侵入前室，并进而涌入楼梯间。另一方面，发生火灾时，人员的疏散行动路线，也基本上和烟气的流动路线相同，即：房间→走道→前室→楼梯间。因此，烟气的蔓延扩散，将对火灾层人员的安全疏散形成很大的威胁。在火灾事故中，烟不仅令人恐慌，而且是名副其实的直接杀手，烟雾乃是影响安全疏散的重要因素，故本节将防烟与疏散列在同一题目下讨论。

（2）疏散安全分区：为了保障人员疏散安全，最好能够使上述疏散路线上各个空间的防烟、防火性能依序逐步提高，并使楼梯间的安全性达到最高。为叙述方便，将各空间划分为不同的区间，称为疏散安全分区。以一类高层民用建筑及高度超过32m的二类高层民用建筑及高层厂房为例，离开火灾房间后先进入走道，走道的安全性应高于火灾房间，故称其为第一安全区；依此类推，前室为第二安全分区，楼梯间为第三安全分区。一般说来，当进入第三安全分区，即疏散楼梯间，由于楼梯间不能进入烟气，即可认为到达了相当安全的空间，其划分如图5-16。

如前所述，进行安全分区设计，主要目的是为了人员疏散时的安全可靠，而安全分区的设计，也可以减缓火灾烟气逼进楼梯间的时间，并防止烟向上层扩大蔓延。因此，安全分区也为消防灭火活动提供了场地和进攻路线。

（3）防烟分区：防烟分区面积为500m²。形成防烟分区通常是由设置隔烟和阻烟设施实现的，主要有防烟垂壁和挡烟梁等。

①固定式挡烟板：从平顶下突出不小于0.5m的梁，可兼作挡烟梁用，对阻挡烟气蔓延有一定的效果，并可形成防烟分区。

②活动式挡烟板：当顶棚高度较小，或为了吊顶的装饰效果，常设置活动式挡烟板。活动式挡烟板一般设在吊顶上或吊顶内，火灾时与感烟探测器联动，可在防灾中心遥控，也可就地设手动操作，降下后，板的下端至楼地面的高度应在1.8m以上。

③防烟卷帘：防烟卷帘要求气密性好，在压差为20Pa时，每平方米的漏烟量小于0.2m³/min，防烟卷帘的宽度一般不超过5m，与感烟探测器联动或在防灾中心控制。当作为

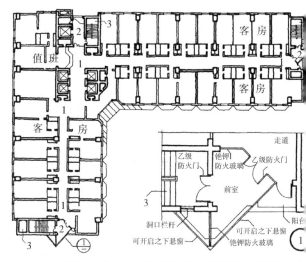

图5-16　疏散安全分区示意（深圳宝安冠利达酒店标准层平面）
1—第一安全分区（走道）；2—第二安全分区（前室）；
3—第三安全分区：疏散楼梯间

隔烟设施用时，可与自动喷水装置相结合，以提高耐热性能，设在走道阻烟时，其落下高度应距楼地面 1.8m 以上。

2）疏散路线

（1）烟与疏散：减少烟气对安全疏散影响的办法之一，就是减缓烟气蔓延的速度，为人员疏散争取更多的时间。合理进行防烟分区设计，是延缓烟气在水平方向蔓延的主要措施之一。

国外多次建筑火灾的统计表明，死亡人数中有 50% 左右是被烟气毒死的。多年来由于各种塑料制品大量用于建筑物内，以及空调设备的广泛使用和无窗房间的增多等原因，烟气毒死的比例有显著增加。英国对此作了比较：1956 年火灾死亡总人数中只有 20% 死于烟气中毒。1966 年上升到 40% 左右。1976 年则高达 50% 以上。近年来更有高达 80% 到 90% 的实例。鉴于烟气对安全疏散构成重大威胁，有必要认识建筑火灾中烟气在建筑内的流动规律。

烟在建筑物内的流动，在不同燃烧阶段，呈现不同特点：火灾初期，热烟比重小，烟带着火舌向上升腾，遇到顶棚，即转化为水平方向运动，其特点是呈层流状态流动，实验证明，这种层流状态可保持 40~50m。烟在顶棚下向前运动时，如遇梁或挡烟垂壁，烟气受阻，此时烟会倒折回来，聚集在空间上空，直到烟的层流厚度超过梁高时，烟才会继续前进，并占满相邻空间。此阶段，烟气扩散速度约为 0.3m/s。轰燃前，烟扩散速度约为 0.5~0.8m/s，烟占走廊高度约一半。轰燃时，烟被喷出的速度高达每秒数十米，烟也几乎降到地面。烟在垂直方向的流动更快，一般可达到 3~5m/s。日本曾在东京海上大厦中进行过火灾试验。火灾室设在大楼的第四层，点火 2min 后，由室内喷出的烟气就进入了相距 30m 的楼梯间。3min 后，烟已充满整个楼梯间，并进入各层走廊中。5~7min 后，上面三层走廊内烟的状态均对疏散构成危险。

（2）疏散路线：一般按疏散安全区的等级顺序进行。除外部安全出口外，疏散楼梯是安全出口的主要形式。综合性高层建筑，应按照不同用途，分别布置疏散路线，以利平时管理，火灾时也便于有组织地疏散。非高层民用建筑，因为一般不需要设置防烟楼梯间，因此可不经前室直接由走道（廊）进入楼梯间；多层民用建筑一般情况下，其疏散楼梯是敞开式，直接与走道相通，其安全分区不明确。

五层及五层以上，有时应设计封闭楼梯间，疏散安全分区为两级。

直接可以从房间逃至室外，一般只有一层或带有足够大室外平台的楼层才有可能，绝大多数情况下，房间内的人员是先通过走道疏散的，疏散安全分区只有一级。

5.5.2　房间内人员的疏散

房间内人员的安全疏散，主要考虑疏散门的数量、宽度及开启方向、疏散距离及疏散时间。

1）一般房间内人员的疏散

（1）房间门：房间门指房间通向走道的门及一层直接通向室外或安全走道的门。

①较大房间的门不应少于 2 个。两门之间的距离不宜小于 5m。

人员较多时，门应外开，外开的门不应影响走道的有效宽度。还有其他详细规定，如有需要请查阅有关规范。

②歌舞、娱乐、放映、游艺场所的疏散出口不应少于2个，当建筑面积小于50m²时，可设一个疏散口。

③单层公共建筑（托儿所、幼儿园除外），如面积不超过200m²，且人数不超过50人时，可设一个直通室外的安全出口。

（2）房间内最远点到房门的距离，该距离与带形走道两侧或尽端的房间到外出口的最短距离相同，可详见表5-11。

（3）排烟：面积超过100m²且经常有人停留或可燃物较多的房间应考虑排烟。这是指高层建筑内的房间。排烟方式可分为自然排烟方式和机械排烟方式两种。采用自然排烟的房间设置的可开启外窗面积不小于该房间地面面积的2%。

2）有固定座椅的人员密集场所的安全疏散

（1）安全疏散出口

①剧院、电影院、礼堂建筑的观众厅安全出口（太平门）的数目均不应少于2个，且每个安全出口的平均疏散人数不应超过250人。

观众厅席位超过2000座时，其超过部分，每个安全出口的平均疏散人数不应超过400人。

②体育馆观众厅安全出口的数目不应少于2个，且每个安全出口的平均疏散人数不宜超过400~700人。

③当房间面积过大时，试图把较多的人群集中在一个宽度很大的安全出口来疏散，实践证明，是不安全的。一是因为疏散距离大，二是门太宽，多股人流容易挤倒踏伤，不仅影响疏散，还可能造成伤亡事故，因此均匀布置疏散门（门宽一般为1.4m）是很重要的。

④疏散门的构造：疏散门应向疏散方向开启。但房间内人数不超过60人，且每樘门的平均通行人数不超过30人时，门的开启方向可以不限。疏散门不应采用转门。为了便于疏散，人员密集的公共场所，如观众厅的入场门、太平门等，不应设置门槛；距门口1.4m内，不应设置台阶踏步，人员密集的公共场所的疏散楼梯、太平门，应在室内设置明显的标志和事故照明。室外疏散通道的净宽不应小于疏散走道总宽度的要求，最小净宽不应小于3m。太平门应为推闩式外开门。建筑物直通室外的安全出口上方，应设置宽度不小于1m的防火挑檐，以防止建筑物上方落物伤人。

房门至外部出口的最大距离（m）　　　　表5-11

建筑名称	耐火等级		
	一、二级	三级	四级
幼儿园、托儿所	20	15	—
医院、疗养院	20	15	—
学校	22	20	—
其他民用建筑	22	20	15

（2）疏散距离

①高层建筑内的观众厅、展览厅、多功能厅、餐厅、营业厅、阅览室等，其室内任一点至最近安全出口的直线距离不宜超过 30m，其他房间内最远点的直线距离不宜超过 15m。

②对于人员密集的影剧院、体育馆等，室内最远点到安全出口的距离是通过限制走道之间的座位数和排数来控制的，有时与排距也有关。疏散走道与疏散门应呈对应关系，少拐弯，拐小弯，最好直对；如设计不当，就可能造成两股或数股人流的对撞，大大延迟了疏散时间。

（3）疏散时间

保证疏散时间的设计内容，除了疏散口构造、疏散距离，还有疏散口与走道宽度。

在确定允许疏散时间时，首先要考虑火场烟气的问题。故允许疏散时间应控制在轰燃之前，并适当考虑安全系数。影剧院、礼堂的观众厅，容纳人员密度大，安全疏散更为重要，所以允许疏散时间要从严控制。一、二级耐火等级的影剧院允许疏散时间为 2min，三级耐火等级的允许疏散时间为 1.5min。由于体育馆的规模一般比较大，观众厅容纳人数往往是影剧院的几倍到几十倍，火灾时的烟层下降速度、温度上升速度、可燃装修材料、疏散条件等，也不同于影剧院，疏散时间一般比较长，所以对一、二级耐火等级的体育馆，其允许疏散时间为 3~4min。

剧院、电影院、礼堂、体育馆等场所，其观众厅内的疏散走道宽度应按其通过人数每 100 人不小于 0.6m 计算，但最小净宽度不应小于 1.0m，边走道不宜小于 0.8m。

3）厂房的安全疏散

厂房的安全疏散包括安全出口、疏散距离。具体可查阅有关规范。

4）地下建筑

（1）安全出口

一般的地下建筑，必须有两个以上的安全出口；安全出口宜直通室外。对于较大的地下建筑，有两个或两个以上防火分区且相邻分区之间的防火墙上设有可作为第二安全出口的防火门时，每个防火分区可只设一个直通室外的安全出口。

电影院、礼堂、商场、展览厅、大餐厅、旱冰场、体育场、舞厅、电子游艺场，要设不少于两个直通地面的安全出口。

使用面积不超过 50m² 的地下建筑，且经常停留的人数不超过 15 人时，可设一个直通地上的安全出口。

为避免紧急疏散时人员拥挤或烟火封口，安全出口宜按不同方向分散均匀布置。

直接通向地面的门，其总宽度应按其通过人数每 100 人不小于 1m 计算。

（2）疏散距离

房间内最远点到房间门口的距离与地上建筑相同，不能超过 15m；

房间门至最近安全出口的距离不应大于表 5-11 的要求。

（3）疏散时间

地下建筑烟热的危害性大，其疏散时间应严格控制，参考地面建筑的疏散时间及国外有关资料，同时考虑经济条件后，我国地下建筑疏散时间规定应控制在 3min 内。

我国高层建筑地下室，多设有人防，人防

因防爆需要，人员出入口窄而不畅，所以火灾时疏散格外困难，远远超出 3min 的要求。因此，对这种地下室，应按设计内容使用，不可改做其他用途，特别是不能改为有大量集中人员使用的地下室。

（4）防排烟

对于地下建筑来说，如何控制烟气的扩散，是防火问题的重点。

地下建筑的防烟分区应与防火分区相同，其面积不应超过 500m² 且不得跨越防火分区。在地下商业街等大型地下建筑的交叉道口处，两条街道的防烟分区不得混合。这样，不仅能提高相互交叉的地下街道的防烟安全性，而且，防烟分区的形状简单，可以提高排烟效果。

地下建筑的每个防烟分区均应设置排烟口，其数量不少于 1 个。排烟口的形状，当采用机械排烟时，最好能与挡烟垂壁配合设计，若使排烟口处的吊顶面比一般吊顶面凹进一些，则排烟效果会更好。

地下建筑内的走道与房间的排烟风道，要分别独立设置。当排烟口的面积较大（占地下建筑面积的 1/50 以上），而且能够直接通向大气时，可采用自然排烟的方式。

设置自然排烟设施，必须注意的问题是，要防止在地面风的作用下，将烟从排烟口倒灌到地下建筑内。为此，排烟口应高出地表面，以增加拔烟效果，同时要设计成不受室外风力影响的形状。对于安全出口，一定要确保火灾时无烟。在安全出口设置自然排烟时，宜按图 5-17 的构造设计。

对于埋置较深或多层地下建筑，还必须设防烟楼梯间，并在防烟楼梯间设独立的进、排风系统。关于防烟楼梯间的设计要求详见下节。

5.5.3 走道疏散

走道疏散，指的是从房门到达室外安全场所及多高层建筑从房门到达封闭楼梯间、防烟楼梯间及避难层的过渡空间的疏散，主要是走道或走廊。

1）双向疏散

根据火灾事故中疏散人员的心理与行为特征，进行建筑平面设计，尤其是布置疏散楼梯间时，原则上应使疏散的路线简捷，并能与人们日常的活动路线相结合，使人们通过平时活动了解疏散路线。开向走道的每一房间的外门处，最好都能向两个方向疏散，避免出现袋形走道。

一字形、L 形建筑，端部应设疏散楼梯，以利走道形成双向疏散。对中心核式建筑，应围绕交通核心布置环形走道；布置环形走道有困难时，也应使大部分走道有双向疏散的功能。

2）疏散距离

（1）一般民用建筑：根据建筑物的使用性质、耐火等级，对房门到安全出口的疏散距离提出不同要求，如表 5-12 所示。

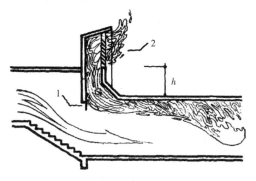

图 5-17 地下安全出口自然排烟构造
1—挡烟垂壁；2—排烟口应不受风影响；h—尽量高

应该指出的是，位于两座疏散楼梯间（或其前室）的袋形走道两侧或尽端的房间（图5-18），其安全疏散距离应按右式计算：$a+2b \leq c$。式中 a 为一般走道与位于两座楼梯之间的袋形走道中心线交叉点至较近安全出口楼梯间或外部出口的距离；b 为两座楼梯之间的袋形走道端部的房间门至普通走道中心线交叉点的距离；c 为两座楼梯间或两个外部出口之间最大允许距离的一半，即位于两个安全出口之间的安全疏散距离。

（2）高层民用建筑：高层建筑的疏散更困难，人们对于高层建筑火灾的惊慌与恐惧也更为严重，因此，其走道疏散距离较一般民用建筑要求更加严格（表5-13）。

（3）工业建筑：工业厂房的安全疏散距离是根据火灾危险性与允许疏散时间及厂房的耐火等级确定的。火灾危险性越大，安全疏散距

离要求越严，厂房耐火等级越低，安全疏散距离要求越严。而对于丁、戊类生产，当采用一、二级耐火等级的厂房时，其疏散距离可以不受限制。具体设计应按相关规范执行。

（4）地下建筑：地下建筑走道安全疏散距离见表5-14，注意医院的其他部分，也为24m。

3）疏散走道宽度

疏散走道宽度通常与建筑的耐火等级、层数、使用人数、平坡地面还是阶梯等因素相关，

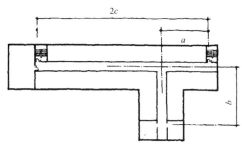

图5-18　走道疏散距离示意

建筑名称			疏散门至外部出口或封闭楼梯间的最大距离（m）					
			位于两个安全出口之间的疏散门			位于袋形走道两侧或尽端的疏散门		
			耐火等级			耐火等级		
			一、二级	三级	四级	一、二级	三级	四级
托儿所、幼儿园老年人建筑			25	20	15	20	15	10
歌舞娱乐放映游艺场所			25	20	15	9	—	—
医疗建筑	单、多层		35	30	25	20	15	10
	高层	病房部分	24	—	—	12	—	—
		其他部分	30	—	—	15	—	—
教学建筑	单、多层		35	30	25	22	20	10
	高层		30	—	—	15	—	—
高层旅馆、展览建筑			30	—	—	15	—	—
其他建筑	单、多层		40	35	25	22	20	15
	高层		40	—	—	20	—	—

直通疏散走道的房间疏散门至最近安全出口的直线距离[119]　　表5-12

并与疏散门及疏散梯宽度一致。具体参阅有关规范。

4）走道防排烟

楼层水平通道作为第一安全区，是水平疏散路线中最重要的一段，它分别连通各个房间和楼梯间。当着火房间中的人员逃出房间进入走道后，该走道应能较好地保障其顺利地逃向第二安全区——前室或楼梯间。需要指出的是，要想顺利进入第二安全区，必须重视走廊内装修的防火问题，尽量减少使用可燃物、难燃物装修。

笼统地说，走廊的防火要求比楼梯要低，但比房间要高。

（1）排烟：走道排烟方式有自然排烟及机械排烟两种，采用自然排烟的内走道，其可开启外窗的面积不应小于内走道地面面积的2%。不能直接对外采光和自然通风且长度超过20m的内走道，或虽有直接采光和自然通风，但长度超过60m的内走道，应设机械排烟。走道机械排烟应采用能与烟探测器联动的防排烟设施。

（2）挡烟垂壁：挡烟垂壁的作用除了可减慢烟气扩散的速度，还有提高防烟分区排烟口的吸烟效果。一般挡烟垂壁可依靠结构梁来实现，有时也可选用专门的产品来实现。如果在结构梁型垂壁上贴可燃装修材料，或用可燃体制做挡烟垂壁，都会导致可燃材料被烟气烤燃，显然是不可取的。因此，为了保证挡烟垂壁在火灾中的作用，应采用A级装修材料。

（3）走道防烟与装修：走道防烟最好的办法是将通道与阳台、外廊连通，或缩短走廊距离并直接对外开窗。北方采暖地区则设置可自动开启的高窗。减少装修可燃物，是防止走道发烟的重要措施。因此，建筑的水平疏散走道和安全出口的门厅，其顶棚装饰材料应采用A级装修材料，其他部位应采用不低于B1级的

高层民用建筑安全疏散距离[119]　　　　　　　　　　表5-13

建筑名称		房间门或住宅户门至最近的外部出口或楼梯间的最大距离（m）	
		位于两个安全出口之间的房间	位于袋形走道两侧或尽端的房间
医院	病房部分	24	12
	其他部分	30	15
教学楼、旅馆、展览楼		30	15
其他建筑		40	20

地下建筑安全疏散距离（m）[119]　　　　　　　　　　表5-14

房间名称	房门口到最近安全出口的最大距离	
	位于两个安全出口之间的房间	位于袋形走道两侧或尽端的房间
医院	24	12
旅馆	30	15
其他房间	40	20

装修材料。建筑内部装修不应遮挡消防设施和疏散指示标志及出口，并且不应妨碍消防设施和疏散走道的正常使用。为保证疏散指示标志和安全出口易于辨认，以免人员在紧急情况下发生疑惑和误解。在疏散走道和安全出口附近应避免采用镜面玻璃、壁画等进行装饰。

5.5.4　安全出口

安全出口一般是指直通建筑物首层之外门及门厅或楼层楼梯间的门；若为防烟楼梯间，则指走道通向前室的门；以楼层说，水平方向的疏散到此已告完成，人员开始进入第二安全区——前室或楼梯。人们在前室既可暂时避难，也可由此沿楼梯向下层和楼外疏散。无论如何，此时人的生命已有了基本的安全保障。安全出口还包括直通以下场所的门：避难层、有进一步逃生条件的屋顶或足够大的平台，这些场所的安全性相当于室外，一般也是通过疏散楼梯间到达的。这部分内容将收在消防救助部分，以下讨论的重点则是疏散楼梯间。疏散楼梯不应成为最初的火源地，也不应形成连续燃烧状态，即使有火进入楼梯间。因此，楼梯间及其前室都应使用不燃烧材料。

1）一般原则

疏散楼梯一般均不应少于 2 个，且应与走道连通，形成双向疏散系统。

对中心核式高层建筑，布置环形或双向走道时，注意两个安全出口的间距不应小于 5m。发生火灾时，人们往往首先考虑熟悉并经常使用的、由电梯组成的疏散路线，因此靠近电梯间设置疏散楼梯，即可将常用路线和疏散路线结合起来，有利疏散的快速和安全。对于设有

多个疏散楼梯的大型空间，疏散楼梯应均匀分散布置，也就是说，同一建筑空间中的安全疏散距离不能太近。

2）楼梯间

（1）普通楼梯间：是多层建筑常用的基本形式。该楼梯的典型特征是，不论它是一跑、两跑、三跑，还是剪刀式，其楼梯与走廊或大厅都敞开在建筑物内。楼梯间不设门，无有效防烟之措施，火灾时供电也不能保障。有时为了管理方便，也设木门、弹簧门、玻璃门等，但因无防火功能，仍属于普通楼梯间。楼梯间的数量、位置及宽度应结合建筑高度，使用性质，根据规范合理规定。

（2）封闭楼梯间：即用有一定耐火能力的墙体和门将楼梯与走廊分隔开，并直接对外开窗的楼梯间。该楼梯间的门应按疏散方向开启。若该门一般处于关闭状态，内外均可开启。少数办公楼为单向开启，即只能出，不能进，为专用疏散梯，平时不能使用。少数楼梯间，平时处于开启状态，但须有相应的关闭措施。封闭楼梯间的基本形式见图 5-19。设计中有时常把楼梯间敞开在大厅中。此时，须对整个门厅作扩大的封闭处理：用乙级防火门或防火卷帘等将门厅与其他走道和房间分隔开，门厅内应尽可能采用不燃烧材料作内装修。

封闭楼梯间应靠外墙设置，并应直接采光通风。无条件自然采光通风时，须按防烟楼梯间设计。

（3）防烟楼梯间：设置能阻止烟气进入的前室，或能使少量进入的烟气及时散去的阳台、凹廊的楼梯间，称为防烟楼梯间。发生火灾时，它能有效阻止火灾通过楼梯间向其他楼层蔓

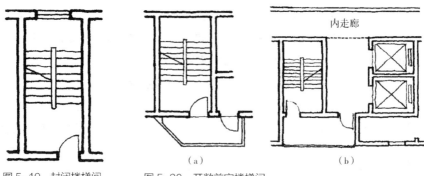

图 5-19　封闭楼梯间　　图 5-20　开敞前室楼梯间

延，同时也为消防队扑救火灾创造了有利条件。因防烟楼梯间安全度最高。所以在高层建筑中，得到广泛应用。防烟楼梯有如下几种类型：

①开敞前室：这种类型的特点是疏散人员须先通过防火门进入以阳台或凹廊形成的开敞前室，再进一道防火门才能进入楼梯间。其优点是自然风力能将随人流进的烟气迅速排走；同时，多经一道空间也使烟更难袭入楼梯间，无须再设其他的排烟装置。因此，这是安全性最高且最为经济的一种类型。但只有当楼梯间靠外墙设置时才有可能采用，故有一定的局限性。

图 5-20（a）所示的是以阳台作为开敞前室的防烟楼梯间。

图 5-20（b）是凹廊作为开敞前室的例子。该疏散楼梯与电梯厅配合布置，使平常用的流线与火灾时疏散路线结合起来。图中若有一部电梯为消防电梯，则电梯厅只需用防火门或防火卷帘作封闭处理，就可作为消防电梯的封闭前室。

②封闭前室：这种类型的特点是人员须通过封闭的前室和两道防火门，才能进入楼梯间内。主要缺点是防排烟不如前者经济：位于内部的前室和楼梯间均须设置机械防烟设施，占用面积，且整套系统须常年维护，保持状态。而且效果不见得比自然排烟好（图 5-21a）。但当靠外墙布置时，楼梯间仍可利用窗口自然排烟，从而节省一套防烟系统（图 5-21c）。

③半敞开前室：靠外墙布置的前室也可利用外窗自然排烟，若不能形成两面开窗，则楼梯间仍需采取防烟措施，比如正压送风（图 5-21b）。前室外墙上的窗户，平时可以是关闭状态，但发生火灾时窗户应全部开启。楼梯间的封闭与敞开：靠外墙布置的防烟楼梯间，有条件时，应将楼梯间也按自然排烟设计。此时要注意前室外窗或凹廊、阳台与梯间外窗之间应保持足够的间距。

④合用前室：防烟楼梯间的前室在相当多的高层建筑中，包括塔式住宅中，会与消防电梯的前室设计成合用前室，好处是节约面积（图 5-21a、b）。若采用自然排烟时，可开启外窗面积应符合规范的规定：

⑤机械防排烟：防烟楼梯间的机械防排烟，现在基本上都采用加压送风方式，而很少采用机械排烟方式。这部分内容将在本节稍后部分展开讨论。

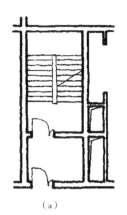 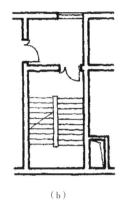 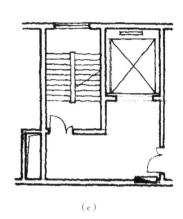

（a） （b） （c）

图5-21 封闭、半敞开前室楼梯间

（4）剪刀楼梯：剪刀楼梯是高层建筑的安全疏散楼梯的重要形式。剪刀楼梯因在两交叉梯段之间应设置防火分隔，形成一对相互重叠，又相互隔绝的两座楼梯。故又称为叠合楼梯或套梯。其主要优点是节约使用面积。图5-22是剪刀楼梯示意。剪刀楼梯必须按防烟楼梯间的原理设计。对高层旅馆、办公楼，其前室应分别独立设置；如仅设一个前室，则两楼梯间应分别设加压送风设施，并只适用于高层塔式住宅。两楼梯合用前室时，不能再与消防电梯前室合用。因为三合一的前室，减弱了两个安全疏散口的设计原则，不利于疏散与扑救。

（5）室外疏散楼梯：在建筑外墙上设置简易的、全部开敞（常布置在建筑端部）的、符合规范要求的室外楼梯，可作为辅助防烟楼梯。因其不占用室内有效建筑面积（图5-23），不易受到烟气的威胁，因此，常被采用。室外疏散楼梯需与防烟楼梯或封闭楼梯配合才能使用。

（6）疏散楼梯间的构造要求

①耐火构造：疏散楼梯间墙体的耐火极限应为2h以上。一定厚度的砖、混凝土和加气混凝土墙体很容易达到这个要求；楼梯应耐火1~1.5h以上，可用钢筋混凝土制作，也可用钢材加防火保护层。剪刀楼梯梯段之间的实体

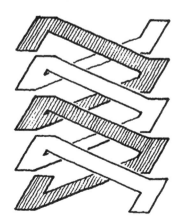

图5-22 剪刀楼梯示意

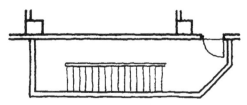

图5-23 室外疏散楼梯

分隔墙，其耐火极限不低于 1.0h。另外，楼梯间的内装修应采用 A 级材料。需要指出的是，开敞前室的阳台楼板除要考虑一定的耐火能力外，还应该能承受较大的荷载，以免疏散人员聚集其上时产生塌落的危险。

②前室：前室面积，公共建筑不小于 6m²，居住建筑不小于 4.5m²；与消防电梯合用前室时，公共建筑不小于 10m²，居住建筑不小于 6m²。不具备自然排烟条件的防烟楼梯间、消防电梯间前室或合用前室应设置独立的加压送风的防烟设施。

③门窗洞口：封闭楼梯间的门、分隔走道与前室、前室与楼梯的门均应为乙级防火门。各门开启的方向均须与疏散方向一致。楼梯间及防烟楼梯间前室的内墙上，除开设通向公共走道的疏散门外，不应开设其他房间的门、窗、洞口。设于疏散楼梯的防火门，其净宽度不宜小于 0.9m。高层居住建筑的户门不应直接开向前室，当确有困难时，部分开向前室的户门应为乙级防火门；并应能自行关闭。"部分"的含义应理解为少于 50%。

④梯段、梯宽及踏步：梯段上下跑设计，应与梯间门开启方式协调好，使疏散人流具有汇流性，避免形成水平与垂直（从楼上疏散下来）人流的对撞，同时保证梯跑在楼层的平台处有足够的宽度（图 5-24）。

疏散楼梯的宽度应通过计算确定。最小净宽参见表 5-15。

一般情况下，梯跑和休息平台的宽度不宜小于 1.2m；踏步宽不应小于 250mm；高不应大于 180mm；高层公共建筑的疏散楼梯两梯段间水平净距 ≥ 150mm，目的是方便扑救时消防水龙带偶然穿越。疏散楼梯不应采用扇形踏步，但踏步上下两级所形成的平面角不超过 10°，且每级离扶手 250mm 处的踏步宽度超过 220mm 时可以例外。疏散楼梯不允许旋转式，但在个别层间使用人数很有限时可予考虑。

⑤上下畅通：为了方便疏散，要求从首层到顶层的楼梯间不改变位置，且首层应有直通室外的出口。超高层建筑中的避难层，考虑防烟与避难的需要，宜在避难层错位，但考虑设计上的方便，也可按上述办法处理。地下室或半地下室与地上层不应共用楼梯间，当必须共用楼梯间时，应在首层与地下或半地下层的出入口处，设置耐火极限不低于 2h 的隔墙及乙级防火门隔开，并应有明显标志。

⑥燃气穿管：煤气等可燃性气体管道不应穿越高层建筑的楼梯间，如必须局部穿过时，

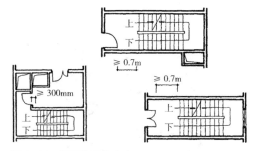

图 5-24 楼层处平台宽度

疏散楼梯的最小净宽[119]　　　　　　表 5-15

高层建筑	医院病房楼	居住建筑	其他建筑
最小净宽度（m）	1.30	1.10	1.20

应增设钢质保护套管，并应符合现行国家有关标准的规定。

⑦附属设备：在疏散楼梯间门洞口醒目位置应装设诱导标志，前室和楼梯间内要设事故照明及电话，以便灭火时能与防灾控制中心保持联系。

应该指出，低层和多层建筑楼梯间常是建筑中唯一的垂直交通及疏散设施，并多为开敞式，消防队亦主要通过楼梯到上层扑救，故历来消火栓多设于楼梯间，以便于上下层灭火时使用。但高层建筑的楼梯间主要用于疏散，必须封闭设置，因此，高层建筑的消火栓宜设在靠近前室的走道处。

5.5.5　消防救助

1）避难层

（1）设置的意义：超高层公共建筑，一旦发生火灾，要将人员全部疏散到地面是非常困难，甚至是不可能的。因此，对于建筑高度超过100m的公共建筑，设置暂时避难层（间）是非常必要的。

（2）设计的要求

①设置间距：从建筑的首层到第一个避难层之间，其楼层不宜超过15层。

两个避难层之间的楼层，也大致定在15层左右。主要是考虑到各种机电设备及管道的布置需要及方便建成后的使用管理。

②面积：避难层（间）的面积，应按两避难层之间楼层的总避难人数计算确定。其面积指标5人/m²计算，则避难层的面积应为：1400÷5=280m²。应注意的是，避难层（间）的面积是避难净面积。

③分隔与错位：对于大型超高层建筑来说，应采取楼梯间在避难层错位的布置方式。即到达避难层时，该楼梯竖井便告一"段落"，人流需转换到同层邻近位置的另一段楼梯再向下疏散。应注意的是，两楼梯间应尽量靠近，以免水平疏散时间过长；同时还应设置明确的疏散诱导标志，以便顺利地转移、疏散。这种不连续的楼梯竖井能有效地阻止烟气竖向扩散。

如果单纯考虑正确引导避难人员，也可只将疏散楼进出口作分隔处理，使避难人员必须通过避难层，才能进出疏散梯，这种基本上是连续的楼梯，虽然设计、施工都方便，但不能有效阻止烟气的竖向扩散，当然这只发生在烟气万一进入楼梯间的情况。

（3）设备设置

①与设备层结合：避难层可与设备层结合布置。由于避难层与空调、上下水设备层的合理间隔层数比较接近，而设备层的层高一般较使用楼层低，二者结合布置，利用设备层这种非常用空间做避难层，是提高建筑空间利用率的好途径。在设计时应该注意，各种设备、管道竖井等，应尽量集中布置，分隔成间，既可方便设备的维护管理，又可使避难层（间）面积充足、完整，方便避难使用。

②消防电梯出口：超高层建筑火灾中，人们经过惊恐紧张的一段疏散后，年老、体弱、其他行动不便者往往会出现意外情况，需要消防人员的紧急救助。此外，万一烟气，火焰向避难层蔓延，往往也需要消防队员紧急扑救。所以，避难层应留消防电梯出口，这样，也可方便平时设备检修时的人员出入。

③防烟：避难层有敞开式和封闭式两种。后者主要用在北方。所谓敞开式避难层，指周边围护墙上开设窗口，与其他标准层开窗立面形式大体相同。但设置的是固定金属百叶窗；当然也可完全不设窗扇，这种敞开式避难层通风条件好，可以进行自然排烟。封闭式避难层（间）在四周的墙上设有固定玻璃窗扇。为保证避难人员的安全，应设独立的防排烟设施，以确保避难层不受烟气威胁。

④照明：避难层（间）应设事故照明，其供电时间不应小于 1h，照度不应低于 1lx。

⑤灭火：为了扑救波及避难层（间）的火情，避难层配置消火栓及水枪接口等灭火设备是必要的。

⑥电话：避难层在火灾时停留为数众多的避难者，为了及时向消防中心和地面消防指挥部反映情况，避难层应设与大楼防灾中心连接的专线电话，并宜设置便于消防队无线电话使用的开线插孔。

此外，为了防灾中心和地面消防指挥部组织指挥营救人员，向避难层人员通报火情，稳定人心，避难层（间）应设有线广播喇叭。

2）屋面层

（1）设计要求

①超过 6 层的组合式单元住宅和宿舍，各单元楼梯间均应通至平屋顶，形成两个安全出口。但规范规定，户门为乙级防火门时除外。因为户门防火，烟火被阻于户门之外，户内人员则可通过窗口获救。但若户门大开，或外窗加设了防盗网，将使规范条文设定的前提改变，因此只有不得已时才套用此条文。

值得关注的是，许多坡屋顶建筑，设计时未考虑楼梯通向屋面。

②高层建筑，无论是办公还是居住建筑，居住建筑无论是单元式还是塔式（18 层和 18 层以下的塔式住宅及顶层为外通廊的住宅除外）。其每个疏散梯均应通至屋顶，这不仅有利于逃生，也有利于他人救助。

③为了确保疏散的安全性，高层建筑的裙房，至少应有两座楼梯通向屋顶。

④通向屋顶的门应向屋面方向开启。

（2）屋顶直升机停机坪：对于层数较多（如 25 层以上）的高层建筑，特别是建筑高度超过 100m，且标准层面积超过 1000m^2 的公共建筑，其屋顶宜设直升机停机坪或供直升机救助的设施。消防队员从天而降，既可利用直升机营救被困于屋顶的避难者，也可快速运送消防器材——这对火场位于高处的火灾是很重要的。因此，从消防角度看，它是十分有效的灭火救援的辅助设施。从避难的角度而言，则可以把它看作垂直疏散的辅助设施之一。

设计要求包括起降区、待救区、照明及灭火设备。

（3）顶层户型带来的问题

顶层复式不利于消防。某些高层住宅顶层设计为超大户型，一层一户。虽然，标准层的两个安全疏散口，已在下一层通向屋面，但屋面面积已变得很少，而且两梯连通不便，降低了大多数住户的消防安全性。

多层单元式也因顶层的复式设计，容易封住通向屋面的公共疏散楼梯。

3）大平台

随着城市开发规模的不断扩大，成片街区的统一规划设计近年日渐增多，大型基地统一开发建设，可能产生大面积的裙房。

在大面积裙房上设计的若干幢高层建筑，其疏散楼梯若一定要求直达高层，将使首层失去许多创造效益的面积。因此，高层建筑内的人员先疏散到裙楼平台上，然后再通过专用直达楼梯疏散到地面，也是一种可接受的办法。前提是，平台有足够大的面积和足够开敞的空间。

4）消防电梯

消防电梯在火灾时主要供消防人员灭火救人时使用。

（1）设置范围

我国规定下列高层建筑应设消防电梯：一类公共建筑、塔式住宅；12层及12层以上的单元式住宅和走廊式住宅；高度超过32m的其他二类公共建筑。

消防电梯的设置数量，主要参考了日本的有关规定。每层建筑面积不超过1500m²时，应设不少于一台的消防电梯，1500~4500m²应设两台，超过4500m²则应设三台。

高度超过32m的设有电梯的厂房、库房应设消防电梯。

消防电梯可与客梯或工作电梯兼用，但应符合消防电梯的功能要求。

（2）设计要求

①分区：在同一高层建筑里，要避免两台或两台以上的消防电梯设置在同一防火分区内。这样才能更合理有效地利用消防电梯扑救火灾。

②前室及前室防火门：消防队员到达起火楼层之后，应有一个较为安全的场所，设置必要的灭火或营救伤员的器材。因此，消防电梯应设置前室，这个前室和防烟楼梯的前室相同，

具有防火、防烟的功能，并能方便地使用设在前室的消火栓，进行火灾扑救。

消防电梯和防烟楼梯间可合用一个前室。合用前室的布置如图5-20（b），图5-21（c）所示。

前室在首层时，门开设在外墙上最为理想。但设有裙房时，要求从前室门口到外部出口之间有长度不超过30m的走道相连通，使消防队员进入建筑后，能尽快到达消防电梯。该走道两侧应采用耐火极限不低于2h的防火分隔，若要开设门窗，均应采用乙级防火门窗。

当前室因条件限制，不能采用自然排烟时，应采用机械防烟。也就是加压送风。

前室还须设消防专用电话、操纵按钮事故电源插座和紧急照明等。若在前室设置消火栓，为了防止使用水枪时不能关上防火门而导致烟气袭入，应在防火门下部设有活动盖板的小门，以供水带穿过，这样，即使消防队员在灭火过程中，前室依然是一个封闭的无烟空间。

③速度：火场扑救，分秒必争。因此规定，消防电梯的行驶速度，不管楼有多高应按从首层到顶层的运行时间不超过60s计算确定。

④轿厢尺寸、载重：消防电梯应选用较大的载重量，一般不应小于8kN，且轿箱尺寸不宜小于1.5m×2m。这样，火灾时可以将一个战斗班的（8人左右）消防队员和随身携带的装备一次运到火场，同时可以满足用担架抢救伤员的需要。

⑤防火分隔：消防电梯机房的墙体应耐火2h以上，楼板应耐火1h以上，与普通电梯机房应采用必要的防火分隔措施，一般用防火墙

将二者隔开，如在防火墙上开门，必须采用耐火 1.2h 以上的甲级防火门。

消防电梯井道也要单独设置，井壁的耐火极限要在 2h 以上，其顶部宜设置排除烟热的装置，如设 0.1m² 左右的排烟口，或设排烟风机等。

⑥防排水：在扑救火灾的过程中，可能有大量的消防灭火用水涌入电梯井，为此，消防电梯前室入口处，应设高 40~50mm 的慢坡以阻挡水的流入；同时，要在消防电梯井底设计集水坑和排水设施。

⑦电源操作：消防电梯的动力与控制电线应采取防水措施，以防消防用水导致线路泡水漏电。消防电梯除了正常供电线路之处，还应有事故备用电源，使之不受火灾时停电的影响。消防电梯要有专用操作装置，该装置可设在防灾中心，也可以设在消防电梯首层的操作按钮处。消防队员操作此按钮，消防电梯可回到首层或指定楼层，同时启动事故电源。此外，电梯轿厢内要设专线电话，以便消防队员与防灾中心、火场指挥部保持通话联系。

⑧轿厢装修：消防电梯的轿厢应采用不燃烧材料装修，优先采用不锈钢、铝合金，是因为这些材料可以不作涂屋，安全性更高。

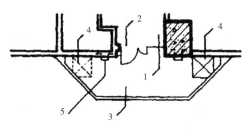

图 5-25 疏散阳台
1—走道；2—防火门；3—阳台；4—人孔；5—铁爬梯

5）其他辅助设施

（1）阳台应急梯：在高层建筑的各层相同位置上设置专用的疏散阳台，其地面上开设洞口，用带有扶手的钢梯（又称避难舷梯）连接各层阳台，就构成了阳台应急梯。如图 5-25 所示。这种阳台一般设置在带形走廊的尽端，也可设于某些疏散条件困难之处，作为辅助性的垂直疏散设施。

（2）避难桥：这种桥安装在与高层建筑相距较近的屋顶或外墙窗洞处，将两者联系起来，形成安全疏散的通道。避难桥主要用于改变用途的建筑或旧建筑群的消防改造，适用于建筑密集区，人员较多而安全出口数量少，两座高度基本相当而距离较近的建筑，也可用于高层建筑，及相邻的多层建筑之间。

（3）避难扶梯：这种梯子一般安装在建筑物的外墙上，有固定式和半固定式，主要也是用于旧建筑的消防改造。

（4）避难袋：避难袋可作为一些高层建筑的辅助疏散设施。避难袋的构造共有三层，最外层由玻璃纤维制成，可耐 800℃ 的高温；第二层为弹性制动层，能束缚住下滑的人体和控制下滑速度；最内层张力大而柔软，使人体以舒适的速度向下滑降。

当用于建筑物内部时，避难袋设于防火竖井内，人员打开防火门进入按层分段设置的袋中之后，即可滑到下一层或下几层。

（5）缓降器：这是一种从高层建筑下滑自救的器具，这类高层建筑自救降缓器，操作简单，下滑平稳。必要时消防队员还可带着一人滑至地面。这对救助丧失行动能力的人很有帮助。对于伤员、老人、体弱者或儿童，还可由楼上消防队员助其缚牢后交由地面人员控制而安全降至地面。

5.6　建筑耐火设计

5.6.1　混凝土构件的耐火性能

1）抗压强度

实验表明，混凝土在低于300℃的情况下，温度升高，对强度的影响不大；但在高于300℃时，强度损失随温度升高而增加；当温度为600℃时，强度已损失50%以上。大量试验结果表明其基本的变化规律是：混凝土在热作用下，受压强度随温度的上升而基本上呈直线下降。当温度达600℃时，混凝土的抗压强度仅为常温下强度的45%；而当温度上升到1000℃时，强度值变为零。

2）抗拉强度

有试验表明，混凝土抗拉强度在50~600℃之间的下降规律基本上可以用一直线表示，当温度达到600℃时，混凝土的抗拉强度为0。与抗压相比，抗拉强度对温度的敏感度更高。

3）弹性模量

有试验表明，在50℃的温度范围内，混凝土的弹性模量基本没有下降；50~200℃之间下降最为明显；200~400℃之间下降速度减缓；400~600℃时变化幅度已经很小，但这时的弹性模量基本上已接近0。可见，在热作用下弹性模量会随温度的上升而迅速地降低。

4）高温时钢筋混凝土的破坏

当钢筋混凝土受到高温时，钢筋与混凝土的粘结力要随着温度的升高而降低。试验表明，对于一面受火的钢筋混凝土板来说，随着温度的升高，钢筋由荷载引起的蠕变不断加大，350℃以上时更加明显。蠕变加大，使钢筋截面减小，构件中部挠度加大，受火面混凝土裂缝加宽，使受力主筋直接受火作用，承载能力降低。同时，混凝土在300~400℃时强度下降，最终导致钢筋混凝土完全失去承载能力而破坏。

5）钢筋混凝土在火灾作用下的爆裂

爆裂是钢筋混凝土构件和预应力钢筋混凝土构件在火灾中常见的现象。实验证明，构件承受的压应力是发生爆裂的主要因素之一混凝土含水率也是影响其爆裂的主要因素之一。在钢筋混凝土构件中掺加合成纤维不仅减少混凝土硬化过程中水化收缩产生的裂缝，还可以减少火灾中混凝土爆裂。

6）保护层厚度的影响

适当加大受拉区混凝土保护层的厚度，是降低钢筋温度、提高构件耐火性能的重要措施之一。当然，在客观条件允许的情况下，也可以在楼板的受火（拉）面抹一层防火涂料，可较大幅度地延长构件的耐火时间。

7）预应力钢筋混凝土楼板耐火构造

预应力构件在使用阶段承受的荷载要大于非预应力构件。即在受火作用时，预应力筋是处于高应力状态，而高应力状态一定会导致高温下钢筋的徐变。因此，预应力混凝土楼板在火灾温度作用下，钢筋很快松弛，预应力迅速消失。当钢筋温度超过300℃后，预应力几乎全部损失。提高预应力钢筋混凝土楼板耐火极限的方法。主要有增加保护层厚度和使用防火隔热涂料。

5.6.2 钢结构耐火设计

1）钢材在高温下的物理力学性能

钢材属于不燃烧材料，可是在火灾条件下，裸露的钢结构会在十几分钟内变软失稳倒塌破坏。

2）钢结构的防火保护

（1）现浇混凝土：一般用于钢柱。决定混凝土防火能力的主要因素是厚度。

（2）砌块砌砌：用于钢柱。可以用黏土砖、加气混凝土砌块及其他砌块，紧靠钢柱封闭砌筑。柱子较高时，可预焊锚固短筋拉接或在粉刷前用钢丝网包敷。

（3）防火板材包封：多用于柱，也用于梁或吊顶。

（4）防火灰浆：多用于梁板，也可用于柱，可直接喷涂。

（5）防火砂浆：这里所说的防火砂浆的砂，实际上不是硅砂，而是轻质细骨料。上述岩棉、矿棉配制的灰浆因其较厚，也可归为此类。

（6）防火涂料：防火涂料在受火时，发泡膨胀，形成隔热层，保护钢构件，因此，也称防火膨胀涂料。

5.6.3 建筑耐火构造

1）玻璃幕墙的防火设计

玻璃幕墙受到火焰烧烤时，易因受热不均而破碎，或者在火场中，受热的玻璃，被消防水喷淋激裂。玻璃幕墙破裂常引起火势迅速向上一楼层蔓延，造成更大损失。合理的幕墙立面分格，应与窗台、吊顶及平面隔墙的位置有对应关系，尤其是从防火角度看，更是如此。

为了阻止火灾时幕墙与楼板、隔墙之间的缝隙蔓延火灾，幕墙与每层楼板附近的水平缝和隔墙处的垂直缝隙，均应用不燃烧材料严密填实，窗下墙的填充材料应采用不燃烧材料，如图 5-26 所示。

无窗下墙的玻璃幕墙，应楼板外沿设置耐火极限不低于 1h、高度不低于 0.8m 的不燃烧实体边梁。

2）隔墙的耐火构造

建筑物的隔墙，尤其是高层建筑中的轻质隔墙（包括非高层一、二级耐火等级的建筑）必须采用具有较高耐火能力的不燃烧体。其疏散走道两侧隔墙应为耐火极限 1h 的不燃烧体。

（1）工程实践中广泛用作隔墙的加气混凝土砌块和条板，其耐火极限远远超过了规范的规定。使用中须注意灰缝的质量，否则会降低隔墙的耐久极限。

（2）用轻钢龙骨外钉玻璃纤维石膏板、轻钢龙骨钢丝网抹灰作为隔墙，属于不燃烧体的隔墙构件，其耐火极限随饰面层厚度而增加，一般可满足一级耐火等级的要求。木龙骨外加不燃材料面层的隔墙，耐火极限可随不燃饰面层厚度的增加而提高，但它属于难燃烧体，只能用于三级耐火等级的建筑。

3）顶棚的耐火构造

吊顶（包括吊顶搁栅）是建筑室内重要的装饰性构件，吊顶空间内往往密布电线、灯具或采暖、通风、空调设备管道，起火因素较多。吊顶及其内部空间，常常成为火灾蔓延的途径，严重影响消防安全，主要原因是其面层的厚度较小，受火时吊顶内的设备材料很快被加热。

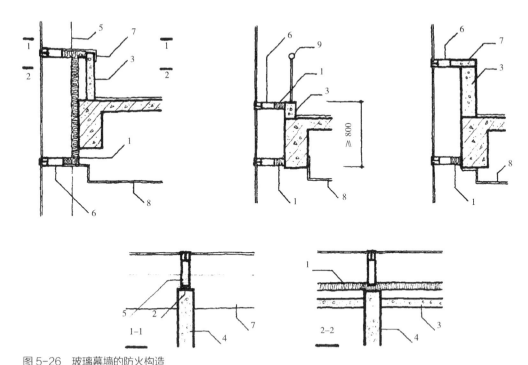

图 5-26　玻璃幕墙的防火构造
1—防火材料；2—密封防火材料；3—防火檐墙；4—隔墙；5—立柱；6—横框；7—窗台；8—吊顶；9—栏杆

特别是有些吊顶采用可燃的木搁栅，甚至面层采用木板条，当其受高温作用时就碳化起燃产生明火。

顶棚的不燃化途径是采用不燃的钢搁栅，不燃的轻质耐火吊顶板使之满足一级耐火等级要求；采用木搁栅时，其吊顶板应难燃、不燃，使之满足二级耐火等级的要求。

5.6.4　建筑装饰与防火

民用建筑起火后，造成重大生命财产损失的，无不与内装修有关。

1）装修与火灾

这里主要讨论内装修。外装修一般只出现在外墙外保温构造中，有时采用的难燃材料。内装修大量使用可燃材料时，大大增加了建筑火灾发生的概率。可燃内装修大大缩短了火灾达到轰燃的时间。可燃内装修会助长火势的蔓延。且燃烧时会产生大量有毒烟气。

2）内装修防火设计

（1）我国建筑材料的燃烧性能按国家标准《建筑材料燃烧性能分级方法》进行分级：A 级为不燃材料；B 级为难燃材料；B2 级为可燃材料；B3 级为易燃材料。标准所指的材料是各类工业和民用建筑工程所使用的结构材料和各类装修、装饰材料，如各类板材、饰面材料及特定用途的铺地材料、纺织物、塑料等。

（2）装修防火标准：装修防火标准按单层、多层民用建筑、高层民用建筑、地下民用建筑和工业建筑各有不同标准，内容繁杂。具体设计中须认真查阅，逐项选择。

3）阻燃材料

阻燃性指的是使材料具有减慢、终止或防止热辐射性的特性。

降低聚合物的可燃性主要有两种方法：一种是合成耐热性材料，但合成聚合物的成本过高，仅用于某些特殊场合；另一种是利用物理的或化学的方式，将阻燃性添加剂加入到聚合物的表面或内部。阻燃剂是提高可燃材料难燃性的一类助剂。

4）建筑防火涂料

按照防火原理，防火涂料可分为膨胀型防火涂料和非膨胀型防火涂料两大类。膨胀型防火涂料的应用广泛。膨胀型防火涂料成膜后，厚度形态类似普通的漆膜。在火焰或高温作用下，涂层发生膨胀炭化，形成一种比原来厚度大几十倍甚至几百倍的不燃海绵状炭质层，它可以阻断外界火源对基材的加热，从而起到阻燃作用。

第6章

建筑抗震设计

6.1 建筑与地震

6.1.1 地震及其相关的基本概念

地震是自然界中威胁人类安全的主要灾害之一，它具有突发性强、破坏性大和比较难预测的特点。如 2008 年我国四川省汶川地震，2011 年东日本地震，2015 年尼泊尔地震等。目前，地震的监测预报还是世界性的难题，很难做出准确的临震预报，而且即使做到了震前预报，如果建筑及其设施的抗震性能薄弱，也难以避免经济损失。因此，有效的抗震设防是建筑防震减灾的关键性任务。

1）地球的构造

地球是一个平均半径为 6400km 的椭圆球体，至今已有 45 亿年的历史。研究表明，地球是由性质不同的三层构成：最外面是一层很薄的地壳，中间很厚的一层是地幔，最里面是地核（图 6-1）。地壳是由各种不均匀的岩石组成的。地壳以下的地幔，厚约 2900km，它几乎占地球全部体积的 5/6。本层除顶部外，其他由质地坚硬、结构比较均匀的橄榄岩组成。根据地震波速在地幔中的变化，推测地幔顶部物质呈熔融状态，并认为地幔物质在热作用下的对流，可能是地壳运动的根源。到现在为止，所观测到最深的地震是 700 多千米，这仅约为地球半径的 1/10。可见，地震仅发生于地球的表面部分——地壳中和地幔上部，其中 92% 的地震发生在地壳中。地核是地球的核心部分，球体半径为 3500km。对地核的成分和状态，目前认识尚不十分清楚。地球内部的温度随深度增加而升高，从地表每深 1km 约升高 30℃，但增长率随深度增加而减小。经推算，地下 29km（多数地震发生在这个深度）深处温度约 600℃，地幔上部（地下 700km 左右）温度约 2000℃，地球内的高温主要是内部放射性物质不断释放热量的缘故，并因其分布的不均匀性，导致了地幔内发生物质的对流。

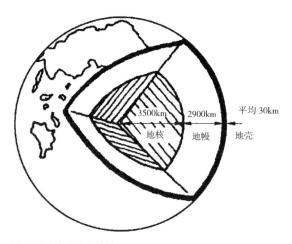

图 6-1 地球内部构造

2）地震

地震是一种自然现象。因地下某处岩层突然破裂，或因局部岩层坍塌、火山喷发等引起的振动以波的形式传到地表引起强烈的地面运动。地球内部发生地震的地方称为震源。震源在地球表面的投影，或者说地面上与震源正对着的地方称为震中。地面上任何一个地方到震中的距离称为震中距。震中附近的地区称为震中区。强烈地震时，破坏最严重的地区称为极震区。震源至地面的垂直距离（即震源到震中的距离），称为震源深度。

3）地震的类型和成因

地震通常按照其成因可划分为三种主要类型：构造地震、火山地震和陷落地震，此外还有水库地震、爆炸地震、油田注水等诱发引起的地震。前三种为主要类型，其成因和影响见表 6-1。建筑工程的抗震主要考虑构造地震，世界上已发生的地震 90% 以上属构造地震，构造地震成因见图 6-2。

4）地震震级

地震震级 M 是表示地震大小或强弱的指标，是地震释放能量多少的尺度，它是地震的基本参数之一。其数值是根据地震仪记录的地震波图来确定。目前国际上比较通用的是里氏震级。它是以标准地震仪在距离震中 100km 处记录的最大水平地动位移（单振幅 A，以 μm 记）的常用对数来表示该次地震震级，即 $M=\log A$。震级直接与震源释放能量的大小有关。震级 M 与地震释放能量 E 之间的关系为：$\log E=11.8+1.5M$。震级每增加一级，能量增

地震的主要类型、成因和影响 表6-1

类型	成因	影响
构造地震	地球在运动和发展过程中，内部的能量（例如地幔对流、转速的变化等）使地壳和地幔上部的岩层产生很大的应力，日积月累，当地应力超过某处岩层强度极限时，岩层破坏，断裂错动，引起地面振动。如 1960 年智利大地震，是观测史上记录到规模最大的构造地震。其发生在一条断裂带上，经过智利海岸线下的断层带出现了长约 1000km 的断裂，太平洋洋底纳兹卡板块部分滑移到南美板块下，断层两侧的构造板块互相交错滑移了 20~30m	破坏性大，影响面广
火山地震	火山爆发，岩浆猛烈冲出地面引起地面振动	影响和破坏性均较小
陷落地震	地表或地下岩突然大规模陷落和崩塌，如石灰岩地区地下大溶洞的塌陷或古矿坑的塌陷等引起的地面振动	影响和破坏性均较小

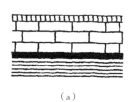 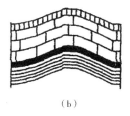 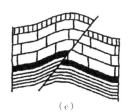

（a） （b） （c）

图 6-2 构造地震成因
（a）岩层原始状态；（b）受力后发生褶皱变形；（c）岩层断裂产生振动

大 32 倍左右。一个 6 级的破坏性地震就相当于一个 2 万吨 TNT 的原子弹所具有的能量。

小于 2 级的地震，一般人们感觉不到，只有仪器才能记录下来，称作为微震。2~4 级为有感地震。5 级以上就会引起不同程度的破坏，称为破坏性地震；7 级以上则为强烈地震或大地震；8 级以上的地震称为特大地震。震级的分类见表 6-2。

5）地震烈度

地震烈度是指某一地区的地面及房屋建筑等遭受一次地震影响和破坏的强弱程度。一次地震的震级只有一个，而各地区由于距震中远近不同，地质情况和建筑情况亦不同，地震的影响也不一样，因而烈度不同。一般震中区烈度最大，离震中越远烈度越小。震中区的烈度称为"震中烈度"。

我国的地震烈度从弱到强共分为 12 个等级。最新使用的烈度表为《中国地震烈度表》GB/T 17742—2008。烈度表为建筑抗震设计提供了工程数据，将宏观烈度与设计地震参数建立了联系。既是表示地震后果的尺度，又是表示地面振动强弱的尺度，兼有宏观烈度表和定量烈度表的功能。

6）基本烈度和设计烈度

基本烈度是指某一地区，在未来 50 年内和一般的场地条件下，可能普遍遭遇到的最大地震烈度值。各个地区的基本烈度，是根据当地的地质地形条件和历史地震情况等确定的。

设计烈度是建筑物抗震设计中实际采用的地震烈度，也称抗震设防烈度。设计烈度是根据建筑物的重要性，按其受地震破坏时产生的后果，在基本烈度的基础上按区别对待的原则确定。对于普遍的工业与民用建筑，设计烈度按基本烈度采用。对于特别重要的建筑物和遭遇地震破坏时可能发生次生灾害的（如产生放射性物质的污染、大爆炸等）建筑，设计烈度要按基本烈度提高一度采用。对于次要建筑物，设计烈度可比基本烈度降低一度采用，如一般仓库、人员较少的辅助建筑物等。

7）地震的分布

据统计，地球上平均每年发生可以记录到大小地震达 500 万次以上，其中有感地震（震级在 2.5 级以上）在 15 万次以上，而造成严重破坏的地震则不到 20 次，震级 8 级以上，震中烈度 11 度以上的毁灭性地震仅约 2 次。在上述这些地震中，小地震几到处都有，而大地震只发生在某些地区。

（1）世界的地震活动概况：地球上有三个主要的地震活动带，详见表 6-3。

（2）我国地震活动概况：我国东临环太平洋地震带，西出喜马拉雅欧亚地震带，地处两大地震带的中间，是多地震的国家。历史上自公元前 1831 年开始有泰山地震记录至今，近四千年的记录表明，我国的地震分布相当广泛。从历史地震状况来看，全国除极个别的省份外（例如浙江、江西），绝大部分地区都发生过较

震级的分类　　　　　　　　　　　　　　　　　　　　　表 6-2

震级	<2	2~4	>5	≥7	>8
分类	微震	有感地震	破坏性地震	强烈地震或大地震	特大地震

地球上的主要地震活动带 表6-3

名称	经过地区	地震活动情况
环太平洋地震带	分布在太平洋周围，沿南北美洲太平洋沿岸从阿留申群岛、堪察加半岛、日本列岛南下至我国台湾，再经菲律宾群岛转向东南，经新几内亚、直到新西兰	地震活动性强，全球约80%的浅源地震，90%的中源地震和几乎所有的深源地震都集中在这个带，释放能量约占全球所有地震释放能量的76%，以浅源地震为主
欧亚地震带	从地中海向东，一支经中亚至喜马拉雅山，然后向南经我国横断山脉，过缅甸，呈弧形转向东，至印度尼西亚。另一支从中亚向东北延伸，至堪察加，分布比较零散	地震活动较多，释放能量占全球所有地震释放能量的22%，以浅源地震为主
中央海岭地震带	分布在太平洋、大西洋、印度洋中的海岭地区（海底山脉）	多为浅源地震

强的破坏性地震，有不少地区现在地震活动还相当强烈。我国西部地区地壳活动性大，新构造运动现象非常明显，因此我国西部地震活动较东部为强。东部地震主要发生在强烈凹陷下沉的平原或断陷盆地，以及活动的大断裂带附近，如汾渭地堑、河北平原、郯城——庐江大断裂带等，这也是东部华北地震区比其他两个地震区活动强烈的原因。

6.1.2 地震对建筑物的破坏作用

地震对建筑物的破坏（图6-3），不仅会造成巨大的经济损失，而且常能导致大量伤亡。认识地震破坏的规律，采取经济而有效的措施保护建筑物的安全是建筑抗震设防的主要工作之一。

1）建筑物的动力特性

（1）周期和刚度：各建筑物有其一定的刚度，以抵抗外力作用所引起的变形。当受到冲击，或者偏离平衡位置时，弹性力使它向反方向往返运动，形成振动。往返运动一次所需时间称为周期。建筑物的自振周期取决于其高度、质量和刚度等因素。周期随高度和质量的增加而增加，随刚度增加而减小，通常称周期较小的建筑物为刚性结构，周期较长者为柔性结构。

（2）振型：建筑物在共振时的振动形状叫做振型。建筑物受力时，不仅以其基本周期产生第一振型的振动，而且还叠加有对应于第二、第三等周期的高振型振动。

（3）地震时建筑物的振动：在不同类型建筑物的顶、底层和附近地表同时观测不太大的

（a） （b） （c）

图6-3 地震后建筑物的破坏情况[142、143、144]
（a）房屋倒塌；（b）山体滑坡；（c）海啸

地震振动的结果说明：刚性建筑物的顶部和基础的运动与附近地表几乎相同。中等刚度建筑物顶部振动的周期、相位和波形与基础或地下室基本一致，但振幅随运动有20%~70%的增加。柔性建筑物地下室或基础的振动很不规则，大致与地面的振动相似。但顶部运动其最大振幅可达地下室的2~3倍。总的说来，在地震中，刚性建筑物的运动几乎与周围地面相同；柔性建筑物以其固有周期振动；而中等刚度的建筑物则介于两者之间。

（4）阻尼：建筑物振动时，由于材料的内摩擦、构件节点的摩擦以及外界阻力等原因，能量将有损耗。此外，一部分能量也会由地基逸散。所有这些能量耗散的原因，统称为建筑物的阻尼。描述阻尼对结构振动影响，可近似采用线性阻尼假定，即阻尼力与速度成正比例。从振动的角度来看，建筑物是复杂的结构系统，严格地说，需要用一系列的参数来说明它的动力特性。在抗震工作中，通常主要选用周期和阻尼这两个关系重大，而且易于计算或实测的动力参数来表示。建筑物的各个振型分别有其各自一定的周期和阻尼。

2）地震作用导致建筑物破坏的因素

地震对建筑物的破坏作用是多种多样的，主要有三种因素：振动破坏、地基失效引起的破坏和次生效应引起的破坏。强烈的地表振动，可以直接破坏建筑物。在强烈振动作用下，有时会使地基承载力降低，饱和含水的粉砂、细砂层液化，导致地面下降、开裂、喷水、冒砂等，使地基失去稳定性或完全失效，损坏建筑物基础及其上部结构。地震引起的地裂、山崩、滑坡、泥石流等自然界现象，可以破坏地基，致

使建筑物遭受严重破坏，甚至淹埋整个居民点。有时地震还导致海啸、侵袭滨海地区、冲走一切设施。

（1）振动破坏：震源地释放的能量，有一部分以弹性波形式向外传播，称为地震波。地震波引起的地面振动，通过基础传至建筑物，引起建筑物本身的振动。当建筑物的振动强度超过极限时，就会造成破坏。地震波由震源向外传播时，由于扩散和传播介质的吸收作用等，强度逐渐衰减。总的说来，破坏程度决定于地震力的大小。但是，由于地震波的频谱组成和延续时间以及建筑物的材料性质、动力特性、地基条件和地形等环境影响，地震振动对建筑物的破坏作用很复杂，破坏程度常由许多因素综合决定，如地震波的周期共振作用等。

（2）地基失效引起的破坏：当加速度较小或地基坚实时，地表层具有弹性性质，当地基强度较小或加速度很大时，地表层或下垫层可能达到屈服点。这时，岩石、土层不再具有完全弹性性质，而将产生永久变形，导致地基承载力的下降、丧失甚至变位、移动。岩石、土层的破坏消耗振动的能量使地面加速度减弱，因振动造成的建筑物破坏随之减小；但是，由于地基失效，又造成另一种地震灾害。地基承载力下降的结果，将使建筑物下沉。地基的不均匀下沉和不同的水平变位将破坏建筑物的基础，使上部结构随之破坏。

（3）次生效应引起的破坏：在陡峭的山区和丘陵地带，破碎的岩石和松散的表土，地震时往往与下卧岩石土层脱离，引起崩塌、滑坡或泥石流。地震前长时间降雨，使表层饱和含水，更易发生该类灾害。规模巨大的崩塌和滑

坡，可能摧毁上面的建筑物，掩埋坡下的居民点，造成大量破坏和伤亡。江河边坡的崩滑，有时阻塞水流，积成湖泊。水位上升，堆石溃决后湖水迅猛下泻，常能引起下游水灾。水库区发生大规模崩滑时，土石下泻，不但使水位上升且能激起巨浪，冲击水坝，威胁坝体安全。在地震振动作用下，湖泊、水库、港湾和河流等受限水体中有时产生驻波（或称湖波），也能破坏水工建筑。地震发生于海边地区，极易引起海啸。2011 年 3 月 11 日，日本东北部海域发生里氏 9.0 级地震，地震震中位于宫城县以东太平洋海域，震源深度 20km。地震发生后，得力于日本良好的抗震防灾应对体系，地震直接造成的损失被控制在很小的范围之内。但是地震引发了海啸、火灾和核泄漏事故，导致地方机能瘫痪、经济活动停止，日本东北地区部分城市遭受毁灭性破坏。

尽管地震的破坏性极大，但也并非没有对策，通过科学家和工程技术人员的努力研究，在建筑设计中采取适当措施可以减少地震对建筑物的破坏作用，使人们更安全地居住。

6.2 建筑抗震基本原则

6.2.1 抗震设防的目标

抗震设防是指对建筑结构进行抗震设计并采取一定的抗震构造措施，减轻建筑的地震破坏，避免人员伤亡，减少经济损失。以达到结构抗震的效果和目的。

建筑结构的抗震设防目标，是对建筑结构应具有的抗震安全性能的要求。即建筑结构物遭遇到不同水准的地震影响时，结构、构件、

使用功能、设备的损坏程度及人身安全的总要求，具体如下：

（1）当遭受低于本地区抗震设防烈度的多遇地震（50 年内超越概率约为 63.2%）时，一般不损坏或不需要修理可继续使用（通俗解释为"小震不坏"）。

（2）当遭受相当于本地区抗震设防烈度的影响（50 年内超越概率为 10% 的烈度，即达到中国地震烈度区划图规定的地震基本烈度或中国地震动参数区划图规定的峰值加速度）时，可能损坏，一般修理或不需要修理仍可继续使用（通俗解释为"中震可修"）。

（3）当遭受高于本地区抗震设防烈度预估的罕遇地震影响（50 年内超越概率 2%~3% 的烈度）时，不致倒塌或发生危及生命的严重破坏（通俗解释为"大震不倒"）。

6.2.2 建筑设防的分类标准

1）建筑抗震设防类别

根据建筑使用功能的重要性可分为甲类、乙类、丙类、丁类四个类别，其划分应符合下列要求：（1）甲类：即特殊设防类，指使用上有特殊设施，涉及国家公共安全的重大建筑工程和地震时可能发生严重次生灾害等特别重大灾害后果，需要进行特殊设防的建筑。（2）乙类：即重点设防类，指地震时使用功能不能中断或需尽快恢复的生命线相关建筑，以及地震时可能导致大量人员伤亡等重大灾害后果，需要提高设防标准的建筑。（3）丙类：即标准设防类，指大量的除（1）、（2）、（4）款以外按标准要求进行设防的建筑。（4）丁类：即适度设防类，指使用上人员稀少且震损不致产生次生

灾害，允许在一定条件下适度降低要求的建筑。

2）各类建筑的抗震设防标准

（1）甲类建筑，应按高于本地区抗震设防烈度提高一度的要求加强其抗震措施；但抗震设防烈度为9度时应按比9度更高的要求采取抗震措施。同时，应按批准的地震安全性评价的结果且高于本地区抗震设防烈度的要求确定其地震作用。

（2）乙类建筑，应按高于本地区抗震设防烈度一度的要求加强其抗震措施；但抗震设防烈度为9度时应按比9度更高的要求采取抗震措施；地基基础的抗震措施，应符合有关规定。同时，应按本地区抗震设防烈度确定其地震作用。

（3）丙类建筑，应按本地区抗震设防烈度确定其抗震措施和地震作用，达到在遭遇高于当地抗震设防烈度的预估罕遇地震影响时不致倒塌或发生危及生命安全的严重破坏的抗震设防目标。

（4）丁类建筑，允许比本地区抗震设防烈度的要求适当降低其抗震措施，但抗震设防烈度为6度时不应降低。一般情况下，仍应按本地区抗震设防烈度确定其地震作用。

6.2.3 抗震设计的基本原则

1）合理选择场地和确定地基基础

选择建筑场地时，应根据工程需要和地震活动情况、工程地质和地震地质的有关资料，对抗震有利、一般、不利和危险地段作出综合评价。对不利地段，应提出避开要求，当无法避开时应采取有效的措施。对危险地段，严禁建造甲、乙类建筑，不应建造丙类建筑。

地基和基础设计应符合下列要求：

（1）同一结构单元的基础不宜设置在性质截然不同的地基上。

（2）同一结构单元不宜部分采用天然地基部分采用桩基；当采取不同地基类型或者基础埋深显著不同时，应根据地震时两部分地基基础的沉降差异，在基础、上部结构的相关部位采取相应的措施。

（3）地基为软弱黏性土、液化土、新近填土或严重不均匀时，应根据地震时地基不均匀沉降和其他不利影响，采取相应的措施。

2）避免地震时发生次生灾害

非地震直接造成的灾害称为次生灾害。有时，次生灾害会比地震直接产生的灾害所造成的社会损失更大。避免地震时发生次生灾害，是抗震工作的一个重要方面。

在地震区的建筑规划上，应使房屋不要建得太密，为使在地震发生后人口疏散和营救以及为抗震修筑临时建筑留有余地，房屋的距离以不小于1~1.5倍房屋的高度为宜。要避免房高巷小，地震时由于房屋倒塌将通路堵塞。公共建筑物更应考虑防震的疏散问题，一般可与防火疏散同时考虑。

烟囱、水塔等高耸构筑物，应与居住房屋（包括锅炉房等）保持一定的安全距离。例如不小于构筑物高度的1/4~1/3，以免一旦在地震后倒塌而砸坏其他建筑。

特别注意应该使易于酿成火灾、爆炸和气体中毒等次生灾害的工业建筑物远离人口稠密区，以防地震时发生爆炸、火灾等事故而造成更大的灾难。

3）合理选择结构体系

（1）结构体系应根据建筑的抗震设防类别、

抗震设防烈度、建筑高度、场地条件、地基、结构材料和施工等因素，经技术、经济和使用条件综合比较确定。

（2）结构体系应符合下列各项要求：应具有明确的计算简图和合理的地震作用传递途径。应避免因部分结构或构件破坏而导致整个结构丧失抗震能力或对重力荷载的承载能力。应具备必要的抗震承载力，良好的变形能力和消耗地震能量的能力。对可能出现的薄弱部位，应采取措施提高抗震能力。

（3）结构体系尚宜符合下列各项要求：宜有多道抗震防线。宜具有合理的刚度和承载力分布，避免因局部或突变形成薄弱部位，产生过大应力集中或塑性变形集中。结构在两个主轴方向的动力特性宜相近。

（4）结构构件应符合下列要求：砌体结构应按规定设置钢筋混凝土圈梁和构造柱、芯柱，或采用约束砌体、配筋砌体等。混凝土结构构件应控制截面尺寸和受力配筋、箍筋设置，防止剪切破坏先于弯曲破坏、混凝土的压溃先于钢筋的屈服、钢筋的锚固粘结破坏先于钢筋破坏。预应力混凝土的构件，应配有足够的非预应力钢筋。钢结构构件应合理控制尺寸、避免局部失稳或整个构件失稳。多、高层混凝土楼、屋盖宜优先采用现浇混凝土板。当采用预制装配式混凝土楼、屋盖时，应从楼盖体系和构造上采取措施确保各预制板之间连接的整体性。

（5）结构各构件之间的连接，应符合下列要求：构件节点的破坏，不应先于其连接的构件。预埋件的锚固破坏，不应先于其连接的构件。装配式结构构件的连接，应能保证结构的整体性。预应力混凝土构件的预应力钢筋，宜在节点核心区以外锚固。

（6）装配式单层厂房的各种抗震支撑系统，应保证地震时厂房的整体性和稳定性。

4）力求建筑体及其构件布置规则

建筑设计应根据抗震概念设计的要求明确建筑形体的规则性，不规则的建筑应按规定采取加强措施；特别不规则的建筑应进行专门研究和论证，采取特别的加强措施；不应采用严重不规则的设计方案。

建筑及其抗侧力结构的平面布置宜规则、对称，并应具有良好的整体性。建筑的立面和竖向剖面宜规则，结构的侧向刚度宜均匀变化，竖向抗侧力构件的截面尺寸和材料强度宜自下而上逐渐减小，避免抗侧力结构的侧向刚度和承载力突变。

5）保证结构整体性

整体性的好坏是建筑物抗震能力高低的关键。整体性好的房屋，空间刚度大，地震时，各部分之间互相连接，形成一个总体，有利于抗震。

整体性好的结构，除构件本身具有足够的强度和刚度外，构件之间还要有可靠的连接。构件的连接除必须保证强度外，还要求超过弹性变形后，能保持相当的继续变形的能力——"延性"。结构的"延性"对结构吸收地震力的能量、减小作用在结构上的地震力具有重要的意义。

6）处理好非结构中的连接问题

（1）非结构构件，包括建筑非结构构件和建筑附属机电设备，自身及其与结构主体的连接，应进行抗震设计。

（2）附着于楼、屋面结构上的非结构构件，应与主体结构有可靠的连接或锚固，避免地震时倒塌伤人或砸坏重要设备。

（3）框架结构的围护墙和隔墙，应考虑其设置对结构抗震的不利影响，避免不合理设置而导致主体结构的破坏。

（4）幕墙、装饰贴面与主体结构应有可靠连接，避免地震时脱落伤人。

（5）安装在建筑上的附属机械、电气设备系统的支座和连接，应符合地震时使用功能的要求，且不应导致相关部件的损坏。

7）必要时采用的隔震和消能减震设计

（1）隔震和消能减震设计，可用于对抗震安全性和使用功能有较高要求或专门要求的建筑。

（2）采用隔震或消能减震设计的建筑，当遭遇到本地区的多遇地震影响，抗震设防烈度地震影响和罕遇地震影响时，其抗震设防目标可按高于基本设防目标——"小震不坏，中震可修，大震不倒"进行设计。

8）合理选择结构材料和正确确定施工方法

施工质量的好坏，直接影响房屋的抗震能力。设计中一方面要对材质、强度、临时加固措施、施工程序等提出要求，另一方面，也要从设计上为使施工中能保证实施和便于检查创造条件，以确保施工质量。

9）建立建筑地震反应观测系统

抗震设防烈度7、8、9度时，高度分别超过160m、120m、80m的大型公共建筑，应按规定设置建筑结构的地震反应观测系统，建筑设计应留有观测仪器和线路的位置，以便地震时收集资料以利研究。

6.3 多层和高层钢筋混凝土抗震设计

6.3.1 概述

随着我国城市建设的不断发展，多层和高层钢筋混凝土房屋日益增多，结构形式日益复杂，常见的结构体系有框架结构体系、抗震墙结构体系、框架—抗震墙结构体系、板柱—抗震墙结构体系和筒体结构体系等。

（1）钢筋混凝土框架房屋的震害：钢筋混凝土框架房屋是我国工业与民用建筑较常用的结构形式，层数一般在十层以下。在我国的历次大地震中，这类房屋的震害比多层砌体房屋要轻得多。但是，未经抗震设防的钢筋混凝土框架房屋也存在不少薄弱环节。钢筋混凝土框架房屋震害的主要原因是：

①结构层间屈服强度有明显的薄弱楼层：钢筋混凝土框架结构在整体设计上存在较大的不均匀性，使得这些结构存在着层间屈服强度特别弱的楼层。在强烈地震作用下，结构的薄弱楼层率先屈服、出现弹塑性变形，形成塑性变形集中的现象，可导致楼体全部倒塌。1976年唐山大地震中，位于天津市塘沽区的天津碱厂十三层蒸吸架，第6层和第11层的弹塑性变形集中，导致该结构层以上全部倒塌。

②柱端与节点的破坏较为突出：框架结构的构件震害一般是梁轻柱重，柱顶重于柱底，尤其是角柱和边柱更易发生破坏。除剪跨比小的短柱（如楼梯间平台柱等）易发生柱中剪切破坏外，一般柱是柱端的弯曲破坏，轻者发生水平或斜向断裂；重者混凝土压碎，主筋外露、压屈和箍筋崩脱。当节点核心区无箍筋约束时，

节点与柱端破坏合并加重。当柱侧有强度高的砌体填充墙紧密嵌砌时，柱顶剪切破坏加重，破坏部位还可能转移到窗（门）洞上下处，甚至出现短柱的剪切破坏。

③砌体填充墙的破坏较为普遍：砌体填充墙刚度大而承载力低，首先承受地震作用而遭受破坏，在8度和8度以上地震作用下，填充墙的裂缝明显加重，甚至部分倒塌，震害规律一般是上轻下重，空心砌体墙重于实心砌体墙，砌块墙重于砖墙。

④防震缝的震害也很普遍：以往抗震设计者多主张将复杂、不规则的钢筋混凝土结构房屋用防震缝划分成较规则的单元。由于防震缝的宽度受到建筑装饰等要求限制，往往难以满足强烈地震时实际侧移量，从而造成相邻单元间碰撞而产生震害。天津友谊宾馆主楼东西段间设有150mm宽度的防震缝，完全满足原抗震规范规定，仍发生了相互碰撞，造成较重震害。

（2）高层钢筋混凝土抗震墙结构和钢筋混凝土框架—抗震墙结构房屋的震害：历次地震震害表明，高层钢筋混凝土抗震墙结构和高层钢筋混凝土框架—抗震墙房屋具有较好抗震性能，其震害一般比较轻，连梁和墙肢底层的破坏是抗震墙的主要震害。开洞抗震墙中由于洞口应力集中，连系梁端部极为敏感，在约束弯矩作用下，易在连系梁端部形成垂直方向的弯曲裂缝。当连系梁跨高比较大时（跨度 L 与梁高 h 之比），梁以受弯为主，可能出现弯曲破坏。多数情况下抗震墙往往具有剪跨比较小的高梁。除了端部很容易出现垂直的弯曲裂缝外，还很容易出现斜向的剪切裂缝。当抗剪箍筋不

足或剪应力过大时，可能很早就剪切破坏使墙肢间丧失联系，抗震墙承载能力降低。

6.3.2　多层和高层钢筋混凝土房屋的抗震设计

1）钢筋混凝土房屋适用的最大高度

从既安全又经济的抗震设计原则出发，确定多层和高层钢筋混凝土房屋的最大适用的高度是很有意义的。现浇钢筋混凝土结构类型和最大高度应符合表6-4的要求。平面和竖向均不规则的结构，适用的最大高度宜适当降低。

2）关于抗震墙的设置

根据前述震害经验，设置适当的抗震墙将增强钢筋混凝土框架结构的抗震能力，在抗震墙的设置中，要特别注意以下情况：

（1）框架结构和框架—抗震结构中，框架和抗震墙均应双向设置，柱中线与抗震墙中线梁中线与柱中线之间偏心距不宜大于柱宽1/4。甲、乙类建筑以及高度大于24m的丙类建筑，不应采用单跨框架结构；高度不大于24m的丙类建筑不宜采用单跨框架结构。

（2）框架—抗震墙结构和板柱—抗震墙结构中的抗震墙位置，宜符合下列要求：

①抗震墙宜贯通房屋全高。②楼梯间宜设置抗震墙，但不宜造成较大的扭转效应。抗震墙的两端（不包括洞口二侧）宜设置柱端或与另一方向的抗震墙相连。房屋较长时，刚度较大的纵向抗震墙不宜设置在房屋的端开间。③抗震墙洞宜上下对齐，洞边距端柱不宜小于300mm。

（3）抗震墙结构和部分框支抗震墙结构中的抗震墙设置，应符合下列要求：

现浇钢筋混凝土房屋适用的最大高度（m） 表 6-4

结构类型	烈度				
	6	7	8（0.2g）	8（0.3g）	9
框架	60	50	40	35	24
框架—抗震墙	130	120	100	80	50
抗震墙	140	120	100	80	60
部分框支抗震墙	120	100	80	50	不应采用
框架—核心筒	150	130	100	90	80
筒中筒	180	150	120	100	80
板柱—抗震墙	80	70	55	40	不应采用

注：1. 房屋高度指室外地面到主要屋面板板顶的高度（不包括局部突出屋顶部分）；
　　2. 框架—核心筒结构指周边稀柱框架与核心筒组成的结构；
　　3. 部分框支抗震墙结构指首层或底部两层为框支结构，不包括仅个别框支墙的情况；
　　4. 表中框架，不包括异形柱框架；
　　5. 板柱—抗震墙结构指板柱、框架和抗震墙组成抗侧力体系的结构；
　　6. 乙类建筑可按本地区抗震设防烈度确定其适用的最大高度；
　　7. 超过表内高度的房屋，应进行专门研究和论证，采取有效的加强措施。

①抗震墙的两端（不包括洞口两侧）宜设置端柱或与另一方向的抗震墙相连；框支部分落地墙的两端（不包括洞口两侧）应设置端柱或与另一方向的抗震墙相连。

②较长的抗震墙宜设置跨高比大于 6 的连梁形成洞口，将一道抗震墙分成长度较均匀的若干墙段，各墙段的高宽比不应小于 3。

③墙肢的长度沿结构全高不宜有突变，抗震墙有较大洞口时，洞口宜上下对齐。

④矩形平面的部分框支抗震墙结构，其框支层的楼层侧向刚度不应小于相邻非框支层楼层侧向刚度的 50%；框支层落地抗震墙间距不宜大于 24m，框支层的平面布置宜对称，且宜设抗震筒体。底层框架部分承担的地震倾覆力矩，不应大于结构总地震倾覆力矩的 50%。

3）关于楼盖、屋盖

（1）框架—抗震墙、板柱—抗震墙结构以及框支层中，抗震墙之间无大洞口的楼、屋盖的长宽比，不宜超过表 6-5 的规定，超过时，应计入楼盖平面内变形的影响。

（2）采用装配式楼、屋盖时，应采取措施保证楼、屋盖的整体性及其与抗震墙的可靠连接，采用配筋现浇面层加强时，厚度不宜小于 50mm。

4）关于基础和地下室

（1）框架单独柱基宜沿两个主轴方向设置基础连系梁。

（2）框架—抗震墙结构、板柱—抗震墙结构中的抗震墙基础和部分框支抗震墙结构的落地抗震墙基础，应有良好的整体性和抗转动的能力。

抗震墙之间楼屋盖的长宽比　　　　　　　　　　　　　　　　表 6-5

楼、屋盖类型		设防烈度			
		6	7	8	9
框架—抗震墙结构	现浇或叠合楼、屋盖	4	4	3	2
	装配整体式楼、屋盖	3	3	2	不宜采用
板柱—抗震墙结构的现浇楼、屋盖		3	3	2	—
框支层的现浇楼、屋盖		2.5	2.5	2	—

（3）地下室顶板作为上部结构的嵌固部位时，应避免开设大洞口；地下室在地上结构相关范围的顶板应采用现浇梁板结构，相关范围以外的地下室顶板宜采用现浇梁板结构；其楼板厚度不宜小于 180mm，混凝土强度等级不宜小于 C30；结构地上一层的侧向刚度，不宜大于相关范围地下一层侧向刚度的 0.5 倍；地下室周边宜有与其顶板相连的抗震墙。

5）关于填充墙及楼梯的要求

钢筋混凝土结构中的砌体填充墙，宜与柱脱开或采用柔性连接，并符合下列要求。

（1）填充墙在平面和竖向的布置，宜均匀对称，宜避免形成薄弱层或短柱。

（2）砌体的砂浆强度等级不应低于 M5；实心块体的强度等级不宜低于 MU2.5，空心块体的强度等级不宜低于 MU3.5；墙顶应与框架梁密切结合。

（3）墙长大于 5m 时，墙顶与梁宜有拉结；墙长超过 8m 或层高 2 倍时，宜设置钢筋混凝土构造柱；墙高超过 4m 时，墙体半高宜设置与柱连接且沿墙全长贯通的钢筋混凝土水平系梁。

（4）楼梯间和人流通道的填充墙，尚应采用钢丝网砂浆面层加强。

对于钢筋混凝土结构的楼梯，有下列要求：楼梯宜采用现浇钢筋混凝土楼梯；对于框架部分的楼梯，楼梯间的布置不应导致结构平面特别不规则；宜采用构造措施减少楼梯构件对主体结构刚度的影响；楼梯间两侧填充墙与柱之间应加强拉结。

6.3.3　抗震构造措施

多层和高层钢筋混凝土关于抗震的构造措施非常复杂，下面仅选择了一些建筑设计人员应基本掌握的相关要点。

1）框架结构

（1）梁的截面尺寸，宜符合下列各项要求：截面宽度不宜小于 200mm；截面高宽比不宜大于 4；净跨与截面高度之比不宜小于 4。

（2）采用梁宽大于柱宽的扁梁时，楼板应现浇，梁中线宜与柱中线重合，扁梁应双向布置，截面尺寸应符合下列要求，并满足现行有关规范对挠度和裂缝宽度的规定：$b_b \leq 2b_c$，$b_b \leq b_c + h_b$，$h_b \geq 16d$，式中 b_c——柱截面宽度，圆形截面取柱直径的 0.8 倍。h_b、b_b——分别为梁截面宽度和高度。d——柱纵筋直径。

（3）柱截面的宽度和高度不宜小于 300mm；圆柱的直径不宜小于 350mm，截面长边与短边的边长比不宜大于 3。

2）抗震墙结构

（1）抗震墙的厚度不应小于 140mm 且不应小于层高或无支长度的 1/25。

底部加强部位的墙厚不应小于 160mm 且不宜小于层高或无支长度的 1/20。

（2）抗震墙两端和洞口两侧应设置边缘构件，边缘构件包括暗柱、端柱和翼墙。

（3）抗震墙的墙肢长度不大于墙厚的 3 倍时，应按柱的有关要求进行设计；矩形墙肢的厚度不大于 300mm 时，箍筋宜沿全高加密。

（4）跨高比较小的高连梁，可设水平缝形成双连梁、多连梁或采取其他加强受剪承载力的构造。顶层连梁的纵向钢筋伸入墙体的锚固长度范围内，应设置箍筋。

3）框架—抗震墙结构

（1）抗震墙的厚度不应小于 160mm 且不应小于层高或无支长度的 1/20，底部加强部位的抗震墙厚度不应小于 200mm 且不宜小于层高或无支长度的 1/16；有端柱时，墙体在楼盖处宜设置暗梁，暗梁的截面高度不宜小于墙厚和 400mm 的较大值；端柱截面宜与同层框架柱相同，并应满足框架结构抗震构造措施对框架柱的要求；抗震墙底部加强部位端柱和紧靠抗震墙洞口端柱宜按柱箍筋加密区的要求沿全高加密箍筋。

（2）抗震墙的竖向和横向分布钢筋，配筋率均不应小于 0.25%，钢筋间距不宜大于 300mm，直径不宜小于 10mm，并应双排布置。

（3）楼面梁与抗震墙平面外连接时，不宜支承在洞口连梁上，沿梁轴线方向宜设置与梁连接的抗震墙，也可在支撑梁的位置设置扶壁柱或暗柱。

（4）框架—抗震墙结构的其他抗震构造措施，应符合框架结构和抗震墙结构要求。

4）板柱—抗震墙结构

板柱—抗震墙结构的抗震墙，应符合框架—抗震墙结构的有关规定，同时还需要满足以下要求：

（1）抗震墙的厚度不应小于 180mm，且不宜小于层高或无支长度的 1/20；房屋高度大于 12m 时，墙厚不应小于 200mm。

（2）房屋的周边应采用有梁框架，楼、电梯洞口周边宜设置边框梁。

（3）8 度时宜采用有托板或柱帽的板柱节点，托板或柱帽根部的厚度（包括板厚）不宜小于柱纵筋直径的 16 倍，托板或柱帽的边长不宜小于 4 倍板厚及柱截面相应边长之和。

（4）房屋的屋盖和地下一层顶板，宜采用梁板结构。

（5）无柱帽平板应在柱上板带中设构造暗梁，暗梁宽度可取柱宽及柱两侧各不大于 1.5 倍板厚。

5）筒体结构

（1）框架—核心筒结构应符合下列要求：

①核心筒与框架之间的楼盖宜采用梁板体系；部分楼层采用平板体系时应有加强措施。②加强层设置应符合下列要求：加强层的大梁或桁架应与核心筒内的墙肢贯通，大梁或桁架与周边框架柱的连接宜采用铰接或半刚性连接。结构整体分析应计入加强层变形影响。9 度时不应采用加强层。施工程序及连接构造，应采取措施减小结构竖向温度变形及轴向压缩对加强层的影响。

（2）框架—核心筒结构的核心筒，筒中筒结构的内筒，其抗震墙应符合抗震墙结构的有关规定，且抗震墙的厚度，竖向和横向分布钢筋应符合框架—抗震墙有关的规定，筒体底部加强部位及相邻上一层，当侧向刚度无突变时不宜改变墙体厚度；内筒的门洞不宜靠近转角。

（3）楼面大梁不宜支承在内筒连梁上。楼面大梁与内筒或核心筒平面外连接时，不宜支承在洞口连梁上，沿梁轴线方向宜设置与梁连接的抗震墙，也可在支撑梁的位置设置扶壁柱或暗柱。

（4）筒体转换层上下的结构质量中心宜近重合，转换层上下层的侧向刚度比不宜大于2；转换层上部的竖向抗侧力构件宜直接落在转换层的主结构上；厚板转换层结构不宜用于7度及7度以上的高层建筑；转换层楼盖不应有大洞口，在平面内宜接近刚性；9度时不应采用转换层结构。

6.4 多层和高层钢结构的抗震设计

6.4.1 概述

钢结构在中国的发展已有几十年的历史。最初主要应用于厂房、屋盖、平台等工业结构中，直到1980年代初期才开始大规模地应用于民用建筑中。钢结构轻质高强、延性好，具有良好的抗震性能。多层房屋钢结构体系具有比钢筋混凝土结构施工劳动强度低、施工速度快的优越性，发达国家钢结构建筑面积占总建筑面积可达10%以上，美国、日本甚至超过40%。国家"十三五"规划中也强调：研究并推广在各类建筑中应用钢结构新体系，扩大钢结构的应用范围。建筑中出现常用的钢结构体系有纯框架结构、框架中心支撑、框架—偏心支撑、筒中筒结构、带加强层的框筒结构以及巨型结构等。

6.4.2 多层和高层钢结构的震害

钢结构从其诞生之日起就被认为具有卓越的抗震性能，它在历次的地震中也经受了考验，很少发生整体破坏或坍塌现象。但是在1994年美国北岭（Northridge）大地震和1995年日本阪神大地震中，钢结构也出现了大量的局部破坏（如梁柱节点破坏、柱子脆性断裂、腹板裂缝和翼缘屈曲等），甚至在日本阪神地震中发生了钢结构建筑整个中间楼层被震塌的现象。根据钢结构在地震中的破坏特征，将结构的破坏形式分为以下几类：

1）多层钢结构底层或中间某层整层的坍塌

在以往的地震中，钢结构建筑很少发生整层坍塌的破坏现象。而在1995年阪神大地震中，不仅许多多层钢结构在首层发生了整体破坏，还有不少多层钢结构在中间层发生了整体破坏。究其原因，主要是楼层屈服强度系数沿高度分布不均匀，造成了结构薄弱层的形成。

2）梁、柱、支撑等构件的破坏

在以往所有的地震中，梁柱构件的局部破坏都较多。对于框架柱来说，主要有翼缘的屈曲、拼接处的裂缝、节点焊缝处裂缝引起的柱翼缘层状撕裂、甚至框架柱的脆性断裂。对于框架梁而言，主要有翼缘屈曲、腹板屈曲和裂缝、截面扭转屈曲等破坏形式。支撑的破坏形式主要就是轴向受压失稳。

3）节点域的破坏形式

节点域的破坏形式比较复杂，主要有加劲板的屈曲和开裂、加劲板焊缝出现裂缝、腹板屈曲和裂缝。

4）节点的破坏形式

节点破坏是地震中发生最多的一种破坏形式，根据在现场观察到的梁柱节点破坏，裂缝在梁下翼缝中扩展，甚至梁下翼缘焊缝与柱翼缘完全脱离开来为地震中梁柱节点破坏最多的形式；另一种发生较多的梁柱节点破坏模式，即裂缝从下翼缘垫板与柱交界处开始，然后向柱翼缘中扩展，甚至很多情况下撕下一部分柱翼缘母材。其实这些梁柱节点脆性破坏曾在试验室试验中多次出现，只是当时都没有引起人们的重视。在地震中常出现的节点破坏还有柱底板的破裂以及其锚栓、钢筋混凝土墩的破坏。

5）震害原因的探讨

根据对上述多层和高层钢结构房屋的震害特征的分析，总结其破坏原因主要有：（1）结构的层屈服强度系数和抗侧刚度沿高度分布不均匀造成了底层或中间层薄弱层，从而发生薄弱层的整体破坏。（2）构件的截面尺寸和局部构造如长细比、板件宽厚比设计不合理时，造成了构件的脆性断裂、屈曲和局部的破裂等。（3）焊缝尺寸设计不合理或施工质量不过关造成了许多焊缝处都出现了裂缝的破坏。（4）梁柱节点的设计、构造以及焊缝质量等方面的原因造成了大量的梁柱节点脆性破坏。

6.4.3 多层和高层钢结构房屋抗震设计的一般规定

1）结构平、立面布置以及防震缝的设置

和其他类型的建筑结构一样，多高层钢结构房屋的平面布置宜简单、规则和对称，并应具有良好的整体性；建筑的立面和竖向剖面宜规则，结构的抗侧刚度宜均匀变化，竖向抗侧力构件的截面尺寸和材料强度宜自下而上逐渐减小，避免抗侧力结构的侧向刚度和承载力突变。钢结构房屋应尽量避免采用不规则结构。多高层钢结构房屋一般不宜设防震缝，薄弱部位应采取措施提高抗震能力。当结构体型复杂、平立面特别不规则，必须设置防震缝时，可按实际需要在适当部位设置防震缝，形成多个较规则的抗侧力结构单元，防震缝缝宽应不小于相应钢筋混凝土结构房屋的1.5倍。

2）适用的高度、最大高宽比以及钢结构的抗震等级

（1）适用的高度：表6-6所列为规范规定的各种不同结构体系的多层和高层钢结构房屋的最大适用高度。表中所列的各项取值是在研究各种结构体系的结构性能和造价的基础之上，按照安全性和经济性的原则确定的。纯钢框架结构有较好的抗震能力，即在大震作用下具有很好的延性和耗能能力，但在弹性状态下抗侧刚度相对较小。研究表明，对6、7度设防和非设防的结构，即水平地震力相对较小的结构，最大经济层数是30层约110m，则此时规范规定的高度不应超过110m。对于8、9度设防的结构，地震力相对较大，层数应适当减小。简体结构是超高层建筑中应用较多，也是建筑物高度最高的一种结构形式，世界上最高的建筑物大多采用简体。现规范将简体结构在 6、7 度地区的最大适用高度定为 300m。8、9 度适当减少，其中 8 度定为 260m，9 度定为 180m。

（2）最大高宽比：现行规范主要从高宽比对舒适度的影响以及参考国内外已建实际工程的高宽比确定。由于纽约著名的建筑——世界贸易中心的高宽比是 6.5，其值较大并具有一定的代表性，其他建筑的高宽比很少有超过此值的。故规范将 6、7 度地区的钢结构建筑物的高宽比最大值定为 6.5，8、9 度适当缩小，分别为 6.0 和 5.5（表 6-7）。由于缺乏对各种结构形式钢结构的合理高宽比最大值进行系统研究，故现规范中不同结构形式采用统一值（计算高宽比的高度从室外地面算起）。

3）框架—支撑结构的支撑布置原则

（1）采取框架结构时，甲、乙类建筑和高层的丙类建筑不应采用单跨框架，多层丙类建筑不宜采用单跨框架。采用框架—支撑结构的钢结构房屋，应遵循抗侧力刚度中心与水平地震作用合力接近重合的原则，即在两个方向上均宜基本对称布置。同时支撑框架之间楼盖的长宽比不宜大于 3，以保证抗侧刚度沿长度方向分布均匀。

（2）中心支撑框架在小震作用下具有较大的抗侧刚度，同时构造简单；但是在大震作用下，支撑易受压失稳，造成刚度和耗能能力的急剧下降。偏心支撑在小震作用下具有与中心支撑相当的抗侧刚度，在大震作用下还具有与纯框架相当的延性和耗能能力，但构造相对复杂。所以对于不超过 50m 的钢结构，即地震力相对较小的结构可以采用中心支撑框架，有条件时可以采用偏心支撑等消能支撑。超过

钢结构房屋适用的最大高度（m）　　　　表 6-6

结构类型	6、7 度	7 度	8 度		9 度
	0.1g	0.15g	0.20g	0.30g	0.40g
框架	110	90	90	70	50
框架—中心支撑	220	200	180	150	120
框架—偏心支撑（延性墙板）	240	220	200	180	160
简体（框筒，筒中筒，桁架筒，束筒）和巨型框架	300	280	260	240	180

注：1. 房屋高度指室外地面到主要屋面板板顶的高度（不包括局部突出屋顶部分）；
　　2. 超过表内高度的房屋，应进行专门研究和论证，采取有效的加强措施；
　　3. 表中的简体不包括混凝土筒。

钢结构民用房屋适用的最大高宽比　　　　表 6-7

烈度	6、7 度	8 度	9 度
最大高宽比	6.5	6.0	5.5

注：塔形建筑的底部有大底盘时，高宽比可按大底盘以上计算。

50m 的钢结构宜采用偏心支撑框架。

（3）多高层钢结构的中心支撑宜采用交叉支撑、人字支撑或单斜杆支撑，但不宜用 K 形支撑。因为这种支撑形式在地震力作用下可能因受压斜杆屈曲或受拉斜杆屈服，引起较大的侧移使柱发生屈曲甚至倒塌。当采用只能受拉的单斜杆支撑时，必须设置两组不同倾斜方向的支撑，以保证结构在两个方向具有同样的抗侧能力。对于不超过 50m 的钢结构可先采用交叉支撑，按拉杆设计，相对经济。中心支撑具体布置时，其轴线应交汇于梁柱构件的轴线交点，确有困难时偏离中心不应超过支撑杆件宽度，并应计入由此产生的附加弯矩。

（4）偏心支撑框架根据其支撑的设置情况分为 D、K 和 V 形。无论采用何种形式的偏心支撑框架，每根支撑至少有一端偏离梁柱节点，而直接与框架梁连接，则梁支撑节点与梁柱节点之间的梁段或梁支撑节点与另一梁支撑节点之间的梁段即为消能梁段。偏心支撑框架体系的性能很大程度上取决于消能梁段，消能连梁不同于普通的梁，跨度小、高跨比大，同时承受较大的剪力和弯矩。其屈服形式、剪力和弯矩的相互关系以及屈服后的性能均较复杂。

（5）采用屈曲约束支撑时，宜采用人字支撑、成对布置的单斜杆支撑等形式，不应采用 K 形或 X 形，支撑与柱的夹角宜在 35~55° 之间。

4）多层和高层钢结构房屋中楼盖形式

在多高层钢结构中，楼盖的工程量占很大比重，它对结构的整体工作、使用性能、造价及施工速度等方面都有着重要的影响。设计中确定楼盖形式时，主要考虑以下几点：（1）保证楼盖有足够的平面整体刚度，使得结构各抗侧力构件在水平地震作用下具有相同的侧移；（2）较轻的楼盖结构自重和较低的楼盖结构高度；（3）有利于现场快速施工和安装；（4）较好的防火、隔声性能，便于敷设动力、设备及通信等管线设施。

目前，楼板的做法主要有压型钢板现浇钢筋混凝土组合楼板、装配整体式预制钢筋混凝土楼板、装配式预制钢筋混凝土楼板、普通现浇钢筋混凝土楼板或其他楼板。从性能上比较，压型钢板现浇钢筋混凝土组合楼板比普通现浇混凝土楼板的平面整体刚度更好；从施工速度上比较，压型钢板现浇钢筋混凝土组合楼板、装配整体式预制钢筋混凝土楼板和装配式预制钢筋混凝土楼板都较快；从造价上比较，压型钢板现浇钢筋混凝土组合楼板也相对较高。

综合比较以上各种因素，规范建议多高层钢结构宜采用压型钢板现浇钢筋混凝土组合楼板，因为当我国现行压型钢板现浇钢筋混凝土组合楼板与钢梁有可靠连接时，具有很好的平面整体刚度，同时不需要现浇模板，提高了施工速度。规范规定：①楼盖宜采用压型钢板现浇钢筋混凝土组合楼板或钢筋混凝土楼板；②对 6、7 度时不超过 50m 的钢结构，尚可采用装配整体式钢筋混凝土楼板，也可采用装配式楼板或其他轻型楼盖，但应保证楼盖整体性；③对转换层楼盖或楼板有大洞口等情况，必要时可设置水平支撑。具体设计和施工中，当采用压型钢板现浇钢筋混凝土组合楼板或现浇钢筋混凝土楼板时，与钢梁有可靠连接；当采用装配式、装配整体式或轻型楼板时，应将楼板预埋件与钢梁连接，或采取其他保证楼盖整体性的措施。必要时，在楼盖的安装过程中要设置一些临时支撑，待楼盖全部安装完成后再拆除。

5）多层和高层钢结构房屋的地下室

规范规定超过 50m 的钢结构房屋应设置地下室。当设置地下室时，其基础形式也应根据上部结构及地下室情况、工程地质条件、施工条件等因素综合考虑确定。地下室和基础作为上部结构连续的锚伸部分，应具有可靠的埋置深度和足够承载力及刚度。规范规定，当采用天然地基时，其基础埋置深度不宜小于房屋总高度的 1/15；当采用桩基时，桩承台埋置深度不宜小于房屋总高度的 1/20。

钢结构房屋设置地下室时，为了增强刚度并便于连接构造，框架—支撑（抗震墙板）结构中竖向连续布置的支撑（或抗震墙板）应延伸至基础；框架柱应至少延伸至地下一层。在地下室部分，支撑的位置不可因建筑方面的要求而在地下室移动位置。但是，当钢结构的底部或地下室设置钢骨混凝土结构层，为增加抗侧刚度、构造等方面的协调性时，可将地下室部分的支撑改为混凝土抗震墙。至于抗震墙是由钢支撑外包混凝土构成还是采用混凝土墙，由设计而定。

6.5 建筑隔震与消能减震设计

近几年来的大地震经验证实，建筑隔震与消能减震对于减少结构地震反应，减轻建筑结构的地震破坏，保持建筑的使用功能是非常有效的。作为减轻建筑结构地震灾害的一种新技术和基于性能抗震设计技术的一个组成部分，规范对建筑的隔震设计和消能减震设计作了原则的规定，主要包括使用范围、设防目标、隔震和消能减震部件的要求、隔震的水平方向减

震系数、隔震层设计、隔震结构的抗震构造，以及消能部件的附加阻尼和设计方法等。

6.5.1 隔震与消能减震概念及其适用性

1）隔震设计概念

地震释放的能量是以振动波为载体向地球表面传播。通常的建筑物和基础牢牢地连接在一起，地震波携带的能量通过基础传递到上部结构，进入到上部结构的能量被转化为结构的动能和变形能。在此过程中，当结构的总变形能超越了结构自身的某种承受极限时，建筑物便发生损坏甚至倒塌。隔震，即在建筑物基础与上部结构之间设置由隔震装置、阻尼装置、抗风装置、限位装置、抗拉装置和刚度调节装置以及其他附属装置等组成的隔震层，隔离地震能量向上部结构传递，减少输入到上部结构的地震能量，降低上部结构的地震反应，达到预期的防震要求。地震时，隔震结构的震动和变形均可控制在规定的范围，从而使建筑物的安全得到更可靠的保证。表 6-8 表达了隔震设计和传统抗震设计在设计理念上的区别。隔震装置的作用是支承建筑物重量、延长结构周期，阻尼器的作用是消耗地震能量、控制隔震层变形。隔震装置的类型很多。常用的隔震装置有橡胶隔震支座、弹性滑板支座（ESB）、摩擦摆支座（FPS），及其他隔震支座。目前，在我国比较成熟的是橡胶隔震支座，它又可分为天然橡胶支座（LNR）、铅芯橡胶支座（LRB）、高阻尼橡胶支座（HDR）。如图 6-4 为典型支座。

2）消能减震概念

在建筑物的抗侧力结构中（如支撑、剪力墙、节点、连接件、楼层空间、相邻建筑间、

主附结构间等）设置消能部件（由阻尼器、连接支撑等组成），通过阻尼器局部变形提供附加阻尼，吸收与消耗地震能量，称为消能减震设计。采用消能减震设计时，输入到建筑物的地震能量一部分被阻尼器所消耗。其余部分转换为结构的动能和变形能。因此，可达到降低结构地震反应的目的。阻尼器有黏弹性阻尼器、黏滞阻尼器、金属屈服型阻尼器、屈曲约束耗能支撑、摩擦消能阻尼器、电流变阻尼器、磁流变阻尼器等。吸振减震技术是在主体结构中附加子结构，使主体结构的振动发生转移，即使结构的振动能量在主体结构和子结构之间重新分配，达到减小结构振动的目的。目前主要的吸振减震装置有：调谐液体阻尼器（TLD）、调谐质量阻尼器（TMD）、液压—质量控制系统（HMS）、空气阻尼器和质量泵等。

3）隔震和消能减震设计的主要优点

隔震体系能够减小结构的水平地震作用，已被国内外强震记录证实。国内外大量试验和工程经验表明："隔震"一般可使上部结构的水平地震作用减少60%~80%左右，从而消除或有效地减轻结构和非结构的地震损坏，提高建筑物及其内部设施、人员在地震时的安全性，增加震后建筑物继续使用的能力，具有巨大的社会和经济效益。图6-5表示了在地震中传统房屋与隔震房屋的区别。

采用消能方案可以减少结构在风作用下的位移已是公认的事实，对减少结构水平和竖向地震反应也是有效的。与传统抗震结构相比，消能减震结构能有效减小结构的地震反应

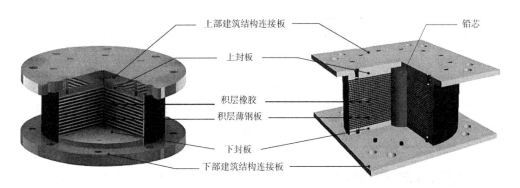

（LNR）隔震支承内部结构　　　　　　　　　　　　　　　（LRB）隔震支承内部结构

图6-4　典型支座[147]

隔震房屋和抗震房屋设计理念对比　　　　　　　　　　　表6-8

	传统抗震房屋	隔震房屋
结构体系	上部结构和基础牢固连接	削弱上部结构与基础的有关连接
科学思想	加强结构构件，提高结构自身的抗震能力	调整结构动力参数，隔离地震能量向结构的输入
方法措施	强化结构刚度和延性	延长结构周期，增大结构阻尼，控制结构反应
设计目标	可坏、不倒	不坏、处于弹性
保护对象	结构本身	结构、内部装修及设备仪器

20%~40%，在不改变主体结构的竖向受力体系的情况下，采用消能减震技术可提高结构安全性、增加结构安全储备，可合理利用消能减震技术实现降低建筑结构造价的目的。

4）隔震和消能减震设计的适用范围

（1）隔震设计的适用范围：现行规范对隔震结构提出了一些使用要求。根据研究：隔震结构主要用于低层和多层建筑结构。日本和美国的经验表明不隔震时基本周期小于 1.0s 的建筑结构减震效果与经济性均最好。硬土场地较适合于隔震建筑隔震设计中对风荷载和其他非地震作用的水平荷载给予一些限制，是为了保证隔震结构具有可靠的抗倾覆能力。就使用功能而论，隔震结构可用于：医院、银行、保险、通信、警察局、消防、电力等重要建筑；首脑

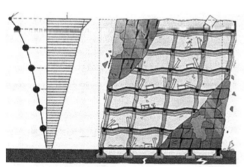

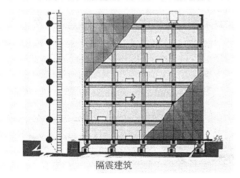

图 6-5　传统抗震和隔震的比较 [148]

机关、指挥中心以及放置贵重设备、物品的房屋；图书馆、博物馆和纪念性建筑；一般工业与民用建筑；建筑物的抗震加固。

（2）消能设计的适用范围：消能部件的置入，不改变主体承载结构的体系，又可减少结构的水平和竖向地震作用，不受结构类型和高度的限制，在新建建筑和建筑抗震加固中均可采用。

6.5.2　隔震结构的设计要点

1）隔震结构方案的选择

隔震建筑方案的采用，应根据建筑抗震设防类别、设防烈度、场地条件、建筑结构方案和建筑使用要求，进行技术、经济可行性综合比较分析后确定。

采用隔震设计时应符合下列各项要求：①结构高宽比宜小于 4，且不应大于相关规范规程对非隔震结构的具体规定，其变形特征接近剪切变形，最大高度应满足本规范非隔震结构的要求；高宽比大于 4 或非隔震结构相关规定的结构采用隔震设计时，应进行专门研究。②建筑场地不宜为软弱土应选用稳定性较好的基础类型。③风荷载和其他非地震作用的水平荷载标准值产生的总水平力不宜超过结构总重力的 10%。

2）隔震层的设置

隔震层宜设置在结构的底部或中下部，其橡胶隔震支座应设置在受力较大的位置，间距不宜过大，其规格、数量和分布应根据竖向承载力、侧向刚度和阻尼的要求通过计算确定。根据隔震层位置的不同，可分为基础隔震、层间隔震、屋盖隔震等结构形式。

3）隔震层的布置应符合下列的要求

（1）隔震层可由隔震支座、阻尼装置和抗风装置组成。阻尼装置、抗风装置和抗拉装置可与隔震支座合为一体，亦可单独设置。必要时可设置限位装置。

（2）隔震层刚度中心宜与上部结构的质量中心重合。

（3）隔震支座的平面布置宜与上部结构和下部结构的竖向受力构件的平面位置相对应。

（4）同一建筑隔震层选用多种类型、规格的隔震装置时，每个隔震装置的承载力和水平变形能力应能充分发挥。

（5）同一支承处选用多个隔震支座时，隔震支座之间的净距应大于安装操作所需要的空间要求。

（6）隔震支座底面宜布置在相同标高位置上；当隔震层的隔震装置处于不同标高时，应采取有效措施保证隔震装置共同工作。

（7）隔震层的阻尼装置、抗风装置或抗拉装置宜在建筑中合理布置。

6.5.3 消能减震设计要点

1）消能减震部件及其布置

消能减震设计时，应根据罕遇地震下的预期结构位移控制要求，设置适当的消能部件。消能部件可由消能器及斜撑、墙体、梁或节点等支承构件组成。消能器可分为速度相关型、位移相关型和复合型消能器。消能部件可根据需要沿结构的两个主轴方向分别设置。消能部件的竖向布置宜使结构沿高度方向刚度均匀。消能部件宜设置在层间变形较大的位置，其数量和分布应通过综合分析合理确定，为结构提供适当的附加阻尼和刚度，并有利于提高整体结构的消能能力，形成均匀合理的受力体系。消能部件的布置不宜使结构出现薄弱构件或薄弱层。

2）消能减震设计要点

（1）由于加上消能部件后不改变主体结构的基本形式，除消能部件外的结构设计仍应符合规范相应类型结构的要求。因此，计算消能减震结构的关键是确定结构的总刚度和总阻尼。

（2）一般情况下，计算消能减震结构宜采用静力非线性分析或非线性时程分析方法。对非线性时程分析法，宜采用消能部件的恢复力模型计算；对静力非线性分析法，可采用消能部件附加给结构的有效阻尼比和有效刚度计算。

（3）当主体结构基本处于弹性工作阶段时，可采用线性分析方法作简化估计，并根据结构的变形特征和高度等，按规范规定分别采用底部剪力法、振型分解反应谱法和时程分析法。其地震影响系数可根据消能减震结构的总阻尼比确定。

（4）消能减震结构的总刚度为结构刚度和消能部件有效刚度的总和。

（5）消能减震结构的总阻尼比为结构阻尼比和消能部件附加给结构的有效阻尼比的总和。多遇地震和罕遇地震下的总阻尼比应分别计算。

3）消能器部件的连接

（1）消能器与斜撑、墙体、梁或节点连接，应符合钢构件连接或钢与钢筋混凝土构件连接的构造要求，并能承担消能器施加给连接节点的最大作用力。

（2）与消能部件相连的结构构件，应计入消能部件传递的附加内力，并将其传递到基础。

（3）消能器及其连接构件应具有耐久性能和较好的易维护性。

（4）消能器与支撑、节点板、预埋件的连接可采用高强度螺栓、焊接或销轴，高强度螺栓及焊接的计算、构造要求应符合现行国家标准《钢结构设计规范》GB 50017—2017 的规定。

（5）预埋件、支撑和支墩、剪力墙及节点板应具有足够的刚度、强度和稳定性。

（6）消能器的支撑或连接元件或构件、连接板应保持弹性。

（7）与位移相关型或速度相关型消能器相连的预埋件、支撑和支墩、剪力墙及节点板的作用力取值应为消能器在设计位移或设计速度下对应阻尼力的 1.2 倍。

6.6 非结构构件的抗震设计

6.6.1 概述

抗震设计中的非结构构件通常包括建筑非结构构件和固定于建筑结构的附属机电设备。建筑非结构构件指建筑中除承重骨架体系以外的固定构件和部件，主要包括非承重墙体，附着于楼面和屋面结构的构件、装饰构件和部件、固定于楼面的大型储物架等；建筑附属机电设备指与建筑使用功能有关的附属机械、电气构件、部件和系统，主要包括电梯，照明和应急电源、通信设备，管道系统，采暖和空气调节系统，烟火监测和消防系统，公用天线等。上述的部件无论是工程量还是投资都是不小的。

在中等程度的地震影响时，这些结构构件的破坏数量和程度、对建筑功能的影响以及给居民心理上的影响等，比结构主体的破坏所造成的影响要大。因此，地震时像非承重墙体、吊顶、幕墙、机械、电器和管道构件等破坏造成的危险性也应给予充分的重视。非结构构件抗震设计所涉及的设计领域较多，一般由相应的建筑设计、室内装修设计、建筑设备专业等有关工种的设计人员分别完成。目前已有玻璃幕墙、电梯等的设计规程，一些相关专业的设计标准也将陆续编制和发布。因此，在建筑抗震设计规范中，主要规定了主体结构体系设计中与非结构有关的要求。

6.6.2 非结构构件的抗震设防目标

非结构构件的抗震设防目标原则上要与主体结构三水准的设防目标相协调，容许建筑非结构构件的损坏程度略大于主体结构，但不得危及生命。在多遇地震下，建筑非结构构件不宜有破坏；机、电设备应能保持正常运行功能；在设防烈度地震下，建筑非结构构件可以容许比结构构件有较重的破坏（但不应伤人），机电设备应尽量保持运行功能，即使遭到破坏也应能尽快恢复，特别是避免发生次生灾害的破坏；在罕遇地震下，各类非结构构件可能有较重的破坏，但应避免重大次生灾害。

随着社会进步，经济生活的发展，人们对室内生活和工作环境的要求日渐增高，设备性能和质量也日益提高，建筑的非结构构件的造价占总造价的主要部分，抗震设防将不仅是保护人的生命安全，而要更多地考虑经济和社会生活，非结构构件的抗震设防目标将更为重要。

6.6.3 建筑非结构构件的基本抗震措施

1）结构体系相关部位的要求

设置连接建筑非结构构件的预埋件、锚固件的部位，应采取加强措施，以承受建筑构件传给结构体系的地震作用。

2）非承重墙体的材料、选型和布置要求

应根据设防烈度、房屋高度、建筑体形、结构层间变形、墙体抗侧力性能的利用等因素经综合分析后确定。应优先采用轻质墙体材料，采用刚性非承重墙体时，其布置应避免使结构形成刚度和强度分布上的突变。楼梯间和公共建筑的人流通道，其墙体的饰面材料要有限制，避免地震时塌落堵塞通道。天然的或人造的石料和石板，仅当嵌砌于墙体或用钢锚件固定于墙体，才可作为外墙体的饰面。

3）墙体与结构体系的拉结要求

墙体应与结构体系有可靠的拉结，应能适应不同方向的层间位移；8、9度时有满足层间变位的变形能力，与悬挑构件相连接时，具有满足节点转动引起的竖向变形的能力。

4）砌体墙的构造措施

砌体墙主要包括砌体结构中的后砌隔墙、框架结构中的砌体填充墙、单层钢筋混凝土柱厂房的砌体围护墙和隔墙、单层钢结构厂房的围护墙、砌体女儿墙等，应采取措施（如柔性连接等）减少对结构体系的不利影响，并按要求设置拉结筋、水平系梁、圈梁、构造柱等加强自身的稳定性和与主体结构的可靠拉结。

5）顶棚和雨篷的构造措施

各类顶棚、雨篷与主体结构的连接件，应有满足要求的连接承载力，足以承担非结构自身重力和附加地震作用。

6）幕墙和预制墙板的构造措施

玻璃幕墙、预制墙板、附属于楼屋面的悬臂构件和大型储物架的抗震构造，应符合相关专门标准的规定。

6.7 建筑抗震实例和未来发展趋势

自人类挖洞筑穴以来，就一直致力于如何使人类居住的场所更加安全，抗震是人类研究的重要对象，随着各种技术的发展和经济的进步，我们越来越有能力设计建造出有良好抗震能力的建筑。下面介绍的是近20年来国内外建筑实例，有的是已经遭受过大地震却基本完好的建筑，有的是为高危地震区设计的方案，着重突出其抗震的思想概念和设计。

1）实例1：箭头区域地方医疗中心

（1）建筑概况

设计师：BTA—博布罗/托马斯联合事务所

地点：美国加利福尼亚的科尔顿

施工时间：1999年

工程师：KPFF公司的顾问工程师以及与之合作的泰勒和盖恩斯（帕萨迪纳）

地震历史：北岭地震，1994年1月发生，该建筑正处于设计最后阶段

抗震等级：里氏8.5级

声誉：当时被认为是世界上抗震能力最高的公用建筑

自给性能：一旦发生地震，至少能维持自给3天

地震危险性：很高，因为距圣·哈辛托（Sanjacinto）断层约2mile（3.2m），距圣·阿

德斯（San Andreas）断层约 9mile（14.4km）

　　基础隔震支座：392 个

　　长廊总造价：700 万美元

　　隔震系统总造价：1000 万美元

　　用于抗震设防费用占总造价比例：10%

　　总建筑面积：920000ft² （85471m²）

场地面积：3930000ft² （365109m²）

床位：873 张

总造价：2.76 亿美元

（2）设计思想

　　BTA 于 1990 年赢得医疗中心的建造权，其设计具有综合性和由里向外表现的功能性和

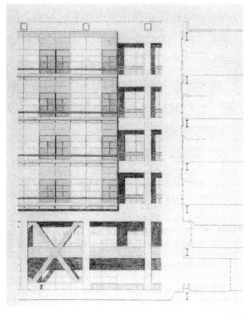

图 6-6　立面详图和半圆柱形楼的部分钢结构图 [230]

图 6-7　医疗中心远景图 [230]

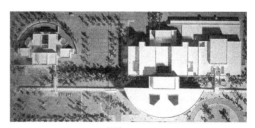

图 6-9　俯视全景图 [230]

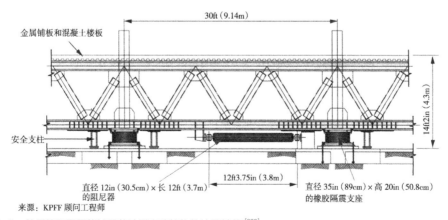

图 6-8　首层的隔震层能够显著地提高建筑物的抗震性能 [230]

良好的抗震性能，并为未来发展提供了充分的自由度。大楼组合体位于公园内，医疗中心的功能分布在南北向长廊连接的五幢建筑内。这种布置有助于将医疗设施与其他服务机构相分离，也提供给每个单元独有的外部空间、最适宜的采光和通风条件。建筑最高的部分是医院楼房，呈半圆柱形，能够一览乡村的全貌。其他服务功能位于矩形结构内，通过内部天井与带有小广场的外长廊相连，以供人们休息之用。所有的房屋都能够将山下景色一览无余。

这种功能分区除了使内部组织和布局清晰流畅，各种医疗功能区分明显，还有一个关键性的优点即每幢楼结构上独立，具有良好的抗震能力，并且有利于紧急疏散。

尽管每幢楼在功能上相互关联，但在结构上相互独立。其中三幢楼由 14ft（4.3m）长的造型别致的长廊相连。在地震时，这些长廊可使建筑物的距离即可收缩至 4in（10cm），又可伸长到 8in（2.4m）之大，使建筑具有了适应变形的能力。

医疗中心采用了隔震减震技术，其基础是一个被动液压阻尼系统，由 392 个橡胶支座和一系列减震装置组成。每根钢柱下安装一个阻尼装置，以保证整个结构处于初始位置，并吸收地面运动的能量。长约 12ft（3.7m）、直径为 12in（30.5cm）的阻尼器类似于汽车的减震器，专门为箭头区域地方医疗中心制造。它由免维护的不锈钢活塞和充满硅质材料的圆筒组成，水平安装，一端与基础相连，另一端与柱或由梁相连。这些隔震器能够吸收地震能量，并可用于防 MX 导弹或核爆炸袭击的系统。在阻尼减少结构位移的同时，隔震支座抑制地面运动加速度的影响。隔震支座高约 20in（50.8cm），直径约 35in（88.9cm）为叠层橡胶隔震支座，安装在柱及墙下以承受竖向荷载。此外，考虑到该地区与圣·阿德斯和哈辛托断层仅距 9mile（14.5km），地震发生概率很大，大楼按里氏 8.5 级进行抗震设计。医疗中心有自给系统，能够 74 小时不依赖外部援助而正常运作，这种有力的措施使该医疗中心成为当年抗震性能最好的公用建筑。

采光和最佳的通风在内部设计中起着重要作用。大多数材料都为白或淡灰色，以减少与其他构件的差异。

2）实例2：北京新机场航站楼

（1）建筑概况

位置：中国北京市

建造时间：2019 年

建筑设计：法国巴黎机场集团设计公司 ADPI 和英国女建筑师扎哈·哈迪德

建筑结构安全等级：一级

抗震设防烈度：8 度

抗震设防分类：乙类

设计使用年限：50 年

屋面标高：50m

总建筑面积：142 万 m²

航站楼建筑面积：78 万 m²

主体结构：钢筋混凝土框架结构

屋顶及支承结构：钢结构

总造价：800 亿人民币

隔震设计：基础隔震，共布置 1044 个橡胶隔震支座、108 个滑移隔震支座、144 个粘滞阻尼器

（2）设计思想

北京新机场的平面形状创新地采用放射构型，从中心以60°夹角向5个方向伸出5条指廊。其核心是以旅客为中心：利用新机场两条跑道间距较大的特点，可在保证飞机运行顺畅的同时，最大程度地缩短旅客的步行距离。

隔震层设置：由于核心区支承结构复杂，存在较多的竖向转换，结构单元超长超大（约545m×445m），温度作用显著。同时航站楼核心区下部地下二层设有高铁和地铁车站，高铁高速通过时对上部结构产生振动激励。为提高核心区抗震性能，在±0.00楼板较为完整位置设置隔震层。隔震目标为隔震层上部结构的水平地震作用及有关的抗震措施降低1度。隔震层由橡胶隔震支座、弹性滑板支座和阻尼器组成；以直径为1200mm的隔震支座为主，中心部分为橡胶隔震支座，外围采用铅芯橡胶隔震控制隔震层的偏心率，避免结构的扭转。

图6-10 航站楼实拍全景图[151]

图6-11 屋顶空间网架结构图

3）实例3：芦山县人民医院门诊综合楼

（1）建筑概况

位置：中国四川省芦山县

建筑设计：中煤科工集团重庆设计研究院成都分公司

建筑结构安全等级：一级

抗震设防烈度：7度（0.15g）

抗震设防分类：乙类

屋面标高：23.4m

隔震层高：1.2m

总建筑面积：6877.94m²

地上层数：6层

地下层数：1层

图6-12 隔震支座施工图

建设用地面积：1223.84m²

经历地震情况：2013年4月20号四川雅安地震中（里氏7.0级），芦山县人民医院门诊综合楼在地震中表现出良好的隔震效果，强震后，仅有轻微填充墙裂缝、吊顶坠落等非结构构件震害。

（2）设计思想

医院门诊综合楼为汶川地震后澳门特别行政区援助芦山县人民医院的灾后重建项目之一，位于四川雅安市芦山县芦阳镇东风路上。建筑长 64.5m，宽 19.5m，基础与首层间设置隔震层，隔震层层高为 1.2m，地上 1~4 层为各科诊室，5 层为手术室，6 层为远程会议中心。结构隔震采用直径为 500mm 和 600mm 的铅芯橡胶隔震支座（LRB）和普通橡胶隔震支座（LNR），结构中共布置了隔震支座 83 个，其中 LNR600 支座 37 个、LRB600 支座 4 个、LNR500 支座 12 个、LRB500 支座 30 个（在部分竖向力较大的柱底部布置 2 个隔震支座），并将铅芯橡胶隔震支座布置在结构平面四周。增加的减隔震措施使整个建筑预算增加 160 万，但在地震中避免损伤，其救灾带来的综合社会效益已经充分补偿了先期投入。

4）结语

尽管目前我们已找到一些抵抗地震的方法，但还没有真正解决问题，许多工程师和科学家认为我们必须从自然界中学习。自然界为人们提供了垂直空间仿生、不规则几何构造、混沌理论、整体论等理论。这些创造性理论都将改变未来世纪中人类的生活，包括抗震设计的概念和方法。如自然界在解决生物体的抵抗问题时，一个最有力的工具是力的微化分裂。当一个自然结构需要吸收大量的能量时，不是积聚大量的抵抗材料，相反，力是通过被划分到成千上万个相互联系着的抵抗纤维中而被耗散掉的。由纤维和空气形成的零乱结构，其抗力水平比那些由大量集中纤维形成的单一构件所具有的抗力水平要高 10 多倍。力量的微化分裂使类似树木那样大的结构、狮子牙齿或柑橘那样小的结构产生抵抗地震、风力或冲击力的防御机制。通过对力的微化分裂的研究，由此科学家和建筑师可设计出囊状柔性，多向辐射漂浮式混凝土结构和多个分块塑性抗震等仿生大厦联合体系，这将是未来抗震设计发展的重要趋势。

地震工程学是一项艰深而复杂的工程，而其中关于建筑抗震设计这一部分也有很多问题值得研究和探讨。随着科学技术的发展，我们一定能够找到更好的更有效的地方法设计出安全而美好的建筑。

作为建筑师绝不能忽视建筑抗震设计的重要性，若能在设计初期从结构体系，建筑形体和平面布置方面，就考虑建筑的抗震安全，将是十分经济而有益的。

图 6-13　芦山县人民医院门诊综合楼[158]

图 6-14　震后大楼图[159]

第7章

建筑防危

7.1 防盗

7.1.1 概述

安全防范技术：通常包括机械安全措施与智能化安全措施两类。安全防范具有三个基本要素，即探测、延迟和反应。首先通过多种技术途径进行探测，及时发现是否存在非法入侵的行为；然后通过机械防护措施起到威慑和阻滞的双重作用，以推延风险的发生时间；最后是防范系统发出警报，以待警卫人员及时赶到现场，处理突发事件。

7.1.2 机械安全措施

机械安全措施是在建筑上采取给罪犯制造机械障碍的预防措施。

1）防盗门

防盗门的各部分零件（门框、门扇、合页、锁、五金件等）应为一个紧密配合的整体。蜂窝门安全性较低、镶板门安全性与镶嵌的坚固性有关，金属门安全性较高、实心木门安全性很好。

2）防护窗

防护窗的牢固性越强，也就越有利于防盗。然而，这与建筑发生火灾或出现其他紧急情况时使用者的逃生势必发生冲突。另外，

由于金属格栅的杆件间距控制不当，致使儿童的头部被杆件卡住的事故屡见不鲜。因此，在今后的设计中，机械防护窗的设置呈现出逐渐弱化的趋势，取而代之的是智能化防盗措施的广泛运用。具体内容将在以下内容中详细论述。

防护窗尽量设置在室内（窗的内侧），还可以给窗安装电子监视装置。另外，通过提高玻璃的安全性能，可使窗本身的防护性能得到很大的改善。例如，采用安全绝缘玻璃或玻璃钢筋混凝土等。

防护窗：按形式可分为格栅防护窗、卷帘防护窗两类，按玻璃性能可分为安全绝缘玻璃防护窗、玻璃钢筋混凝土防护窗两类。

3）锁：可分为插锁、门障、报警门锁三类

4）露天场地的防护

露天场地是指隶属于居住区、政府机关、办公楼等建筑的半公共性场地以及别墅周边的私人区域。对露天场地的防护措施包括机械防护（围墙、围栏等）和智能化防护（各类监视系统）等（表7-1）。同室内的防护相似，在进行室外场地的防护时，最好将多种安全措施结合使用。在本节主要介绍机械防护装置，有关智能化防护系统的内容将在下一节中详述。

5）建筑外墙防攀爬

近年来，随着多、高层住宅及办公楼的大量兴建，盗贼攀爬建筑外墙入室行窃案件屡有发生。因此，除加强区域治安管理，设计师做建筑设计时也应考虑相关问题（表7-2）。

7.1.3 智能化安全措施

今天，运用各种现代化技术设备、集成系统和网络进行防范的智能化安全措施，为人们创造了安全、高效、便捷、节能的建筑环境，这是未来的大势所趋。一般而言，电子安全措施包括建筑物周界的防护报警系统、建筑物内部及周边的视频安防系统和建筑物范围内人员及车辆出入的门禁控制系统三大部分，各系统之间应具备联动控制功能。紧急情况时，门禁控制系统应能接受相关系统的联动，控制、自动释放、关闭电子锁。

1）防护报警系统

当歹徒闯入装有报警系统的场所时，保安系统的警铃、号笛或其他报警器会自动发出信号。这些系统可由电气开关触发，也可以采用做雷达、超声波、红外线装置或其他类型的传感器触发（表7-3）。大型商业建筑的防盗报警系统与设备管理电脑联网，可以自动打印记录，并通过监视闭路电视系统进行跟踪录像，作为侦破的证据。

2）视频安防监控系统

视频安防监控系统由前端摄像系统、视频传输线路、视频切换控制设备、后端显示记录装置四大部分组成。

按其不同的使用地点分类，有建筑室外露天场地和围护建筑的监视，和建筑内部空间或个别重点物品的监视两种。住宅小区的电视监控系统的主要范围包括小区的周边区域、主要

露天场地的机械防护 表7-1

分项		设计要求
围栏	作用	可以用来隔离建筑的室外场地；虽然围栏把场地隔离起来，但它的防盗作用不强，主要用于阻止行人践踏该场地
	树衡	用于别墅的围栏（树衡），通常在篱笆中间加设几排拉紧的带刺铁丝，这种简单的篱笆既可以提高住宅的私密性，对防盗也起了一定的作用
	抵抗值	在金属网顶部装两行以上带刺铁丝，可有效增加金属网的抵抗值。为了增加跨越的难度，可把支撑带刺铁丝的挺杆向内弯45°角
	规格	建筑法规上对围栏本身没有明确的规定和要求，一些地方习惯采用1.2~1.5m高的金属网
围护墙	抵抗值	尽管高而实的钢筋混凝土围护墙略欠美观，但它的抵抗值显而易见；采用牢固的坚向金属杆件做成的通透围墙比实墙美观，但其抵抗值有所下降。在实际中根据需要具体选用
	防护设施	目前，使用钢筋混凝土围护墙与电子监视系统共同作为场地的防护设施
针刺带、针刺滚筒	作用	这是保护重要建筑（例如核电站等）的特殊装置，用来防止歹徒强行冲入建筑内部，但只具有短期的防护作用
	能力	刺带上装有很多锋利的针刺，具有高效的穿插折破能力
	尺寸	由针刺带制成的滚筒是一种很好的障碍物，长约50m，利用专门安装工具进行安装，甚至可延长到一百多米

防攀爬建筑外立面设计要求　　　　　　　　　　　　　表 7-2

分项	设计要求
造型	建筑的造型不宜出现太多的凹凸变化，以免邻近的墙体形成过多的夹角，减少对凸窗的使用，以减少盗贼可攀爬的机会
外立面	应尽量简洁，减少形式化的构架。进行统一设计的空调室外机座板也不宜相邻太近。 雨水管尽量避免直接暴露地挂在建筑外墙面。 在安装防护窗时，应杜绝使用水平杆件，杆件的间距也应适当地控制
外廊形式	集体宿舍、集合式住宅等多住户设计时，应避免采用外廊形式。 建议将建筑底层架空，一方面有助于停车，一方面可大大减少盗贼攀爬的机会
绿化	利用环绕建筑四周的绿筒（1.5~1.8m 高的绿化），既可以美化环境，又可有效地阻隔窃贼接近建筑外墙

进出通道、公共场所、停车场、单元出入口及住宅内部等。

按监控系统分类，有可视对讲监控，闭路电视监控两种（表 7-4）。

3）门禁控制系统

智能建筑内部管理人员出入门的系统被称为门禁控制系统，由各类出入凭证、凭证识别与出入法则控制设备和门用锁具三大部分组成。门禁控制系统对于确保智能建筑的安全、实现智能化管理是简便有效的措施，包括卡片、密码和生物特征三大类。

卡片读出式门禁控制系统：又称为刷卡机，应用最为普及。

密码输入式门禁控制系统：以输入密码的正确与否作为是否开门允许出入的依据，包括固定式键盘或乱序键盘两种不同的键盘。

人体生物特征识别门禁控制系统：该系统适用于高度机密性场所的安全防护，有指纹识别，掌形比对，视网膜比对和虹彩比对，人像脸面识别技术四种（表 7-5）。

7.2　室内环境及装修的防灾减灾

7.2.1　装修材料污染的控制

随着生活水平的提高，人们越来越重视居室装修。但因室内装修产生的污染问题越来越多，居室环境与人们身心健康息息相关，国际上把室内空气的污染列入对人类身体健康危害最大的五种环境因素之一。

1）室内装修业产生的环境问题

室内装修业产生的环境问题分两段，一是施工期间污染，二是装修竣工后污染。

施工期间对环境的影响主要在气、水、噪声、固体废弃物和放射性污染等方面（表 7-6）。

装修竣工后，造成的室内污染主要是空气污染。竣工后污染远不如施工期对环境的影响明显，容易被忽视，但因室内环境容量有限，对人的直接危害大于施工期。

2）室内环境空气污染的主要来源

室内环境空气污染的主要来源有三个方面，即化学污染、生物污染、物理污染和放射性污染。

（1）化学污染：化学污染主要来自建筑材料、装修装饰材料、复合木建材及其制品、日用化学品、香烟烟雾以及燃烧产物，如各种有害无机物、有机挥发性化合物和半有机挥发性化合物。有害无机物主要为氨，还有燃烧产物一氧化碳、二氧化碳、氧化氮和二氧化硫等，有机挥发性化合物为醛类、苯类、烯类等。

（2）生物污染：生物污染包括细菌、真菌、病菌、花粉和尘螨等。如果室内存在污染源极易造成室内空气微生物污染。①生活垃圾带来的生物污染；②家用电器（电磁辐射）和现代化办公设备产生的污染；③室内花卉产生的污染；④宠物污染；⑤室内装饰与摆设的污染。

（3）物理污染：主要为颗粒物、重金属和放射性氡（Rn）、纤维尘和烟尘等引起的污染。颗粒物是指空气污染物中的固相物，具有较强的吸附性是其主要特点。颗粒物的成分较多，含130多种有害物质，室内经常可检测出来的有50多种。

（4）放射性污染：①建筑陶瓷产生的污染

防护报警系统设计原则和分类　　　　　　　　　　　　　　　　表7-3

分项		设计要求
设计原则	自动防止故障	须具有自动防止故障的特性；若公用电源出故障，报警装置也须处于随时能够动作的状态；若是交流操作系统，应当配备用电源；电源应设在报警控制装置附近，而不应设在传感器的位置
	报警器	应装设在歹徒不易到达处，通往报警器的线路宜采用暗敷方式
	传感器	应装设在不显眼处，当受损时，应易于及时发现，并得到处理
	连接导线	连接导线尽量敷设在不显眼处，或装在闯入者不易到达的地方，在经济合理的情况下，应尽量使用铠装电缆或电缆管道
报警器种类	集成电路防破坏型防盗报警器	它是一片以CD4572为核心的CMOS型集成电路，加上少量阻容元件组成的。当用作警戒的绊线被来犯者碰断或短路时，皆可使低频振荡器起振，实现音频报警
	人体感应式接近报警器	它由感应开关和音响报警电路等组成。感应开关电路由高频振药器和射板耦合双稳态触发器组成。音响电路由无稳态多谐振荡器和互补音频振荡器组成
	微波防盗报警器 — 覆盖范围	立体范围的防范区域，这种传感器可以覆盖60°~70°的辐射角范围，受气候条件、环境变化的影响较小
	微波防盗报警器 — 防范作用	微波可穿透非金属物质，因此该类传感器能安装在隐藏处，不易被人觉察，从而起到良好的防范作用
	微波防盗报警器 — 工作原理	微波防盗报警传感器的工作原理是利用目标的多普勒效应，主要敏感于运动物体
	闭路闯入报警系统 — 作用	该系统适用于只有两个入口通道的商店或其他建设物
	闭路闯入报警系统 — 工作时	在正常状态下，建筑内有人工作时，其开关处于断开（OFF）位置，这时系统不能动作
	闭路闯入报警系统 — 下班后	将开关置于接通（ON）位置，于是系统处于"戒备"状态
	闭路闯入报警系统 — 异常状况	当常闭按钮或者任一个传感器断开，或闭合回路的导线被切断，系统他会受到触发，电铃，电笛及闪光信号灯开始工作，及时发出报警信号

视频安防监控系统分类 表7-4

类别		设计要求
可视对讲监控	组成设备	室内分机、管理主机、分配器、保护器、电源等
	主要功能	用户可监视单元门口动静，图像清晰、色彩逼真
		用户可与主机、管理中心及门前机双向通话
		用户可在室内控制开启室外的大门且有锁状态显示
		系统管理主机可连接电脑，实现建筑、小区智能化管理
		采用二进制编码技术可任意编码，设定房号
闭路电视监控	组成设备	视频切换器、画面分割器、监视器、录像机、电视墙机柜、专用控制台、多媒体计算机和管理软件等
	主要功能	对各个监控现场实时监看
		采用多媒体计算机进行系统管理、控制、记录
		对建筑、小区出入口和周界防越的报警信号进行联动控制；对可疑现场图像进行录像
		当视频失落或设备出现故障时报警
		图像可进行自动与手动的切换，云台及镜头的遥控
		对报警类别、时间进行确认，并且显示、存储、查询及打印相关信息

人体生物特征识别门禁控制系统分类 表7-5

类别	设计要求
指纹识别	指纹识别系统是以生物测量技术为基础，利用人类的生物特性——指纹来鉴别用户的身份
掌形比对	以三维空间测试手掌的宽度及厚度、5指的光长度、各手指的两个关节部分的宽与高等作为辨别的条件，通常以俯视得到手的长度与宽度数据，从俯视得到手的厚度数据，最终将得到的手轮廓数据变换成若干个字符长度的辨识矢量，作为用户模板存储起来。采用掌形识别，节省资源（只需9个字节），可与其的门禁系统结合，应用面较广
视网膜比对和虹彩比对	同指纹相似，视网膜的血管路径为不同的人所特有。此外，每个人的血管路径差异很大，但是外观难以区分，所以被复制的机会很小
	在技术上，基于可变灵敏度光检测单元 VSPC（Variable Sensitinity Phdodetection Cell）的人体视网膜芯片已经诞生。以其可完成影像感知、模式匹配、边缘探测、二维到一维的摄影等多种影像处理方式
	眼睛的虹彩路径同视网膜一样为各人特有。虹彩不同于视网膜，它存在于眼的表面（角膜的下部），是瞳孔周围的有色环形薄膜。眼球的颜色由虹膜所含的色素决定，所以不受眼球内部疾病等影响。虹彩路径比对可达到误判率十万分之一以下的高精度。使用伪造眼球相片者，也会在眼线转动的测试中被排除
人像脸面识别技术	人脸是比对人体特征时最有效的分辨部位。只要看上某人一眼，就可以对此人的基本特征有所认识
	识别的特征包括眼、鼻、口、眉、脸的轮廓形状（头、下巴、颊）和位置关系，脸的轮廓阴影等
	它有"非侵犯性系统"的优点，可用在公共场合特定人士的主动搜寻，也是今后用于反恐怖活动的利器之一

施工期对环境的影响 表 7-6

项目		影响情况
空气污染	主要因素	装修材料的挥发性，来源于装修材料的取舍、粘合、加工制作、油漆、涂料等施工过程中
	主要污染因子	粉尘、甲醛、苯系物、丙酮、酚类化合物、硝基化合物、氨气等
水环境污染	主要来源	冲洗装修材料和器具所产生的废水
	主要污染因子	SS、COD 等
噪声、振动污染	主要来源	装修过程中所用的设备（电锯等）或器具施工的撞击，摩擦和喷涂等
固体废弃物	主要来源	建筑物和装修材料中的废弃物
放射性污染	主要来源	石材、地砖、瓷砖等会存在氡等放射性物质，对环境产生放射性污染

建筑陶瓷包括由瓷砖、洗面盆和抽水马桶等，他们是由黏垚土、砂石矿渣或工业废渣和一些天然辅助材料成型涂釉再烧结而成。这些材料中或多或少的合有放射性的钍、镭等。有些釉料中还会有较高放射性的铣铟砂，这些放射性物质会对人体造成体内辐射和体外辐射两种危害。②天然石材中的放射性污染用于装饰的天然石材主要是指花岗石和大理石，在这些石材中有时会有高放射性物质，是室内环境质量的隐患。

3）室内装饰装修材料有害物质控制标准

（1）人造板及其制品中甲醛释放的限量标准：人造板材及人造板家具是室内装饰的重要组成部分。人造板材在生产过程中需要加入胶黏剂进行粘结，家具的表面还要涂刷各种油漆。这些胶粘剂和油漆中都含有大量的挥发性有机物，在使用这些人造板材和家具时，这些有机物就会不断释放到室内空气中。含有聚氨酯泡沫塑料的家具在使用时还会释放出甲苯二异氰酸酯（TDI），造成室内空气的污染。另外、人造板家具中有的还加有防腐、防蛀剂如五氯苯酚，在使用过程中这些物质也可释放到室内空气中，造成室内空气的污染。室内装饰装修用人造板及其制品中甲醛释放量应符合《室内装饰装修材料 人造板及其制品中甲醛释放限量》GB 18580—2017 规定。

（2）溶剂型涂料中有害物质限量标准：按涂料的状态分类，一般建筑涂料分为溶剂型涂料、水溶性涂料、乳液型涂料和粉末型涂料等。涂料的组成通常包括膜物质、颜料、助剂以及溶剂，涂料的成分十分复杂，含有很多有机化合物。成膜材料的主要成分有酚醛树脂、酸性酚醛树脂、脲醛树脂、乙酸纤维剂、过氧乙烯树脂、丁苯橡胶、氯化橡胶等。这些物质在使用过程中可以向室内空气中释放甲醛、氯乙烯、苯、甲苯二异氰酸酯、酚类等有害气体。溶剂型涂料所使用的溶剂也是污染空气的重要来源，这些溶剂基本上都是挥发性很强的有机物质，这些溶剂原则上不构成涂料，也不应留在涂料中，其作用是将涂料的成膜物质溶解分散为液体，以使之易于涂抹，形成固体的涂膜，但是，当它的使命完成以后就要挥发在空气中。因此溶剂型涂料的溶剂是室内重要的污染源。

溶剂型涂料中的有害物质限量是有规定的，如《室内装饰装修材料 溶剂型木器涂料中有害物质限量》GB 18581—2009 表 1 有害物质限量的要求。以溶剂型木器涂料中有害物质限量值为例，其他树脂类型和其他用途的室内装修用溶剂型涂料可参照使用。不适用于水性涂料。水性涂料有害物质有其独立的限量值表。

（3）使用合成胶粘剂的装修材料限量标准：合成胶粘剂包括环氧树脂、聚乙烯醇缩甲醛、聚醋酸乙烯、酚醛树脂、氯乙烯、醛缩脲甲醛、合成橡胶胶乳、氯丁胶、合成橡胶胶水等。胶粘剂在建筑、家具制作中都有广泛的应用，合成胶粘剂对周围空气的污染是比较严重的。这类胶黏剂在使用过程中可以挥发出大量有机化合物，主要种类有甲酚、甲醛、乙醛、苯乙烯、甲苯、乙苯、丙酮、甲苯二异氰酸盐、乙烯醋酸酯、环氧氯丙烷等。各种胶黏剂中挥发性有机化合物、苯、游离甲醛。聚氯乙烯卷材地板、壁纸、地毯等物品常使用合成胶粘剂。挥发物的限量见《室内装饰装修材料 聚氯乙烯卷材地板中有害物质限量》GB 18586—2001 表 1。壁纸中的有害物质限量值见《室内装饰装修材料 壁纸中有害物质限量》GB 18585—2001表 1。地毯有害物质释放限量见《室内装饰装修材料 地毯、地毯衬垫及地毯胶粘剂有害物质释放限量》GB 18587—2001 表 1。

（4）木家具中有害物质限量标准见《室内装饰装修材料 木家具中有害物质限量》GB 18584—2001 表 1。

（5）混凝土外加剂中释放氨的限量标准：氨的释放限量要求：混凝土外加剂中释放氨的量 ≤ 0.10%（质量分数）。本标准规定了混凝土外加剂中释放氨的限量，适用于各类具有室内使用功能的建筑用能释放氨的混凝土外加剂，不适用于桥梁、公路及其他室外工程用混凝土外加剂。

（6）"污染叠力"装修后的室内污染物主要来自于所用建材及家具。目前，市场中达到绿色环保标准的材料很多，从品种上看，基本能满足消费者使用的要求。之所以出现使用达标建材最终室内环境仍超标的问题，关键在于达标材料的使用量过多，产生了装饰材料污染的叠加。以甲醛为例，假设在一套 $80m^2$ 的居室里，使用 10 张环保的大芯板，室内环境中的甲醛含量也许是符合国家标准的，但如果在这套居室内使用 30 张大芯板，那么室内的甲醛含量很可能就会超标，造成污染。

4）减轻室内环境污染的建议

任何装修都会造成室内污染，所以真正绝对的"绿色家装"，是不存在的。只是有的污染超出了国家标准的范围，可能对人体造成伤害。一般消费者认为室内污染主要是由不合格的建材造成的，其实这是一个认识上的误区。造成室内有害气体超标有装修设计、家具建材和施工工艺三个方面因素，消费者在装修时应该注意以下几点：

（1）在室内装饰和装修的设计上，要按照简洁、实用的原则进行设计，要特别注意室内环境因素，合理搭配装饰材料和家具的摆设，要充分考虑室内空间的承载量，注意保持不超标。

（2）在建材和家具的选择上，要严格选用环保安全型材料。

（3）在施工工艺上，要尽量选用无毒、少毒、无污染、少污染的施工工艺。

（4）请专业的室内装修公司及人员进行施工。

7.2.2 室内空气污染的防治

1）室内空气污染的特点

室内空气污染物来源众多（表7-7），而这其中尤以建筑及装修不当带来的污染最为引起关注，是因为其污染具有如下特征：

（1）影响范围大：现在我国每年建2亿平方米城市住宅，需要用大量的建筑材料和装饰材料，尤其是装饰材料的品种和用量越来越多。

（2）接触时间长：人们在室内的时间平均达到90%，长期持续地暴露在室内空气污染的环境中，对人体作用时间很长。装修一旦完成，一般都不会进行拆除或者是更换，特别是住宅装修。

（3）污染物危害大：建材所产生的污染物对人体的神经系统、血液循环系统、呼吸系统、生殖系统等都会产生严重损害。从节能考虑，采取减少换气次数等措施，就使这有限的稀释能力更为减少，致使室内空气污染物对人的危害大为增强。

（4）发生协同作用：当前市场上建材产品日新月异、层出不穷，各种合成材料的成分甚至难以定性和定量，当这些污染物同时作用于人体时，便会发生复杂的拮抗作用或协同作用。

（5）污染物成分复杂：建材由于种类繁多、成分复杂，产生的污染物也极其复杂，有化学物质、放射性物质、细菌等，归纳起来主要的有害物质如表7-7。

2）建筑物室内空气污染物的卫生标准

室内环境中，人们不仅对空气中的温度和湿度敏感，对空气的成分和各成分的浓度也非常敏感。空气的成分及其浓度决定着空气的品质。室内空气质量（IAQ）即一定时间和一定区域内，空气中所含有的各项检测物达到一个恒定不变的检测值，是用来指示环境健康和适宜居住的重要指标。主要的标准有含氧量、甲醛、水汽含量、颗粒物等，是一套综合数据，能充分反映一地的空气状况。室内空气质量不仅影响人体的舒适和健康，而且影响室内人员的工作效率。对室内空气质量，世界卫生组织和我国国内均有相关要求，见表7-8。

3）改善室内空气质量的途径

室内主要污染来源于人体的新陈代谢、厨房油烟、电器污染、装修污染、吸烟污染、室

室内空气污染物质成分　　　　　　　　表7-7

分类		具体内容
有机有毒性物质	氡及其子体	砖瓦、水泥、混凝土及各种矿渣砖是建筑业的基本材料，它们均可释放各种对人体有害的放射性元素，其中氡及其子体就是较为严重的污染物
	甲醛	无色，具有辛辣刺激味的气体，甲醛主要来源于复合地板，家具所使用的板材、胶粘剂等
	氨	无色，具有辛辣刺激味的气体，主要来源于冬季施工时水泥中所加防冻剂尿素、抽烟、排泄物等存在于胶合板及水泥中，释放比较慢，因此居室内会较长时间地存在
	苯	无色透明并有芳香气味的易燃液体，它作为涂料等溶剂而存在于漆液之中。主要在涂料成膜的过程中，以其挥发性蒸汽混入空气中，经呼吸道进入人体影响神经系统及造血系统
带毒性物质		如防锈漆中的铅、环氧树脂中的胺类的成分等

室内空气中主要污染物卫生标准 [164、165、166]　　表 7-8

标准名称	标准编号	污染物质	最高允许含量
民用建筑工程室内污染控制规范	GB 50325—2010（2013 版）	甲醛	I 类民用建筑工程 ≤ 0.08mg/m³ II 类民用建筑工程 ≤ 0.1mg/m³
民用建筑工程室内污染控制规范	GB 50325—2010（2013 版）	氨	I 类民用建筑工程 ≤ 0.2mg/m³ II 类民用建筑工程 ≤ 0.5mg/m³
民用建筑工程室内污染控制规范	GB 50325—2010（2013 版）	苯	≤ 0.09mg/m³
室内氡及其子体控制要求	GB 50325—2010（2013 版）	氡及其子体	I 类民用建筑工程 ≤ 200Bq/m³ II 类民用建筑工程 ≤ 400Bq/m³
世界卫生组织室内空气质量指南	ISO 17772—2017	一氧化碳	≤ 7.0mg/m³ 注：日均值
室内空气质量标准	GB/T 18883—2002	二氧化碳	≤ 0.10% 注：日均值
世界卫生组织室内空气质量指南	ISO 17772—2017	二氧化硫	≤ 20μg/m³ 注：日均值
室内空气质量标准	GB/T 18883—2002	氮氧化物	≤ 0.24mg/m³ 注：以二氧化氮计，1h 均值
世界卫生组织室内空气质量指南	ISO 17772—2017	臭氧	100μg/m³ 注：8h 均值
室内空气质量标准	GB/T 18883—2002	细菌总数	≤ 2500cfu/m³ 注：根据仪器定
世界卫生组织室内空气质量指南	ISO 17772—2017	可吸入颗粒物（PM10）	≤ 50μg/m³（质量中直径为 10μm 的颗粒）注：日均值
室内空气质量标准	GB/T 18883—2002	苯并（a）芘	≤ 1ng/m³ 注：日均值

外污染气体进入、颗粒物等。要把室内污染控制在表 7-8 卫生标准之内，有以下途径：选用绿色环保建筑材料；有效组织室内通风换气、合理采光；种植绿色植物；空气净化；新风装置；建筑围护；电子监控系统（表 7-9）。

7.2.3　防噪声

1）噪声的概念和分类

从物理角度看噪声是指不同频率和不同强度的声音无规律地组合在一起所形成的声。从环境保护的角度来说，是指那些人们主观上不需要或者不愿意接受的，凡是干扰人们正常休息、学习和工作的声音统称为噪声。归纳起来，噪声可以分以下几类（表 7-10）。

2）噪声污染的危害

在自然界中，天然噪声由于时间短或者偶然发生，对人的影响不是很大。但人为噪声时刻影响着人类（表 7-11）。

3）噪声的控制标准

根据噪声的特点，对其防治的措施主要是减弱、减少噪声振动源，对已经产生噪声振动采用防护措施。此外还要制定噪声振动的控制标准，并加强管理（表 7-12）。

4）噪声的控制方法

噪声自声源发出，经中间环境的传播，到达接受者，因此，解决噪声污染问题可以从声源、传播途径及接收者三方面入手（表 7-13）。

改善室内空气质量的途径 表 7-9

途径		具体情况
选用绿色环保建筑材料	绿色建材	石材、木材、土砖等天然建材和在制造与使用的总过程中，对地球环境负荷相对较小，一般被称为"绿色建材"，绿色建材在产品配制或生产过程中，要求未使用甲醛、卤化物溶剂或芳香族碳氢化合物，未使用汞及其化合物的颜料和添加剂，即产品应有益于人体健康，且具有多功能化，如抗菌、灭菌、防霉、除臭、隔热、阻燃、调温、调湿、消磁、防射线、抗静电等
	保健材料	是指具有特定的环保功能和有益于健康功能的材料，具有空气净化、抗菌、防霉功能和电化学效应、红外辐射效应、超声和电场效应以及负离子效应等
	钢材	钢结构建筑以其特有的环保优势，被誉为"绿色建筑"
有效组织室内通风换气合理采光		任何建筑都是人们提供的庇护场所，因此早在进行建筑方案构思时，就应该考虑到朝向、日照、通风等方面的条件，避免室内空气污染
室内种植绿色植物		大多数植物可以吸收二氧化碳并释放出氧气以及吸收许多有害气体、粉尘等，这无疑对改善室内空气的品质大有益处
空气净化		吸附技术，过滤技术，低温等离子体、纳米材料、膜分离、高压静电装置等技术
新风装置		新风装置是指在不开启门窗换气的情况下，将室外的新鲜空气经过过滤、净化，通过管道系统输送至室内，同时排除室内浑浊有害空气的一套独立空气处理系统。它可以有效净化室外空气中的颗粒物（PM2.5、PM10），避免室内气流紊乱
建筑维护	定期维护	维护不良的建筑内的空气也会很快恶化，材料、产品、家具和空调系统都需要定期维护、清洁和检查，以保证它们的功能与设计一致，并防止污染在此出现
	清除潜在问题	杀虫剂的使用、室内的潮湿引起微生物的生长，以及地面排水管隐蔽处的污水主体的排放等
电子监控系统		采用如居室内煤气电子监控系统等一系列监控手段进行室内空气污染指数的控制

噪声分类 表 7-10

类型	特征
不规则的声波	不和谐的声音
主观噪声	不以客观的声音物理量和声音是否好听为依据的，而是以个人主观心理需要和感觉为标准，带有明显的随意
单调的持续音	没有旋律，或不间断地重复一种简单的旋律的声音会惹人厌烦
分贝过高的声音	分贝过高的声音及过高的声音及人们习以为常的无影响声

噪声对人体和建筑物的影响 表 7-11

项目		影响情况
对人体的影响	听力	受损
	生理	噪声长期作用于中枢系统，使人的基本生理过程——大脑皮层兴奋与抑制的平衡失调
	视力	当噪声达到 90dB，人的视觉细胞敏感度下降，识别弱光反应时间延长，同时，噪声还会使色觉、视野发生异常
对建筑物的影响		声音是由于物体发生振动产生的，振动波在空气中来回运动和振动时，产生了声波。强烈的声波，能冲撞任何建筑，在 140dB 以上，会使玻璃破碎、建筑物产生裂痕；在 160dB 以上，导致墙体震裂甚至倒塌

空气声隔声标准　　　　　　　　　　　　　　　　　　　　表7-12

建筑类别	围护结构部位	空气中隔声单值评价量＋频谱修正量（dB）
住宅	分户墙、楼板	>45
	外墙	≥ 45
学校	普通教室之间的隔墙、楼板	>45
	外墙	≥ 45
医院	病房与病房之间及病房、手术室与普通房间之间的隔墙、楼板	>40，≤ 50
	外墙	≥ 45
旅馆	客房之间的隔墙、楼板	>40，≤ 50
	客房外墙（含窗）	>30~40
办公	办公室、会议室与普通房间之间的墙、楼板	45~50
	外墙	≥ 45
商业	购物中心、餐厅、会展中心等与噪声敏感房间之间的隔墙、楼板	>40，≤ 50

注：本表摘自《民用建筑隔声设计规范》GB 50118—2010

5）应对噪声的设计策略

应对噪声可从规划、建筑、装饰三个层面上去处理。

（1）规划上，应合理规划布局、全面防治噪声污染。城市声环境是城市环境质量评价的重要方面，合理的规划布局是减轻和防治噪声污染最有效、最经济的措施（图7-1）。

①从声环境质量考虑城市及建筑的功能分区：在规划和建设新城市时，考虑合理的功能分区，确定居住用地、工业用地以及交通运输用地等的相对位置的重要依据之一就是防止噪声的污染。对安静要求较高的民用建筑，宜设置与本区域主要噪声源夏季主导风向的上风向，条件许可的话，宜将噪声源设置在地下，但不宜毗邻主体建筑或设置在主体建筑下，如不能避免时，必须采取可靠的隔振、隔声措施。对现有城市的改建规划，应当以城市的基本噪声源为标准，做出噪声级等值线分布图，并据

以调整城市中对噪声敏感的区域，拟定解决城市噪声污染的方案。规划布局时考虑利用建筑本身作为屏障的策略如下：将建筑高低结合，用高建筑为低建筑作屏障；将耐噪声的建筑前置；建筑长短结合，长建筑为短建筑作屏障。

②在考虑建筑物内部功能分区时，将要求安静的房间布置于较安静的一侧。安静房间的周围也应该为安静房间，做到动静分区。在住宅建筑中，将厨房和厕所集中布置，上下对正，平面设计要与结构设计协调尽量使分区户墙满足隔声要求。

③完善的道路交通系统禁止过境车辆穿越城市区域，根据不同的人流、物流、车流改善城市道路和交通网，都是有效的降噪措施。

（2）建筑上，设置隔、吸声措施（图7-2）。

①利用屏障降低噪声：在声源和接收者之间设置屏障，声音就不能直线传播，听到的声音就取决于绕过屏障的总声能。低频率

噪声控制方法及措施　　　　　　　　　　　　　　　　　　　　　　　表 7-13

部位	方法	措施
声源	1. 降低声源的发声强度； 2. 改变声源的频率特性，呈现特性或方向性； 3. 避免声与其相邻传递媒质的耦合	改善设备等； 改善声源本身的设计及安装方位等； 机座的减震设备等
传递过程	1. 增加传递途径； 2. 吸收或限制传递途径上的声能； 3. 利用不连续媒质表面的反射和阻挡	尽量远离噪声源； 采用吸声处理及利用温、风向、湿度、气压、绿化的影响等；采用隔声处理
接收	1. 控制暴露时间； 2. 采用防护器具； 3. 降低到达听者耳朵附近的声强	适当调换工作时间或轮流工作等；90dB 以上时，可用耳塞等方法；用电子控制技术，抵消噪声

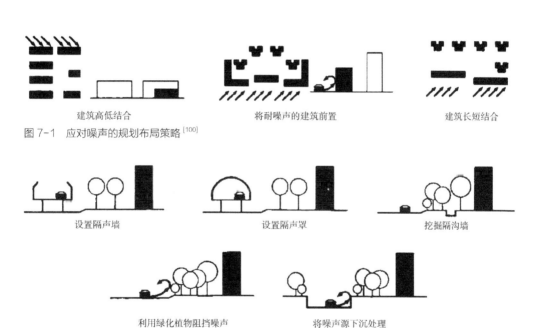

图 7-1　应对噪声的规划布局策略[100]

建筑高低结合　　　　将耐噪声的建筑前置　　　　建筑长短结合

设置隔声墙　　　　设置隔声罩　　　　挖掘隔沟墙

利用绿化植物阻挡噪声　　　　将噪声源下沉处理

图 7-2　应对噪声的建筑设计策略[100]

的衍射比高频率声多，噪声绕过屏障后传播，其频谱会有所惊变。声屏障材料种类很多，室外的声屏障一般采用砖或混凝土结构或穿孔金属板等复合构造以及实体墙、路堤或类似的地面高度变化和对噪声干扰不敏感的建筑都可作为屏障；室内的声音屏障用钢板、木板、塑料板等。

②利用绿化减弱噪声：在噪声源与建筑物之间的大片草坪是种植由高大的常绿乔木和灌木组成的足够宽度且浓密的绿化带，是减弱噪声干扰的措施之一。

（3）装饰上，可通过室内装饰减少室内的噪声：

①墙体隔声：采用厚重墙体、双层墙或轻

质复合墙体，墙体砌筑应密实。内墙隔声遵循"质量定理"，可采用空心混凝土砌块墙，当采用轻型板材时，应填充吸声材料。避免管线穿墙，必须穿越隔声墙体时，应采取隔声加强措施。隔墙两侧电气盒应错开安装。装修期间可以把临街一面的墙壁铺一层纸面石膏板，墙面与石膏板之间用隔声棉填充，然后再在石膏板上粘贴墙纸或涂刷墙面涂料。墙壁过于光滑，室内就容易产生回声，从而增加噪声的音量。因此，可选用壁纸等吸声效果较好的装饰材料，还可利用文化石等装修材料，将墙壁表面弄得粗糙一些，可减弱噪声（图7-3）。

②楼板隔声：一般钢筋混凝土楼板加面层后，空气声计权隔声量加频谱修正量大于50dB。楼板及梁与玻璃幕墙之间应密封。楼板撞击隔声，普通100~120mm厚钢筋混凝土楼板计权撞击声压级大于75dB，不能满足绿色建筑标准要求。可加厚地毯或隔振垫层改善楼板撞击声。高档商品房可采用浮筑楼板作法解决，普通经济实用房可采用铺设弹性面层材料的作法。

③门窗隔声：增加门窗扇质量和减少缝隙透声。对于隔声要求较高的门，可以设置双道门以及声闸来加强隔声。对隔声要求较高的窗，可以采用双层或多层玻璃，但注意各层玻璃不应平行，厚度也不应相同。门扇材料采用面密度较大的复合材料。门扇周边可采用橡胶、泡沫塑料条、毛毡及手动或自动调节的门碰头及垫圈等，保证门扇边缘密封。可开启的窗很难有高隔声量，隔声窗通常是指不开启的观察窗。双层玻璃的隔声量比单层高，不管是单层还是双层窗，窗户要严封，用塑钢窗作为密封的手段是最有效的装修方案。临街的窗采用双层中空玻璃或设带窗的阳台或带窗的外廊，隔声效果会更好。

④吸声材料：生活常见的吸声材料是窗帘、地毯、地板。使用布艺来消除噪声是较为常用且有效的办法。试验表明，悬垂与平铺的织物，其吸声作用和效果是一样的，窗帘的隔声作用最为明显，另外是铺设地毯或使用软木地板，能消除脚步和物体撞击地面的声音。其他合成材料在不同部位使用有不同的厚度需求（表7-14~表7-16）。

⑤住宅内部功能空间之间的隔声处理

住宅内部包括厕所、厨房、电梯间、水泵房、水箱、蓄水池、排水管均会产生噪声，应注意隔声处理，具体方法如表7-17：

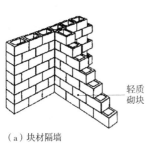

（a）块材隔墙

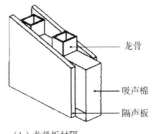

（b）龙骨板材隔

（c）成品板材隔

图7-3　内墙隔声构造[100]

吸声材料及结构的主要作用和吸声系数 [100]　　　　　表 7-14

项目	具体情况
主要作用	缩短或调整室内混响时间、控制反射声、消除回声
	降低室内噪声级
	作为隔声结构内衬材料，用以提高构件隔声量，也可作为管道或消声器内衬材料，以降低通风管道噪声
吸声系数	入射到材料（结构）表面被吸收的声能与总的入射声能的比值。它的大小与声波入射角度有关。一般材料的吸声系数范围在 0~1 之间

在墙面使用的吸声材料常用厚度 [100]　　　　　表 7-15

部位	墙面				
材料类型	多孔性吸声构造		共振型吸声构造		
常用材料	软包装饰吸声板	玻璃纤维板	木制穿孔板	木饰面板	金属穿孔板	穿孔石膏板
常用厚度	25、50mm	15mm	18、25mm	18、25mm	1、1.5mm	9.5mm

在顶面和楼地板使用的吸声材料常用厚度 [100]　　　　　表 7-16

部位	顶面				楼地板	
材料类型	共振型吸声构造		多孔性吸声构造		共振型吸声构造	多孔性吸声构造
常用材料	石膏板	金属穿孔板	矿棉板	玻璃纤维板	木地板	地毯
常用厚度	9.5、15mm	1、1.5mm	18、25mm	18、25mm	18mm	10、16mm

住宅内部功能空间之间的隔声处理 [100]　　　　　表 7-17

项目		隔声处理
厕所、厨房、电梯间、水泵房	必要处理	要作隔声、减震处理
	漏声	特别注意缝隙孔洞的处理，以防漏声
	位置	安装在对居民干扰最小的位置
水箱蓄水池	水箱选型	应该尽量避免选择噪声等级较高的机型
	位置	放置在电梯机房附近，可将噪声源隔离，减小其对周围居民的影响程度
	进水管布线	若布置有问题，也会产生噪声，因此需根据现场情况合理布置，以控制噪声
排水管	位置	尽量使其远离卧室等休息区，将对居民的影响程度减到最小
	布线	排水管包括立式管线和排出管线，在布置时，立式管线需要设置在支撑的下部。管线的弯头中通常由于水的紊流运动而会产生相对较大的噪声，在施工中需采用特殊的材料将其包裹，通过这样的途径在声源处减小噪声。弯头包裹材料应尽量注意选择那些弹性较好的材质，以有效减小噪声

围护结构保温隔热各气候区设计原则 [100]   表 7-18

气候分区	设计原则
严寒、寒冷地区	1. 必须满足冬季保温的要求 2. 避免出现热桥，防止围护结构内表面结露 3. 优先采用外保温技术； 4. 宜避免凸窗和屋顶天窗，外窗或幕墙面积不应过大 5. 部分寒冷地区适当兼顾夏季防热
夏热冬冷地区	1. 应满足夏季防热，兼顾冬季保温 2. 设置遮阳措施，优先采用活动外遮阳
夏热冬暖地区	1. 应满足夏季防热要求 2. 宜优先采用活动或固定外阳设施 3. 围护结构的外表面宜采用浅色饰面材料
温和地区	1. 应注意冬季保温 2. 设置遮阳措施

7.2.4　建筑保温

房屋建筑应当适应所在地区的气候条件。按照建筑热工设计分区及设计要求，在冬季时间长、气温低的严寒地区和寒冷地区，为使室内热环境满足人们正常工作和生活的需要、保证人体健康，通常都装有采暖设备。而为了节省采暖的能耗及维持室内所需的热环境条件，房屋建筑必须具有足够的保温能力。除上述两地区外，在夏热冬冷地区的冬季也相当冷，加上春寒的低温期，都要不同程度地补充供热，才能维持室内正常的热环境条件。

1）建筑热工设计内容及要求

冬季保温设计包括围护结构保温设计、围护结构防潮设计和围护结构防空气渗透设计。其中围护结构保温设计要保证内表面不结露和基本的卫生要求，并符合节能和经济的原则；围护结构防潮设计要保证在正常使用条件下内部不出现冷凝水积聚；围护结构防空气渗透设计，要保证围护结构和门窗的空气渗透性能符合相关标准要求。

冬季室内计算参数应按以下规定取值

（1）温度：供暖房间取 18℃，非供暖房间取 12℃；

（2）相对湿度：一般房间取 30% ~60%。

2）建筑保温的途径

在进行建筑创作设计时，妥善处理建筑保温问题是必须考虑的问题之一，通常有以下几方面途径：

（1）尽量减少围护结构的总面积：为了在设计中控制建筑物体形，以便减少采暖的能耗，《民用建筑节能设计标准》（采暖居住建筑部分）JGJ 26—95 中规定建筑物体形系数宜控制在 0.30 及 0.30 以下；如果体形系数大于 0.30，则屋顶和外墙应加强保温。所谓建筑物体形系数，是指建筑物与室外大气接触的外表面积与其所包围的体积的比值。在外表面积中，不包括地面和不采暖楼梯间隔墙和户门的面积。

（2）围护结构应具有足够的保温性能：由于不同构造方案对温度变化的抵抗能力不同，

同样的温度变化对平壁内表面温度的影响并不相同，对厚重的砖石或混凝土壁体影响小一些，而对于轻质或轻型构件壁体的影响会大一些。针对这种情况，我国《民用建筑热工设计规范》GB 50176—2016规定，按热惰性指标D值将围护结构分成4类，分别取不同的室外计算温度t2，从而以不同的总热阻标准值来调节其保温性能。

（3）争取良好的朝向和适当的建筑物间距：在建筑设计和城乡规划中，规划师与建筑师们总是要争取良好的朝向和适当的间距，以便尽可能地使建筑物得到必要的日照。我国严寒地区与寒冷地区的地理纬度相对较高，冬季的日照尤为可贵，何况建筑物的使用年限至少也有数十年，因此，在节约用地的同时，房屋建筑仍需保持适当的间距，以满足必需的日照要求。

（4）增强建筑物的封闭性，防止冷风渗透：冬季由于室外气温低，室内外温差大，室外空气通过门窗洞口或者其他缝隙进入室内，从而降低了室内温度并引起室内气温的波动，对室内热环境产生不利的影响同时，当风作用在围护结构外表面时，使围护结构外表面换热系数增大，也影响了它的保温性能。防止冷风渗透的有效途径在于减少建筑围护结构的薄弱部位、增强建筑物在冬季的密闭性。为此，在设计中应尽可能避开迎风地段，减少门窗洞口，加强门窗的密闭性。在出入频繁的大门处设置门斗、并使其洞避开主导风向，也是防止冷空气大量渗入的有效措施。

（5）避免潮湿：防止壁内产生冷凝现象大多数建筑材料的导热系数值将随材料的含湿量增大而增长。因此，如果壁体材料受潮，定会使壁体的热量降低，从而削弱了它的保温性能。这是必须避免和防止的。

3）围护结构保温设计要点

基本概念：围护结构保温设计是指建筑物及房间各面的围挡物，包括非透明围护结构（外墙、屋面、楼地面、地下室外墙等）和透明围护结构（外窗、玻璃幕墙）的热工性能，应满足国家或地方相关节能设计要求。

（1）供暖建筑的外墙、屋顶、接触室外空气的楼板、不供暖地下室上部的楼板和不供暖楼梯间的隔墙等维护结构热桥部位应进行内表面结露验算，其传热阻不应小于所在地区要求的最小传热阻。

（2）当有散热器、管道、壁龛等嵌入外墙时，该处外墙的传热阻不应小于所在地区要求的最小传热阻。

（3）外墙和屋顶中的接缝、混凝土金属嵌入体构成的热桥部位应进行内表面结露验算，并作适当的保温处理。

（4）窗墙面积比、窗户保温性和气密性应符合相关标准规定的要求。

（5）严寒地区供暖建筑底层地面，在建筑外墙内侧0.5~1.0m范围内应建设保温层，其热阻不应小于外墙的热阻。

4）屋顶保温设计要点

（1）屋顶按其保温层所在位置可分为：外保温屋顶、夹芯保温屋顶和内保温屋顶。设计为间歇供暖或供冷的建筑，可采用内保温屋顶，但需要对热桥进行消除处理，并需要做好墙体内部结露验算，其他建筑不应采用内保温屋顶。

（2）被动式太阳能供暖建筑，屋顶的热惰性指标不宜低于4.0。

（3）屋顶保温材料应选择密度小、导热系数小的材料，防止屋顶自重过大；须严格控制其吸水率，防止因保温材料吸水造成保温效果下降。

（4）屋顶的热工参数需满足国家相关标准的要求。

5）门窗保温隔热设计

门窗的保温设计应考虑提高气密性，减少冷风渗透；提高门窗框保温性能；改善门窗保温能力。建筑门窗、玻璃幕墙的选用要点：

（1）为提高建筑门窗、玻璃幕墙的保温性能，宜采用中空玻璃。当需进一步提高保温性能时，可采用 Low-E 中空玻璃、充惰性气体的 Low-E 中空玻璃、两层或多层中空玻璃等。严寒地区可采用双层外窗、双层玻璃幕墙进一步提高保温性能。

（2）采用中空玻璃时，窗用中空玻璃气体间层的厚度不宜小于 9mm，幕墙用中空玻璃气体间层的厚度不应小于 9mm，宜采用 12mm 或以上的气体间层，但不宜超过 20mm。

（3）为提高门窗的保温性能，门窗型材可采用木与金属复合型材、塑料型材、隔热铝合金型材、隔热钢型材、玻璃钢型材等。

（4）为提高玻璃幕墙的保温性能，可通过采用隔热型材、隔热链接紧固件、隐框结构等措施避免形成热桥。

（5）为提高建筑门窗、玻璃幕墙的隔热性能，降低遮阳系数，可采用吸热玻璃、镀膜玻璃（包括热反射镀膜、Low-E 镀膜等），进一步降低遮阳系数可采用吸热中空玻璃、镀膜（包括热反射镀膜、Low-E 镀膜等）中空玻璃。

6）建筑保温涂料

建筑保温涂料通过低导热系数和高热阻来实现隔热保温。外墙保温涂料主要分两大类，一类是厚质的外保温系统，利用降低热传递的阻隔原理，如胶粉聚苯颗粒保温、无机玻化微珠保温等，效果明显；另一类是薄层涂料，利用减少太阳光吸收的原理减少外界太阳能的侵入，达到隔热的目的。按照隔热保温机理，可将隔热保温涂料分为阻隔性隔热保温涂料、反射隔热涂料及辐射隔热保温涂料 3 类。

薄层反射隔热涂料是这类涂料的代表。它由基料、热反射填料和助剂等组成。薄层隔热反射涂料的热反射率高，一般在 80% 以上，隔热作用明显。但因涂膜厚度比较薄，总热阻有限，保温效果不大，可与其他保温材料配合使用。集高效、薄层、隔热保温、装饰、防水、防火、防腐、绝缘于一体的新型太空节能反射隔热保温涂料，能有效抑制太阳和红外线的辐射热和传导热，隔热抑制效率可达 90% 左右。

辐射隔热保温涂料是通过辐射的形式把建筑物吸收的太阳能以长波形式发射到空气中，从而达到隔热保温的效果。辐射隔热涂料能够以热发射的形式将吸收的热量辐射出去，从而使室内保温，达到隔热效果，用于夏热冬暖地区和夏热冬冷地区是不错的选择，与外墙外保温结合使用效果更佳。作为内墙涂料，常温下低反射率有利于提高舒适度和节能效果。

7）防止和控制冷凝的措施

（1）防止控制表面冷凝产生表面冷凝的原因

是由于室内空气湿度过高或表面的温度过低，以致该处温度低于露点温度而引起冷凝。

这种现现象不仅会在我国北方寒冷季节出现，我国广大南方地区春夏之交的地面泛潮更是常见，同样属于表面冷凝。

（2）防止、控制内部冷凝的措施

①材料层次的布置原则：在同一气象条件下，围护结构有用相同的材料，由于材料层次布置不同，可能产生不同的效果，在进行布置材料层次时，应按"难进易出"的原则。此外，还有一种倒置屋面，这种屋面与常规构造不同的是防水层设在保温层下，这样不仅消除了内部凝结又使防水层得到保护，提高了耐久性。

②设置隔汽层：尽管"难进易出"是合理的构造原则，但是有时却难以完全实现。可以在保温层有蒸汽渗入的一侧设置隔蒸汽层，使水蒸气分压力急剧下降从而避免内部冷凝的产生。

③设置泄汽沟道或者通风间层：设置隔汽层虽能改善围护结构内部的湿状况但有时隔汽层的隔汽质量在施工和使用过程中难以保证。为此，在围护结构中设置通风间层或泄汽沟道往往更为妥当。这项措施特别适用于高温度房间的围护结构的卷材防水屋面的平屋顶结构，由于保温层外侧设有一层通风间层，从室内渗入的蒸汽可以被不断与室外空气相交换，这样对围护结构中的保温层起到风干的作用。

7.2.5 建筑防热

夏季防热设计包括建筑防热设计、建筑遮阳设计和建筑自然通风设计。其中建筑防热设计，要利用地形、水面等自然环境以及绿化措施，达到改善室外热环境的目的；围护结构隔热设计要保证围护结构隔热性能符合相关标准

规定要求；建筑遮阳设计要使遮阳形式和构造设计与地区气候条件、房间使用要求和窗户相适应；建筑自然通风设计要使建筑群和单体布置，以及门窗开口位置、面积和开启方式有利于自然通风。

夏季室内计算参数应按以下规定取值：①非空调房间：空气温度平均值取室外空气温度平均值 +1.5℃、温度波幅取室外空气温度波幅 −1.5℃，并将其逐时化；②空调房间：空气温度取 26℃；③相对湿度取 60%。

1）建筑防热的途径

（1）减弱室外热作用：首先是正确地选择建筑物的朝向和布局，力求避免主要的使用空间及透明体遮蔽空间如建筑物的中庭、玻璃幕墙等受东、西向的日晒；建筑物的向阳面，特别是东、西向窗户应采取遮阳措施，可结合外廊、阳台、挑檐以及绿化等处理方法达到遮阳目的，同时要绿化周围环境，墙面作垂直绿化措施，以降低环境辐射和气温。

（2）房间天窗和采光顶应设置建筑遮阳，窗口遮阳的作用在于遮挡大太阳直射从窗口透入，减少对人体与室内的热辐射，并宜采用通风和淋水降温措施。

（3）围护结构的隔热与散热对屋顶和外墙特别是西墙，必须进行隔热处理，以降低内表面温度及减少传入室内的热量，并尽量使内表面出现高温的时间与房间的使用时间错开。透光维护结构（外窗、透光幕墙、采光顶）隔热设计应符合隔热设计标准的要求。围护结构隔热是防止夏季室内过热的重要途径。

（4）合理地组织自然通风：自然通风是保护室内空气清新、排除余热、改善人体热舒适

感的重要途径。居住区的总体布局、单体建筑设计方案和门窗的设置等，都应有利于自然通风。设置通风间层，如通风屋顶，通风墙等。通风屋顶的风道长度不宜大于10m。间层高度宜大于30cm。屋面板上应该有适当厚度的隔热层。夏季多风地区檐口处宜采用兜风构造，通风口与屋面女儿墙的距离不应小于0.5m。

（5）尽量减少室内余热，在民用建筑中，室内余热主要是生活余热与家用电器的散热。前者往往不可避免，对于后者则应选择发热量小的灯具与设备，并布置在通风良好的位置，以使迅速排到室外。

2）屋顶的隔热措施

（1）采用浅色外饰面，减小当量温度。

（2）采用有热反射材料层的空气间层隔热屋面，单面设置热反射材料的空气间层，热反射材料应设在温度较高的一侧。隔热反射涂料及浅色饰面隔热反射涂料的特点是高反射率，可以有效反射可见光和红外波长范围内的太阳辐射，使太阳辐射的热量不在围护结构表面累积升温，反射涂料结合高效围护结构保温，可以有效改善室内热环境，达到良好的隔热效果。

（3）设置通风隔热屋顶。

（4）采用蓄水屋顶，种植隔热屋顶。

（5）宜采用带老虎窗的通气阁楼破屋面。

（6）宜采用带通风空气层的金属夹芯隔热屋面时，空气层厚度不小于0.1m。

3）墙体的隔热措施

在南方炎热地区，西向墙体的室外综合温度仅次于屋顶。因此，西墙的隔热处理，对改善室内热环境同样具有很重要的意义。在目前所用的墙体材料中，黏土砖实体墙是常见的一种。实测，两面抹灰的一砖厚墙体，尚能满足当前一般建筑西墙和东墙的隔热要求。由于其具有一定的防寒性能，不仅适用于夏热冬暖地区，也可用于夏热冬冷地区。从热工性能看，单排孔混凝土空心砌块不能满足南方地区墙体隔热的要求，当然不能用于东、西向外墙。双排孔混凝土空心砌块加上、外抹灰后，其隔热性能与两面抹灰的一砖厚实体黏土砖墙相当，可以用于东、外墙。钢筋混凝土大板是一种工业化程度较高的墙体构件，且多用于住宅建筑。主要板型为钢筋混凝土空心墙板及多种材料的复合墙板。采用多排孔混凝土或轻骨料混凝土空心砌块墙体时，复合墙体内侧宜采用厚度为10cm左右的砖或混凝土等重质材料。设置带铝箔的空气间层，当为单面贴铝箔时，铝箔宜贴在温度比较高的一侧。

4）建筑遮阳设计要点

（1）遮阳形式的选择：应从地区气候特点、地理纬度和朝向来考虑。夏热冬冷较长的地区，宜采用竹帘、软百叶、布篷等临时性轻便遮阳设施。夏热冬冷和冬、夏时间长短相近的地区，宜采用可拆除的活动式遮阳设施。对夏热冬暖地区，一般以采用轻质、耐腐蚀、表面光滑和太阳辐射、反射性能好的材料，对于多层民用建筑（特别是在夏热冬冷地区），以及终年需要遮阳的特殊房间，就需要专门设置各种类型的遮阳设施。根据窗口不同朝向来选择适宜的遮阳形式（表7-19）。

（2）遮阳的构造设计：遮阳的效果与遮阳形式、构造处理、安装位置、材料与颜色等因素有很大关系。

①遮阳板在满足阻挡直射阳光的前提下，

遮阳形式^[100]   表 7-19

遮阳形式名称	水平式	垂直式	综合式	挡板式
遮阳形式简图				
适用朝向	接近南向的窗口，或南回归线以南低纬度地区北向附近的窗口	东北、北和西北向附近的窗口	东北、北和西北向附近的窗口	东、西向附近的窗口

设计者可以考虑不同的板面组合，而选择对通风、采光、视野、构造和立面处理等要求更为有利的形式。

②遮阳板的安装位置对防热和通风的影响很大，因此应减少遮阳构件的挡风作用，最好还能起导风入室的作用。

③为了减轻自重，遮阳构件宜采用轻质材料，活动式遮阳要轻便灵活，以便调节或拆除，材料的外表面对太阳辐射的吸收系数以及内表面辐射系数都要小。遮阳构件的颜色对隔热效果也有影响。遮阳板向阳面应涂以浅色发光涂层，而背光面应涂以较暗的无光泽油漆，避免眩光。

④活动遮阳的材料，现在用铝合金、塑料制品、玻璃钢和吸热玻璃等。活动遮阳可采用手动或机械控制等方式。

7.3 行为及交通安全

7.3.1 楼梯

楼梯的设计应符合安全疏散、使用方便及富有装饰美的基本要求，同时应遵守《民用建筑设计通则》《建筑设计防火规范》《建筑楼梯模数协调标准》等规范的有关规定。楼梯的间距和数量，应根据建筑物的耐火等级，满足防火设计规范中民用建筑及工业辅助建筑安全出口所规定的要求。此外还应注意在楼梯间四周墙厚至少 200mm，并且不准有凸出的砖柱、砖磴、散热片、消防栓等任何构件。在楼梯间只能设置开向走廊、厅和屋顶的门及面向室外的窗。楼梯材料的选用应该考虑建筑物的耐火等级，同时还应结合考虑材料的耐磨、防滑、易清洁和美观等要求。

1）楼梯的尺度要求

（1）楼梯跑的宽度：楼梯跑的宽度主要应满足通行和疏散的要求，可根据建筑的类型、耐火等级、疏散人数而定。按防火规范规定，以 100、125 人为 1m 宽的比例计算，超过 100、125 人则应按一定比例增宽，通常按人的平均宽度 550mm 加上人与人之间的适当空隙计算，500~600mm 通称为一股人流宽度，一般情况按一人通行设计应不小于850mm；二人通行 1000~1100mm；三人通行 1500~1650mm。当楼梯宽度超过三股人流时应设中间扶手，防止人拥挤时发生意外。住宅楼梯梯段净宽不应小于 1.10m，六层及六层以下一边设有栏杆的梯段净宽不应小于1m（楼梯梯段净宽系指墙面至扶手中心之间的水平距离）。

（2）平台宽度：楼梯平台净宽不应小于楼梯梯段净宽，且不得小于1.20m。实际调查中，楼梯平台的宽度是影响搬运家具的主要因素，如平台上有暖气片、配电箱等凸出物时，平台宽度应以凸出面起算。

（3）楼梯跑的坡度：楼梯跑的坡度与占地面积有关，坡度平占地面积多，坡度陡则占地面积少，最舒服的坡度是30°左右，常用坡度是20°~45°之间。

2）楼梯的级数要求

一般规定楼梯的级数应大于3级，小于18级。花园里的露天楼梯，每3个梯级之间加个平台，可使行走缓慢些，并达到舒适平坦的坡度。辅助入口的楼梯或紧急疏散的楼梯应该能做到快速通过楼层高度。

3）梯阶的净高和净空

梯段净高是指踏步前缘到顶棚之间地面垂直线的长度。一般梯段的净高须大于人体（按标准规定的成人人体尺寸）上肢向上伸直并触到顶棚的距离。为更好地满足楼梯的使用功能，防止行走中产生压抑感，楼梯梯段的净高应小于2200mm，平台部分的净高不应小于2000mm。梯段的起始踏步和终了踏步的前缘，与顶棚凸出物内边缘线的水平距离不应小于300mm。

4）栏杆扶手

栏杆的形式：栏杆的形式有实体、镂空、实体相结合等多种。栏杆扶手应选择适当的材料和式样。在人流较大的地方，禁用强度较低

的不锈钢空心栏杆，镂空栏杆，要注意空格的中距不能超过200mm，常用120~150mm，如超过计划150mm以上应在二竖杆之间增加花饰。居住建筑、中小学校的栏杆花饰不宜采用水平形式，因儿童喜爱攀登跨越，容易发生危险。栏杆扶手的高度是指从踏步表面中心点到扶手表面的垂直距离。这一高度应根据楼梯使用者的情况来确定。例如儿童使用的栏杆扶手应比成人的低。此外，栏杆扶手的高度，还须结合楼梯坡度来考虑，一般楼梯扶手的高度为900mm，顶层楼梯平面的水平栏杆扶手高度为1100~1200mm，儿童扶手高度为500~600mm 楼梯水平栏杆长度大于0.50m 时，其扶手高度不应小于1.05m，楼梯栏杆垂直杆间净空不应大于0.11m。楼梯的栏杆扶手除应具有足够强度和牢固性外，还应保持连续设置，并伸出起始及终止踏步以外不少于150mm，以保证行走安全。为便于握紧扶手，圆截面的扶手直径应为40~60mm，最佳为45mm，其他形状截面的顶端宽度也不宜超过95m。木扶手最小截面大多为50mm×50mm，金属扶手最小直径大多为40mm。靠墙扶手突出墙面应在90m以内，其净空应不小于40mm 其支点间距宜在1500~1800mm 之间。

不同类型建筑里的栏杆高度要求不同：低层、多层建筑不得低于1.05m，中高层、高层建筑和中小学校不得低于于1.1cm。托儿所和幼儿园不得低于1.2m，在中小学和幼儿园，构造做法上，不允许采用容易爬的形式，最好使用垂直杆件，栏杆的间距在有儿童活动的地方不能大于11cm。放置花盆处必须采取

防坠落措施。从功能上讲，阳台上与地面接触处要有10cm的坎，以防东西坠落，还有挡水的作用。

5）梯井

在中小学校里，当梯井宽度大于200mm时，必须采取安全保护措施。三折式楼容易产生坠落事故，在高层建筑中慎用。

6）踏步的尺寸及防滑措施

原规范规定楼梯不小于0.25m，高度不大于0.18m，其坡度为37.75°。面偏陡，与国外标准相差很大，居民上下楼颇感费力，尤其是老年人。现将其修改为不小于坡度33.94°，接近舒适性标准，在设计中也能做到。同一楼梯间的踏步高宽比尽量一致，如层高不一样非要进行调整时，最好保证高度一致，在宽度上进行微调。商店营业部分的公用楼梯、坡道应符合以下规定：①室内楼梯的每梯段净宽不应小于1.40m，踏步高度不应大于0.16m，踏步宽度不应小于0.28m；②室外台阶的踏步高度不应大于0.15m,踏步宽度不应小于0.30m。踏步面层要求耐磨、防滑、便于清洁，往往在钢筋混凝土上作20mm左右的面层。面层作法可采用现浇、粘贴，现浇的可用水泥砂浆、普通磨石子、彩色磨石子；粘贴的有地砖、花岗石作面层，花岗石面层上加铺橡胶、化纤、羊毛等材料制成的地毯、地毯未达到使用上和视觉上的要求。光滑的面层受潮很易滑倒，地毡、地毯铺设不平时也易使人绊倒，因此在构造上宜加以防滑处理。

7）结构安全

楼梯的特殊性能要求在火灾发生后是最后垮的，最好的是能够做到"墙倒梯不倒"，即要

求楼梯间的耐火极限在建筑中最长。但现今流行的轻巧的悬挂挑式楼梯就不符合这种要求，应慎用。

8）其他

楼梯入口处地坪与室外地面应有高差，并不应小于0.10m。第一考虑到建筑物本身的沉陷；第二为了保证不使雨水侵入室内。当住宅建筑带有半地下室、地下室时，应严防雨水倒灌。

7.3.2　屋顶

坡屋顶和平屋顶是屋面的主要形式。

1）坡屋顶

（1）坡度范围：坡屋顶的坡度一般为20~30°。

（2）设计中应注意的问题：近来，在多层或高层建筑中出现不少在混凝土斜坡顶上作瓦屋面的做法，甚至有的用琉璃瓦，但是由于混凝土屋面上要作防水层，致使瓦屋面与基层连接不够牢固，一遇外力极易将瓦屋面连同其下面砂浆层与防水层脱开而滑移，造成建筑质量事故甚至影响环境安全。一般遇此做法，应该在屋面板上留出钢筋网，使上下连成体，防止下滑。现代别墅建筑的卫生间通风口通常设在阁楼中，应当注意在阁楼间设置窗户，形成穿堂风，使废气迅速排向室外。联排式住宅做成坡顶时，有条件的可在坡顶中间或一侧做部分平顶，形成屋顶走廊，将两个楼梯间连通，便于疏散；当利用坡顶下的阁楼做通道时，应注意采光通风。

2）平屋顶

（1）坡度范围：上人平屋顶1%~2%，不

上人平屋顶一般 2%~5%；

（2）女儿墙：上人的平屋顶一般要做女儿墙。女儿墙用以保护人员的安全，并对建筑立面起装饰作用。其高度一般不小于 1300mm（从屋面板上皮计起）。上人的屋面的女儿墙或栏杆的做法与阳台相同。不上人的平屋顶也应做女儿墙，它除了起立面上装饰作用外，还要固定油毡，其高度应不小于 800mm（从屋面板上皮计起）。女儿墙的厚度可以与下部墙身相同，但不应小于 200mm。当女儿墙的高度超出抗震设计规范中规定的数字时，应有锚固措施。其常用做法是将下部的构造柱上伸到女儿墙压顶，形成锚固柱，其最大间距为 3900mm。女儿墙的材料为普通黏土或加气混凝土块时，墙顶部应做压顶。压顶宽度应超出墙厚，每侧为 60mm，并做成内低、外高、坡向平顶内部，压顶用定石混凝土浇筑，内放钢筋，沿墙长放 3ϕ6mm 钢筋，沿墙宽放 ϕ4mm 钢筋（间距 300mm），以保证其强度的整体性。屋顶卷材遇女儿墙时，应将卷材沿墙上卷，高度不应低于 250mm，然后固定在墙上预埋的木砖、木块上，并用 1：3 水泥砂浆做散水。也可以将油毡上卷，压在压顶板的下皮。

7.3.3 窗

1）开启方式及分格尺寸

窗户开启方式及分格尺寸不合理会影响使用。分格尺寸不宜超过 900mm（宽）×1200mm（高），高层建筑不宜采用平开窗。

2）玻璃安全

保证玻璃安全性最有效的措施首先是防止玻璃炸裂；其次是防止玻璃脱落；第三是不使玻璃产生光污染。

3）窗户的安装强度

（1）各种类型的水平推拉窗，首层及高层部位必须设置定位块（限位块），防止窗扇被人"破窗而入"或高层风压作用下发生意外晃落事故。

（2）后塞口做法的门窗，安装固定铁卡子时，混凝土洞口可采用射钉枪施工，砖墙只能使用胀管螺钉（防止射钉破坏砖墙砌体）。铁卡子必须镀锌，间距符合有关图集规定。

（3）铝合金门窗、塑钢门窗、彩板门窗等用作外门窗时，门窗框处必须采取保温构造，并在边口处做好密封，确保门窗的气密性及水密性。

（4）异型钢门窗立面应绘制铁脚，可参照现行图集相应的常用门窗所示。尤其是横向带窗或竖向几层高的窗更应错接牢固。要防止擦窗者因整窗锚固不牢而随窗摔下事故的出现。

（5）下翻窗及门上亮子较重时，不得瓜子链吊挂，以免折断伤人，可改用支撑风钩或细铁链。

4）窗的选用及布置

窗的选用应注意下列各点：面向外廊的居室、厨厕窗应向内开，或在人的高度以上外开，并应考虑防护安全及私密性要求；高温、高湿及防火要求高的用房，不宜用木窗；考虑到住户的安全性，"活窗"即可开启动窗在距地面 0.9m 以下不允许，应用固定窗；教室、实验室靠外墙廊、单内廊侧应设窗。但距地面 2000mm 范围内，窗开启后不应影响教室使用、走廊宽度和通行安全。二层以上的教学楼向外开启的窗，应考虑擦玻璃方便与安全措施。

5）窗户的防护措施要求

外窗窗台距楼面、地面的净高低于0.90m时，应有防护设施。底层外窗和阳台门、面临走廊和屋面的窗户，其窗台高度低于2m的宜采取防护措施。窗台不够高也不作防护处理，不安全属于违规。在这种情况下，有的设计贴靠窗子加做900mm高护栏，但因窗台是个可登踏面也不妥当。有的设计自窗下的槛墙挑出高度为900mm的护栏，使之不易登踏，或许使用更安全和符合规范，当然还可以研究其他更好的办法。

下面介绍低窗和凸窗的具体防护措施要求：

（1）低窗：在低窗台附加栏杆，重外观效果更得重安全。

常见的低窗台距地0.5m左右，如果紧贴内墙增加0.4m栏杆或栅栏肯定达到规范要求的防护措施。但由于美观要求和利用窗台的需求，很多人喜欢将栏杆设在紧贴窗扇的位置，如果窗台台面太大，如凸窗等，小孩经常站在窗台上眺望，而且使用者也必须站到窗台上开启窗户，这时，附加在窗台上的栏杆本身高度应达到0.9m，如果窗台太低，住户往往会无意识地攀登到窗台上，不宜简单附加低栏杆，否则危险是没有充分杜绝的。

（2）凸窗：①《全国民用建筑工程设计技术措施/建筑》10.5.4条，凡凸窗范围内设有宽窗台可供人坐或放置花盆等，护栏式固定窗的防护高度一律从窗台面算起。即从窗台（或小孩的脚可踩到的高度算起）不小于900mm。②目前"飘窗"窗台的高度为400~600mm不等，当将窗台设为400~450mm时，适合人们坐靠于其上，聊天品茗，然而当窗台较宽，特别是窗扇向外开启时，此高度便会给开关窗带来不便，当人探身开关窗时，窗台上沿正好卡在人的膝关节处。起不到支撑身体的作用，易使人跌跪于窗台上，尤其是对身体机能已有退化的老年人，更容易造成危险。

7.3.4 入口通道和门

入口通道和门的防危设计见无障碍设计一章。

7.3.5 楼地面

1）防滑

在公共建筑中，经常有大量人员走动或小型推车行驶的地段，其面层宜采用耐磨、防滑、不易起尘的无釉地砖、大理石、花岗石、水泥花砖等块材面层和水泥类整体面层。供儿童及老年人公共活动的主要地段，面层宜采用木地板、塑料或地毯暖性材料。乳儿室、活动室、寝室及音体活动室宜为暖性、弹性地面。幼儿经常出入的通道应为防滑地面。卫生间应为易清洗、不渗水并防滑的地面。

2）防静电

生产或使用过程中有防静电要求的地段，应采用导静电面层材料，其表面电阻率、体积电阻率等主要技术指标应满足生产和使用要求，并应设置静电接地。要求不发生火花的地面，宜采用细石混凝土、水泥石屑、水磨石等面层，但其骨料应为不发生火花的石灰石、白云石和大理石等，也可用不产生静电作用的绝缘材料做整体面层。

7.3.6　外墙饰面、构架及广告牌防坠落

1）建筑外墙应确保饰面层附着牢固

附着于墙体表面的饰面层应牢固可靠。但实际工程中，到处可见饰面层出现开裂、起壳、脱落现象。究其原因，无非是构造方法不妥或面层与基层材料性能差异过大或粘结材料选择不当等因素所致。如混凝土表面抹石灰砂浆因材料的差异大而导致面层开裂、起壳；又如大理石板用于地面可以直接铺贴，而用于墙面时则须作挂钩处理，否则会因重力而下落。所以应根据不同部位和不同性质的饰面材料采用不同材料的基层和相应的构造连接措施，如粘、钉、抹、涂、贴、挂等使其饰面层附着牢固。

此外，高层建筑外墙饰面不宜用面砖，因为面砖与混凝土的性能存在差异，容易发生饰面脱落，导致事故发生。

2）构架

现代建筑中喜欢用构架等形式来完成建筑，但如果处理不当，构架的安全性能令人担忧，属抗震薄弱构件。构架最好能与建筑主体作为一个整体来处理，能保证在地震发生时构架的牢固度。

第8章

建筑防地质灾害

8.1 地质灾害的概念和内容

8.1.1 地质环境

1999 年世界地球日（4 月 22 日）的主题是"防治地质灾害"。

要了解地质灾害，先要了解地质环境这一概念。地质环境主要是指影响人类生存和发展的岩石圈浅部和相关的水圈、生物圈及大气圈的一部分。其上限是地球的岩石圈表面，其各种地质作用的因素都与大气、地表水体和生物界互相作用；其下限取决于人类的科学技术水平和生产活动所能达到的最大深度。

8.1.2 地质灾害

地质灾害是岩石圈表部在自然地质作用和人为地质作用的影响下，给人类的生命或物质财富带来严重损失的灾害事件，或者严重破坏人类生存环境和自然环境的事件和地质作用。地质灾害包括地震、泥石流、滑坡、崩塌、火山喷发、地裂缝、地面沉降、水土流失、砂土液化、土地沙漠化等 10 种，又以地震、泥石流、滑坡、崩塌、地裂缝、地面沉降、土地沙漠化等最常见，危害性最大。

关于地质灾害之地震灾害，本书第 6 章建筑抗震设计中会涉及，本章不再讲述。其余的地质灾害如地面沉降、塌陷、泥石流、滑坡、地裂缝、风沙灾害，本章将分别论述。

8.2 地面沉降与灾害

8.2.1 地面沉降

地面沉降是指某一区域内由于各种原因导致的地表浅部的松散沉积物压实加密引起的地面标高下降的现象。地面沉降又称作地面下沉或地陷。

8.2.2 地面沉降灾害的分布

地面沉降主要发生于工业发达的城市，以及内陆盆地、地下水的水源区及油气田开采区。经济发达的美国和日本受地面沉降危害最严重。如美国内华达州的拉斯维加斯市，自 1905 年开始抽取地下水，1935 年开始进行地面变形观测，地面沉降影响面积已达 $1030km^2$，累计沉降幅度在沉降中心区已达 1.5m，并使井管口超出地面 1.5m。同时还发生了广泛的地裂缝，其长度和深度均达几十米。

我国目前已经有 20 多个城市发生了地面沉降，其中最大累计沉降超过 2m 的有上海、天津、台北、宜兰、嘉义及太原等六城市；最大沉降量为 1~2m 的有西安、无锡、沧州和苏州等四城市；最大沉降量为 0.5~1m 之间的有北京、保定、常州、衡水、嘉兴及阜阳等六城市。沉降幅度在 0.5m 以下的城市还有东北地区的哈尔滨、佳木斯、长春、沈阳、抚顺、大庆、锦州、营口；华北和西北地区的呼和浩特、银川、邯郸、赤峰、任丘、咸阳、大同和临汾；华东地区的杭州、镇江、宁波、萧山、福州、徐州、德州、淮北；华中和中部地区的武汉、广州、湛江、海口、郑州、洛阳、开封、商丘、安阳，以及台湾省的台中、台南、屏东等。

8.2.3 地面沉降灾害

由于地面沉降所造成的破坏和影响力是多方面的，主要有下列几个方面。

1）滨海城市受到海水侵袭和海潮的威胁

例如上海市的黄浦江和苏州河沿岸，在地面下沉后，海潮时海水经常上岸，影响沿江交通，威胁沿江的码头仓库。1956 年修筑防洪墙，1959~1970 年间加高 5 次，投资超过 4 亿元。

2）工程设施和建筑均受到破坏

（1）港口设施失效：地面下沉使码头失去效用。例如美国长滩市，因地面下沉，港口码头完全失去效用。

（2）桥墩下沉，桥下净空减小，使水上交通受阻。例如上海市的苏州河，原先每天通过 2000 条船，航运量 100 万~120 万 t。现在因桥下净空减小，大船无法通航，中小船也只能有部分时间通过桥下。

（3）不均匀下沉产生的危害更大：如使深

井的井管上升，井台破坏，高楼脱空，桥墩不均匀下沉，自来水管弯裂漏水等，影响市政设施，甚至造成一些建筑物倾斜倒塌。

（4）地面沉降时伴生水平位移造成更大的灾害：地面沉降强烈的地区，地面沉降伴生的水平位移有时很大，对于地面和地下建筑造成巨大的破坏。例如美国长滩市，在地面垂直沉降的同时，伴生的水平位移最大竟达到 3m。不均匀水平位移所造成的巨大剪切力，使路面变形，铁轨扭曲，桥墩移动，墙壁错断倒塌，高楼的支柱和桁架弯扭断裂，油井及其他管道破坏。

3）河道泄洪能力下降，洪涝灾害加重

由于地面沉降，河床和河口淤积严重，天津市海河干流泄洪能力由原设计 1200m³/s 降至 400m³/s 以下。

8.2.4 减少地面沉降灾害的对策

减少地面沉降灾害的对策包括：

1）加强对地面沉降系统的监测，建立监测网络

为及时掌握地面沉降的现状、动态、机理，给地面沉降预测和防治提供决策依据，必须建立并完善地面沉降监测系统。其主要组成包括水准测量监测、基岩标、分层标、与地面沉降监测相配合的地下水动态监测系统，地面沉降数据库等。

2）采取措施减少地面沉降

上海市为了解决既要用水来进行夏天冷却降温和冬天采暖的需要，又要在回灌的过程中使地下水位恢复，以达到控制地面沉降的目的，创造了冬灌夏用和夏灌冬用的方法，以及调整

地下水开采层次的办法，得到了控制地面沉降的效果。

开采地下水的降落漏斗会造成地面沉降，影响建筑物的稳定性。因而，开采地下水的深井都不应打在人口稠密地区，而应设在森林和荒野郊区等地。降雨量与开采量决定降落漏斗的范围，因此每年需要确定抽水量的大小。

3）高大建筑物建址选择在沉降相对稳定的地区

尽管建筑物沉降是暂时性的，并且有允许沉降量，到一定时期就会趋于稳定，但在计算地面沉降量时，建筑物的静荷载因素所引起的沉降的叠加作用也应引起有关部门重视，并应尽可能选择在相对稳定的地段兴建高层及重型建筑。

8.3 塌陷灾害

8.3.1 什么是塌陷灾害

塌陷灾害是由于自然或者人为的原因所造成的地表塌陷、滑落和沉降等等，对于人类的生存及物质财富所造成的损失。塌陷灾害属于地质灾害，地震、火山、地裂缝和边岸的塌陷等，本身都属于自然现象，各有其产生的原因和发展规律。但是当这些现象危及人类的生命和财产的时候，就成为地质灾害，属于灾害的一部分。

8.3.2 塌陷灾害分类

1）按形式分类，塌陷灾害可分为

地面塌陷；地裂缝；渗透变形；砂土液化；特殊岩石类胀缩变形。

2）按原因分类，塌陷灾害可分为

（1）地震塌陷：①构造地震塌陷；②水库诱发地震塌陷。

（2）水动力塌陷：①边岸塌陷，即由于江河湖海的波浪和冲蚀所形成的塌陷；②岩溶塌陷；③过量开采和矿山疏干地下水所引起的塌陷；④流沙塌陷。

（3）矿山塌陷：①矿山开采塌陷；②矿山排水塌陷。

（4）重力塌陷：①崩塌、滑塌；②滑坡；③黄土湿陷和塌陷。

8.3.3 我国主要塌陷灾害的分布情况

1）东南区

我国东南部的地势低平，其东部为沿海平原和丘陵区；西部为高山与平原过渡带，地形切割剧烈，断裂构造发育，并且黄土和碳酸盐广泛发育。东南区土地肥沃，经济发展，人口密集，城市较大，因而地质灾害的损失重大，再加上采矿业发达，矿山塌陷危害严重。

（1）华北平原、长江中下游平原地面沉降、地面塌陷灾害小区：这两大平原中天津、上海市的地面沉降严重，对于工农业和城市影响很大；泰安和秦皇岛市的塌陷也很严重；上述四个地区的沉降和塌陷的主要原因是过量地抽汲地下水；开滦矿务局和徐州矿务局的煤矿塌陷相当严重。本区地震次数虽少，但震级较高，地震时造成的塌陷和黄土、砂土及淤泥的液化所造成的塌陷广泛发生。

（2）长江上游平原、云贵高原岩溶塌陷小区：本区是我国碳酸盐分布最广、雨量最丰富的地区，多大雨、暴雨，地表水和地下水的岩

溶作用强，形成石林和桂林山水，以及许多溶洞奇观，本区的岩溶塌陷对城市建筑、水利和农业的危害极大。

（3）东南沿海丘陵特殊岩土类变形和地面塌陷灾害小区：本区以丘陵为主，人口稠密，工矿业发达，膨胀土、软土和碳酸盐发育，因而地面塌陷和特殊岩土变形灾害频繁发生。

（4）台湾地震、地面沉降为主塌陷灾害小区：台湾岛恰临太平洋板块和欧亚板块交界处，位于环太平洋地震带上，北东向和近东西向的断裂活动频繁，地震强烈，震中集中于中央山脉东侧及东部海域，20世纪初至20世纪90年代发生了217次6级以上地震，为我国最强烈的地震区。台湾的城市集中，人口密集，工农业发达，过量开采地下水引起了地面沉降和塌陷，危害日趋严重。

（5）长白山、燕山山地、松辽平原地面塌陷灾害小区：此区处于地形变化交界地带，北北东向的断裂发育，活动性强，地震强烈，如海城的7级以上地震。区内的工农业发达，采矿业发展，矿山塌陷非常突出。区内广泛分布的软土和砂土容易液化，特殊岩土变形及地震的影响很大。

（6）黄土高原湿陷、地裂缝、地面沉降塌陷灾害小区：这里地处世界上面积最大、土层最厚的黄土高原，独特的黄土地貌和黄土湿陷以及黄土冲刷和地裂缝均十分发育。

（7）秦岭、川鄂和横断山山地地面塌陷灾害小区：本区位于青藏、华北和华南断块的交界部位，地形切割剧烈，断裂活动性较强，因此地震活动频繁且强烈。崩塌、滑坡，以及由于矿山开采和岩溶引起的塌陷的灾害也频繁发生。

2）西北区

以高山、高原为主，大陆盆地位于其间，地形及气候变化大，但人烟稀少，塌陷造成的损失也较小。①内蒙古高原、准噶尔盆地、塔里木盆地土地沙化和盐渍化塌陷灾害小区。②天山、昆仑山地震塌陷小区。③大兴安岭北段山地冻融塌陷灾害小区。④青藏高原山地岩土冻融、地震塌陷灾害小区。

8.3.4 岩溶塌陷及其危害

1）岩溶塌陷

岩溶发育地区，往往在地表形成许多岩溶漏斗和地面塌陷，造成建筑物倒塌、变形。

2）岩溶塌陷分布

我国是世界上岩溶塌陷分布最广的国家之一，在四川、贵州、云南、湖南、广西、广东、海南、江苏、山西、河南、辽宁等省，以及京、津、唐等地区都有地表及地下岩溶塌陷分布。其中以桂林、昆明、贵阳、水城、泰安、秦皇岛、瓦房店和大连等城市的岩溶塌陷危害最大。地质矿产部地质研究所塌陷研究组总结了我国岩溶塌陷的分布状况，并且将岩溶塌陷地区分为两个大区八个区。其中黄土高原—华北平原大区以地下岩溶为主，而云贵高原—江南丘陵大区则表部岩溶及地下岩溶都很发育。

3）岩溶塌陷危害

在开挖京广线南岭隧道时，遇到了石炭系石灰岩，掘进过程中揭露了几处岩溶洞穴，发生了大量涌水和泥砂，个别涌水还带有承压性；地面发生了30多处岩溶塌陷，河水几次断流进入隧道，给铁路的建筑带来了极大的危害。

4）岩溶发育区的建筑规划

（1）岩溶发育状况的详细研究：在前述的岩溶发育状况分区和工程地质评价的基础上，进行岩溶发育区稳定性的详细研究。详细研究的内容与前述的各阶段完全相同，只是这些研究应结合具体的建筑或者建筑群来进行，并且对于其稳定性进行定量的评价和预测，进而为制订防治岩溶塌陷的方案提出论证资料。

（2）建筑物的配置原则：在岩溶发育区进行建设时，最好不要在古岩溶形态如岩溶塌陷漏斗及注地等发育区或者靠近其密聚区布置主要建筑。也不要把主要建筑布置在主要的地下岩溶洞穴和通道的上方，尤其当这些洞穴位于地表附近时更应避开。在布置建筑时，可以把公园、街心花园及广场等布置在古岩溶形态区或其聚集区附近。桥梁、隧道和其他地下工程、水利工程等大型工程的工程地质勘察计划及阶段划分，应解决的问题等均与一般的建筑工程相似，但对于研究精度，更应符合这些建筑的要求。经过工程地质勘探之后，应当对于建筑条件、建筑的稳定性，以及所采取的工程措施等提出定量的评价，以保证建筑工程的安全和持久稳定。

（3）防止岩溶塌陷的工程措施，应考虑的工程地质条件

①地质条件：岩溶岩石的性质和种类、可溶岩石的埋藏深度、岩溶化程度和特点等。

②设计工程的种类：民用建筑、桥梁、隧道及其他地下工程、水利工程等，及各自的特殊要求。

③岩溶化岩石的强度及可靠性。

④有无巨大涌水或淹没的可能性。

⑤工程建成后或运营期间，由于其影响作用带来的岩溶活化而产生巨大渗漏的可能性等。

8.3.5　黄土塌陷与湿陷灾害

1）黄土的湿陷灾害

（1）黄土湿陷：黄土在受水浸湿之后，结构迅速破坏而产生沉陷的性质，称为黄土的湿陷性。湿陷性是黄土独特的工程地质性质，有湿陷性的黄土称为湿陷性黄土。黄土受水浸湿后，在自身重量的作用下所发生的湿陷称为自重湿陷；黄土浸水后在建筑物的荷载作用下所产生的附加沉陷则称作非自重湿陷，又叫作补充湿陷。

如前所述，黄土是不抗水的，在遇水之后，黄土将被很容易地崩解和冲蚀。因此，在黄土分布区广泛发育着冲沟和坳沟，大量出现滑坡、泥流现象，使河流、湖泊和水库的边岸迅速破坏。由于许多类型的黄土都具有湿陷性，使其在浸水之后，即使不增加荷重，往往也会出现比较大的、突发性的湿陷。

（2）黄土湿陷灾害的严重性

①建筑湿陷灾害：湿陷的发生相当迅速，并且是不均匀地发生。因此，由于黄土的湿度变化，特别是当湿度很大时，就破坏了建筑基础的稳定性及完整性。为了保证建筑物基础的稳定性和建筑物的安全，常常需要花费大量资金，对于湿陷性黄土基础进行处理。如西安市地区，黄土基础的处理费一般占工程费用的4%~8%，个别的高达30%。因此，黄土的湿陷性研究，一直是黄土分布区的工程地质的重要课题。

②渠道湿陷变形灾害：黄土分布区一般气候比较干燥，为了进行农田灌溉、城市和工矿企业供水，常修建引水工程。但是，由于黄土的湿陷性，水渠的渗漏常引起湿陷变形。我国在黄土高原上有不少渠道工程受到湿陷变形的破坏。如甘肃省修建的一座提灌工程，在引水灌溉十多年之后，有的地段下沉 0.8~1m，村舍被毁，多次重建，不少分水闸、泄水闸和泵站等因湿陷而破坏，有的陷入土中之后又在其上重建。

2）黄土的塌陷灾害

黄土的塌陷除了上述的湿陷之外，还有崩塌、滑坡及泥流造成很大的灾害。

（1）崩塌和滑坡：黄土发育区的滑坡远比其他岩土体更为频繁发生，这主要是因为黄土的垂直节理发育，易于形成陡坡，尤其是在第四纪以来上升的地区更易于形成陡坡和陡坎，处于不稳定状态。此外，黄土的颗粒胶结疏松，潜蚀作用强烈；黄土的垂直节理及大孔发育，使大气降水容易入渗，也促进了黄土崩塌及滑坡的发生。

我国宁夏的巴谢河流域，在不到 500km^2 的范围内就有 200 多处古滑坡和新老滑坡。其中的 50 多处为中型滑坡，多数是在古滑坡的基础上复活的。1983 年发生的洒勒山大滑坡，滑动的土石方高达 5000 万 m^3，摧毁了三个村庄。

（2）黄土塑性泥流：是介于黄土滑坡与黏性泥流之间的一种流动，通常由黄土崩塌或滑坡转化而来。塑性黄土泥流的形成条件是：A. 具有原状结构遭到破坏的黄土滑坡或崩塌体；B. 黄土层下伏的倾斜隔水底板普遍有地下水出露；C. 上游有较大的汇水面积，有暴

发洪水的可能性。后者是塑性黄土泥流暴发的启动因素。

3）黄土塌陷与湿陷的防治和工程建筑规划

防治黄土塌陷和湿陷应采用下述措施：

（1）防止黄土浸湿：①整平建筑场地，修筑高地截水，修筑排水沟，以防止雨雪水下渗。②在建筑物周围和底部以及水渠的底部和两侧建立阻水的铺盖层，以防止地表水、生产和生活用水下渗到黄土层内，侵蚀建筑物的地基及毗邻地带。③将上下水（包括水蒸气）管道系统及其他市政工程的疏水设施放在不透水的凹槽内，来防止漏水。

（2）用深基础穿过湿陷性的黄土层以防塌陷。采用深基础和桩穿越湿陷性土与黄土层，来消除黄土塌陷及湿陷的灾害，可采用下列措施：①用烧结法固结黄土；②用水玻璃溶液等使黄土固结；③用土桩压实爆破等压实黄土层；④用非湿陷性土或水泥垫来部分替换湿陷性黄土；⑤用预浸水法，使黄土在施工之前先行压实。

（3）提高建筑物的相对稳定性：①用沉降缝来分割建筑物。②扩大建筑底部的支撑面积，以减小其基础底面的单位面积荷重。③沿建筑物的底脚、各层楼板及其他部位修筑钢筋混凝土圈梁和腰箍，或增加使用钢筋的数量，以提高建筑物一些部位的刚度。

8.3.6 矿山塌陷与灾害

1）矿山塌陷

由于从地下开采大量的矿石和矸石等，使地下形成巨大的空洞，导致地面塌陷，称为矿山塌陷。

2）矿山塌陷灾害

矿山塌陷灾害可分为如下几种：①引发地质灾害；②破坏农田；③破坏城镇工程建筑；④破坏水源地，造成污染。

3）矿山塌陷灾害的防治

矿山塌陷灾害的防治是一项极为复杂的系统工程，涉及的因素和方面很多。因此，结合矿区的矿产蕴藏和地质状况，制订合理的开采方案和防治方案是非常重要的。采取预防为主的方针，进行综合治理，保证重点，而不是仓促应付，才能使有限的人力物力发挥更大的效益。应解决好重灾城镇的搬迁重建和居民的生活困难，并做到土地复用，还田于民。

8.3.7 地裂缝塌陷与灾害

1）地裂缝塌陷

地裂缝是现代地表的岩体、地体，在自然条件下或人为作用的影响下所产生的裂缝现象。地裂缝一般产生在第四系的沉积层中，在地面上形成一定宽度的开裂，并且延伸相当的长度。地裂缝塌陷是一种灾害地质现象。我国的地裂缝塌陷十分发育，广泛分布于我国东部和中部的平原、盆地和丘陵地区。地裂缝塌陷的灾害对于建筑、城市、地下管线工程和农田的规划使用所造成的危害巨大，日益引起了有关部门的重视。地裂缝塌陷的成因机理和防治研究，对国民经济具有很大意义。

2）地裂缝塌陷灾害的主要特征

（1）灾害的严重性：我国的地裂缝塌陷灾害十分严重，发生于25个省、市、自治区的300多个县市，已经发现的地裂缝多达数千条，

覆盖面积达60多万km²。地裂缝破坏房屋建筑、水坝、河堤、铁路、公路和地下管线等，仅汾渭盆地就已经造成了数亿元的经济损失。河北省及京津地区60个县市已发现地裂缝453条，造成建筑和道路破坏，上千处农田漏水，经济损失达亿元以上。

（2）灾害的不均一性：地裂缝塌陷灾害以相对沉降差异为主，其次为水平拉张和错动。即裂缝两边的运动状况不同，所造成的破坏也不一样；即使在同一条地裂缝上的不同部位，地裂缝的活动强度及破坏程度也有差别。如西安大雁塔地裂缝，东段的活动最剧烈，塌陷灾害最严重，中段大雁塔附近灾害也比较严重，西段的破坏尚不明显。

（3）灾害的渐发性：地裂缝塌陷灾害是随着地裂缝缓慢的蠕动扩展而逐渐加剧的，随着时间的延续，其影响和破坏日益严重，最后导致房屋及建筑物的破坏和倒塌。

（4）灾害的方向性：地裂缝塌陷灾害常沿一定方向延伸，如河北地区的地裂缝以NE50°者最强，其次为NW85°和NW275°，以下依次为NW315°、NE60°、NE25°。地裂造成的建筑物开裂通常由下向上发生，以横跨地裂缝或与其成大角度相交的建筑物破坏最为强烈。

（5）灾害的延续性：地裂缝塌陷灾害在水平面上成带状分布，灾害集中于主地裂缝附近，远离此带则无影响；从空间上看，地裂缝的灾害影响多数向下减小，至深部逐渐消失。

（6）灾害的非对称性：地裂缝的上下两盘所造成的塌陷灾害常不对称，其影响宽度及对建筑物等的破坏影响不同。如大同铁路

分局院内，地裂缝上盘塌陷的影响宽度明显大于下盘。

（7）灾害的周期性：由于引起地裂缝塌陷的构造活动及抽取地下水等人类活动具有周期性，因而地裂缝灾害也有周期性的表现，常与地震活动、雨季或过度抽取地下水的季节有明显的相关关系。

（8）灾害的必然性：大量情况表明，凡地裂缝通过的地方，无论是哪种材料、结构类型的新老建筑，最终总会受到破坏，毫无例外。因此只能采用避让的措施加以解决。

3）地裂缝塌陷的分类及其特点

（1）构造地裂缝塌陷：各种构造地裂缝塌陷是由于地壳的构造运动，直接或间接在基岩或土层中所产生的裂缝变形。构造地裂缝塌陷多数由断裂作用的缓慢蠕滑或者快速粘滑而发生，断层的快速粘滑活动常伴有地震发生，因而又称为地震地裂缝塌陷；还可以由于褶皱作用和火山活动而产生。构造地裂缝塌陷的延伸稳定，不受地表的地形、岩石或土层的性质及其他自然条件影响。它沿着活动断裂的方向伸展，可以切错山脊、陡坎、河流阶地和平原等。构造地裂缝塌陷的活动，在时间和空间上都有重复发生的特征，反映断裂活动的继承性和周期性。构造地裂缝往往向地下深处集中，最后连接到一条断裂上面。

①地震地裂缝塌陷：地震地裂缝常与大小不同的地震相伴出现。1976年河北省的唐山地震，所产生的地裂缝区面积达2万km²，向西影响到北京市近郊，西南到天津市以南的黄骅一带，东到海滨，北达燕山山麓。在天津医院—崔家码头一带的地裂缝带，东西向长达800m，

宽400m，单条裂缝长300m，宽度超过1m，致使大量房屋开裂，危害严重。7级以上的地震伴生的地裂缝，长度可达几十至上百千米，宽度几十厘米到几十米；伴生的错动包括水平错动和垂直错动，错距一般在3m以内。

②构造蠕变地裂缝塌陷：构造蠕变地裂缝塌陷的活动时间长，影响范围广，多发生于地壳运动的活跃期，持续时间几到几十年；分布范围多为几千km²，大者可达几十万km²；其形态复杂，有线状、锯齿状、S形、反S形、人字形、雁行式、地垒式及地堑式等。其水平错动及垂直错动的距离一般为10~200cm。

构造蠕变地裂缝塌陷在华北地区和长江中下游广泛发育，其中于太行山东麓平原、汾渭盆地和大别山东北麓平原地区形成了三个地裂缝密集带。此外在山东、江苏、安徽和河南等省的交界地带，也有一个地裂缝塌陷带。

西安市的地裂缝塌陷从1959年开始出现，至今已成为影响西安市的城市建设、房屋建筑、地下管线及土地利用的重要灾害。其与地面沉降塌陷所造成的直接经济损失，每年达200~300万元，累计损失约近5000万元。西安的地裂缝塌陷带主要有11条，成北东向延伸，总长度已达65km。自1976年以来，地裂缝的生长迅速，平均每年延伸90m，甚至有的达到300m。地裂缝塌陷的致灾作用随着地裂缝的蠕动而逐渐加重，平面上向两端不断伸展，增长速度每年达3~5km。

（2）非构造地裂缝塌陷：非构造成因的地裂缝塌陷常伴随崩塌、滑坡及地面沉降等塌陷发生，在纵剖面上常呈弧形、圈椅形或近于直立。

4）地裂缝塌陷灾害的防治

（1）防治原则：大量的调查证实，地裂缝灾害多数发生在由主要的地裂缝所组成的地裂缝塌陷带内，所有的横跨主裂缝的工程和建筑都受到了塌陷破坏。因此，对于构造地裂缝塌陷，只能通过建筑避让、工程设防和减灾工程措施来避免和减少塌陷灾害。而对于非构造成因地裂缝塌陷，则可以针对其成因采取工程措施，以防止和减小灾害。

（2）防治方法

①防治措施：对于由非构造因素所造成的地裂缝塌陷，可以针对其发生的原因，采取各种措施来防止和减少地裂缝的发生。例如，采取工程措施来防止发生崩塌、滑坡和矿山塌陷，通过控制抽取地下水以防止和减轻地面沉降塌陷等等；对于黄土塌陷和湿陷，则主要应防止降水和工业、生活用水的下渗和冲刷。由于各种引起地裂缝的原因不同，所以应当通过详细的工程地质研究，找出引起塌陷的主要原因加以解决。此外，为了防止由于雨水冲刷而诱发地裂缝的发生，也可以采取防止地表水下渗的措施。

②减灾工程：当跨越主裂缝的楼房建筑受到破损时，为了限制相邻的楼体结构灾害的扩展，避免更大的损失，可以采取局部拆除的措施，以保留其两侧未受损害的楼体。拆除的宽度依具体情况而定，一般以主裂缝的强破坏宽度的 1.2~1.5 倍左右为宜，上下盘拆除宽度的比值宜保持在 3：2 或 2：1 左右。在线性地下管道工程跨越地裂缝时，可以采用外廊道隔离、内悬支座管道或内支座式管道软活动接头连接的工程措施。

5）地裂缝塌陷灾害区的建筑布局

（1）工程地质勘察：地裂缝塌陷灾害中，以构造成因的地裂缝塌陷的规模最大，影响范围最广。因而在地裂缝发育地区布设建筑时，首先应进行详细的工程地质勘察，并且调查研究区域构造和断层活动历史，必要时可以用工程揭露历史上地裂缝及断层的活动状况。对于非构造地裂缝，也应进行相应的工程地质勘察，估计地裂缝发生的危险性及可能性的分布状况，而后再考虑建筑的布局。

（2）建筑布局：为了保证工程建筑的安全，在布设建筑物时应使建筑物避开地裂缝发育带，特别是永久性建筑更应避免跨越主地裂缝修建。根据刘玉海等（1994）的意见，一般在上盘避让宽度 6m，下盘避让宽度 4m。

（3）设防措施：主裂缝两侧的避让带旁边属于次级地裂缝和微破裂影响带，应划出一定宽度的工程设防带，一般在上盘可设为 20m，下盘设为 15m。凡在设防带内所修建的工业建筑和民用建筑，均应特别加固其地基和基础，或采取措施提高建筑标准，以防止地裂缝塌陷灾害的影响。对于非重要建筑物，也应进行适宜性评价和论证。

8.4 泥石流与灾害

8.4.1 泥石流

泥石流为山地突然爆发的饱含大量泥沙、石块的洪流。泥石流爆发时，山鸣地动，暴雨、雪水或冰川融水夹带固体物质沿陡坡汹涌滚流而下，其中，泥沙、石块的体积含量一般在 15% 以上，前锋含量可高达 60%~80%，来势凶猛，往往能埋没农田，堵塞江河，毁坏路基桥涵等建筑物，具有极大的破坏力。

8.4.2 泥石流的基本成因

影响泥石流形成的自然生态因素众多，但起决定作用的是地质地貌、气候、水文和植被等因素。这几种因素的组合便构成泥石流形成的三个基本条件：丰富的固体物质，足够的水源和陡峻的地形。此外，多种人为活动也在各方面加剧着上述因素的作用，促进泥石流的形成。

8.4.3 泥石流的分类

泥石流的定义与其分类原则、指标等，目前尚不统一。常用的泥石流单项指标或局部综合分类详见表8-1。

常见泥石流分类表 表8-1

指标	类型	主要特征
成因	人为泥石流	不合理的人类活动引起，包括经济、社会、军事活动
	自然泥石流	纯自然因素引起
地貌	坡面泥石流	由坡面散流、股流冲刷松土层而形成或由崩滑体液化而成
	河谷泥石流	由坡面泥石流汇集成或沟槽水流掏揭土体而形成
物质外给方式	雨水泥石流	由降雨激发而成；在全球分布最广、活动最频繁
	冰川泥石流	由冰川或积雪消融促成，其形成与冰川活动有关
	崩滑泥石流	在山崩滑塌过程中形成，速度快、堆积量大、分布零散
	溃决泥石流	各种水体的岸、堤、坝溃决而成
	火山泥石流	火山爆发时火山产物形成；主要分布在环太平洋火山带
	地震泥石流	由地震诱发而成；主要分布在阿尔卑斯—西玛拉雅地震带和环太平洋地震带上
	地下水泥石流	由地下水长期渗透土体而形成；较少见
流体组成	泥石流	粗土粒（粒径 >2mm），含量超过 30%
	泥流	粗土粒含量 <30%
	水石流	缺少细土粒（粒径 <2mm）
流体性质	黏性泥石流	粘浓，表观密度一般超过 $2t/m^3$，惯性强，冲击力大，固体物质占 40%~60%
	稀性泥石流	较稀，表观密度变化在 $1.3~1.8t/m^3$，黏性土含量少，固体物质占 10%~40%
动力学特征	土力类泥石流	起动厚度较大，是整体性搬运，埋没危害严重
	水力类泥石流	起源于水流，水土易分选，时冲时淤
发育阶段	发展期泥石流	沟道和坡面源地扩大，土量增加，频率增加，可预测、预报
	旺盛期泥石流	源地和土量增重达最大值，泥石流频频爆发，可预测、预报和警报
	间歇期泥石流	源地土体趋向稳定，偶尔暴发，留有余地，须提高警惕
	衰退期泥石流	源地补给土量递降，频率、规模递减，可预测、预报

8.4.4　泥石流的分布

在全世界，除南极洲外，其余各大洲有50多个国家有较多泥石流分布。

诸如苏联、美国、日本、奥地利、意大利、南斯拉夫、捷克斯洛伐克、瑞士、加拿大、秘鲁、新西兰、印度、尼泊尔、巴基斯坦、印度尼西亚等国的山区城镇，均发生过灾害性的泥石流，造成重大的财产损失和人身伤亡。

中国是多山之国，泥石流遍及广大山区，全国有23个省、市、自治区遭受泥石流灾害的威胁，每年都造成重大的经济损失和人身伤亡，其中尤以城镇工矿区的泥石流灾害最为突出。据不完全统计，全国受泥石流威胁或成灾的县市已达100多座，以西南、西北山区居多。此外，沿青藏高原东部、南部和北部的边缘地带、秦巴山区、太行山—燕山一辽南山区也有不少城市遭到泥石流的突然袭击。四川省200多个县城（包括县级的区）中竟有135个县市境内有泥石流活动，有40座县城和137个场镇受到泥石流的严重危害。云南省也是我国泥石流的多发区，省内受泥石流危害的县城有10多座。甘肃省的泥石流集中分布于白龙江两岸和渭河上游谷地，受灾的县城10余座，场镇30多个，以兰州、天水、武都、卓尼、临夏等最为严重。

8.4.5　山区城镇泥石流的成灾特点

泥石流是山区环境退化所特有的一种突发性的自然灾害现象，古来有之，此即"自然泥石流"。

1）山区特定的自然环境是形成泥石流的控制性因素

我国西南、西北诸省（区）中的高山地带以及青藏高原边缘地带，多为大的地质构造带，这里断裂褶皱错综，新构造运动强烈，地震频繁而烈度高，山体失稳，谷坡破碎，是众多大江大河的发源地和上游河谷地区，其山高坡陡，谷深流急，坡面流水侵蚀和重力侵蚀均极强烈，灾害性的水土流失和大面积的砂石化现象在这里尤为突出。受东南季风和西南季风的影响，暴雨集中且强度大，致使这里成为我国泥石流的频发多灾区。泥石流沟多成群、成带、成片分布，在暴雨的控制下，常出现多沟齐发泥石流的险恶局面。

2）山区城镇的发展是泥石流活动加剧的重要因素

我国山地环境，具备陡峻的沟谷地形、丰富的固体物质和充沛的水源动力，有利于泥石流的形成。回顾几十年来我国山区城镇建设的历史，如下几点经验教训值得吸取：

（1）人类活动加剧了泥石流灾害

随着人口的增加，人类经济活动也以前所未有的速度向山区发展，给山地环境以巨大的压力，导致土地利用过度，生态平衡失调，环境容量超载，泥石流、滑坡等山地灾害日趋严重。人类的强烈活动对山地环境和山区资源造成了严重的破坏，是当前全国性的自然灾害频起、泥石流活动猖獗的主要原因之一。

（2）城镇在泥石流灾害区选址加重了损失

许多山区城镇既无总体发展规划，更无防灾避害规划，城市建设盲目发展，与河沟争地，强行束窄沟道和河滩，甚至堵沟塞流，不给泥石流和山洪以顺畅排泄之出路，致使泥石流和洪水在市区内夺路外泄，四处漫淤，造成不应有的伤亡和损失。

3）泥石流危害山区城镇的几种主要形式

泥石流对山区城镇的危害主要有以下几种形式：

（1）穿越式：城镇背靠山坡，面临主河，泥石流沟出山后，居高临下，直越城区，穿街串巷而过，城区布设在泥石流的堆积区或流通区，城镇街道多沿沟谷两侧或堆积扇中下部展布，城区大部置于泥石流灾害的波及范围之内。又可分为单沟穿越式（如金川、黑水、喜德等县城属之）、双沟穿越式（如宝兴、汉源等县城属之）和多沟穿越式（如东川、兰州、武都、南坪等城市属之）。这种接触形式的泥石流，对城镇的威胁较大，尤以后两种形式成灾最严重。

（2）挟持式：城镇背山面水，泥石流沟出山后，从城市两侧通过，将城区挟持其间。其实，城镇所在地，乃是两泥石流沟的堆积扇，特别是扇间地和沟槽沿线地势较低，是泥石流严重危害区。对这类城镇泥石流沟的潜在威胁应充分估计，做好相应的防避措施。

（3）抚背式：即泥石流沟出山后，沿山脚急转，与主河流向平行，环绕城区抚背而过。城镇的安全多依赖于环城排洪道。但由于人们对泥石流运动中的直进性、冲起爬高和弯道外侧超高等流体特性认识不足，设计不当，往往造成难以估量的后果。1964年兰州市洪水沟泥石流在弯道处爬高冲进工厂生活区所造成的严重灾难乃是生动的实例。

（4）复合式：即泥石流沟出山后，兼有以上两种形式通过城区，其成灾后果远比单一形式的要严重得多。

4）山区城镇泥石流成灾的某些特点

（1）暴发突然，成灾快速。泥石流多在突发性暴雨、冰雪暴融、溃决洪水等因素的激发下形成。因其流域小，谷坡陡，汇流快，泥石流形成后，居高临下，转瞬即达城区，往往猝不及防，加之泥石流多在夜间或凌晨突然暴发，若无相应的防灾措施和预测报警装置，人们是难以逃避泥石流的突然袭击的。

（2）来势凶猛，成灾快速。泥石流暴发时，倚仗陡峻的河床，迅猛下泻，其流速可达5~10m/s，最快者可达13~18m/s，其规模巨大，一次泥石流冲出物总量可达几万、几十万甚至上百万 m^3。泥石流质体粘稠，容重可达1.5~2.3t/m^3，饱含粒径一至数米的巨砾，具有强大的冲击力，足以摧毁沿程的道路、桥涵和各种建筑物。

（3）成灾集中，损失巨大。受地形条件所限，山区城镇人烟稠密，建筑物拥挤在泥石流的危险区内，又缺乏防灾安全措施，泥石流一旦暴发，无回旋余地，凶猛的泥石流可在顷刻之间将城镇摧毁，造成人员大量伤亡和惨重的经济损失。

（4）盲目乱建，加剧成灾。泥石流多发区的大江大河两岸之支流，多为泥石流沟，主支流交汇处，多是泥石流堆积场所，这里地形开阔，临近河水，交通方便，自古以来被视为建设城镇的理想之地。随着泥石流发展，堆积扇不断增大。起初城镇规模小，尚能避开泥石流的危险区而建，但由于人口迅猛增加，城镇用地盲目扩大，乱占乱用河滩地，建筑物和居民区纷纷在泥石流危险区内兴建，泥石流和山洪的通道被堵塞和被压缩，将引起泥石流动力学特征的改变，加剧成灾规模和成灾过程。

8.4.6 泥石流预报及预警

1）泥石流预报

包括空间和时间预报。空间预报是指推断可能发生泥石流的地区和位置。时间预报是指泥石流地区泥石流发生的趋势。

（1）空间预报：参数分析法：先对泥石流沟的主要参数分别计分，然后累加各项分数，视分数大小划分等级（表8-2），最后根据单项评分结果按下式计算总分 N。

$N=A_i+B_i+C_i+D_i+E_i+F_i$ 若 $N \geq 25$，为严重；$20 \leq N \leq 24$，为中等；$N \leq 19$，为轻微。

（2）时间预报：分长期和短期预报。长期预报指1~3个月内可能发生泥石流的情况，可根据气象部门的中长期预报、年内天气形势图及结合泥石流的临界触发因素求得。短期预报指1~3天内可能发生泥石流的情况，主要根据气象部门的短期预报、卫星云图分析、天气形势预报及测雨雷达资料进行预报。

2）泥石流警报

指泥石流暴发源地或监测断面发现泥石流观测项目的观测参数达到所设警戒参数值时所发出的警报信号。从泥石流警报的定义可以看出，实现警报须确定好警戒参数值。

当警戒参数值确定后，一旦观测发现泥位等触发因素达到警戒值，即可实现报警。其方法有断面泥位观测法、分析法；如果泥石流规模很大且设备较为先进，还可采用传感法、三重报警法。

（1）断面泥位观测。当监测断面泥位到达警戒值时，应立即发出预警信号；当泥位到达避难泥位时，则发出警报信号。

分项计分标准表 表8-2

	相对高差	分数		沟槽堵塞情况	分数
A	>350m	4	D	严重	10
	200~349m	3		中等	8
	100~199m	2		轻微	4
	<99m	1		极微	2
	平均坡降	分数		年内流水次数	分数
B	>30°	36	E	1次	4
	20°~29°	18		2次	3
	10°~19°	9		3次	2
	<9°	3		4次	1
	植被	分数		泥石流频次	分数
C	荒地	4	F	每年发生	8
	幼林	3		非每年发生	2
	壮林	1		无	0

（2）分析法。根据观测资料确定激发泥石流的临界雨量，具体做法：画一个直角坐标图，纵坐标为降雨强度，横坐标是降雨总量，将沟道中每次观测到的降雨都点绘在图上，分暴发泥石流和未暴发泥石流两类；根据经验或泥石流暴发参数等，在两者间画出一条临界线（图8-1），只要降雨强度和降水量达到该范围，立即发出警报信号。

为了准确地发布泥石流警报，需要做好三个环节的工作。

①对泥石流容易发生的区域进行地质调查。根据发生泥石流灾害可能性的大小，划分出若干级别。对重点地区进行必要的监视。②在重点区域内安装泥石流警报装置，当有泥石流发生危险时及时向有关部门和地区发出警报信号。③对重点区域的泥石流发生过程进行监视，以判断警报的可靠性及掌握泥石流所造成的灾害。这种监测可以通过航空或固定图像传送系统完成。

8.4.7 泥石流的防治

1）强泥石流的科学普及宣传工作

要加强对山地环境的保护，提高人们的防灾意识，提倡"靠山吃山"与"保山养山"相

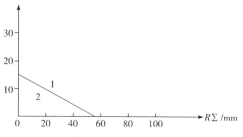

图 8-1 泥石流临界雨量线制定示意图
1—发生泥石流；2—未发生泥石流

结合，要科学而合理地、有节制地开发利用山地资源，提倡文明生产，建立新的生态平衡，抑制泥石流的发展，宣传普及泥石流防治原则和防灾工程的设计方法，以减免在山区城镇规划、设计和建设上因忽视防灾考虑而造成的失误。

2）山区城镇建设要重视前期灾害调查和防灾规划工作

对拟选建的山区城镇所在地，应进行小区域的泥石流灾情调查，并充分运用大区域泥石流普查结果，分析研究本区的自然环境和社会环境以及泥石流灾害演变历史，查明有无泥石流（是古泥石流，还是现代泥石流）及其性质、规模、成灾范围、灾情状况、趋势等，以此为据，提出城镇选建的利弊和宏观决策意见。

对已建城镇并确有泥石流灾害记载的，要拟订泥石流综合防治规划，并将其作为城镇建设总体规划的重要组成部分。城镇泥石流防治规划要与当地的城建、水利、水保、环保和国土整治等部门紧密结合，互相协调。

3）城镇泥石流要坚持综合防治和建立综合防御体系以确保安全

泥石流对城镇的危害具有面广、复杂、集中和严重等特点，特别是关系到人身安全。因此，在制定防治措施时要从全方位、多层次、高质量、保安全等方面综合防治考虑，对城镇所在的泥石流沟进行全流域的全面规划，把工程措施（如固床工程、护坡工程、拦挡工程、排导工程、分流停淤工程等）、生物措施（如植树造林、封山育林、谷坊群、水保措施、农业措施等）和行政管理措施结合起来，对流域的上中下游和山水林田路以及农牧副渔等统筹安

排，把防灾工作与人民的切身利益挂上钩。

泥石流防治的工程措施包括：

（1）坡地水土保持工程。除一般的植树造林之外，还应当采取削坡、建拦土墙、截断侵蚀沟、拦石栅、建排水沟、渠等措施，减少坡地土石的流失量。

（2）沟谷内修建拦砂坝。沟谷内修建各种拦砂坝主要是为了减少土砂流失量或对已流失的土砂进行调节。这些坝都设有排水孔，只拦砂，不拦水。包括：①山脚固定坝，在山脚下筑坝淤砂，增加山体稳定，减少由于滑坡和山崩的产砂量。②防止纵向侵蚀坝，在沟谷的纵向侵蚀区间的下游修建拦砂坝，使河床淤积后保护纵向侵蚀区域不再侵蚀和冲刷，以减少下流土砂量。③堆积体下流拦阻坝，在滑坡、山崩的堆积体下游筑坝，防止堆积体流失形成泥石流。④泥石流拦截坝，对上游已产生的泥石流进行拦截，使30%以上的土砂蓄于库内，进行控制和削减泥石流对下游的破坏力。⑤调砂坝，有一定的库容，可以拦截经常性的水土流失泥砂，减少下游的水土流失量。这些坝可以采用混凝土坝，土石坝，也可以用金属栅栏式的透水坝。

（3）河道加固和护岸工程。①河床保护，为防止河床冲刷和破坏，在河道内设置混凝土圹板式齿墙，在地面以上高2~5m，深入地下3~5m。地上垟板可以保证水流中心线集中在中心部，并可在淤积后将河道坡度改变为阶梯式，减缓上游坡降，减少冲刷。②对于河流弯曲部有可能因一侧河岸冲刷造成山体崩塌或土地大量侵蚀的部位要设置各种护岸工程，减少土砂流失量。

（4）分沙池。在泥石流流出山谷，进入扇状地时流速减小，开始堆积。如果任其流动，则可能对居民区构成威胁。因此可在山谷附近选择适合区域划为分沙区，在周围筑堤防止土沙溢出。将泥石流的堆积限制在指定范围内，减少对其他区域的危害。在工程占用区域和危险性较大区域内应当控制人口的迁入和避免投入较大的永久性建设。

8.5 滑坡及其灾害

8.5.1 滑坡

滑坡是指那些构成斜坡体的岩土在重力作用下失稳，沿着坡体内部的一个（或几个）软弱结构面（带）作整体性下滑的地质现象。

8.5.2 滑坡形成条件

滑坡是在一系列因素的作用下发生、发展的。影响滑坡发育的所有因素中，起决定作用的是斜坡本身所具有的内部特征，即为滑坡发育的内部条件。而所有的外界因素均处于通过内部条件而起作用的地位，称之为外部条件（图8-2）。

1）滑坡发育的内部条件

系指属于斜坡本身所具备的或潜在的有利于滑坡发生的地质、地貌条件。是滑坡发生的内因的体现，是滑坡发生的必要条件。它包括：

（1）易于滑动的物质——易滑地层；

（2）组成斜坡的岩土体内，存在几组软弱结构面构成的易于滑动的优势面；

（3）利于滑动的坡形条件——有效临空面。

可以认为，任何滑坡的发生都必须具备这三个条件，而任何已经发生的滑坡都必然具备了这三个条件。

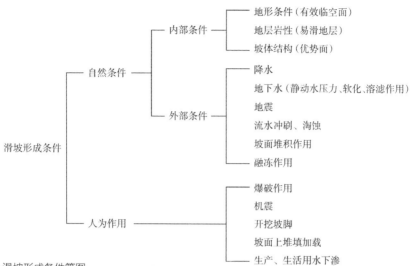

图 8-2　滑坡形成条件简图

2）滑坡发育的外部条件

系指作用在斜坡上，能使内部条件发挥作用，使下滑与抗滑矛盾激化，从而导致斜坡发生滑动的外界因素。它包括降水，地下水作用，河流冲刷，坡面堆积，融冻，淋融和人为作用等。滑坡的发生并不需要满足所有的外部条件，而只要有其中某一项或几项发挥作用即可引起滑坡。

8.5.3　滑坡发育的宏观规律

1）中国滑坡的分布格局

滑坡的发育和分布是有规律可循的。这是因为控制滑坡发育的内部条件和外部条件都是与当地的自然演变历史分不开的，是特定条件下的自然环境的产物。首先按我国的地势划分。以大兴安岭—太行山—巫山—雪峰山为界线，此线以东为中国地势的第三阶梯，以平原、丘陵为主，滑坡稀少；此线以西为中国地势一、二阶梯，以高原山地为主，滑坡较东部发育。

然后按我国的气候带进行划分：以大兴安岭—张家口—榆林—兰州—昌都一线为界，此线西北为干旱、半干旱地区，气候干燥少雨，滑坡分布较少，仅在高山冰缘作用带内发育有融冻滑坡；此线东南为暖温季风湿润气候带，雨量丰富，水网密度大，滑坡分布较多。

上述两线之间为滑坡分布密集区。若按各地的地貌、地质构造、地层岩性和气候等特征进行细分，可将我国陆上滑坡的分布分为五级49个区。这五级是：滑坡发育极密集区，密集区，中等区，稀疏区和偶发区。

2）滑坡发育规律

据大量的考察研究表明，滑坡的发育还有如下规律：

（1）易滑地层分布区滑坡密集。所谓易滑地层，是指那些极易发生滑坡的地层。其矿物、化学组成以及物理力学性质对滑坡的形成有利。我国陆上 95% 的滑坡都集中发育在 10 余种易滑地层中。

（2）地质构造复杂区内的滑坡密集。地质构造复杂区，尤其是深大断裂通过的区域，地层倾斜，节理裂隙发育，地形破碎，河流下切冲刷强烈，地震活动强烈而频繁。这些特征对滑坡的发育十分有利。如川滇构造带、秦岭构造带、喜马拉雅构造带。

（3）人类活动区域内的滑坡相对比较集中。随着社会的发展，人类活动范围的不断扩展，人为地触发了许多滑坡，使得人类活动区域内的滑坡比较集中。如宝成、成昆、鹰厦等铁路沿线，四川攀西、贵州六盘水等经济开发区。

（4）雨季发生的滑坡多，尤其是大雨、暴雨、久雨中发生的滑坡更多。如1981年7月四川西北部特大暴雨中发生6万多处滑坡；1982年川东发生大暴雨，同时产生大量山崩滑坡，据当时忠县、万县、云阳、奉节4县统计，有6.4万处。

8.5.4 滑坡发育的各阶段特征

滑坡的发育可分为蠕动、滑动、剧滑、趋稳等四个阶段。

8.5.5 滑坡发生的前兆

不同类型，不同性质、不同特点的滑坡，在滑动之前，均会表现出多种不同的异常现象，显示出滑动的前兆。常见的有以下几种：

（1）大滑动之前，在滑坡前缘坡脚处，有堵塞多年的泉水复活现象，或者出现泉水（水井）突然干枯、井（钻孔）水位突变等异常现象；

（2）在滑坡体中，前部出现横向及纵向放射状裂缝。它反映了滑坡体向前推挤并受到阻碍，已进入临滑状态；

（3）大滑动之前，在滑坡体前缘坡脚处，

土体出现上隆（凸起）现象，这是滑坡向前推挤的明显迹象；

（4）大滑动之前，有岩石开裂或被剪切挤压的音响，这种迹象反映了深部变形与破裂，动物对此十分敏感，有异常反应；

（5）临滑之前，滑坡体四周岩体（土体）会出现小型坍塌和松弛现象；

（6）滑坡后缘的裂缝急剧扩展，并从裂缝中冒出热气（或冷气）；

（7）动物惊恐异常，植物变态。如猪、狗、牛惊恐不安，不入睡，老鼠乱窜不进洞，树木枯萎或歪斜等。

8.5.6 中国滑坡灾害

中国的滑坡灾害事件数以万计，一年四季都有发生。它给中国的经济建设、国防建设和人民的生命财产造成巨大灾难，尤其是大型高速滑坡。如：

1933年8月25日四川茂汶叠溪地震时发生一巨型高速滑坡，将叠溪城从100m高的台地上推入岷江中，形成高160m的土石坎，45天后溃决，造成举世罕见的灾难。据县志记载：山崩城陷，百里之内皆被重灾，死难者达8800人；

1982年7月18日，四川云阳县城东发生鸡扒子大型滑坡，体积2000万 m^3，毁坏了县冷冻库和农舍1730间，使1353人无家可归；滑体前部进入长江，严重碍航，直接经济损失600多万元，整治滑坡和疏通航道耗资上亿元；

1983年3月7日，甘肃东乡县发生洒勒山巨型滑坡，体积近5000万 m^3，埋没4个村庄和1个小水库，使264人丧生，毁耕地近

133hm²；

1985 年 1 月 12 日，长江三峡发生了震撼全国的新滩滑坡，体积约 3000 万 m³，顷刻间摧毁了整个新滩镇和一个村庄，激起的涌浪高 54m，冲翻江中船只 77 艘，死亡船民 12 人。由于预报准确，村镇无一人死亡。

依山而建的城市易发生滑坡、泥石流等灾害。沿长江从重庆下至湖北宜昌约 630km 的两岸城市，多受滑坡侵扰。万县市（现重庆市万州区）沿江约 16km 的范围内，有 1000 万～5000 万 m³ 的滑坡处 3 处，5000 万 m³ 以上的滑坡崩塌 4 处，滑坡崩塌总量达 3.1 亿 m³。湖北省秭归县城曾在公元 134、1368、1371 年因滑坡侵扰而被迫迁址，1561 年又因滑坡而改迁今址，1986 年 6 月又在县城发生了 4 处小滑坡。云南元阳县城，在面积 5.7km² 的城区有 75 处滑坡体，全城 1 万多人口，有 0.42 万人居住在滑坡体上。1989 年 1 月的一起滑坡，造成 6000 万元经济损失，县城被迫迁址。甘肃省卓尼县 1988 年 7 月 6 日发生泥石流，全城被淹，水电交通中断，死亡 46 人，损失 1000 多万元。云南碧江县城知子罗镇位于南北两大滑坡体所夹持的块体上，该滑坡产生于 1975 年，至今仍在滑动，严重威胁城区安全。1986 年 12 月 25 日人员迁走，该城成为废城。

8.5.7 滑坡灾害的防御对策

1）避灾方案

（1）避灾的方法和步骤

①按照滑坡（崩滑）调查方法，对滑坡的基本情况、特征，形成滑坡的自然地质环境条件以及险区范围内的社会经济情况和可能造成

的滑坡灾害程度进行详细调查，收集所需的有关资料和数据。

②根据调查情况分析研究滑坡的稳定性与发展趋势，判断滑坡规模和主滑方向，以利设计检测预警方案，并落实相应的保护措施。

③在规划防治措施和设计监测预警方案的同时，根据保护对象的重要性及可提供的避灾条件，制定周密的避灾方案。

（2）避灾方案内容

①前言：简要说明滑坡名称、地理位置、自然地质概况（包括与滑坡形成有关的地貌、地层岩型、降水、人类工程活动特征等）；同时要介绍滑坡的基本状况、发育过程及发展趋势，重点阐述可能发生的危害程度、防避的重要性与目的。文字宜简明扼要，不宜过长。

②防灾、救灾的组织体系及职责：第一个层次为滑坡监测预警领导小组；第二层次为防灾救灾指挥部；第三层次为现场抢险救灾指挥部（具体职能略）。

③预报程序及报警方式：滑坡预报通常分趋势预报和临滑预报两种。必须严格遵循预报程序，以免人为混乱。

报警信号，一般采用报警器、广播或鸣锣等方式。无论哪种方式和信号，避灾方案中均必须事先确定，规定清楚。一旦发出紧急警报后，险区人员不准滞留，必须迅速按撤退线路轻装转移，否则采取相应的措施强制撤离。

④险区划分及撤离线路确定：制定避灾方案时，应根据滑体的主滑方向、发育趋势和险区居民居住的位置，划分险区级别。主滑方向下方为一号险区，临近主滑方向为二号险区，依次类推，然后按险区分级，并明确每个险区

撤离的具体线路、地点和负责人，一一写入避灾方案，以期临险不惊、撤离有序。

（3）管理：避灾方案拟定后，一是要组织有关领导和人员认真讨论、修改并认可，由政府或防灾救灾指挥部门交至居委会；二是采取各种宣传形式，反复向险民宣传，做到家喻户晓，切勿认为制定了避灾方案就万事大吉，束之高阁；三是要根据各地情况，由防灾救灾指挥部适时组织报警避灾演习活动，使险民胸中有数；最后，随险情变化或指挥部人员变动，每年对避灾方案要做一次修改、调整并补充指挥部成员。

2）滑坡预警、预报

（1）滑坡预警：滑坡预警是指在动态观测点上某项数据达到预先设置的警戒值时所发出的警报。警报种类有声音、光信号等。它是警告观测人员及险区内居民应引起注意的信号，只表明具有预警功能的观测仪器设备在达到警戒值时能有效自动报警，并不意味着滑坡已确定临近剧滑阶段了。所以，当收到预警信号时应冷静对待滑坡预警信号，不能把滑坡预警同滑坡预报等同起来。

（2）滑坡预报

①预报类型：滑坡预报通常分临滑预报和趋势预报两种类型。

A. 临滑预报。指预先判断数天内滑坡发生或活动的时间，也就是人们日常所说的滑坡预报。滑坡临滑预报是一种数值预报，它是在建立正确的滑坡滑动模式、同时又具备可靠滑坡观测资料的基础上进行的，是滑坡预报中难度最大的预报类型，也是人们追求的目标。

B. 趋势预报。指预先判断数月、数年、数十年甚至更长时间以后将要发生滑坡或发生滑坡复活的预报。目前只能根据滑坡体的地质、地貌综合分析，分析结果是定性的，至多是半定量的。

②预报内容

A. 滑动范围：指滑动及影响面，包括滑坡体的范围、滑坡后壁牵动的范围、滑坡前段能达到的范围、剧冲型滑坡在滑动过程中产生冲击波和涌浪所波及的范围等；

B. 滑动规模：指滑动体积的预报，要结合滑坡范围与滑动面（带）的发育深度进行预报。滑动面（带）多沿原来位置发育，但亦可能在更深的层次出现，所以滑动面（带）的深度是正确预报滑坡规模的重要参数；

C. 滑动方向：指实际滑动方向。滑坡实例证明，往往滑动方向并非总是地质地貌分析中所认定的主轴线，而是依据滑坡观测资料重新确定的实际滑动方向。因此，滑动方向预报切不可忽视，应作为预报的重要内容；

D. 滑坡灾害：指对人类的生命、财物造成的损害。要根据滑动范围、滑动规模、滑动方向，并结合临滑时滑坡现场的人类经济活动状况，进行分析、判断，并做出预报。这是滑坡临滑预报的目的。

3）滑坡防治

如前所述，由于人类越来越多的工程和经济活动破坏了自然坡体，因而近年来滑坡的发生越来越频繁。以下违反自然规律的城市工程活动都会诱发滑坡。

（1）开挖坡脚：修路、依山建房常常因坡体下部失去支撑而发生下滑。

（2）蓄水、排水：水渠和水池的漫溢、漏

水及工业用水和废水的排放等均使水流渗入坡体，加大孔隙压力，软化土石，增大坡体容量，从而促进或诱发滑坡的发生。

（3）堆填加载：在斜坡上大量兴建楼房，修建重型工厂，大量堆填土石矿渣等，使斜坡支撑不了过大的重量，失去平衡而沿软弱面下滑。

此外，在山坡上乱砍滥伐，使坡体失去保护，亦会因雨水大量渗入而诱发滑坡。

8.6 风沙灾害

8.6.1 风沙灾害

风沙灾害是在自然界风动力条件作用下，引起地表细粒物质吹蚀、搬运和堆积过程中所产生的对人类经济活动、生存环境的一种灾害。主要危害方式表现为风蚀、沙埋、风沙打磨、大气污染及能见度降低等，它的直接后果是导致土地沙漠化。

8.6.2 世界各地的沙灾害

20 世纪 30 年代，美国西南部发生了著名的黑风暴，由于过度农垦和放牧，地面植被遭到严重破坏，加之气候干旱，使成百万吨的沙尘被吹走，农具、车辆和房屋被流沙掩埋，农田牧场大面积毁坏，造成了极为深重的灾难。1950 年代风暴又一次暴发。苏联也多次发生过黑风暴，1903 年的一次风暴使哈萨克斯坦 2000 万 hm² 良田全部沦为沙漠。非洲的撒哈拉沙漠南缘，包括十多个国家的萨赫勒地区，在 1970 年代中期至 1980 年代初期的连续干旱，所带来的后果也是极其严重的，林木枯死，草原破坏，农田荒芜，风沙弥漫，尘沙四

起，沙漠化发展，3500 万人离乡背井，饿死约百万人。

8.6.3 我国的风沙灾害

我国风沙危害地域广阔，主要在我国秦岭以北广大地区，其中可称之为风沙灾害区的面积为 151.66 万 km²，占国土面积 15.8%，主要分布于我国北方干旱半干旱和半湿润地区。风沙灾害区中有戈壁风沙区 56.9 万 km²，沙漠风沙区 59.3 万 km²，草原绿洲风沙区 33.4km²，平原风沙区 2.06 万 km²，另外尚有较大面积的受风沙影响的地区。

8.6.4 沙尘暴及其危害

所谓沙尘暴，是指能见度小于 1km 的沙尘天气。具体而言，它是大风与沙漠或沙漠化土壤以及松散地表沉积物相结合，且在特定地埋条件下所产生的灾害性天气或次生气象灾害。我国在 1950 年代共发生 5 次沙尘暴，1960 年代发生 8 次，1970 年代发生 13 次，1980 年代发生 14 次，1990 年代发生 23 次；而在新千年的新年伊始，发生沙尘暴的次数已相当于 1950 年代的次数。2001 年国家气象部门共监测到 18 次沙尘暴，累计 40 多天。

沙尘暴的肆虐在我国造成了惨重的损失，我国每年风沙造成的直接经济损失达 540 亿元。1993 年 5 月 5 日，一场强沙尘暴袭击西北 4 省区 72 个县（镇），受灾人口达 1200 万，死亡失踪 116 人、伤 264 人，损失牲畜 12 万头、伤 74 万头，农作物受灾 37 万公顷；兰新铁路中断 31 个小时，敦煌机场关闭 7 天，造成直接经济损失 5.4 亿元，贫困地区人民含辛

茹苦创造的城市财富，就在沙起沙落的瞬间灰飞烟灭、付诸阙如，其情况之惨无异于一场战争所造成的破坏。

8.6.5 沙灾害的减灾对策

我国政府一直十分重视防沙治沙工作，已停止开垦荒地，并花大力气构筑抵挡沙尘的生态防线。1994年10月14日，我国政府在《联合国防治沙漠化公约》上签字，成为《公约》的缔约国之一。

治理风沙灾害，有如下减灾对策。

（1）保护环境，扩大植被，大搞生态建设。

保护环境，种树种草，扩大及恢复植被，加强生态工程建设是防治风沙灾害最有效、最根本的办法。

"三北"防护林工程为我国首都北京的防沙、治沙构筑了三道屏障。

第一道屏障就是京、津周围的绿化工程，规划范围为：从北京至西部的山西雁北地区、河北的张家口地区，北部的沙化草原、浑善达克沙地、科尔沁沙地，东部的河北坝上沙化地带，南部的华北平原北隅河流冲积沙化地带。

除京、津周围以外的地区，则是"三北"防护林工程为北京防沙治沙构筑的第二道屏障。"三北"防护林工程在这里确定的工程有：东部的科尔沁沙地综合治理工程、呼伦贝尔沙地综合治理工程，西部的山西雁、同、朔及沂洲沙地综合治理工程。通过"三北"防护林体系一、二、三期工程建设，这里局部的沙漠化土地得到了有效控制，生态状况有了初步改善。

从东经80°~100°、北纬35°~45°之间，是"三北"防护林工程为北京防沙治沙构筑的第三道屏障。这里进行的准噶尔盆地南缘沙地综合治理、塔里木盆地绿色走廊的综合治理、塔克拉玛干中部油田沙区综合治理和南北疆绿洲农田保护林等工程，都是"三北"防护林工程为北京构筑的防沙治沙屏障。

（2）控制人口，减少人口对土地的压力。

（3）开展监测预测工作，加强宣传，减少损失。

（4）加强领导，宣传教育人民群众，遵守法规，提高环境保护意识。

第9章

海洋灾害及防御对策

海洋自然灾害一般指风暴潮、巨浪、严重海冰、地震海啸等，同时也包括热带、温带气旋大风等所造成的突发性海上及海岸灾害。人类活动导致海洋自然条件改变而引发之灾害称为人为海洋灾害，多数无突发性。但某些人为海洋灾害，如赤潮，在许多海区也有突发性，这已引起人们越来越多的关注。在这一章，我们着重了解风暴潮、海啸和海平面升高这三项与我们城市与建筑安全关系密切的海洋灾害。

9.1 风暴潮及防御对策

9.1.1 风暴潮

风暴潮是由强烈的气旋低压引起的潮位异常升高的现象，是我国沿海城市最严重的海洋性灾害的致灾原因。风暴潮分为由温带气旋引起的风暴潮和由热带气旋引起的台风风暴潮两大类型。

9.1.2 风暴潮灾害

风暴潮居海洋灾害之首，有的灾害学家还把风暴潮列为世界群灾之首，即排在地震和洪水灾害之前。这是因为，风暴潮灾害分布极广，几乎遍及所有海洋国家；频繁发生，一般性灾害每年多次，一年四季均有发生，重大灾害时有发生；灾害发生区多为人口稠密和工业集中的河口区域，往往造成人员和经济的巨大损失。历史上曾发生一次潮灾死亡 30 万人（1970年孟加拉湾）或数十亿美元的直接经济损失（1972 年美国）的情况。

在西太平洋沿岸国家中，我国是受台风袭击最多的国家，有 34% 的热带气旋（包括强台风、台风和热低压）在我国登陆。我国风暴潮灾害居西太平洋沿岸国家之首。

9.1.3 中国历史上的风暴潮灾害

我国风暴潮灾史料极其丰富。目前能找到有关潮灾的明文记载，最早的为《汉书·天文志》中所记载的：西汉"元帝初元元年（公元前 48年）其五月，渤海水大溢"。从搜集到的风暴潮灾史料看，我国风暴潮灾一年四季均有发生，受灾区域遍及整个中国沿海。其严重潮灾岸段是：渤海的渤海湾至莱州湾沿岸；江苏省小羊口至浙江北部的海门（包括长江口和杭州湾以及浙江省温州、台州地区沿海岸段）；福建的沙埕至闽江口附近；广东省的汕头至珠江口；雷州半岛东岸和邻近岸段；海南岛东北部。次严重岸段是：辽东湾湾顶附近；大连至鸭绿江口沿海；江苏的海州湾沿岸；福建的崇武至东山沿海；广西的北部湾沿岸。

我国潮灾主要由台风和寒潮这两大灾害性天气系统引起的。

9.1.4 风暴潮灾害的基本特点

从中华人民共和国成立以来的台风潮灾的记载和以上分析来看，具有以下特点：

1）灾害出现频繁

据资料统计，从 1949~1984 年上述灾害共出现约 58 次，几乎每年都有发生，在发生灾害的年份中，出现灾害次数少则 1 次，多者可达 5 次以上。

2）灾害损失巨大

据沿海潮灾不完全的统计结果表明，在重灾情况下，人员伤亡一次竟达近 3 万人，一次经济损失达 5 亿~6 亿元以上，一次毁船 2600 多只，淹没良田达 40 万 hm^2。轻灾损失也达数百万元。这些都给沿海经济建设和人民生命财产造成不可估量的损失，也是社会发展中巨大的不稳定因素。

3）潮灾的形成是综合性的

在强台风（寒潮）作用下，产生较大台风浪（风浪）、风暴潮（台风潮和冷锋潮）以及暴雨洪水等同时出现造成的综合灾害。

9.1.5 我国风暴潮监测预报和防范的现状

1）风暴潮监测

风暴潮监测沿岸的验潮站进行。我国的验潮历史可追溯到 1900 年前后。到 1949 年全国只有 14 个验潮站，由于管理混乱，其中仅有 8 个站有部分高、低潮资料。至 1984 年底，我国共有验潮站 202 个。

2）风暴潮预报

海洋局海洋环境预报中心（原预报总台）自 1970 年开展了风暴潮预报和预报技术研究工作，并于当年发布试报，经过 4 年试报和预报技术准备，于 1974 年正式向全国发布风暴潮预报，曾多次成功地发布了强风暴潮预报，大大减轻了风暴潮造成的危害。

1986 年风暴潮和海浪的数值预报产品研究列为国家"七五"攻关项目。经过两年的研制，现已建立了有一定精度的数值预报模型。并在 1987 年 7 月开始了台风潮和海浪的试报业务。预报精度达到了技术指标，取得了效益。

9.1.6 风暴潮灾害的防御对策

1）加强风暴潮灾害成因和规律的科学研究，编制国土防灾科学规划

（1）潮灾（风暴潮和海浪）的成因和规律预测的研究，建立潮灾数据库。改进现有的潮灾的预报方法，开展综合水位（天文潮和风暴潮）的预报研究，以提高预报精度。对沿海各县市进行系统历史潮灾调查，编辑"中国潮灾史料通鉴"，并建立潮灾数据库，供全国有关单位研究使用。

（2）潮灾对我国经济开发区、海上工程和海岸工程建设布局的影响以及减灾对策研究。对我国目前沿海工业和开发区的布局进行潮灾淹没范围和抗灾、减灾能力进行评价。

（3）海岸防灾和近岸建筑物抗灾能力的数值仿真。目的是对历史上最大潮灾的破坏程度进行仿真，提出防灾安全参数。

（4）对潮灾多发区和严重区编制长远和当前沿海国土防灾科学规划，制定"国家淹损

保险条例"。1968 年美国制定了"国家防淹条例"，提出美国政府和私人企业之间的协同计划，以抵御泛滥，保护居民安居乐业。该计划由联邦保险局执行，其他联邦机构协助进行技术项目研究。这些都为我国防灾研究和防灾计划的制定提供了借鉴。

2）建立全国风暴潮观测、预报、警报系统

（1）建立全国风暴潮及海啸警报系统。

（2）统一全国验潮基准面：对各验潮站验潮基准面进行校测，进而统一全国验潮基准面是一项迫在眉睫的工作。此工作做好了对提高潮汐观测精度、正确实施防潮指挥和风暴潮模式研究以及重点濒海区域潮水淹没图和人口疏散图的绘制，都有十分重要的意义。

（3）统一全国潮汐观测规范，增建必要的验潮站：统一全国潮汐观测规范，增建必要验潮站，适时更新验潮仪并有计划地在风暴潮严重岸段建立一定数量遥测自记验潮站。

（4）开展风暴潮漫滩模式的研究：目前国内建立的已进入或将进入风暴潮预报业务的数值模式均是二维的，其岸界是不动的固体边界，不能预报一次强风暴潮侵入陆地的范围。进行风暴潮漫滩模式的研究，完成 SLOSH 模式在中国应用的合作研究并进入预报业务，可将我国台风风暴潮预报，提高到国际 1980 年代的水平。同时漫滩模式还能为沿海防潮图的绘制、占地规划的制定等提供可靠数据，也能为沿海、沿江防潮工程的设计标高提供科学的依据。

（5）开展我国北方某些港口的减水预报：风暴引起的水位降低往往影响大型船只的进出和锚泊，给国家带来不应有的经济损失。英

国 1953 年强风暴潮灾后成立了风暴潮警报局（STWS），20 年后（1973 年）开始发布风暴减水预报，每当减水大于 1m 就对浅水港广播，服务对象是吃水深的大型船泊，收到一定的经济效益。因此，我们必须加紧技术准备，尽快开展北方某些港口的减水预报业务。

（6）实行群测、群防上下结合的潮灾监测联防网

为了减轻灾害损失，而进行灾害预报固然重要，但防灾与减灾对策的研究更为重要。福建省水文总站与厦门大学海洋系共同制定了闽东海岸风暴潮联防网的组织及防御措施，取得了明显效益。他们的做法是：

①联防网的组织：A. 省、市、地、县防汛部联防；B. 扩大联防基层点；C. 培训技术力量；D. 健全测报、通讯和防御的联络渠道。

②城镇及垦区淹没和安全疏散路线图的绘制：A. 城市和县区高程图；B. 疏散路线图。

9.2 海啸及防御对策

9.2.1 海啸

海啸是指由海底地震、火山爆发和水下滑坡、塌陷所激发的，其波长可达几百千米的海洋巨波。它在滨海区域的表现形式是海水陡涨，骤然形成"水墙"，其浪高可超过 20m，甚至达 70m 以上，伴随着隆隆巨响，瞬间侵入滨海陆地，吞没建筑、村庄、城镇，产生巨大的破坏力。

海啸的破坏力由三种因素直接产生：波浪对建筑物的冲击和对海岸的冲蚀，以及洪水泛滥。其结果是建筑物、村庄、城镇的毁坏和人

员的伤亡，经济上的巨大损失。

我国也是一个多风暴潮灾的国家，历代都把风暴及海底地震引起的潮位异常变化，混称为海啸、海溢、海侵或大海潮等。近 20 多年来，我国学者在学术上把风暴原因引起的潮位异常统称为风暴潮，而把海底地震引起的潮位异常则称为海啸。

海啸波属于海洋长波，一旦在源地生成后，在无岛屿群或大片浅滩阻挡情况下，一般会传播数千千米而能量很少衰减，因此可能造成远离数千千米之遥的地方遭灾。但更多的海啸均属于局地海啸。后者因为从海啸发生至传播到滨海酿成灾害的时间间隔很短，因此灾害往往更为严重。

9.2.2 海啸灾害

1）世界各地的海啸灾害

提起海啸灾害，人们都会自然地想到 2004 年 12 月 26 日，震惊世界的印度尼西亚苏门答腊岛近海海域发生强烈地震引发的海啸，20 多万人的生命葬送在这一悲惨的灾害中。十多米高的巨浪冲向海岸，一大片一大片的房屋倒塌，数以万计的正在享受海景、享受生活的人们被海水吞没而丧生。许多城市被夷为平地，数百万人无家可归，财产损失不计其数。全球各大洋均有海啸发生，但全球 90% 的海底大地震发生在太平洋（尽管并不是所有的海底地震都能产生海啸），无疑太平洋沿岸也是海啸灾害的多发区。

2）中国的海啸灾害

中国及其邻近区域：我国是一个多地震灾害的国家，从公元前 1831~1980 年，大约发生了 4117 次 4.75 级以上的地震，其中有不少强地震发生在海底。最早的海啸记载亦属于我国，即西汉初元二年（公元前 47 年）九月发生在渤海莱州湾的震后海啸，东汉熹平二年（公元 173 年）6 月至 7 月，莱州湾连续地震，并发生信度 3 级，振幅 1m 左右海啸多次。

9.2.3 太平洋海啸警报系统

如上所述，海啸是众多沿海国家滨海地区的猛烈自然灾害。受灾严重的国家，首先是太平洋国家，要求能有效地防御海啸灾害。这一方面促进了海啸科学和海啸防御工程的发展，而另一方面，则要求能使用现代技术，预测海啸的发生和发展，以保障沿海城乡的正常生活秩序。但是迄今为止，人们尚不能准确预报地震，预报引起海啸的海底地震就更困难了。因此，就更无法在海啸发生前预报海啸的发生。这还因为，并不是所有的海底强地震都能激起海啸，而只是那些伴有强烈地壳活动的海底地震才能产生海啸。这类地震大约占太平洋区域地震的 1/4 左右。然而，一旦地震海啸发生，只要在震中附近的验潮站首先发现海啸，现代技术就能迅速地发布海啸警报，包括海啸发生源地，海啸波到达影响岸段的时间，并估计它的强度和破坏力。

1）美国

以上述技术为依托，美国首先于 1948 年在檀香山附近的地震观测台组建了"地震海洋波警报系统（Seismic Sea Wave Warning System）"。初期，该系统的主要业务仅限于夏威夷州。政府间海洋学委员成立后，于 1966 年决议促请美国提供条件成立国际海啸执行机构——国际海啸情报中心。与此同时，海委会设立了"太平洋海啸警报系统国际协调组"。根据该协调组的建议，认定美国在檀香仙的警报机构执行"太平洋海啸警报中心（PTWC）"的职能。鉴于海啸区域警报业务的特殊作用，目前已组建了若干区域或国家的海啸警报中心，它们是：夏威夷区域海啸警报中心（HTWC）、阿拉斯加海啸警报中心（ATWC）、日本海啸警报中心（JTWC），它包含札幌、仙台、东京、大阪、福冈等分区域警报中心，和苏联海啸警报中心（UTWC）等。

2）日本

与我国同处在西太平洋地区的日本，一向把海洋自然灾害的防御列为它的基本国策。日本经过战后几十年的努力，已形成了包括卫星、海洋资料浮标网和海底系统在内的海洋观测监视系统，建立了资料收集、自动传输、编辑和处理的自动化系统，完善了海洋灾害分析和预报机构，建立了较完善的灾害预警电信广播系统，以及防御和救助系统等，从而构成了较为有效的海洋灾害防御体系。该体系的作用相当显著，例如，1983年5月26日日本海发生强地震海啸，只在地震发生后14分钟，也就是从岸边验潮站认定该次地震有海啸伴生的第7分钟，就向全国和太平洋各国发出了海啸警报，加之有效的防御规划方案的实施，从而使此次海啸损失减小到最低限度，仅死亡104人，经济损失100万美元。而据评定，同样强度的海啸曾使数千人乃至数万人丧生和造成了多得多的经济损失。

3）其他国家

另外，根据有关组织最近的建议，至少下述区域应设立区域海啸警报中心：西太平洋区域，指中国、菲律宾、越南、巴布亚新几内亚至印度尼西亚；南美洲区域；西南太平洋区域，包括澳大利亚、新西兰及大洋洲国家。

4）海啸警报的实施过程

现行海啸警报业务的实施过程如下：

当水位观测证实有海啸发生，各警报中心即可根据观测到的海啸波参量，用海啸传播时间计算模式或图表计算出海啸波到达全太平洋和某区域范围内各岸段的时间、波幅、预计破坏力等。

海啸警报过程。海啸的发生被确认之后，立即通过警报系统的电信网发布海啸警报。目前可使用的电信网包括世界气象组织全球电信系统（给予电信最优先级）、国际商业电信网、军事电信系统等。全太平洋海啸的警报，传至区域海啸警报中心和沿岸国警报（或民防）系统的国家代表（机构）、区域或国家的海啸警报中心再向公众发布。如果预计海啸灾害足够严重，就可使用包括广播、电视、电话、电报、通信卫星等一切发布手段。这时，当地的民防机构将根据预先已经制订的海啸灾害防御规划方案，组织人员撤离危险区和组织重要物资等的抢救。海啸波对航行或漂泊于外海的船只没有影响，因此要组织停港船舶和停留在港湾锚地的船舶向外海疏散。这一点与抗御海浪、大风、风暴潮等灾害的办法正好相反，后者是向港湾归避。

9.2.4 海啸灾害的防御对策

1）建立中国国家海啸警报系统

其目标和任务是：

（1）进一步完善海洋灾害现象监视监测网络，逐步采用各种先进技术手段，尤其是海洋资料浮标及海洋卫星等遥测遥感技术，对各类海洋灾害的发生、发展、移行和消亡，以及影响它的各种因素进行连续的观测和监视。

（2）发展海洋资料信息迅速收集、传输和处理系统。利用现代化电信技术，尤其是卫星通信技术和计算机技术，把海洋灾害信息迅速集中到国家、海区和地方各级分析预报机构，这是灾害预警的关键。因为，海洋自然灾害都带有突发性，而我们在今后相当长的时间内，还不可能把预报的时效提得很高。

（3）海洋灾害分析预报业务的现代化，形成预报所需要的分析预报系统。

（4）发展建立国家及地区反应迅速的灾害预警系统。使其能够根据灾害的影响程度，指导海上及沿海对可能发生的灾害做出防御和救助安排。

（5）海洋自然灾害的防御和救助——这是当海洋自然灾害发展到不可抗拒和不可避免袭来时，为防御灾害和减少损失的一项计划。

（6）制定全国防御海洋灾害的规划方案，以及省（直辖市、自治区）、地、市、县各级因地制宜、因灾制宜的防灾规划方案。这个方案应包括防御工程建设规划，人员物资转移方案、消灾措施方案、防灾指挥调度方案，救援方案及国家教育宣传规划等。

2）加强海啸灾害的理论研究

加强与风暴潮、海啸等有密切关系的海洋陆架波理论的研究工作，加强海啸历史及海啸工程的研究，提出海啸防御及工程规划，尤应重视陆架海洋工程中抗海啸灾害的研究工作。

9.3 海平面上升及其灾害

9.3.1 海平面上升

海平面上升是科学家们多年研究的重要问题，经过中外科学家长期共同的努力，认为海平面上升是全球气候变暖的一项肯定的结果。

考虑到三大三角洲存在不同程度的地面下沉，结合推算到 2050 年的相对海平面的上升值如下：

珠江三角洲：40~50cm；上海地区：50~70cm；天津地区：70~100cm。

9.3.2 将来海面上升对人类的影响

如果今后 100 年，世界海面上升 50cm 以至 1m，则沿海，特别是大河三角洲的广大地区将被淹没，许多大都市将受到威胁。像荷兰这样"低地"国家，则 1/2 以上国土均有受淹没的危险。我国则长江、珠江和黄河三大三角洲，上海港、天津新港以及胜利油田的海滨高产大油田，均将受到较大威胁。长江三角洲的苏州以东的广大人口密集地区，海拔多在 2m 以下，所受影响也很大。

9.3.3 海平面相对上升对中国东南沿海地区经济发展和生态环境的影响

1）沿海各地区高程及其可能受灾面积

（1）黄河三角洲

我国沿海地区沿岸绝大部分地区海拔小于 5m，特别是平原地区地面高程较低，有的地区海拔只有 1~3m，个别地区在海平面以下。如现代黄河三角洲，它是 1855 年以后形成的新三角洲，面积 5400km²，绝大部分属山东省东营市，只有 200km² 属山东省滨州地区。这个地区地势较低，海拔在 4m 以下，其中有2000km² 海拔不到 2m，还有些围海造陆地方，地面高程低于海平面。

天津地区高程一般在 2.5~4.5m 之间，塘沽老城和汉沽建成区的地面更低，在平均海平面 1.5m 左右，1959~1988 年，有些地面累积沉降达 1.4m，最大累积沉降量 2.6m。整个天津地区陆地沉降面积达 7300km²，使天津地面高程半数以上降到 1~3m。有些地面高程在海平面以下。

（2）长江三角洲

20 年代以前的上海，地面高程一般在吴淞标高 4.0m 以上，到 1949 年前夕，市区平均累计下沉 0.64m。从 1921~1965 年累计市区地面平均下沉 1.76m。1965 年采取措施后，大面积地面下沉基本得到控制，1965~1989年累计下沉 4.38cm。上海市平均海拔大约为1.8~3.5m，最低处只有 0.91m，市中心地面平均标高已低于苏州河口平均潮位 2.12m。

长江三角洲和苏北滨海平原沿岸北起灌河口，南至钱塘江口，有 11000 多平方千米，海拔不超过 2m。从灌河口到射阳河口一带为广黄河三角洲，从射阳河口南抵琼港以南 30km左右的环港为苏北平原，从此往南至钱塘江口为长江三角洲地区，海岸总长约 1028km。这个地区的地面高程（黄海基准面）为 1.0~4.0m，绝大部分在 3m 以下。全区从海堤至理论深度基准面之间的潮滩面积为 5224.8km²。主要分布在长江口及其以北地区，其中海岸湿地面积 1252km²。

（3）珠江三角洲

珠江三角洲面积约 6932.5km²，各类平原河道纵横，地势低平，海拔高度不到 2m，绝大部分地区海拔高度不到 1m。据统计，大约有1/4 的土地 1469.5km² 在珠江基准面（珠基）高程 0.4m 以下，有 1/2 的土地 2994.76km²在 珠 基 高 程 0.9m 以下，有 13% 的 土 地803.65km² 在海平面以下。广东的广州、汕头、佛山、珠海、中山、江门、东莞、番禺、顺德等大部分地区地面高程在珠基 0.5~2.0m 左右。许多地区目前靠堤围防护。

韩江三角洲滨海地区有 84km² 高程在黄海高程 0.1~0.7m 之间，泻湖平原有 115.25km²高程在 0.5~1.8m，沼泽性平原 165.8km² 高程在 2.0~2.5m。即是说，韩江三角洲低于2.5m 高程的面积共 365.05km²，占平原面积41%。

2）海平面上升，加剧风暴潮灾害

我国沿海地区经常遭受风暴潮灾害，抵御风暴潮灾害全靠海堤防护。海平面相对上升，势必使沿海地区海堤和挡潮闸等工程抗灾能力不断降低，同时也使潮差和水深加大，潮流作用和波浪作用加强。据计算，潮位上升 1cm，潮差将增加 0.34~0.69cm，水深增加 1 倍，海浪作用强度增加 5.6 倍。由此可见，在海平面相对上升的情况下，风暴潮灾害将造成更大损失。

长江三角洲和上海市也经常受风暴潮袭击，造成严重灾害。据不完全统计，300 年前的 1696 年，强风暴潮袭击上海造成十余万人死亡。1949 年 6 号台风袭击上海时，当时苏州河口黄浦公园最高潮位达 4.77m，上海死亡人数为 1670 人，郊区 200 多处海堤决口，淹没农田 200 多亩，市区街道积水深达 1~2m，城乡共倒塌房子 6.3 万间，损失极为严重。1962 年 8 月 2 日，台风发生在长江口 250km 处，10 级东北向强风劲吹，吴淞最高潮位 5.31m，黄浦公园为 4.76m，沿黄浦江、苏州河口的河岸决口 46 处，水淹半个市区，水深为 0.5~0.7m。黄浦江外滩防洪墙高程是按千年一遇标准修建的，若海平面相对上升 0.5m，则堤防标准将降为百年一遇，抗灾能力将显著降低，风暴潮威胁更大。

广东省内的珠江三角洲和韩江三角洲地区，是我国台风的多发区，据统计，1949~1982 年间，平均每年有 12.7 次台风在广东登陆，其中 1954~1976 年间在广东登陆的台风和强台风共 53 次，凡是登陆的台风，绝大多数造成较大的增水量。1983 年 9 月 9 日的 8309 号台风，珠江三角洲虎门外的南沙镇出现 2.63m 的珠基高潮位，横门站增水 1.68m，高潮位达 2.58m；这次台风引起的风暴潮，使珠江三角洲 13.33 万 ha 农田受淹，番禺市死伤 137 人，直接经济损失达 1 亿元；广州市也多处被淹，街道水深最大约 1m，虎门镇水深为 1.5m。如果海平面上升 70cm，广州高水位达 3.2m，20 年一遇的台风暴潮水位将达 3.1m，广州将有 20km² 左右的面积受淹，经济损失将超过 200 亿元。

3）海平面上升，洪涝威胁加大

上海市区地势低洼，夏、秋暴雨强度较大，常常积涝成灾。1991 年夏季两次暴雨，曾造成 200 条街道积水，不仅带来经济损失，而且影响市内交通。上海市区地表水污染也比较严重，黄浦江干流有 3/4 的河段水质不合格，未来的海平面相对上升，将造成污水长期回荡，可能还会出现倒灌现象，将威胁长江口沿岸和黄浦江上游水源地，使洪水水质恶化。

广东沿海多为三角洲和泻湖平原，地势低洼，经常受到台风暴潮的威胁，汛期洪水泛滥成灾。远在 1915 年 7 月发生的特大洪水，广州市水位达到 3.48m 珠基，珠江三角洲受淹农田 43.2 万 ha，灾民 378 万，死伤 10 多万人，广州 2/3 的面积受淹，其中西关、长堤、沙面等地水淹达 7 天。如果海平面相对上升 70cm，则遇上一般洪水、涨潮，广州水位将与 1915 年的水位相当。海平面相对上升，城市受淹面积扩大，如 1959 年 6 月洪涝使广州水位达 2.24m，荔湾涌水淹面积达 30ha，淹街 472 条，水深达 60cm 以上。如果海平面上升 20cm，广州可能有 872 条街被淹（全市 1.5~2.0m 以下街道 391 条，2.0~2.5m 以内街道 481 条）。

4）海平面上升，加剧海水入侵，排污困难增加，港口功能减弱

海水入侵是指海水沿入海河口上溯和沿海岸地下含水层向内陆地区渗透、扩散。其结果导致水资源污染，危害供水系统，并使河口航道淤积和土地半盐渍化，造成严重环境问题。

9.3.4 关于海平面上升影响我国沿海地区经济发展和生态环境的对策

1）加强海岸、河岸和港口的防御工程建设，提高抗洪、抗风暴潮能力

上海勘测设计院于 1987 年按千年一遇的

高潮位，即吴淞口 6.27m，黄浦公园 5.86m 的标高，提出了上海市以防汛为重点的黄浦江综合治理规划：①在苏州河口修建挡潮闸。②包括外滩段防汛墙在内的黄浦江干支流 208km 的防汛墙加高、加固。③黄浦江两岸支流 47 座水闸加高、加固。④建造闵行等地区围堤工程。远景规划还包括在黄浦江河口修建挡风暴潮闸等。这些工程实施后，按 1987 年标准需耗资 8.3 亿元。按这些规划提出的各种设计方案，已分阶段施工。苏州河口挡潮闸（吴淞路闸桥）和外滩防汛墙外移改建第一期工程已在 1992 年底全部完成，外滩二期工程计划在 1993 年完成，市区防汛墙 75km 长的主要段已完成 80%。

2）采取多种措施，严格控制地面沉降，使海平面相对上升的威胁减少到最低限度

控制地面沉降，除采用上述人工回灌办法外，采取多种措施严格控制地下水的抽取量是一个重要方面。为此，必须对工业和居民用水加以限制，提高用水的收费标准，克服用水的盲目性。通过宣传，使人们认识到浪费水的严重后果和养成节约用水的习惯。

3）加强和完善监测系统，开展综合研究，为海平面上升提供预报

加强对海平面上升、陆地沉降及由此引起的环境变化的观测、积累长期的观测资料是预警、防范和规划、设计、施工等科学决策的基础。

第10章

建筑防爆

建筑防爆主要与工业建筑有关。除了化工、医药、石油化工企业等，显然存在爆炸危险的建筑外，在冶金、机械、轻工以及食品、粮油加工企业中也存在建筑防爆问题。民用锅炉房及燃油燃气供应站及某些科研教学单位的实验室，也存在爆炸危险，必要时要考虑建筑防爆。使用燃油、燃气的酒店、餐饮建筑，虽然也有发生爆炸事故的可能，但一般只从防火的角度进行安全防范，建筑一般不采取防爆措施。家居使用燃气，主要在安全使用，不考虑建筑防爆问题。至于隧道的防火防爆，重点在防火，因此，这部分内容放在防火设计章节中讨论。隧道防爆炸，一般只可能发生在公路隧道。其解决的办法，也主要在管理方面，与防爆设计并无直接关系。最重要的管理措施，就是限制载有爆炸危险品的车辆通过隧道。爆炸事故由于其突发性，瞬间完成巨大能量的释放，所以造成的后果往往比较严重，不仅容易造成人员重大伤亡及建筑物倒塌等物质财产的巨大损失，而且往往迫使工矿企业停产，长时间不能恢复正常运作。本章讨论的重点在建筑防爆设计。首先通过爆炸基本知识的介绍，了解爆炸的现象及实质，并在此基础上，展开建筑防爆设计，从总平面布置，建筑平剖面设计到构造设计。读者可根据需要自由选读。

10.1 爆炸

10.1.1 爆炸的基本知识

广义地说，爆炸是物质在瞬间以机械功的形式释放出大量气体和能量的现象。其主要特征是压力在极短时间内的急剧升高。

1）爆炸极限

可燃气体、可燃蒸汽、可燃粉尘一类的物质，接触到火源，可立即着火燃烧。当此类物质与空气混合时，且浓度达到一定比例范围内，能形成爆炸性的混合物，此时一接触到明火就立即引起爆炸，此浓度界限的范围称为爆炸极限。能引起爆炸的最低浓度界限称为爆炸下限，最高浓度界限称为爆炸上限。浓度低于爆炸下限或高于爆炸上限时，即使接触到火源也不会引起爆炸。可燃气体和可燃蒸汽的爆炸极限，以可燃气体、蒸汽占爆炸混合物单位体积的百分比（%）表示。可燃粉尘的爆炸极限，以可燃粉尘占爆炸混合物单位体积的质量比（g/m^3）表示。各种可燃气体、可燃蒸汽的爆炸极限，可采用爆炸极限测定仪实验测定或经计算确定。

爆炸极限是鉴别各种可燃气体、可燃蒸汽、可燃粉尘形成爆炸危险性的主要数据。可燃粉尘悬浮在空气中，一般人们肉眼能够看见，其爆炸上限与爆炸下限相差几十倍。当浓度达到爆炸下限时，已经形成云雾状态。因此，一般情况下采用爆炸下限作为鉴别各种可燃粉尘形成爆炸危险性的主要数据。

爆炸浓度极限与危险性直接有关，危险性可用危险度来表示，爆炸危险度即是爆炸浓度极限范围与爆炸下限浓度之比值。

$$爆炸危险度 = \frac{爆炸上限浓度 = 爆炸下限浓度}{爆炸下限浓度}$$

爆炸极限幅度越大，形成爆炸混合物的机会越多，发生爆炸事故的危险性越大。爆炸下限越小，形成爆炸混合物的浓度越低，越容易形成爆炸的条件。

建筑设计防火规范中，对厂房生产和仓库贮存物品的火灾危险性做了明确的分类。对于生产和贮存可燃气体这类物质的火灾危险性，采用爆炸下限数据分类。

2）闪点

闪点是评价可燃性液体蒸汽形成爆炸危险程度的主要数据。有些固体状态的物质，如樟脑、萘、磷等，在一定的温度条件下，也能够缓慢地蒸发可燃蒸汽，因而也可以采用闪点鉴别形成爆炸的危险性。

易燃、可燃液体一类的物质，在高于其闪点的条件下，存在着发生爆炸的危险。物质的闪点越低，越是容易产生可燃蒸汽，越是容易与空气形成浓度达到爆炸极限的混合物，其爆炸危险性越大。

在防火规范中，对于生产和贮存易燃液体和可燃液体这类物质的火灾危险性，采用闪点数据来分类。在生产过程中使用或产生易燃液体和可燃液体的厂房，其易燃液体闪点 < 28℃，列为甲类生产；易燃、可燃液体闪点在 28~60℃ 之间，列为乙类生产；可燃液体闪点 ≥ 60℃，列为丙类生产。仓库内贮存易燃、可燃液体和能够产生可燃蒸汽的物质时，易燃液体闪点 < 28℃，列为甲类贮库物品；易燃、可燃液体闪点在 28~60℃ 之间，列为乙类贮存物品；可燃液体闪点 ≥ 60℃ 列为丙类贮存物品。详见第 5 章有关内容。以 28℃ 划分，是考虑到我国南方大部分地区夏季最热月平均气温为 28℃。因此，采用 28℃ 比较经济、安全、合理。

3）自燃点

一般可燃物质接触到火源时都能着火燃烧。但有些可燃物质受到水、空气、热、氧化剂或其他物质的作用时，虽未接触到火源也可自行燃烧，这种现象称为自燃。一般可燃物质在有氧条件下连续受热升温，都能自行燃烧。可燃物质从受热升温到刚开始着火燃烧时的最低温度称为自燃点。自燃点不能作为鉴别各种可燃物质形成爆炸危险性的主要数据。鉴别各种可燃物质形成爆炸危险性还需要从爆炸极限、闪点以及其他特性来确定。对于自燃点很低的可燃物质，除了采取防火措施外，还应分别情况采取防爆措施。

10.1.2 爆炸的种类、破坏作用及预防原则

1）爆炸的种类

爆炸可分为物理性爆炸和化学性爆炸两种。

（1）物理性爆炸

物理性爆炸，由物理变化引起，在物理性

爆炸前后，爆炸物质的性质及化学成分均不改变。锅炉的爆炸是典型的物理性爆炸。

（2）化学性爆炸

化学性爆炸，是物质在短时间内完成化学变化，形成其他物质，同时产生大量气体和能量的现象。在爆炸时主要发生的化学反应，有三种情况：

①简单分解的爆炸物：这种爆炸物爆炸时，并不发生燃烧反应。属于这一类爆炸物的有雷管和导爆索等。这类爆炸物是很危险的，受到轻微振动就能起爆。

②复杂分解的爆炸物：这类爆炸物较上述简单分解的爆炸物的危险性稍低，大多数的火药都属于这一类，爆炸时伴有燃烧反应，燃烧所需的氧由本身分解提供，如黑火药、硝铵炸药、TNT 等，都属于这一类。

③爆炸性混合物：即各种可燃气体、蒸汽及粉尘与空气（主要是氧气）组成的爆炸性混合物。这类混合物爆炸多发生在化工或石油化工企业。

2）爆炸的破坏作用

爆炸对建筑物的破坏，是各种破坏力的综合作用。

爆炸是瞬间发生的，人在爆炸发生时不可能采取任何措施，只能预先防止和善后。所以，在建筑设计中，一方面要采取防爆措施（管理上，主要是严禁一切火种），一方面采用抗爆结构和泄压设施，都只是为了防止和减少爆炸事故对建筑物的破坏作用。

3）预防原则

防爆的基本原则是根据爆炸过程特点的分析，采取相应措施。阻止形成爆炸混合物；严格控制火源；及时泄压；切断爆炸传播途径；减弱爆炸破坏；检测报警。

10.2　建筑防爆设计

10.2.1　基本原则

1）合理布置总平面

（1）有爆炸危险性的厂房和库房的选址，应远离城市居民区、铁路、公路、桥梁和其他建筑物。更不能在甲、乙类厂房和库房内设置铁路线。靠山建筑工厂企业时，要充分利用地形和自然屏障。如图 10-1 所示，利用山沟布置有爆炸危险厂房时，厂房与厂房间以小的山包作屏障，万一发生爆炸，不会危害相邻厂房。

（2）有爆炸危险的厂房和库房应布置在下风方向。全年的风向不明显时，选择冬季主导风向。合理布置总平面，可以减轻爆炸事故的危害。反之，不仅不能减少危害，还会加重爆炸事故的危害。图 10-2 是某化学玩具厂总平面布置。设计时，考虑与相邻牙刷厂合用几幢功能相同的建筑，包括一个化学危险品仓库，

图 10-1　利用山沟布置厂房
1—有爆炸危险的厂房；2——一般生产厂房；3—道路

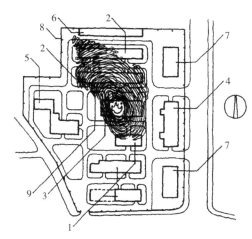

图 10-2 某化学玩具厂总平面布置
1—牙刷厂车间；2—化学玩具厂车间；3—化学危险品仓库；
4—办公、宿舍；5—食堂、浴室、锅炉房；6—敞棚；
7—篮球场；8—围墙；9—火灾蔓延范围

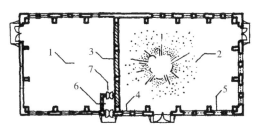

图 10-3 某化学玩具厂总平面布置
1—牙刷厂车间；2—化学玩具厂车间；3—化学危险品仓库；
4—办公、宿舍；5—食堂、浴室、锅炉房；6—敞棚；
7—篮球场

因而将其不合理地布置在两个厂的中心位置，却没有想到万一发生火灾爆炸时的后果。该危险品库发生的爆炸，不仅使仓库倒塌，库存大量塑料、原材料被烧毁，而且大火蔓延到相邻车间及下风向车间，甚至危及相邻的金笔厂。

2）合理布置防爆单元

（1）在厂房中，危险性大的车间和危险性小的车间之间，应用坚固的防火墙隔开。用以控制由于爆炸引起的火势蔓延。防火墙的构造和强度必须满足防火、防爆的有关规定。只爆炸不着火的厂房，应设置防爆墙。为便于车间之间的联系，宜在外墙上开门，利用外廊或阳台联系，或在防火墙上做双门斗，尽量使两个门错开（图 10-3），也可参照人防地下室防爆单元的作法，设置门斗来减弱爆炸冲击波的威力，缩小爆炸影响范围。

（2）有爆炸危险性的厂房宜采用单层建筑；有爆炸危险性的车间，应布置在单层厂房

内，并靠外墙设置；如厂房为多层时，则应将其设置在最上一层，并靠外墙。

（3）有爆炸危险的物品不应将其贮存库设在地下室或半地下室内。有爆炸危险的车间，也不要设在地下室、半地下室内。

（4）生产或使用相同爆炸物品的房间，应尽量集中在一个区域，这样便于对防火墙等防爆建筑结构的处理。

（5）将不同性质的化学物品分隔生产或贮存，以免两种不同性质的化学物品互相接触产生化学反应而引起爆炸。

（6）将有火源的生产辅助设施与有爆炸危险的生产车间分隔布置，有利于预防爆炸事故的发生。

（7）易产生爆炸的设备，应尽量设置在露天或室内外墙靠窗处，以减弱其破坏力。

（8）有爆炸危险的仓库也应采用单层建筑。

采取防爆结构的泄压措施。有爆炸危险的甲、乙类生产厂房，应采取必要的泄压措施。泄压设计得好，爆炸时可以降低室内压力，避免建筑结构遭受破坏。泄压措施，主要包括设计恰当的轻质屋顶、轻质墙体和门窗等。泄压应保证足够的面积。

10.2.2 防爆设计

1）厂房建筑分类设防

按形成化学性爆炸物质分类，厂房可分为火化工厂房和一般爆炸危险厂房两类。

（1）火化工厂房建筑防爆：火化工厂房专门制造或加工火药、炸药、雷管、导爆索、子弹等爆炸性物品，也称作火炸药厂。这类工厂车间发生爆炸事故时造成危害特别大，建厂前应严格按照国家有关技术规范进行设计，并经国家有关部门审批。此类厂房应远离城市居民区、公共建筑物、铁路、公路、桥梁、港口、飞机场等人员较集中的地方。因受条件限制不得不与其他建筑场地相邻建厂时，应保持足够的安全距离。

（2）一般爆炸危险厂房建筑防爆：一般爆炸危险厂房，生产加工石油、化工、轻工、有色金属等物品，须在一定条件下，才能形成爆炸的条件，而且还必须遇到火源才能够引起爆炸。因一旦发生爆炸，造成的危害也不小，故建厂前也必须经国家有关部门审批，并应严格按国家有关技术规范进行设计。此类厂房建筑防爆设计，应根据生产过程中使用、产生的物质和产品的特点、闪点、爆炸极限，按照一般厂房生产的火灾危险性分类。局部有爆炸工艺要求的厂房，可以利用地形，作为防爆设计。图 10-4 是靠山布置耐爆小室的厂房。发生爆炸时，可以朝向山坡泄压。

2）仓库建筑分类设防

按照形成化学性爆炸物质的分类，仓库建筑可分为爆炸物品仓库和化学危险物品仓库两类。

（1）爆炸物品仓库：爆炸物品仓库专门贮存火药、炸药、雷管、子弹等爆炸性物品。仓库内集中贮存大量的爆炸性物品，一旦发生爆炸事故，危害严重。因此，建库时必须严格按照国家有关技术规范进行设计，并由国家有关部门进行审批。此类仓库应远离城市居民区、公共建筑物、铁路、公路、桥梁、港口、机场等人员较集中的地方。因受条件限制不得与其他建筑场地相邻建库时，必须保持足够的距离。此类仓库防爆设计，应根据所贮存的爆炸性物品的特性，按国家有关技术规定，采取分类分库分间贮存；每一座仓库的最大贮存库量或最大的占地面积不得超过有关技术规定，建筑设计应采取防爆措施，库房室外四周还应砌筑防爆围堤（图 10-5）。山洞设库、靠山设库可利用自然环境作屏障，既安全，又可以节约投资。

（2）化学危险品仓库：化学危险物品仓库专门贮存桶装易燃液体、瓶装可燃气体、瓶装化学试剂等化学危险物品，简称危险品仓库。剧毒物品、腐蚀性物品、放射性物品等也属于化学危险性物品。大多数化学危险品，在一定的条件下均能发生爆炸事故。

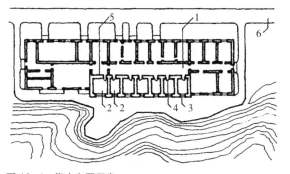

图 10-4　靠山布置厂房
1—仪表控制室；2—耐爆小室；3—泄压窗（爆炸时朝向山坡泄压）；
4—装甲门；5—防爆墙；6—道路

3）厂房建筑防爆设计

（1）耐火等级：有爆炸危险的生产厂房的耐火等级不应低于二级。对于生产火炸药一类的特殊厂房，应按照国家有关技术规范设定耐火等级。

（2）平面设计：有爆炸危险的厂房，其平面设计在满足生产工艺流程的前提下，平面设计应尽可能简单。生产设备的布置，尽可能使操作人员在上风，且靠近门窗。

大跨度的单层厂房，最大跨度不宜超过18m。厂房平面设计时应将有爆炸危险的生产设备集中布置在室内中间地带，万一生产设备发生爆炸，瞬时冲破轻质屋盖，落下的碎片，较少伤及人员，因人员操作场所近靠外墙门窗处。另外室外新鲜空气从外墙门窗进入，生产设备散发的混浊空气从屋顶排出，可以减少工人受有害气体的危害，万一发生爆炸时，工人疏散到室外去也很方便（图10-6）。由于场地或其他原因，有爆炸危险的厂房必须设计成多层时，最好以顶层作为危险品生产用房，因为唯有顶层可以利用屋顶设置泄压轻质屋盖。有爆炸危险的多层厂房，其安全疏散楼梯，一般不少于两个，而且尽可能布置在厂房的周边，一旦某一层发生爆炸事故时，工人可较快地通过楼梯安全疏散，消防人员也能较方便地进入现场进行扑救。

（3）立面设计：有爆炸危险的厂房在平面设计中采取的措施，反映在立面上，主要是轻质泄爆墙体与窗洞口的处理。立面设计应恰当地调整门窗位置、大小、排列，对立面细部作必要的处理，使其形式与内容统一。

4）仓库建筑防爆设计

（1）分量分库贮存：有爆炸危险的仓库贮存的物品由于性质、贵重性、灭火方法等有所不同，甚至截然不同，因此仓库设计时应按有关技术规范严格分类分库，避免互相接触。分

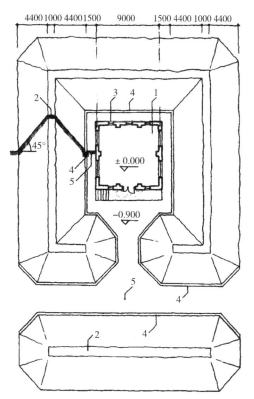

图 10-5　某厂炸药仓库
1—仓库；2—防护土堤（堤顶与檐口等高）；
3—外墙开设投光照明灯；4—雨水明沟；5—道路

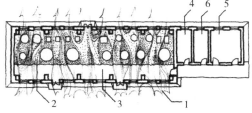

图 10-6　有爆炸危险小跨度单层厂房平面布置
1—主导风；2—生产设备；3—工人操作区；4—配电室；
5—办公室；6—更衣室

类分库隔墙应采用具有耐爆强度的防火墙。物品分隔小间贮存，任何小间发生火灾爆炸，可局限于所在的分隔小间，造成的损失较小。

（2）仓库耐火等级的确定：有爆炸危险的仓库的耐火等级应按照贮存物品的类别和每座库房的占地面积来确定。贮存甲、乙类物品的仓库应不低于二级，贮存乙类物品的仓库，仓库在一定面积限制下可不低于三级。

（3）辅助房间：有爆炸危险的仓库内不应设有办公室、休息室、更衣室、厕所间、开水间等，更不应设有机修、冷作、焊接等房间。

（4）自然通风和隔热降温：仓库内有爆炸危险的物品贮存过程中可能"泡、冒、滴、漏"，且贮存过程中受热升温能加快释放可燃气体、可燃蒸汽、可燃粉尘。仓库设计采取自然通风，夏天高温季节里，采取制冷降温措施。

（5）平剖面设计：平面设计力求简单，且大间宜分隔成小间。图 10-7 是某厂有爆炸危险仓库的平面合理布置，进出门分设两侧，分间墙按防爆墙设计。仓库总平面若能与常年主导风向垂直或不小于 45° 交角布置，则库区各单体之间可以形成"穿堂风"，使仓库有条件形成良好的自然通风，可以排除由于通风不良形成爆炸条件的根源。

较大仓库，前后门均应考虑汽车装卸货站台。小型库，可以单侧开门。通常的做法是将库房地坪填高 0.9~1.2m，门口建同高的站台。有条件时，还可利用地形，减少填方，如图 10-8 为某厂有爆炸危险仓库的剖面设计。此时注意靠山坡一侧要明沟排水，并作为护坡。爆炸危险的库房若有保温要求，应设计成双门斗、双层窗，以达到良好的保温要求。

5）露天生产场所防爆设计

（1）露天生产有爆炸危险场所的特点及其划分：露天生产过程中使用或产生可燃气、可燃蒸汽、易燃液体等物质，由于生产设备与管道接头、阀门、贮糟等部位不严密，造成"跑、冒、滴、漏"的现象，形成危险源。在风速小气压低的情况下，可燃气体、可燃蒸汽由危险源逐渐向外向上缓慢流动扩散，并与场地上的空气混合，在一定的空间范围内使浓度达到爆炸极限，形成有爆炸危险的场所。实际上，整个露天场区，就是由许多危险源点构成的有爆炸危险的场区。有爆炸危险场所的划分，由工艺、电力、总图等专业设计按照有关设计技术规范共同确定。

（2）有爆炸危险场所建筑防爆设计：露天生产不需建厂房，但按生产工艺要求，尚需建造控制室、电视监视室、电子计算机室、配电室、分析室、办公室、生活室等建筑物。工人、技术员、干部除每班一、二次巡视露天生产设备运行情

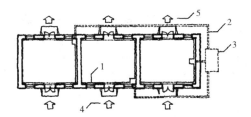

图 10-7　有爆炸危险仓库平面布置
1—排油明沟；2—明沟接管（暗）；3—事故集油池；
4—进库；5—出库

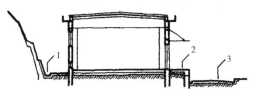

图 10-8　有爆炸危险仓库的剖面
1—排水明沟；2—装卸货站台；3—货车停靠场路

况外,大部分时间都在这些建筑物内工作。因此,这些建筑虽然面积小,但重要性大,必要时采取防爆措施。这些建筑物在使用过程中的各种火源(主要是电气),如果不是生产工艺过程限制,就不要布置在有爆炸危险场所内。因生产工艺需要或总平面用地受限,需要布置在有爆炸危险场所内,设计必须采取下列防爆措施:

①采用机械送风:采用机械送风,保持室内气压高于室外气压2%,可以防止可燃蒸汽混合物流入,排除形成爆炸的条件。

②选用耐爆结构型式:设计应选用耐爆较强的钢筋混凝土框架结构,并设置防爆外墙。

③外墙开设耐爆固定窗:外墙最好不要开窗,采取人工照明。当必须开设窗时,设计应选用耐爆较强的夹丝玻璃固定钢窗,可以防止室外露天生产界区发生爆炸时击破玻璃伤人。

④外墙开设门斗:建筑物开设的外门,两道弹簧门就能够始终保持关闭的状态;开门进入有一个缓冲小室,可以防止室外可燃气体、可燃蒸汽的混合物不间断地大量流入,排除形成发生爆炸的条件。

⑤室内地面应高出室外地面:建筑物室内地面高出露天生产界区地面0.5~0.7m。可以防止开门时可燃气体、可燃蒸汽的混合物自然流入,排除形成发生爆炸的条件。

⑥外墙穿管道必须密封:穿墙管道孔用非燃烧体材料填实密封,穿墙管道数量较多时,采取预埋钢板穿管道,钢板与管道焊满缝连接密封;需要设穿管地沟时,应采用防火分隔密封。

6)耐爆小室的防爆设计

泄压装置及防爆构造设计均与爆炸最大压力有关。爆炸最大压力的确定需要实验测定。实验测定是在耐爆小室进行的,根据耐爆小室各种防爆墙的破坏情况,通过对热压器爆后检查,测定最大压力和最高温度。

10.3　建筑防爆构造设计

防爆构造设计,不包括设备上直接安装的防爆及泄压装置、防爆构造、不发火地面和其他防爆构造,而主要指建筑泄压及防爆构造。

10.3.1　泄压

1)泄压面积

泄压可减少或避免冲击波危害是易于理解的,至于哪一类爆炸混合物,需要用多大的泄压面积是一个值得研究的问题。因为影响爆炸力作用强度的因素很多,如介质特性、混合浓度、爆炸地点、房间体积、外形、温度、湿度等均有影响。目前我们主要根据实践经验,并考虑当前我国建筑结构发展的水平,一般将泄压面积与厂房容积之比值选为0.05~0.10m^2/m^3。采取0.05~0.10m^2/m^3的比值对谷物、纸、皮革、铅、铬、铜、锌、锑、锡、尿素、乙烯树脂、合成树脂、煤等粉尘和醋酸蒸汽等一般爆炸危险混合物的爆炸是适用的。而对那种危险性较大的爆炸混合物,比值0.05~0.10m^2/m^3则只适用于浓度超过爆炸下限或低于上限2.5%的情况,否则,就有使厂房结构遭到破坏的危险。

扩大厂房侧窗的泄压面积,目前在大量采用混凝土框架结构的条件下,是很容易做到的,我们在建筑设计中要充分利用这一条件,把那些爆炸介质的爆炸下限较低或爆炸压力较强,以及容积较小的厂房的泄压面积尽量加大。但体积超过 1000m³ 的厂房,如果采用 0.05~0.10m²/m³ 的比值有困难时,可适当降低,但不应小于 0.03m²/m³。泄压面应布置合理,靠近可能爆炸的部位,不要面对人员集中的地方和主要交通道路。可以作为泄压面积的设施有轻质屋盖、轻质墙体和门窗等。轻质屋盖的泄压效果好,爆炸后造成的破坏和损失较小。用门、窗、轻质墙体作为泄压面积时,应注意不影响相邻车间和建筑物的安全。如果泄压设施有可能影响到邻近车间或建筑物时,应在窗外设保护挡板,或在墙外留出空地并设置栏杆,防止人进入。

2）轻质屋盖

（1）材料选择

选择建造泄压轻质屋盖和外墙的材料,除应具有一定强度和脆性外,还应具有质量轻,耐水、不燃烧的特性。石棉水泥波形瓦由于具有上述全部性能,所以常用来建造防爆轻质屋面。

（2）泄压构造

有爆炸危险的厂房和仓库在发生爆炸的瞬间,要使泄压轻质屋盖破碎成细块射出,向上作用于屋盖的爆炸压力必须大于屋盖的自重和屋面板强度两数值之和,当爆炸压力受到屋盖的阻力超过承重结构所能承受的荷载时,厂房和仓库将会倒塌而破坏,泄压设计失败。根据实验及经验,泄压轻质屋盖的自重（包括保温层、找平层、防水层）应作严格控制,一般情况下不应大于 100kg/m²。

泄压轻质屋盖的构造设计,按照使用要求,可分为无保温层泄压屋盖、有保温层泄压轻质屋盖、通风式泄压轻质屋盖等三种类型。

①无保温层泄压轻质屋盖构造:无保温层

泄压轻质屋盖构造设计,按照防水的要求,可分为无防水层和有防水层两种型式。

无保温无防水层泄压轻质屋盖构造与一般石棉水泥波形瓦屋盖构造基本相同。不同的只是在石棉水泥波形瓦的下面增设安全网,安全网采用镀锌铁丝网,在发生爆炸时安全网可以阻挡断瓦碎片掉落伤人。镀锌铁丝网与檩条连接采用 24 号镀锌铁丝绑扎,网与网之间也应采用 24 号镀锌铁丝缠绕连接成为一个整体的安全网。

无保温有防水层泄压轻质屋盖,其构造是在石棉水泥波形瓦上铺设轻质水泥蛭石,用纤维水泥砂浆或混合砂浆找平,然后铺设改性沥青防水层,轻质水泥膨胀蛭石也可采用水泥聚苯泡沫、水泥膨胀珍珠岩,如图 10-9,图中安全网由钢筋、扁钢条组成,均与槽钢焊接,扁钢与钢筋也为焊接,钢筋与钢筋则为绑扎。

②有保温泄压轻质屋盖构造:有保温层泄压轻质屋盖适用于寒冷地区采暖保温要求的有爆炸危险厂房和仓库。其屋盖构造设计是在石棉水泥波形瓦上面铺设轻质水泥砂浆找

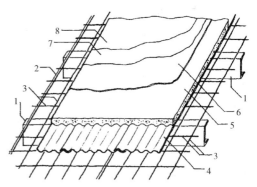

图 10-9 防水泄压轻质屋盖构造
1—槽钢；2—扁钢（-30×4）；3—钢筋（Φ6@250）；
4—石棉水泥波瓦；5—蛭石水泥填平；6—10 厚纤维水泥砂浆找平；7—改性沥青自粘卷材；8—铝箔塑料复合保护膜
（卷材自带）

平层和保温层、防水层，由于自重不宜大于100kg/m²，因而保温层必须选用表观密度小的保温材料，如水泥膨胀蛭石、水泥膨胀珍珠岩等，以使石棉水泥波形瓦能够承受这些材料和活荷载的重量。

③通风隔热泄压轻质屋盖构造：通风泄压轻质屋盖适用于炎热地区有隔热降温要求的有爆炸危险厂房和仓库，此类屋盖构造设计是在无防水层泄压轻质屋盖上面架空再铺设一层石棉水泥波形瓦，形成空气间层，空气由檐口进入，从屋脊排出，将间层内热空气带走，起到了隔热的作用（图10-10）。图中两层石棉水泥波形瓦采用双螺母的螺栓钩固定，方木条搁垫形成空气流通间层。

3）轻质外墙

（1）材料选择

与泄压轻质屋盖一样，泄压轻质外墙的单位面积自重也应严格控制。其他如脆性、破坏形态、耐水及不燃烧性也与轻质层盖要求相同，因此，其材料大多选用石棉水泥瓦。

（2）泄压构造：泄压轻质外墙构造，按照使用要求同样分为无保温层泄压轻质外墙和有保温层泄压轻质外墙两种类型。

①无保温泄压轻质外墙构造：无保温层泄压轻质外墙适用于无采暖保温要求的有爆炸危险厂库，目前常用石棉水泥波形瓦作为墙体材料，其构造与一般石棉水泥波形瓦外墙完全相同。

②有保温泄压轻质外墙构造：保温泄压轻质外墙设计是在石棉水泥波形瓦外墙内壁增设保温层，如图10-11。图中保温层采用难燃烧木丝板。

4）泄压窗

（1）材料选择：钢窗一般只用于物理性爆炸的场合，并多为固定扇，爆炸发生时，将整个窗扇冲出泄压。为防止窗扇飞出伤人，可加铁链固定在锚于洞口的窗框上（图10-12）。木窗由于

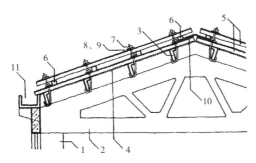

图10-10　通风式泄压轻质屋盖
1—钢筋混凝土柱；2—钢筋混凝土屋架；3—钢筋混凝土檩条；
4—安全网；5—石棉水泥波形瓦；6—方木条搁垫；
7—双螺母螺栓钩（Φ6）；8—镀锌铁皮垫圈；9—橡胶垫圈；
10—石棉水泥脊瓦；11—钢筋混凝土檐沟

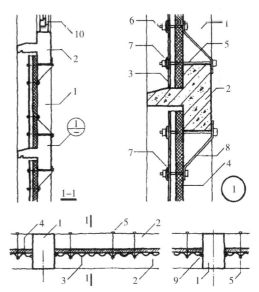

图10-11　保温泄压轻质外墙
1—钢筋混凝土柱；2—钢筋混凝土梁；3—石棉水泥中波瓦；
4—木丝保温板；5—镀锌长螺栓（Φ6）；6—镀锌短螺栓
（Φ6）；7—橡胶及镀锌铁皮垫圈；8—镀锌扁钢（-30×3）；
9—纤维水泥石灰嵌缝；10—带型木窗

木材受热膨胀变形缓慢，受热升温到260℃左右木材才会着火燃烧，不会引起玻璃挤压破坏掉落。此外，木窗抗冲击能力比钢窗弱。因此，泄压窗宜采用木材制作，尤其用在化学爆炸厂库。

（2）泄压窗构造：设计一种在爆炸时既泄压又不损坏的窗是困难的。国内外使用过的轴心偏上中悬泄压窗及抛物线形塑料板泄压窗都还存在一些问题。图10-15是标准钢窗改装成的泄压窗构造，刊于"美国防水手册"，采用弹性钢板夹固定窗扇，并装有两条钢链条与窗框相连。爆炸时，钢板夹受力弯曲，窗扇脱落，爆炸后重新安装固定窗扇，适用于有空调的厂库。图10-13木制外开泄压窗，采用弹簧轧头代替铁插销，发生爆炸时，弹簧夹与窗扇分离脱开，向外开启释放大量气体和热量。图10-14是钢制外开泄压窗，采用铜制弹簧插销，泄压窗可配置3mm厚夹丝平板玻璃。夹丝玻璃，是在两层玻璃中间夹了一层铁丝，然后加压粘合而成，一旦被击破，玻璃碎片紧紧粘住铁丝，不会飞射伤人。

10.3.2 防爆

1）防爆墙

（1）材料：建造防爆墙的材料，除应具有较高的强度外，还应具有不燃烧的性能。黏土砖、混凝土、钢板等都是建造防爆墙的材料。设计时根据工程具体情况，因地制宜选择材料。

（2）构造：防爆墙的厚度除由结构计算决定外，还应分别不同情况满足防火、施工、维修等要求。

①防爆砖墙构造：防爆砖墙按照结构计算，往往厚度很大，因而占地面积也很大，在缺少钢材的情况下才采用。在构造上配置钢筋，

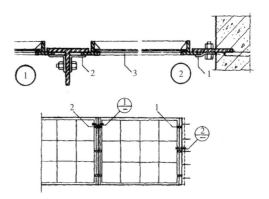

图10-12 标准钢窗改装成泄压窗构造
1—弹性钢板夹（扁钢型）；2—弹性钢板夹（角钢型）；
3—钢窗扇

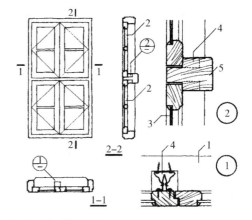

图10-13 泄压木窗
1—木窗框；2—木窗扇（外开）；3—玻璃；
4—铜制弹簧夹及轧头；5—横档

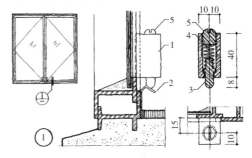

图10-14 外开泄压钢窗的铜制弹簧插销
1—铜制弹簧插销；2—铜销板（δ=2mm）；3—顶销；
4—压缩弹簧；5—螺钉

增加防爆砖墙的抗拉强度，可以减小防爆砖墙的厚度，所以常采用砖墙配置钢筋并与结构柱拉结的做法。

②混凝土墙：混凝土具有很高的抗压强度，还具有较高的耐火性能，适合建造防爆墙。图 10-15 是防爆混凝土墙构造，图中有三种不同厚度（120、200、500mm），应根据使用要求确定。为了使混凝土施工捣制密实，墙的厚度不宜小于 120mm；为了能够抵抗火灾，墙的厚度不宜小于 200mm。混凝土强度等级不低于 C20。图中墙的厚度 500mm，采取连续钢筋不间断配置时，可以提高耐爆强度。

③防爆钢板墙：一般采用型钢制作骨架，钢板与骨架铆接或焊接。此类防爆墙具有很高的强度，但耐火极限低，故用于化学爆炸厂库时需提高此类防爆墙的耐火极限。

防火、防爆钢板墙构造：此类防爆墙是在防爆双层钢板墙（图 10-16a）中间填混凝土。为了防止钢板凸肚变形，工字钢立柱、槽钢横梁的间距均应不大于 1.2m。双层钢板中间也可以填砂，此时槽钢横梁应留有灌砂孔，由下往上逐间拼装焊接后将砂填满，砂层有利防火，也能够阻止设备爆炸碎片射入穿过。

防爆钢板木板墙构造：采用木板具有软垫的作用，可以抵抗生产设备爆炸的冲击，并且能够阻止设备爆炸碎片射入穿过，多用于物理性爆炸厂库（图 10-16b）。木板厚度不应小于 50mm，也可采用 12 厚夹板 2 层，木板与骨架采用螺栓连接固定。

2）防爆窗

（1）材料：发生爆炸时要使防爆窗坚而不破、玻璃破而不掉，窗框和玻璃均应选择采用防爆强度高的材料。所以常用角钢、钢板制作窗框。玻璃品种很多，抗爆强度高低不同，设计应选择采用抗爆强度很高的夹层玻璃。

夹层玻璃虽然是由两片或两片以上窗用平板玻璃粘合制成，仍然具有高透明度，并且没有折光性，建造防爆窗不影响平常使用，其层数和玻璃厚度可按照抗爆要求确定。

（2）构造：防爆窗构造按照夹层玻璃强度

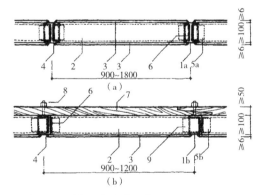

图 10-16 防爆混凝土墙构造
（a）双层钢板；（b）钢木
1a—工字钢立柱；1b—槽钢立柱；2—槽钢横梁；3—锅炉钢板；4—满缝焊接；5a—80×70×8 钢板；5b—80×50×8 钢板；6—横梁与立柱焊接；7—50 厚板涂防火漆；8—Φ 螺栓；9—80×90×8 钢板

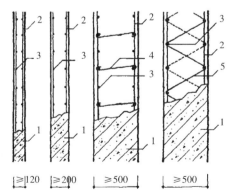

图 10-15 防爆墙构造
1—钢筋混凝土；2—垂直受力钢筋；3—水平受力钢筋；4—连系钢筋；5—不间断连系钢筋

的高低分为两类，一种是安全玻璃防爆窗，另一种是防弹玻璃防爆窗。

①安全玻璃防爆窗：用于一般有爆炸危险的厂库，开设在防爆墙上，混凝土窗洞口尺寸不宜大于700mm×500mm。在满足使用要求的条件下，尽可能缩小洞口，为的是提高其抗爆强度。安全玻璃一般采用二、三、四夹层玻璃，玻璃每层厚度采用2mm或3mm。

图10-17为安全玻璃防爆窗构造。图中表示设置一道和两道安全玻璃两种构造。

②防弹玻璃防爆窗：用于高压容器试压、高压化学反应、爆炸试验等特殊用途的耐爆小室，爆炸力强大，窗洞口应尽量控制在500mm×500mm以内。防弹玻璃采用五、六、七、八、九、十夹层玻璃，层数和厚度按照抗爆计算确定（图10-18）。图中表示设置一道和两道防弹玻璃两种构造。

3）防爆门

（1）材料：防爆门具有很高的抗爆强度，门骨架采用角钢、槽钢、工字钢拼装焊接，门板采用抗爆强度高的装甲钢板或锅炉钢板。

（2）构造：防爆门构造按照钢板层数可分为单层钢板防爆门和双层钢板防爆门。

①单层钢板防爆门：图10-19是单层钢板防爆门构造。图中门骨架采用角钢和槽钢拼装焊接，门板采用厚度不小于6mm的钢板，装配衬有青铜套轴和垫圈的铰链，门扇周边衬贴橡皮带软垫，可以排除开关门时由于摩擦撞击产生的火花。此类型的防爆门，能够承受等效静载 $150\sim500kN/m^2$，装有电气联锁装置，使室内电流只在防爆门关闭时才接通。

②双层钢板防爆门：双层钢板防爆门骨架采用槽钢和工字钢拼装焊接，2层钢门板厚度

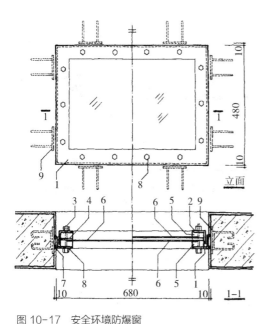

图 10-17 安全环境防爆窗
1—角钢窗框（L75×50×6）；2—角钢压玻璃框（L50×6）；
3—螺栓（Φ10）；4—橡胶带垫圈（60×5）；5—木框垫圈；
6—夹层玻璃；7—焊接；8—螺栓焊接固定；9—窗洞口预埋钢板

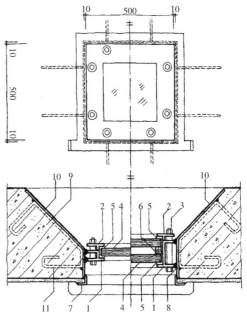

图 10-18 防弹玻璃防爆窗
1—固定钢窗框；2—压玻璃钢窗框；3—螺栓（Φ16）；
4—夹层玻璃；5—橡胶带垫圈（30×10）；6—木框垫圈；
7—角钢镶边；8—焊接；9—钢筋混凝土防爆墙；
10—预埋钢板套筒；11—钢筋

均不小于 6mm,焊贴在门扇骨架两个侧面。双层钢板中间采取填混凝土或黄砂,不仅可以提高耐火极限,还可以阻止高压设备爆炸碎片射入穿过。此类型防爆门由于自重大,必须选择采用衬有青铜的滚珠轴承铰链,门扇四周边衬贴橡皮带软垫,才能使防爆门灵活开关避免摩擦撞击产生火花。此类型防爆门抗爆强度很高,能够承受等效静载 $850\sim2500\text{kN/m}^2$。

10.3.3 不发火地面

1)材料选择

不发火地面采用的材料,经实验鉴定合格的,有石灰石、白云石、大理石、沥青、塑料、橡胶、木材、铝、铅等。

2)不发火地面构造

不发火地面构造按照材料的性质可分为两类,一种是不发火金属地面,另一种是不发火非金属地面。

(1)不发火金属地面构造:一般常用铜板、铝板、铅板等有色金属材料,其构造比较简单,根据使用要求将其铺设在水泥砂浆地面上。

(2)不发火非金属地面构造:

按照材料性质可分为不发火有机材料地面和不发火无机材料地面。

①有机材料地面:不发火有机材料地面,一般常用沥青、木材、塑料、橡胶等,此类材料大部分具有绝缘性能,工作人员在地面行走或生产设备在地面拖运,由于接触摩擦能够产

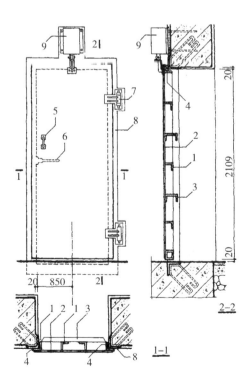

图 10-19 单层钢板装甲门
1—角钢(L65×6);2—装甲钢板(厚6);3—槽钢(120×53×5.5);4—橡胶带软垫;5—手把;6—门闩;7—衬有青铜套轴铰链;8—角钢门框(L120×12);9—电气联锁装置

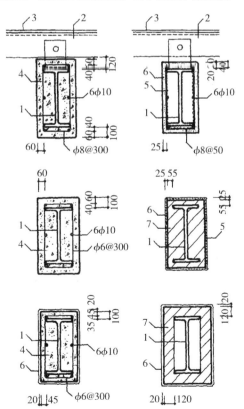

图 10-20 钢梁钢板耐爆耐火构造
1—工字钢;2—角钢密肋小梁;3—网纹钢板;4—现浇 C20 混凝土;5—钢丝网;6—纤维水泥砂浆;7—黏土砖

生静电，为了排除产生静电火花而引发爆炸事故，此类地面须设置能消除静电的接地装置。

②无机材料地面：不发火无机材料地面，一般为采用不发火粗细骨料配制的水泥砂浆、细石混凝土、水磨石等，其构造与同类一般地面构造相同，但面层要求严格选用不发火无机骨料。具体选用办法是将拟在地面面层中使用的水泥、石、砂先制成试块，并经过200mm直径砂轮、转速1440r/min、线速度15.07m/s打磨实验，证实不发火，方可施工。如需设置分格条，应采用铝条。按要求严格选用骨料是必要的。

因此，设计不发火地面，必须详尽说明其构造要求，并在施工交底时进一步交代清楚。

10.3.4　其他构造

1）提高钢构件的耐爆耐火构造

钢结构耐爆强度很高，但耐火极限很低，因此，钢梁钢柱需要设置耐火被覆。耐火被覆设置的范围，要根据可能起火燃烧的具体情况确定，高度一般不应低于5m。

2）排水井

有爆炸危险厂库，应避免易燃或可燃液体直接排入下水管道，包括偶然产生的"跑冒滴漏"在内。由于下水管道不可能始终存满下水，多余的空间会被可燃、易燃液体产生的蒸汽充斥，并随不合理的排水设计带到无爆炸危险厂房，该处没有防明火的严格措施，故引发爆炸事故的可能大增。

为了缩小此类事故的危害，应采取合理的排水设计，主要是连接下水主管道处设置水封井（图10-21）。小封存水高度应保持不小于250mm，有效阻断了可燃、易燃液体及其蒸汽随管道进入不设防区域。

3）管沟阻火分隔

有爆炸危险的厂库，如设备和容器发生爆裂事故，可燃物会沿地沟（工艺物料管道、热力管道、冷冻管理、电缆等）扩散到相邻工段或其他房间，从而扩大事故的危害范围。因此，对此类厂库的地沟，应设置阻火分隔（图10-22）。

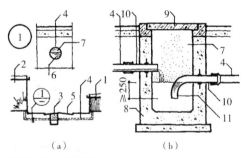

图 10-21　厂房排水
（a）排水设计示意；（b）水封井
1—有爆炸危险的厂房；2—无爆炸危险的厂房；3—厂区下水道集水井；4—排水管；5—道路；6—下水；7—可燃气体或可燃蒸汽；8—混凝土水封井；9—井卷；10—预埋钢管；11—弯头钢管（现场焊接）

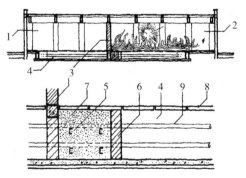

图 10-22　管沟阻火分隔
1—无爆炸危险生产工段；2—有爆炸危险生产工段；3—防爆墙；4—地下管沟；5—管道支架；6—阻火分隔；7—干砂；8—钢筋混凝土卷板；9—物料管道

第11章

建筑防雷

雷电灾害是最严重的自然灾害之一，全球每年因雷击造成人员伤亡、财产损失不计其数。雷电导致的火灾、爆炸、建筑物损毁等事故频繁发生，从卫星、通信、导航、计算机网络直到每个家庭的家用电器都遭到雷电灾害的严重威胁。我国每年因雷击造成的人员伤亡估计为3000~4000人，财产损失估计在50亿~100亿元左右。

建筑防雷是防雷减灾工作的一个重要的组成部分。建筑防雷又是一个系统工程，必须综合考虑建筑物的重要性、使用性质、雷电灾害评估、外部防雷措施和内部防雷措施，这些措施包括防雷装置的功能、保护范围、分流影响、均衡电位、防雷分区、屏蔽作用、合理布线、装设电涌保护器以及接地装置等，建筑防雷工程必须整体考虑内外防雷措施、设计、施工的规范性和可行性。

11.1　雷电的基本知识

11.1.1　雷电及其相关的基本概念

雷电是伴有闪电和雷鸣的一种壮观而又令人生畏的放电现象。雷电一般产生于对流发展旺盛的积雨云中，因此常伴有强烈的阵风暴雨，有时还伴有冰雹和龙卷风。积雨云顶部一般较高，可达20km，云的上部常有冰晶。冰晶的凇附、水滴的破碎以及空气对流等过程，使云中产生电荷。云中电荷的分布较复杂，但总体而言，云的上部以正电荷为主，下部以负电荷为主。因此，云的上、下部之间形成一个电位差。当电位差达到一定程度后，就会产生放电，这就是我们常见的闪电现象。闪电的平均电流是3万安培，最大电流可达30万安培。闪电的电压很高，约为1亿至10亿伏特。一个中等强度雷暴的功率可达一千万瓦，相当于一座小型核电站的输出功率。放电过程中，由于闪电通道中温度骤增，使空气体积急剧膨胀，从而产生冲击波，导致强烈的雷鸣。带有电荷的雷云与地面的突起物接近时，它们之间就发生激烈的放电。在雷电放电地点会出现强烈的闪光和爆炸的轰鸣声。这就是人们见到和听到的雷电。

1）雷电的分类

雷电分直击雷、电磁脉冲、球形雷、云闪四种。（1）直击雷指带电的云层与大地上某一点之间发生迅猛的放电现象，主要危害建筑物、建筑物内电子设备和人。直击雷的电压峰值通常可达几万伏甚至几百万伏，电流峰值可达几十千安乃至几百千安。（2）电磁脉冲就是与雷电放电相联系的电磁辐射，所产生的电场和磁场能够耦合到电器或电子系统中，从而产生干扰性的浪涌电流或浪涌电压。（3）球形雷通常在雷暴时发生，为圆球形状的闪电，它是形成雷电的电动趋势，在半击穿空气时产生的空气离子球。它其中携带能量，包裹相对稳定。当有导体破坏它的平衡时，它会和周围的空气中和，并释放出能量。（4）云闪是指云层内部、云与云之间的放电现象，虽然它也伴有雷声，但由于中间有云层遮挡，雷声衰减很快，所以我们往往只能看见"云闪"的"闪"，却听不到"云闪"的"雷"。

2）我国的雷电活动概况

（1）雷灾年际变化特征：图 11-1 为我国雷灾年际变化趋势图。由图 11-1 可看出：全国雷灾在 1998~2008 年总体上呈增长趋势；2001~2008 年全国雷灾总数呈较为明显的波动特征；1998~2008 年全国雷灾发生的年平均值为 3701 次，2002 年及 2006 年雷灾总数较多，分别为 4881 及 6161 次。

（2）雷灾月际变化特征：图 11-2 为我国雷灾月际变化趋势图。由图中可见：雷电灾害在 1998~2008 年月分布呈正态分布，雷电灾害主要集中在每年的 4~9 月，4~9 月全国雷灾总数高达 39587 次，占全年雷灾总数的 97%。其中，每年的 6~8 月为我国雷灾高发期，雷灾总数为 26718 次，占全年雷灾总数的 66%，在此期间以 7 月雷电灾害次数最多。造成这一现象主要原因是我国各省的强对流天气基本上集中在每年的 6~8 月，其间 7 月份强对流性天气发展更为旺盛。对流性天气的频繁必然会造成雷暴雨过程次数增加，进而使得全国大范围地区在 6~8 月频繁发生雷灾事故。

（3）雷灾地域分布特征：根据气候特征，全国可划分为 8 个区域，各个区域的雷灾分布如图 11-3 所示：1998~2008 年全国雷灾分布最广的前三个区域分别为华南沿海地区、华东沿海地区、西南地区，其雷电灾害情况所占全国雷灾情况的比例依次为 40%、23%、11%；西北地区是我国雷灾分布较少的地区，其雷灾总数仅占全国雷灾总数的 2%。

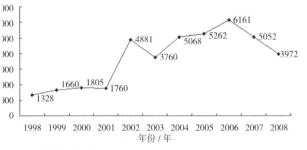

1-1 雷灾年际变化图

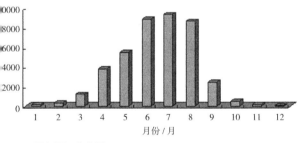

1-2 雷灾月际变化图

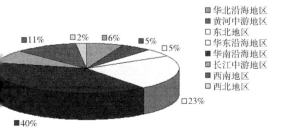

1-3 雷灾地域分布图

11.1.2 雷电的危害作用

1）雷电的危害类型

雷电的危害如图 11-4 所示，它包括直接雷击的危害和雷击电磁脉冲的危害。

（1）直击雷的危害

①雷电流的热效应及其危害：在雷云对地放电时，强大的雷电流从雷击点注入被击物体，由于雷电流幅值高达数十至数百千安，其热效应可以在雷击点局部范围内产生高达 6000~10000 摄氏度，甚至更高的温度，能够使金属熔化，树木、草堆引燃；当雷电波侵入建筑物内低压供配电线路时，可以将线路熔断。现代建筑的金属结构，兼作防雷装置，引导雷电流，雷击金属物时，雷电放电通道直接与金属物接触，这些由雷电流的巨大能量使被击物体燃烧或金属材料熔化，都属于典型的雷电流的热效应破坏作用，如果防护不当，就会造成灾害。

②雷电流的电效应及其危害：雷电的直接破坏作用除了热效应外，还有电效应和冲击波。但从危害的方式来看，与前者有所不同，在雷云对地放电时，雷电流通过载流导体产生电动力的破坏作用。由电磁学可知，在载流导体周围的空间存在着磁场，而在磁场中的载流导体又会受到电磁力的作用，在电动力作用下，两

根导体之间将相互吸引，有靠拢的趋势，或者相互排斥，有分离的趋势。因此，在雷电流的作用下，载流导体就有可能会变形，甚至会被折断。

③雷击产生的机械力及其危害：雷电的机械效应所产生的破坏作用主要表现为两种形式：一是雷电流注入树木或建筑构件时在它们内部产生的内压力；二是雷电流的冲击波效应。在雷云对地放电时，这两种效应对地面被击物体造成严重损害。

（2）雷电感应的危害

①雷电的静电感应及其危害：雷电的静电感应与电磁感应作用属于雷电的间接破坏作用。由雷电的静电感应与电磁感应所产生的暂态过电压比以上所述的直接破坏作用具有更大的危害范围，它能够损坏建筑物内的信息系统和电气设备，甚至造成人员伤亡。

通常可以见到一些顶部大面积金属体的建筑物，例如半球形铜壳装饰成的圆顶楼，用铜材或铁皮包装屋顶的建筑物。当这种建筑物上空有雷云生成并向下发展下行先导时，由于雷云和先导通道中电荷的感应作用，在建筑物顶部的金属体上将出现反极性的感应电荷，雷云及下行先导通道中的电荷为负，而在建筑物金属屋顶上感应出的电荷为正。如果建筑物金属屋顶或顶部金属对地绝缘，则在静电感应所引起的高电压作用下，金属体对其下方的某些接地物体将会造成火花放电，导致设备和人员的损坏和伤亡，还可能会引发火灾。如果顶部金属体的接地引下线在某个部位断开或电阻过大，则在这些部位也将出现高电压，造成局部火花放电，危及建筑物内设备与人员的安全。

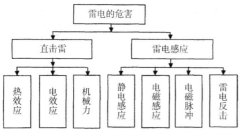

图 11-4 雷电危害分类图

②雷电的电磁感应及危害：雷电通道和防雷保护系统导线上的雷电流，在接地系统冲击接地电阻上产生电压降，同时也在建筑物内部导线形成的环路感应出浪涌电压和电流。特别是由于雷击的磁干扰辐射，周围区域的雷击在设备环路上感应出浪涌电压和电流。如果雷击架空电线，在电源进线上就有传导的浪涌电压和电流。由于电磁干扰的辐射，云间闪电在电力线和其他大范围的导线系统上也会产生传导的浪涌电压和电流。

雷击防雷系统虽然有分流，在每一分支导体或导线上雷电流减小了，但雷电流具有很大的幅值和波头上升陡度，能在所流过的路径周围产生很强的暂态脉冲磁。在现代建筑物内，通常布置和铺设各种电源线、信号线和金属管道（如供水管、供热管和供气管等），这些线路和管道常常会在建筑物内的不同空间构成导体回路或回环，当建筑物遭受雷击时，雷电流将沿建筑物防雷装置（钢筋或其他金属结构）中各分支导体流入大地。沿分支体流动的雷电流将在建筑物内部空间产生暂态脉冲磁场，脉冲磁场交链不同空间位置上的导体回路，就会在这些回路中感应出过电压和过电流，如果回路中某个部位的接触不良，则可能在此处产生严重的局部发热，有可能引发易燃易爆品的燃烧或爆炸等事故。

③雷电电磁脉冲及其危害：近些年来，随着信息处理技术的广泛应用，大量电子设备正普遍地进入各种建筑物内，建筑物之间的信息交换与传递也日趋增强，这就使得雷电脉冲磁场的危害性变得越来越严重。雷电流不仅能产生脉冲磁场，而且也能产生脉冲电场，并能以电磁波的形式直接辐射到电子设备中去，使电子设备受到干扰或损坏。

雷电流产生的暂态脉冲磁场在建筑物内的导体回路中感应出过电压和过电流是通过阻性、感性和容性耦合感应出过电压和过电流来影响设备。

④暂态电位升高与雷电反击及其危害：在建筑物遭受雷击时，雷电流沿防雷装置中各分支导体流动，经接地体汇入大地。从工程近似的角度，可以把分支导体看成是具有分布电感和电容的电路，把接地体等值地看作是集中电阻，即接地电阻，雷电流流过防雷装置中各分支导体和接地体时，将会在分支导体的电感、电容和接地电阻上产生压降，使防雷装置中各个部位的对地电位都有不同程度的升高。由于雷电流持续时间很短，这种电位升高现象所持续的时间也很短，所以称为暂态电位升高。

防雷装置中任意一点暂态电位的幅值取决于由雷电流幅值与冲击接地电阻所决定的电阻压降和由雷电流波头陡度与引下线电感所决定的电感压降。防雷装置暂态电位升高使得它的各个部位与周围不共地的金属体之间出现暂态电位差。像这样由暂态电位升高使防雷装置中的某些部位与周围金属体之间发生空气间隙击穿的现象称为雷电反击。在发生反击后，被反击的金属体带上高电位，它又有可能继续对其周围的其他金属体反击，从而可能引发多个金属体之间的一系列反击，导致严重的设备损坏和人员伤亡。

2）我国典型的雷电灾害事故

根据《全国雷电灾害汇编》统计，近年来我国典型的雷电灾害事故见表11-1。

我国典型的雷电灾害事故　　　　　　　　表 11-1

序号	时间	地点	损失程度
1	2005-6	江苏扬州	仪征化纤公司遭雷击致全厂停产，雷灾经济损失在 3000 万元
2	2006-5	山东淄博	桓台县博汇集团电厂变电站遭雷击，4 号 35kV 变压器受击起火，击毁 1 套瓷瓶套管。此次雷灾造成雷灾经济损失 2070 万元
3	2006-6	江苏泰州	兴化市周庄镇遭雷击，造成 1 死，5 人重伤，5 人轻伤，3000 间房屋受损。其中严重受损的 226 间，倒塌 27 间。雷灾经济损失 2192.14 万元
4	2008-7	湖南株洲	神福港镇某村烟花爆竹厂遭雷击引发爆炸，致 90 多栋居民房屋损毁甚至夷为平地，37 人受伤。直接经济损失 1000 万元，间接损失 2000 万元
5	2009-3	广东深圳	机场遭雷击致使 68 架次航班延误，共 19 个进出港航班受到延误，经济损失达 6600 万元

11.2　建筑物防雷设计

11.2.1　建筑防雷的分类标准

建筑物根据建筑物的重要性、使用性质、发生雷电事故的可能性和后果，按防雷要求分为三类。

1）在可能发生对地闪击的地区，遇下列情况之一时，划为第一类防雷建筑物

（1）凡制造、使用或贮存火炸药及其制品的危险建筑物，因电火花而引起爆炸、爆轰，会造成巨大破坏和人身伤亡者。（2）具有 0 区或 20 区爆炸危险场所的建筑物。（3）具有 1 区或 21 区爆炸危险场所的建筑物，因电火花而引起爆炸，会造成巨大破坏和人身伤亡者。

2）在可能发生对地闪击的地区，遇下列情况之一时，划为第二类防雷建筑物

（1）国家级重点文物保护的建筑物。（2）国家级的会堂、办公建筑物、大型展览和博览建筑物、大型火车站和飞机场、国宾馆、国家级档案馆、大型城市的重要给水泵房等特别重要的建筑物。注：飞机场不含停放飞机的露天场所和跑道。（3）国家级计算中心、国际

通信枢纽等对国民经济有重要意义的建筑物。（4）国家特级和甲级大型体育馆。（5）制造、使用或贮存火炸药及其制品的危险建筑物，且电火花不易引起爆炸或不致造成巨大破坏和人身伤亡者。（6）具有 1 区或 21 区爆炸危险场所的建筑物，且电火花不易引起爆炸或不致造成巨大破坏和人身伤亡者。（7）具有 2 区或 22 区爆炸危险场所的建筑物。（8）有爆炸危险的露天钢质封闭气罐。（9）预计雷击次数大于 0.05 次 /a 的部、省级办公建筑物和其他重要或人员密集的公共建筑物以及火灾危险场所。（10）预计雷击次数大于 0.25 次 /a 的住宅、办公楼等一般性民用建筑物或一般性工业建筑物。

3）在可能发生对地闪击的地区，遇下列情况之一时，划为第三类防雷建筑物

（1）省级重点文保建筑及省级档案馆。（2）预计雷击次数大于或等于 0.01 次 /a，且小于或等于 0.05 次 /a 的部、省级办公建筑物和其他重要或人员密集的公共建筑物，以及火灾危险场所。（3）预计雷击次数大于或等于 0.05 次 /a，且小于或等于 0.25 次 /a 的住宅、

危险区域划分表　　　　　　　　　　　　　　　　表 11-2

分区	特征
0 区	爆炸性气体环境连续出现或长时间存在的场所
1 区	在正常运作时，可能出现爆炸性其他环境的场所
2 区	在正常运行时，不可能出现爆炸性气体环境，如果出现也是偶尔发生并且仅是短时间存在的场所
20 区	连续或长时间或经常以空气中的可燃尘雾形式呈现的爆炸环境
21 区	正常工作情况下偶尔有可能以空气中的可燃尘雾形式呈现的爆炸环境
22 区	正常工作情况下不可能或有可能也仅仅在很短时间内以空气中的可燃尘雾形式呈现的爆炸环境

注：1. 建筑物年预计雷击次数为 N 次 /a；
　　2. 危险区域划分如表 11-2。

办公楼等一般性民用建筑物或一般性工业建筑物。（4）在平均雷暴日大于 15 次 /a 的地区，高度在 15m 及以上的烟囱、水塔等孤立的高耸建筑物；在平均雷暴日小于或等于 15 次 /a 的地区，高度在 20m 及以上的烟囱、水塔等孤立的高耸建筑物。

11.2.2　建筑物防雷的措施

第一类防雷建筑物的防雷措施：

1）防直击雷的措施

（1）装设独立接闪杆或架空接闪线或网。架空接闪网的网格尺寸不应大于 5m×5m 或 6m×4m。

（2）排放爆炸危险气体、蒸汽或粉尘的放散管、呼吸阀、排风管等的管口外的下列空间应处于接闪器的保护范围内：①当有管帽时应按表 11-3 的规定确定。②当无管帽时，应为管口上方半径 5m 的半球体。

（3）排放爆炸危险气体、蒸气或粉尘的放散管、呼吸阀、排风管等，当其排放物达不到爆炸浓度、长期点火燃烧、一排放就点火燃烧，以及发生事故时排放物才达到爆炸浓度的通风管、安全阀，接闪器的保护范围应保护到管帽，无管帽时应保护到管口。

（4）独立接闪杆的杆塔、架空接闪线的端部和架空接闪网的每根支柱处至少设一根引

有管帽的管口处处于接闪器保护范围内的空间　　　　　　表 11-3

装置内的压力与周围空气压力的压力差（kPa）	排放物对比于空气	管帽以上的垂直距离（m）	距管口处的水平距离（m）
< 5	重于空气	1	2
5~25	重于空气	2.5	5
≤ 25	轻于空气	2.5	5
> 25	重或轻于空气	5	5

注：摘自《建筑物防雷设计规范》GB 50057—2010，下文简称 GB 50057—2010。相对密度小于或等于 0.75 的爆炸性气体规定为轻于空气的气体；相对密度大与 0.75 的爆炸性气体规定为重于空气的气体。

下线。对用金属制成或有焊接、绑扎连接钢筋网的杆塔、支柱，宜利用金属杆塔或钢筋网作为引下线。

（5）独立接闪杆、架空接闪线或架空接闪网应设独立的接地装置，每一引下线的冲击接地电阻不宜大于10Ω。在土壤电阻率高的地区，可适当增大冲击接地电阻，但在3000Ω·m以下的地区，冲击接地电阻不应大于30Ω。

（6）当难以装设独立的外部防雷装置时，可将接闪杆或网格不大于5m×5m或6m×4m的接闪网或由其混合组成的接闪器直接装在建筑物上，接闪网在沿屋角、屋脊、屋檐和檐角等易受雷击的部位敷设；当建筑物高度超过30m时，首先沿屋顶周边敷设接闪带（接闪带可设在外墙外表面或屋檐边垂直面上，也可设在外墙外表面或屋檐边垂直面外），并且按以下措施实施：①接闪器之间应互相连接。②引下线不应少于2根，并应沿建筑物四周和内庭院四周均匀或对称布置，其间距沿周长计算不宜大于12m。③建筑物应装设等电位连接环，环间垂直距离不应大于12m，所有引下线、建筑物的金属结构和金属设备均应连到环上。等电位连接环可利用电气设备的等电位连接干线环路。④外部防雷的接地装置应围绕建筑物敷设成环形接地体，每根引下线的冲击接地电阻不应大于10Ω，并应和电气和电子系统等接地装置及所有进入建筑物的金属管道相连，此接地装置可兼作防雷电感应接地之用。⑤当每根引下线的冲击接地电阻大于10Ω时，应补加水平接地体或垂直接地体。

（7）当建筑物高于30m时，还应采取防侧击的措施：

①应从30m起每隔不大于6m沿建筑物四周设水平接闪带并应与接地装置相连。

②30m及以上外墙上的栏杆、门窗等较大的金属物应与防雷装置连接。

2）防闪电感应的措施

（1）建筑物内的设备、管道、构架、电缆金属外皮、钢屋架、钢窗等较大金属物和突出屋面的放散管、风管等金属物，均应接到防闪电感应的接地装置上。

金属屋面周边每隔18~24m应采用引下线接地一次。

现场浇灌或用预制构件组成的钢筋混凝土屋面，其钢筋网的交叉点应绑扎或焊接，并应每隔18~24m采用引下线接地一次。

（2）平行敷设的管道、构架和电缆金属外皮等长金属物，其净距小于100mm时，应采用金属线跨接，跨接点的间距不应大于30m；交叉净距小于100mm时，其交叉处也应跨接。

当长金属物的弯头、阀门、法兰盘等连接处的过渡电阻大于0.03Ω时，连接处应用金属线跨接。对有不少于5根螺栓连接的法兰盘，在非腐蚀环境下，可不跨接。

（3）防闪电感应的接地装置应与电气和电子系统的接地装置共用，其工频接地电阻不宜大于10Ω。当屋内设有等电位连接的接地干线时，其与防闪电感应接地装置的连接不应少于2处。

3）防闪电电涌侵入的措施

（1）室外低压配电线路应全线采用电缆直接埋地敷设，在入户处应将电缆的金属外皮、钢管接到等电位连接带或防闪电感应的接地装置上。

（2）当全线采用电缆有困难时，应采用钢筋混凝土杆和铁横担的架空线，应使用一段金属铠装电缆或护套电缆穿钢管直接埋地引入。架空线与建筑物的距离不应小于 15m。

在电缆与架空线连接处，尚应装设户外型电涌保护器。电涌保护器、电缆金属外皮、钢管和绝缘子铁脚、金具等应连在一起接地，其冲击接地电阻不应大于 30Ω。所装设的电涌保护器应选用 I 级试验产品，其电压保护水平应小于或等于 2.5kV，其每一保护模式应选冲击电流等于或大于 10kA；若无户外型电涌保护器，应选用户内型电涌保护器，其使用温度应满足安装处的环境温度，并应安装在防护等级 IP54 的箱内。

（3）电子系统的室外金属导体线路宜全线采用有屏蔽层的电缆埋地或架空敷设，其两端的屏蔽层、加强钢线、钢管等应等电位连接到入户处的终端箱体上。

（4）当通信线路采用钢筋混凝土杆的架空线时，应使用一段护套电缆穿钢管直接埋地引入。

（5）架空金属管道，在进出建筑物处，应与防闪电感应的接地装置相连。距离建筑物 100m 内的管道，宜每隔 25m 接地一次，其冲击接地电阻不应大于 30Ω，并应利用金属支架或钢筋混凝土支架的焊接、绑扎钢筋网作为引下线，其钢筋混凝土基础宜作为接地装置。

埋地或地沟内的金属管道，在进出建筑物处应连接到等电位连接带或防闪电感应的接地装置上。

（6）在电源引入的总配电箱处应装设 I 级试验的电涌保护器。电涌保护器的电压保护水平值应小于或等于 2.5kV，冲击电流应取等于或大于 12.5kA。

11.2.3 第二类防雷建筑物的防雷措施

1）防直击雷的措施

（1）在建筑物上装设接闪网、接闪带或接闪杆，也可装设由接闪网、接闪带或接闪杆混合组成的接闪器。接闪网、接闪带沿屋角、屋脊、屋檐和檐角等易受雷击的部位敷设，并应在整个屋面组成不大于 10m×10m 或 12m×8m 的网格；当建筑物高度超过 45m 时，首先沿屋顶周边敷设接闪带，接闪带设置在外墙外表面或屋檐边垂直面上，也可设在外墙外表面或屋檐边垂直面外。接闪器之间应互相连接（图 11-5）。

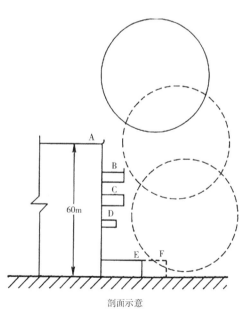

剖面示意

图 11-5 高度超过 45m 的建筑物额外设置的防雷设施
摘自《建筑物防雷设计规范》GB 50057—2010

（2）突出屋面的放散管、风管、烟囱等物体，按下列方式保护：

①排放爆炸危险气体、蒸气或粉尘的放散管、呼吸阀、排风管等管道应按照第一类防雷建筑保护做法考虑。

②排放无爆炸危险气体、蒸气或粉尘的放散管、烟囱，1区、21区、2区和22区爆炸危险场所的自然通风管，0区和20区爆炸危险场所的装有阻火器的放散管、呼吸阀、排风管，其防雷保护应符合下列规定：

A. 金属物体可不装接闪器，但应和屋面防雷装置相连。

B. 在屋面接闪器保护范围之外的非金属物体应装接闪器，应和屋面防雷装置相连。

（3）建筑物的专设引下线不少于2根，并应沿建筑物四周和内庭院四周均匀对称布置，其间距沿周长计算不应大于18m。当建筑物的跨度较大，无法在跨距中间设引下线时，应在跨距两端设引下线并减小其他引下线的间距，专设引下线的平均间距不应大于18m。

（4）外部防雷装置的接地应和防闪电感应、内部防雷装置、电气和电子系统等接地共用接地装置，并应与引入的金属管线做等电位连接。外部防雷装置的专设接地装置宜围绕建筑物敷设成环形接地体。

（5）建筑物可利用其内部钢筋作为防雷装置，可按下列方式实施：

①建筑物可利用钢筋混凝土屋顶、梁、柱、基础内的钢筋作为引下线。当女儿墙以内的屋顶钢筋网以上的防水和混凝土层允许不保护时，可利用屋顶钢筋网作为接闪器；多层建筑，且周围很少有人停留时，可利用女儿墙压顶板内或檐口内的钢筋作为接闪器。

②当基础采用硅酸盐水泥和周围土壤的含水量不低于4%及基础的外表面无防腐层或有沥青质防腐层时，可利用基础内的钢筋作为接地装置。当基础的外表面有其他类的防腐层且无桩基可利用时，应在基础防腐层下面的混凝土垫层内敷设人工环形基础接地体。

③敷设在混凝土中作为防雷装置的钢筋，当仅为一根时，其直径不应小于10mm。被利用作为防雷装置的混凝土构件内有箍筋连接的钢筋时，其截面积总和不应小于一根直径10mm钢筋的截面积。

④当在建筑物周边的无钢筋的闭合条形混凝土基础内敷设人工基础接地体时，接地体的规格尺寸应按表11-4的规定确定。

⑤构件内有箍筋连接的钢筋或成网状的钢

第二类防雷建筑物环形人工基础接地体的最小规格尺寸　　　　　　表11-4

闭合条形基础的周子（m）	扁钢（mm）	圆钢，根数×直径（mm）
≥60	4×25	2×Φ10
40~60	4×50	4×Φ10或3×Φ12
<40	钢材表面积总和≥4.24m²	

注：摘自《建筑物防雷设计规范》GB 50057—2010。
　　1. 当长度相同，截面相同时，宜选用扁钢；
　　2. 采用多根圆钢时，其敷设净距不小于直径的2倍；
　　3. 利用闭合条形基础内的钢筋作接地体时可按本表校验，除主筋外，可计入箍筋的表面积。

筋，其箍筋与钢筋、钢筋与钢筋应采用土建施工的绑扎法、螺丝、对焊或搭焊连接。单根钢筋、圆钢或外引预埋连接板、线与构件内钢筋应焊接或采用螺栓紧固的卡夹器连接。构件之间必须连接成电气通路。

（6）高度超过45m的建筑物，还需额外设置以下防雷设施，详见图11-5：

①对水平突出外墙的物体，当滚球半径45m球体从屋顶周边接闪带外向地面垂直下降接触到突出外墙的物体时，应采取相应的防雷措施。

②高于60m的建筑物，其上部占高度20%并超过60m的部位应防侧击，防侧击应符合下列规定：

A. 在建筑物上部占高度20%并超过60m的部位，各表面上的尖物、墙角、边缘、设备以及显著突出的物体，应按屋顶上的保护措施处理。

B. 在建筑物上部占高度20%并超过60m的部位，布置接闪器应符合对本类防雷建筑物

的要求，接闪器应重点布置在墙角、边缘和显著突出的物体上。

C. 外部金属物，当其尺寸满足规范要求时，可利用其作为接闪器，还可利用布置在建筑物垂直边缘处的外部引下线作为接闪器。

D. 外墙内、外竖直敷设的金属管道及金属物的顶端和底端，应与防雷装置等电位连接。

与所规定的滚球半径相适应的一球体从空中沿接闪器A外侧下降，会接触到B处，该处应设相应的接闪器；但不会接触到C、D处，该处不需设接闪器。该球体又从空中沿接闪器B外侧下降，会接触到F处，该处应设相应的接闪器。若无F虚线部分，球体会接触到E处时，E处应设相应的接闪器；当球体最低点接触到地面，还不会接触到E处时，E处不需设接闪器。

（7）有爆炸危险的露天钢质封闭气罐，当其高度小于或等于60m、罐顶壁厚不小于4mm时，或当其高度大于60m、罐顶壁厚和

建筑物电子信息系统雷电防护等级 表11-5

雷电防护等级	建筑物电子信息系统
A 级	1. 国家级计算中心、国际级通信枢纽、特级和一级金融设施、大中型机场、国家级和省级广播电视中心、枢纽港口、火车枢纽站、省级城市水、电、气、热等城市重要公用设施的电子信息系统； 2. 一级安全防范单位，如国家文物、档案库的闭路电视监控和报警系统； 3. 三级医院电子医疗设备
B 级	1. 中型计算中心、二级金融设施、中型通信枢纽、移动通信基站、大型体育场（馆）、小型机场、大型港口、大型火车站的电子信息系统； 2. 二级安全防范单位，如省级文物、档案库的闭路电视监控和报警系统； 3. 雷达站、微波站电子信息系统，高速公路监控和收费系统； 4. 二级医院电子医疗设备； 5. 五星级更高星级宾馆电子信息系统
C 级	1. 三级金融设施、小型通信枢纽电子信息系统； 2. 大中型有线电视系统； 3. 四星及以下级宾馆电子信息系统
D 级	除上述 A、B、C 级以外的一般用途的需防护电子信息设备

注：摘自《建筑物电子信息系统防雷技术规范》GB 50343—2012。表中未列举的电子信息系统也可参照本表选择防护等级。

侧壁壁厚均不小于 4mm 时，可不装设接闪器，但应接地，且接地点不应少于 2 处，两接地点间距离不宜大于 30m，每处接地点的冲击接地电阻不应大于 30Ω。

2）防闪电感应的措施

（1）建筑物内的设备、管道、构架等主要金属物，应就近接到防雷装置或共用接地装置上。

（2）平行敷设的管道、构架和电缆金属外皮等长金属物其净距小于 100mm 时，应采用金属线跨接，跨接点的间距不应大于 30m；交叉净距小于 100mm 时，其交叉处也应跨接，但长金属物连接处可不跨接。

（3）建筑物内防闪电感应的接地干线与接地装置的连接，不应少于 2 处。

3）防闪电电涌侵入的措施

（1）在金属框架的建筑物中，或钢筋连接在一起、电气贯通的钢筋混凝土框架的建筑物中，金属物或线路与引下线之间的间隔距离可无要求。

（2）当金属物或线路与引下线之间有自然或人工接地的钢筋混凝土构件、金属板、金属网等静电屏蔽物隔开时，金属物或线路与引下线之间的间隔距离可无要求。

（3）当金属物或线路与引下线之间有混凝土墙、砖墙隔开时，金属物应与引下线直接相连，带电线路应通过电涌保护器与引下线相连。

（4）在电气接地装置与防雷接地装置共用或相连的情况下，应在低压电源线路引入的总配电箱、配电柜处装设 I 级试验的电涌保护器。电涌保护器的电压保护水平值应小于或等于 2.5kV。每一保护模式的冲击电流值，当无法确定时应取等于或大于 12.5kA。

（5）当 Yyn0 型或 Dyn11 型接线的配电变压器设在本建筑物内或附设于外墙处时，应在变压器高压侧装设避雷器；在低压侧的配电屏上，当有线路引出本建筑物至其他有独自敷设接地装置的配电装置时，应在母线上装设 I 级试验的电涌保护器，电涌保护器每一保护模式的冲击电流值，当无法确定时冲击电流应取等于或大于 12.5kA；当无线路引出本建筑物时，应在母线上装设 II 级试验的电涌保护器，电涌保护器每一保护模式的标称放电电流值应等于或大于 5kA。电涌保护器的电压保护水平值应小于或等于 2.5kV。

（6）在电子系统的室外线路采用金属线时，其引入的终端箱处应安装 D1 类高能量试验类型的电涌保护器。

11.2.4 第三类防雷建筑物的防雷措施

1）防直击雷的措施

（1）在建筑物上装设接闪网、接闪带或接闪杆，也可采用由接闪网、接闪带和接闪杆混合组成的接闪器。接闪网、接闪带沿屋角、屋脊、屋檐和檐角等易受雷击的部位敷设，并应在整个屋面组成不大于 20m×20m 或 24m×16m 的网格；当建筑物高度超过 60m 时，首先应沿屋顶周边敷设接闪带，接闪带应设在外墙外表面或屋檐边垂直面上，也可设在外墙外表面或屋檐边垂直面外。接闪器之间应互相连接。

（2）突出屋面的放散管、风管、烟囱等物体要按照第二类防雷建筑物防雷保护做法考虑。

（3）专设引下线不应少于 2 根，并应沿建筑物四周和内庭院四周均匀对称布置，其间距沿周长计算不应大于 25m。当建筑物的跨度较大，无法在跨距中间设引下线时，应在跨距两端设引下线并减小其他引下线的间距，专设引下线的平均间距不应大于 25m。

（4）防雷装置的接地应与电气和电子系统等接地共用接地装置，并应与引入的金属管线做等电位连接。外部防雷装置的专设接地装置宜围绕建筑物敷设成环形接地体。

（5）建筑物宜利用钢筋混凝土屋面、梁、柱、基础内的钢筋作为引下线和接地装置，当其女儿墙以内的屋顶钢筋网以上的防水和混凝土层允许不保护时，宜利用屋顶钢筋网作接闪器，以及当建筑物为多层建筑，其女儿墙压顶板内或檐口内有钢筋且周围除保安人员巡逻外通常无人停留时，宜利用女儿墙压顶板内或檐口内的钢筋作为接闪器。

（6）高度超过 60m 的建筑物，还需额外设置以下防雷设施：

①对水平突出外墙的物体，当滚球半径 60m 球体从屋顶周边接闪带外向地面垂直下降接触到突出外墙的物体时，应采取相应的防雷措施。

②高于 60m 的建筑物，其上部占高度 20% 并超过 60m 的部位应防侧击，防侧击应符合下列规定：a. 在建筑物上部占高度 20% 并超过 60m 的部位，各表面上的尖物、墙角、边缘、设备以及显著突出的物体，应按屋顶的保护措施处理。b. 在建筑物上部占高度 20% 并超过 60m 的部位，布置接闪器应符合对本类防雷建筑物的要求，接闪器应重点布置在墙角、边缘和显著突出的物体上。c. 外部金属物，可利用其作为接闪器，还可利用布置在建筑物垂直边缘处的外部引下线作为接闪器。d. 建筑物金属框架，当其作为引下线或与引下线连接时均可利用作为接闪器。

③外墙内、外竖直敷设的金属管道及金属物的顶端和底端，应与防雷装置等电位连接。

（7）砖烟囱、钢筋混凝土烟囱，宜在烟囱上装设接闪杆或接闪环保护。多支接闪杆应连接在闭合环上。当非金属烟囱无法采用单支或双支接闪杆保护时，应在烟囱口装设环形接闪带，并应对称布置三支高出烟囱口不低于 0.5m 的接闪杆。钢筋混凝土烟囱的钢筋应在其顶部和底部与引下线和贯通连接的金属爬梯相连。高度不超过 40m 的烟囱，可只设一根引下线，超过 40m 时应设两根引下线。可利用螺栓或焊接连接的一座金属爬梯作为两根引下线用。

2）防闪电感应的措施

按照第二类防雷建筑物的防闪电感应的措施实施。

3）防闪电电涌侵入的措施

（1）可按照第二类防雷建筑物的防闪电电涌侵入的措施 1~4 条实施。（2）在电子系统的室外线路采用金属线时，在其引入的终端箱处应安装 D1 类高能量试验类型的电涌保护器。（3）在电子系统的室外线路采用光缆时，其引入的终端箱处的电气线路侧，当无金属线路引出本建筑物至其他有自己接地装置的设备时，可安装 B2 类慢上升率试验类型的电涌保护器，其短路电流宜选用 50A。

11.2.5　其他的防雷措施

1）在建筑物引下线附近保护人身安全需采取的防接触电压，应符合下列规定之一

（1）利用建筑物金属构架和建筑物互相连接的钢筋在电气上是贯通且不少于 10 根柱子组成的自然引下线，作为自然引下线的柱子包括位于建筑物四周和建筑物内的。（2）引下线 3m 范围内地表层的电阻率不小于 50kΩm，或敷设 5cm 厚沥青层或 15cm 厚砾石层。（3）外露引下线，其距地面 2.7m 以下的导体用耐 1.2/50μs 冲击电压 100kV 的绝缘层隔离，或用至少 3mm 厚的交联聚乙烯层隔离。（4）用护栏、警告牌使接触引下线的可能性降至最低限度。

2）在建筑物引下线附近保护人身安全需采取的防跨步电压，应符合下列规定之一

①利用建筑物金属构架和建筑物互相连接的钢筋在电气上是贯通且不少于 10 根柱子组成的自然引下线，作为自然引下线的柱子包括位于建筑物四周和建筑物内的。②引下线 3m 范围内地表层的电阻率不小于 50kΩm，或敷设 5cm 厚沥青层或 15cm 厚砾石层。③用网状接地装置对地面做均衡电位处理。④用护栏、警告牌使进入距引下线 3m 范围内地面的可能性减小到最低限度。

3）在独立接闪杆、架空接闪线、架空接闪网的支柱上，严禁悬挂电话线、广播线、电视接收天线及低压架空线等。

11.3 建筑物电子信息系统防雷

11.3.1 建筑物电子信息系统雷电防护区划分

（1）LPZ0$_A$ 区：受直接雷击和全部雷电电磁场威胁的区域。该区域的内部系统可能受到全部或部分雷电浪涌电流的影响；

（2）LPZ0$_B$ 区：直接雷击的防护区域，但该区域的威胁仍是全部雷电电磁场。该区域的内部系统可能受到部分雷电浪涌电流的影响；

（3）LPZ1 区：由于边界处分流和浪涌保护器的作用使浪涌电流受到限制的区域。

（4）LPZ2~n 后续防雷区：由于边界处分流和浪涌保护器的作用使浪涌电流受到进一步限制的区域（图 11-6）。

11.3.2 建筑物电子信息系统的雷电防护等级

建筑物电子信息系统可根据其重要性、使用性质和价值划分为四个等级。

11.3.3 建筑物电子信息系统的雷电防护措施

建筑物电子信息系统应根据需要保护的设备数量、类型、重要性、耐冲击电压额定值及所要求的电磁场环境等情况选择下列雷电电磁脉冲的防护措施。

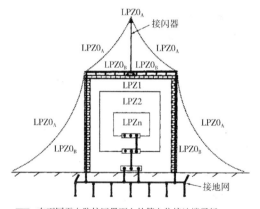

■■■—在不同雷电防护区界面上的等电位接地端子板；
▬▬▬—起屏蔽作用的建筑物外墙；
虚线—按滚球法计算的接闪器保护范围界面

图 11-6　建筑物电子信息系统雷电防护区划分图（摘自《建筑物电子信息系统防雷技术规范》GB 50343—2012）

1）等电位连接和接地

（1）机房内电子信息设备应作等电位连接。等电位连接的结构形式应采用 S 型、M 型或它们的组合。电气和电子设备的金属外壳、机柜、机架、金属管、槽、屏蔽线缆金属外层、电子设备防静电接地、安全保护接地、功能性接地、浪涌保护器接地端等均应以最短的距离与 S 型结构的接地基准点或 M 型结构的网格连接。机房等电位连接网络应与共用接地系统连接，见图 11-7。

（2）在 LPZ0$_A$ 或 LPZ0$_B$ 区与 LPZ1 区交界处应设置总等电位接地端子板，总等电位接地端子板与接地装置的连接不应少于两处；每层楼宜设置楼层等电位接地端子板；电子信息系统设备机房应设置局部等电位接地端子板。各类等电位接地端子板之间的连接导体宜采用多股铜芯导线或铜带。

（3）等电位连接网络应利用建筑物内部或其上的金属部件多重互连，组成网格状低阻抗等电位连接网络，并与接地装置构成一个接地系统。电子信息设备机房的等电位连接网络可直接利用机房内墙结构柱主钢筋引出的预留接地端子接地，见图 11-8。

（4）特殊重要的建筑物电子信息系统可设专用垂直接地干线。垂直接地干线由总等电位接地端子板引出，同时与建筑物各层钢筋或均压带连通。各楼层设置的接地端子板应与垂直接地干线连接。垂直接地干线宜在竖井内敷设，通过连接导体引入设备机房与机房局部等电位接地端子板连接。音、视频等专用设备工艺接地干线应通过专用等电位接地端子板独立引至设备机房。

（5）防雷接地与交流工作接地、直流工作接地、安全保护接地共用一组接地装置时，接地装置的接地电阻值必须按接入设备中要求的最小值确定。

（6）接地装置应优先利用建筑物的自然接地体，当自然接地体的接地电阻达不到要求时

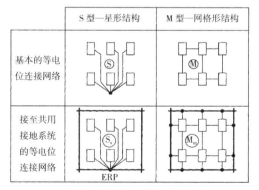

图 11-7　电子信息系统等电位连接网络的基本方法
━━ 共用接地系统；── 电位连接导体；□ 设备；
● 等电位连接网络的连接点；ERP 接地基准点；
S$_s$ 单点等电位连接的星形结构；M$_m$ 网状等电位连接的网格形结构（摘自《建筑物电子信息系统防雷技术规范》GB 50343—2012）

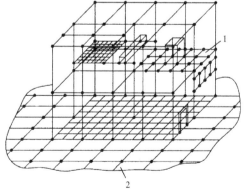

图 11-8　由等电位连接网络与接地装置组合构成的三维接地系统示例（摘自《建筑物电子信息系统防雷技术规范》GB 50343—2012）
1—等电位连接网络；2—接地装置

应增加人工接地体。机房设备接地线不应从接闪带、铁塔、防雷引下线直接引入。进入建筑物的金属管线（含金属管、电力线、信号线）应在入口处就近连接到等电位连接端子板上。

（7）在 LPZ1 入口处应分别设置适配的电源和信号浪涌保护器，使电子信息系统的带电导体实现等电位连接。

2）电磁屏蔽

（1）电子信息系统设备机房的屏蔽应符合下列规定：

①建筑物的屏蔽宜利用建筑物的金属框架、混凝土中的钢筋、金属墙面、金属屋顶等自然金属部件与防雷装置连接构成格栅型大空间屏蔽；②当建筑物自然金属部件构成的大空间屏蔽不能满足机房内电子信息系统电磁环境要求时，应增加机房屏蔽措施；③电子信息系统设备主机房宜选择在建筑物低层中心部位，其设备应配置在 LPZ1 区之后的后续防雷区内，并与相应的雷电防护区屏蔽体及结构柱留有一定的安全距离。

（2）线缆屏蔽应符合下列规定：

①与电子信息系统连接的金属信号线缆采用屏蔽电缆时，应在屏蔽层两端并宜在雷电防护区交界处做等电位连接并接地。当系统要求单端接地时，宜采用两层屏蔽或穿钢管敷设，外层屏蔽或钢管按前述要求处理；②当户外采用非屏蔽电缆时，从入孔井或手孔井到机房的引入线应穿钢管埋地引入，电缆屏蔽槽或金属管道应在入户处进行等电位连接；③当相邻建筑物的电子信息系统之间采用电缆互联时，宜采用屏蔽电缆，非屏蔽电缆应敷设在金属电缆管道内；屏蔽电缆屏蔽层两端或金属管道两端

应分别连接到独立建筑物各自的等电位连接带上。采用屏蔽电缆互联时，电缆屏蔽层应能承载可预见的雷电流；④光缆的所有金属接头、金属护层、金属挡潮层、金属加强芯等，应在进入建筑物处直接接地。

3）合理布线

电子信息系统线缆宜敷设在金属线槽或金属管道内。电子信息系统线路宜靠近等电位连接网络的金属部件敷设，不宜贴近雷电防护区的屏蔽层。布置电子信息系统线缆路由走向时，应尽量减小由线缆自身形成的电磁感应环路面积。电子信息系统线缆应与其他设备管线、电力电缆保持一定的间距。

4）能量配合的浪涌保护器防护

（1）电源线路浪涌保护器的选择

①设备的耐冲击电压额定值 U_w 可按照表 11-6 选择。

②浪涌保护器的最大持续工作电压 U_c 不应低于表 11-7 规定的值。

③进入建筑物的交流供电线路，在线路的总配电箱等 LPZ0A 或 LPZ0B 与 LPZ1 区交界处，应设置 I 类试验的浪涌保护器或 II 类试验的浪涌保护器作为第一级保护；在配电线路分配电箱、电子设备机房配电箱等后续防护区交界处，可设置 II 类或 III 类试验的浪涌保护器作为后级保护；特殊重要的电子信息设备电源端口可安装 II 类或 III 类试验的浪涌保护器作为精细保护。使用直流电源的信息设备，视其工作电压要求，宜安装适配的直流电源线路浪涌保护器。

④用于电源线路的浪涌保护器的冲击电流和标称放电电流参数推荐值宜符合表 11-8 规定。

⑤电源线路浪涌保护器在各个位置安装时，浪涌保护器的连接导线应短直，其总长度不宜大于 0.5m。

（2）信号线路浪涌保护器的选择

电子信息系统信号线路浪涌保护器应根据线路的工作频率、传输速率、传输带宽、工作电压、接口形式和特性阻抗等参数，选择插入损耗小、分布电容小、并与纵向平衡、近端串扰指标适配的浪涌保护器。信号线路浪涌保护器的参数宜符合表 11-9 的规定。

220V/380V 三相配电系统中各种设备耐冲击电压额定值 U_w 　　　　表 11-6

设备位置	电源进线端设备	配电分支线路设备	用电设备	需要保护的电子信息设备
耐冲击电压类别	Ⅳ类	Ⅲ类	Ⅱ类	Ⅰ类
U_w（kV）	6	4	2.5	1.5

浪涌保护器的最小 U_c 值 　　　　表 11-7

浪涌保护器安装位置	配电网络的系统特征				
	TT 系统	TN–C 系统	TN–S 系统	引出中性线的 IT 系统	无中性线引出的 IT 系统
每一相线与中性线间	$1.15U_0$	不适用	$1.15U_0$	$1.15U_0$	不适用
每一相线与 PE 线间	$1.15U_0$	不适用	$1.15U_0$	$\sqrt{3}U_0*$	线电压 *
中性线与 PE 线间	U_0*	不适用	U_0*	U_0*	不适用
每一相线与 PEN 线间	不适用	$1.15U_0$	不适用	不适用	不适用

注：以上两表摘自《建筑物电子信息系统防雷技术规范》GB 50343—2012。
  1. 标有 * 的值是故障下最坏的情况，所以不需计及 15% 的允许误差；
  2. U_0 是低压系统相线对中性线的标称电压，即相电压 220V；
  3. 此表适用于符合现行国家标准《低压电涌保护器（SPD）第 1 部分：低压配电系统的电涌保护器性能要求和试验方法》GB 18802.1 的浪涌保护器产品。

信号线路浪涌保护器的参数推荐值 　　　　表 11-8

雷电防护等级	总配电箱		分配电箱	设备机房配电箱和需要特殊保护的电子信息设备端口处	
	LPZ0 与 LPZ1 边界		LPZ1 与 LPZ2 边界	后续防护区的边界	
	10/350μs Ⅰ类试验	8/20μs Ⅱ类试验	8/20μs Ⅱ类试验	8/20μs Ⅱ类试验	1.2/50μs 和 8/20μs 复合波Ⅲ类试验
	I_{imp}（kA）	I_n（kA）	I_n（kA）	I_n（kA）	U_{oc}（kV）/I_{sc}（kA）
A	≥ 20	≥ 80	≥ 40	≥ 5	≥ 10/ ≥ 5
B	≥ 15	≥ 60	≥ 30	≥ 5	≥ 10/ ≥ 5
C	≥ 12.5	≥ 50	≥ 20	≥ 3	≥ 6/ ≥ 3
D	≥ 12.5	≥ 50	≥ 10	≥ 3	≥ 6/ ≥ 3

注：SPD 分级应根据保护距离、SPD 连接导线长度、被保护设备耐冲击电压额定值 U_w 等因素确定。

| 电源线路浪涌保护器冲击电流和标称放电电流参数推荐值 | | | | 表 11-9 |

雷电保护区		LPZ0/1	LPZ1/2	LPZ2/3
浪涌范围	10/350μs	0.5~2.5kA	—	—
	1.2/50μs、8/20μs	—	0.5~10kV 0.25~5kA	0.5~1kV 0.25~0.5kA
	10/700μs、5/300μs	4kV 100A	0.5~4kV 25~100A	—

（3）天馈线路浪涌保护器的选择

①天线应置于直击雷防护区（LPZ0_B）内。②应根据被保护设备的工作频率、平均输出功率、连接器形式及特性阻抗等参数选用插入损耗小，电压驻波比小，适配的天馈线路浪涌保护器。③天馈线路浪涌保护器应安装在收／发通信设备的射频出、入端口处。④具有多副天线的天馈传输系统，每副天线应安装适配的天馈线路浪涌保护器。当天馈传输系统采用波导管传输时，波导管的金属外壁应与天线架、波导管支撑架及天线反射器电气连通，其接地端应就近接在等电位接地端子板上。⑤天馈线路浪涌保护器接地端应采用能承载预期雷电流的多股绝缘铜导线连接到 LPZ0_A 或 LPZ0_B 与 LPZ1 边界处的等电位接地端子板上，导线截面积不应小于 6mm²。同轴电缆的前、后端及进机房前应将金属屏蔽层就近接地。

11.4 建筑物防雷的实施

11.4.1 建筑物防雷与接地系统示意

建筑物采用共同接地装置，利用基础及柱内钢筋作接地体（需要时敷设人工接地体），接地电阻值要求不大于 1Ω。所用进出建筑物的金属管道，电缆金属外护层，应在入口处与接地装置可靠连接；燃气管道应根据要求加装绝缘段及放电间隙后接地。各电气系统功能房间、电气竖井内的设备、金属构件应按照要求接至各接地端子板（图 11-9）。

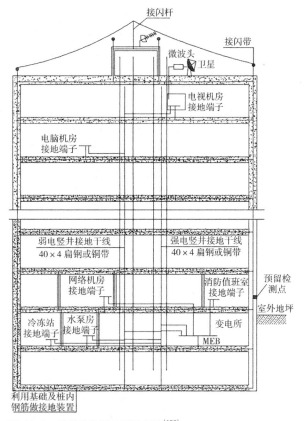

图 11-9 建筑物防雷工程示意图[100]

11.4.2 接闪器

由拦截闪击的接闪杆、接闪带、接闪线、接闪网以及金属屋面、金属构件等组成（图11-10~图11-12）。

11.4.3 引下线

用于将雷电流从接闪器传导至接地装置的导体（图11-13、图11-14）。

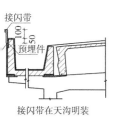

接闪带在天沟明装

接闪带在屋脊安装

1-10　接闪带安装示意图一[100]

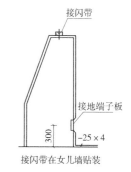

接闪带在女儿墙明装　　接闪带在女儿墙贴装

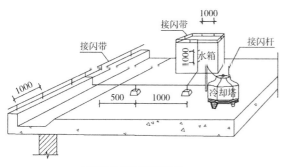

屋顶水箱及冷却塔的防雷

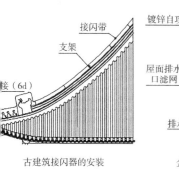

古建筑接闪器的安装　　金属屋面与引下线连接

1-11　接闪带安装示意图二[100]

接闪杆在墙上安装　　接闪杆在构架上安装

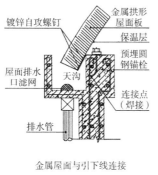

金属屋面做接闪器

图11-12　接闪带安装示意图三[100]

11.4.4　接地装置

接地体和接地线的总和，用于传导雷电流并将其流散入大地（图 11-15~ 图 11-17）。

11.4.5　等电位连接

将建（构）筑物和建（构）筑物内系统（带电导体除外）的所有导电性物体互相连接组成的一个网（图 11-18、图 11-19）。

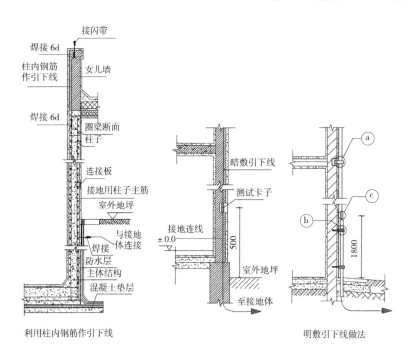

图 11-13　引下线安装示意图一 [100]

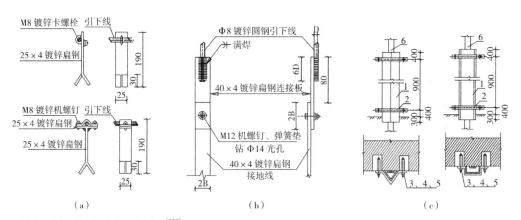

图 11-14　引下线安装示意图二 [100]
（a）引下线支架做法；（b）断接卡子做法；（c）引下线保护做法

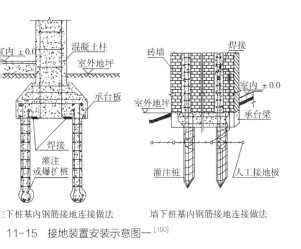

图 11-15 接地装置安装示意图一[100]

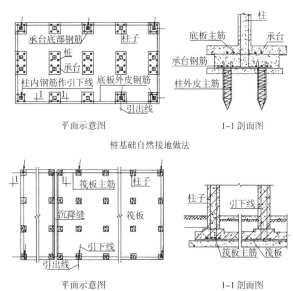

图 11-16 接地装置安装示意图二[100]

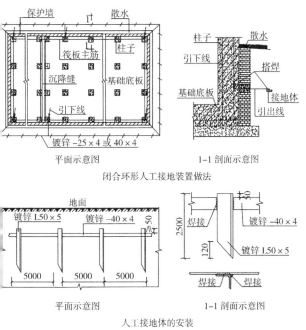

图 11-17 接地装置安装示意图三[100]

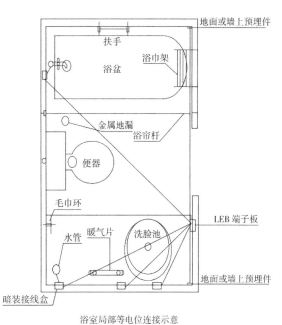

图 11-18 等电位连接安装示意图一

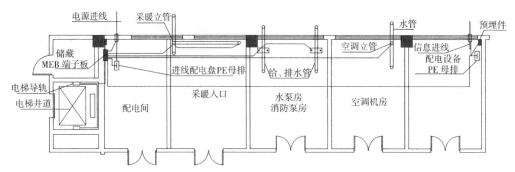

图 11-19　等电位连接安装示意图二（总等电位连接平面示意）[100]

11.5　人身防雷击措施及雷击急救措施

11.5.1　人身防雷击措施

1）建筑物内人身防雷

（1）雷电天气要紧闭门窗防止球形雷侵入室内。

（2）雷雨天气在室内,不要接触天线、水管、铁丝网、金属门窗、建筑物外墙远离电线等带电设备或其他类似金属装置。

（3）雷雨天气不宜使用无防雷措施或防雷措施不足的电视、音响、电话等电器。

2）建筑物外人身防雷

（1）预估雷电是否来临

①看天气预报：雨季节要多关注天气根据天气预报灵活安排生产和生活,尽量避免雷电天气野外活动,以防止雷击造成生命危险。

②自我预估：野外活动时学会自我预估雷电天气是否来临,便于采取相应措施防雷。常用方法有三个：

A. 看天空。当天空中浓密乌云开始堆积变大变黑,发展很快时就有可能发生雷电。

B. 听收音机杂音。打开调幅收音机听广播时,如果听到刺耳的杂音即表示附近可能有雷雨云内放电现象。

C. 看闪电听声音估雷电远近。如果看到闪电与听到声音之间的时间间隔 5 秒,表示雷电与自己 1.5km 左右；如果看到闪电与听到声音之间的时间间隔 1 秒即一眨眼的工夫则表示雷电与自己只有 300m 左右。

③自我感觉：雷电交加时,若感到自己头、颈、手处有蚂蚁爬走感头发竖起,说明将发生雷击此时要立即采取措施进行自我保护。

（2）户外遇到雷电天气应注意的问题

①不要在山顶、山脊或建筑物顶部停留。

②不宜在水面和水边停留。例如在河里、湖泊、海滨游泳在河边洗衣服、钓鱼、玩耍等都是很危险的。

③不宜在孤立的大树或烟囱下停留。如万不得已则须与树干保持 3m 距离,下蹲并双腿靠拢。人体与地面的接触面要尽量缩小以防止因"跨步电压"造成伤害。

④远离建筑物外露的水管、煤气管等金属物体及电力设备。也不宜在铁栅栏、金属晒衣

绳、架空金属体以及铁路轨道附近停留。

⑤遇雷暴天气有条件时应迅速躲入有防雷设施保护的建筑物内或有金属顶的各种车辆及有金属壳体的船舱内。但在户外空旷处，不宜进入孤立的没有防雷设施的棚屋、岗亭。

⑥如果在户外看到高压线遭雷击断裂此时应提高警惕，因为高压线断点附近存在跨步电压，身处附近的人此时千万不要跑动，而应双脚并拢跳离现场。

⑦不使用手机。因为手机在开机状态下，电磁波信号很强范围很广，能在很大范围内收集引导雷电是很好的雷电导体。在雷雨天气里使用手机发出的电磁波遇到高空向下放射的雷电极易引来感应雷。若在雷击区打手机，人和手机极易受到雷击。所以在空旷的环境中遇到雷暴天气，应关闭手机以免遭到意外伤害。

11.5.2　雷击急救措施

雷击可对人体造成巨大的伤害，强大的雷电流使人或动物的心脏、大脑麻痹而死亡甚至能把身体烧焦。此外，雷电流还能将局部皮肤组织烧坏，出现有灰白色的肿块和线条称为"电烙印"。强大的雷声还可致耳膜受伤。但是不论何时何地发生雷电事故只要按科学的方法分秒必争地进行抢救就能减少死亡。因为人体在遭受雷击后，出现的死亡，往往是"假死"状态。不管不问或在没有医生监护的情况下盲目往医院送，往往造成途中死亡。正确的做法是在就地争分夺秒组织现场抢救的同时拨打当地的急救电话。

现场急救方法如下：

（1）正确选择救护地点：脱离险境后迅速将遭受雷击的人转移到能避开雷电且通风阴凉的安全地方。被救护人的周围不可围一圈人，不能用刺激的方法，例如对遭受雷击者泼冷水、在旁边大呼其名字等更不要架着被救护人到处乱跑。

（2）根据伤害程度确定救护方法救护人应根据遭受雷击者的伤害程度采取相应措施。若遭受雷击者停止呼吸，应立即进行人工呼吸若遭受雷击者心跳停止，应立即进行心脏按压若遭受雷击者心跳和呼吸都已停止，则应两种方法同时进行。实践证明，雷击后进行就地抢救的越及时救活的可能性越大，对伤者的身体恢复越好。因为人脑缺氧时间超过十几分钟就会有致命危险。以上就地抢救措施应坚持到医生到达现场为止，若送医院，以上急救措施途中不可中断。

（3）正确灭火：如果伤者遭受雷击后引起衣服着火，此时应马上让伤者躺下以使火焰不致烧伤面部。否则伤者可能死于缺氧或烧伤。可用厚外衣、毯子等把伤者裹住以扑灭火焰。伤者切勿因惊慌而奔跑，因为奔跑加速空气流动，会使火越烧越旺，可在地上打滚以扑灭火焰或趴在有水的洼地、池中熄灭火焰。

（4）外伤处：雷击外伤一般是烧焦或电烙印，可使用清洁的自来水冲洗伤口，最好用无菌生理盐水或清洁的温开水冲洗后再用消毒纱布或干净布包扎。对大出血伤口，应将出血肢体抬高或高举，同时压缠供给出血处的血管减少出血量，同时火速送往医院。

结语

雷电是自然界中令人敬畏的一种大气现

象，伴随有声、光、电等多种物理现象，它能给人类生活和生产活动带来很大影响。雷电防护问题一直是世界各国关注的课题，它不仅仅是对建筑本体的防护，更侧重于对建筑内人身和电气设备的安全防护。

防雷工作是一件十分重要的工作，而且是个系统工程，近年来越来越被人们所重视。但防雷还存在许多尚待完善的地方，如通过实验对闪电的过程有了比较具体的了解，但这种了解还很粗糙，不太准确。随着现代科技的发展，建筑智能化程度越来越高，对防感应雷的要求也越来越高，单一的防雷技术是远远不够的。雷电防护研究仍需技术人员和专家不懈的努力，通过调查研究和观测以进一步弄清其特点、找出问题所在，制定有针对性的防雷措施。

作为建筑师不能忽视建筑防雷设计的重要性，若能在设计初期从建筑形体、平面布置和建筑材料方面就考虑建筑的防雷设计，那么对于建筑的防雷系统整体性会有更大的提升。

第12章

无障碍设计

12.1 概述

无障碍设施问题的最初提出在 20 世纪初，由于人道主义的呼唤，当时建筑学界产生了一种新的建筑设计方法——无障碍设计。它的出现，旨在运用现代技术，为广大老年人、残疾人、妇女、儿童提供行动方便和安全的空间，创造一个平等、参与的环境。

12.1.1 建筑环境无障碍设计的重要性

根据国际劳工组织公布报告：目前全世界的残疾人口总数达到 6.5 亿，约占世界总人口的 10%，现在每年增长的残疾人数为 1500 万，或者说每日平均增加 4 万多残疾人。在多数国家里，每 10 个人中至少有一个因生理、心理和感官的缺陷而致残。

另一方面，当今世界老年人口的增长速度亦不容忽视。2022 年 7 月 11 日，联合国发布的《世界人口展望 2022》报告显示，65 岁以上人口的占比增长速度超过 65 岁以下的人口，到 2050 年，全球 65 岁及以上人口的比例预计将从 2022 年的 10% 升至 16%。

中国是世界上残疾人和老年人最多的国家。2006 年第二次全国残疾人抽样调查我国残疾人占全国总人口的比例 6.2%，可推算

2010 年末我国残疾人总人数为 8502 万人。另一方面，根据中国国家统计局于 2011 年公布的第六次全国人口普查数据显示，中国总人口当时为 13.7 亿人，60 岁以上人口约为 1.78 亿人，占 13.26%，其中 65 岁及以上人口约为 1.19 亿人，占 8.87%。按照联合国的标准，中国早已进入老龄化社会。

预计至 2025 年，中国人口老龄化达到高峰，老年人将达到 3 亿，而残疾人将达到 1 亿。他们形成了人类社会中的一个特殊困难的群体。这个困难的群体渴望得到社会的理解和支持，要求充分参与社会生活，能够获得与健全公民一样具有的平等权利和机会，并共同分享社会的科学、经济、文化发展成果而改善的生活条件，诸如教育和工作机会、住房和交通、物质和文化环境、社区和保健服务以及体育运动和娱乐设施。作为建筑师，我们有责任和义务帮助他们，赋予有困难群体做他们想做的事的能力。

从根本上说，无障碍的规划与建设不只是技术及经济问题，也属于道路和建筑物的基本组成部分，目的是保障全社会所有公民权利，创造更加人性化、更安全、方便、舒适的良好环境。涉及对象不只是包括老年人、残障者，还包括婴幼儿、伤病人、孕妇等弱势群体，因

而无障碍设计不只局限于长期行动有障碍的这一特定群体。

12.1.2 无障碍设计思路

广义上来说，无障碍设计指的是设计师、工程师为适应大众的需要而设计的产品，它们能够方便地供所有人使用。无障碍设计的思路是尽可能地扩大普通设备的适应系数。日常活动中存在着许多必不可少的基本活动，对此应当提供与之相配套的空间环境。空间环境设计的首要任务就是要确保行人对所去之处，都能按照自己的意愿毫无障碍地通行，不能因为某种形式或程度的残疾而被剥夺参与和利用建筑环境的权利，或不能与他人平等参与社会活动。为此无障碍设计应遵循以下七项基本指导原则。

1）可及性原则

能使人方便地感知、到达、进入及使用环境设施，并对环境施加作用与影响，以完成自己的行为和目的。可及性包含三方面：可感知性、可到达性及可操作性。可及性是无障碍设计最基本的原则。

2）安全性原则

安全性是建筑师不容忽视的一个设计上的功能元素。无障碍设计的对象对环境的感知力较差，有时难以克服某种障碍，易发生危险，因此需要从环境设计方面给予弥补，使其安全使用。

3）适用性原则

建筑及环境的无障碍设计目的是为所有人都能使用，这是面向全体公众改善人工环境的重要原则。无障碍设施在考虑特殊人群的同时，也要考虑健全人的使用，设计师应做出适宜的决策，不能偏重于某一类人群而对其他适用人群造成伤害。

4）系统性原则

障碍设计是一个全面系统的工程，涉及面广。不能局限于某个局部，关键是系统化、体系化，达到建筑环境的全面无障碍，要求建筑师持有动态、系统的观点进行设计，适时地形成点、线、面、体的动态空间网络，实现全面的无障碍环境。

5）自立性原则

通过为有障碍的人提供必要的辅具和便于活动的空间，帮助其提高自身的机能去适应环境，使他们能够独立行动，平等参与社会活动，并形成精神上的自立。

6）开放性原则

人际交往是与社会发生联系和体现自身价值的必要手段，也是保持身心健康的必要条件，这对于残疾人尤为重要。根据马斯洛的需要层次理论，残疾人满足了基本生理无障碍需求后，需要广泛的人际交往以满足自身对精神、心理及信息的需求，开放的无障碍空间有助于这一需求的实现。

7）舒适与艺术性原则

无障碍设施不仅要便于使用，同时应具备美感与舒适，优秀的无障碍设计不能局限于功能要求，还应是丰富多彩的空间设计。

12.2 环境障碍与设计对策

12.2.1 肢体障碍者

1）上肢残疾

特点，手的活动范围小于正常人，难以承担各种巧的动作，持续力差，难以完成双手并用的动作。环境中的障碍：对球形门执手、对号锁、钥匙门锁、门窗插销、拉线开关以及密排按键等均难以操作。设计对策：设施选择应有利于减缓操作节奏，减少程序，缩小操作半径，采用肘式开关、长柄执手、大号按键，以简化操作。

2）偏瘫者

特点，半侧身体功能不全，兼有上、下肢残疾特点，虽可拄杖独立跛行，或乘坐特种轮椅，但动作总有方向性，依靠"优势侧"。环境中的障碍：只设单侧扶手或不易抓握扶手的楼梯，卫生设备的安全抓杆与优势侧不对应，地面滑而不平。设计对策：楼梯安装双侧扶手并连贯始终；抓杆与优势侧相应；或双向设置；采用平整下滑的地面做法。

3）下肢残疾独立乘坐轮椅者

特点，各项设施的高度均受轮椅尺寸的限制。轮椅行动快速灵活，但占用空间较大。使用卫生设备时需设支持物，以利移位和安全稳定；无法适应台阶和地面高差，无法使用楼梯。环境中的障碍：台阶、楼梯、高于500mm的门槛、路缘、过长的坡道，地面突起物；旋转门、强力弹簧门以及小于800净宽的门洞，深度不够的过厅；非残疾人专用的卫生间及其他设施；阻力较大及凹凸不平、断裂的地面，如长绒地毯。设计对策：门、走道及所行动的空间均以轮椅通行为准；上楼应有适当的升降设备，台阶处应设有坡道；按轮椅乘用者的需要设计残疾人专用卫生间设备及有关设施；公共空间预留轮椅席位及轮椅安置空间；地面平整，尽可能不选用阻力大的地面材料（如长绒地毯）。

4）下肢障碍柱杖者

特点，攀登动作困难，水平推力差，行动缓慢，不适应常规的运动节奏；上下台阶或陡坡困难，易摔跤；拄双杖者只有坐姿时，才能使用双手。拄双杖者行动时幅度可达950mm。使用卫生设备时常需支持物。环境中的障碍：级差大的台阶；有直角突缘的踏步；较高较陡的楼梯及坡道，宽度不足的楼梯及门洞；旋转门、强力弹簧门；光滑、积水的地面，宽度 >20mm 的地面缝隙和 >20mm × 20mm 的孔洞；扶手不完备，卫生设备缺支持物设计对策：地面平坦、坚固、不滑、不积水、无缝隙及大孔洞；尽量避免使用旋转门及弹簧门；台阶、坡道平缓，设有适宜扶手；卫生间设备安装支持物；利用电梯解决垂直交通问题；各项设施安装要考虑残疾人的行动特点和安全需要；通行空间要满足拄双杖者所需宽度。

12.2.2 视觉障碍者

1）全盲者

特点，不能利用视觉信息定向、定位去从事活动，而均需借助其他感官功能了解环境、定向、定位去从事活动。需借助盲仗行进，步速慢，在生疏环境中易产生意外伤害。环境中的障碍：复杂地形地貌缺乏导向措施；人行空间内有意外突出物；旋转门、弹簧门，手动推拉门；只有单侧扶手或扶手不连贯的楼梯；拉线式灯开关；位置变化的电器插座；模糊的盲道提示地块；不合理的盲道设置；不完善的其他感官信息系统。设计对策：简化行动线，布局平直；人行空间内无意外变动及突出物；强化听觉、嗅觉和触觉信息环境以利引导（如扶手、盲文标志、音响信号等）；电气开关有安全措施，且易辨别。不得采用拉线开关；已习惯的环境不轻易变动；应考虑使用导盲犬所占用的空间。

2）低视力

特点，形象大小、色彩对比及照度强弱都直接影响视觉辨认。借助其他感官功能有助于各种活动的安排。环境中的障碍：视觉标志尺寸偏小；光照弱、色彩反差小；光滑且反光的地面，不连贯的扶手，透明玻璃门。设计对策：加大标志图形，加强光照，有效利用反差，强化视觉信息；其余可参考盲人的设计对策。

12.2.3　听力及言语障碍者

特点：一般无行动困难，在与人交往时，常需借助增音设备，重听及聋者需借助视觉信号及振动信号。环境中的障碍：只有常规音响系统的环境，如一般影剧院及会堂；安全报警设备，视觉信息不完善。设计对策：改善音响信息系统，如在各类观演厅、会议厅增设环形天线，使配备助听器者改善收音效果，在安全疏散方面，配备音响信号的同时，完善同步视觉和振动报警。

12.2.4　老年人

衰老过程经常导致身体、认知和感觉能力的普遍衰弱化。这些变化随着时间的推移而加剧，对于75岁以上的人来说最为明显，许多老年人会产生以下这些特征：特点：行动迟缓，应变能力差，肢体关节运动范围受限，动作幅度缩小；敏捷性、平衡性和稳定性降低；

握力差；耐力降低，易疲劳，上下楼梯困难；易摔倒，色彩辨识能力衰退，方向感降低；卫生间设施需设安全抓杆，以利稳定；注意力有限；需要拐杖之类的辅助出行工具。环境中的障碍：级差大的台阶，较高较陡、扶手不连贯的楼梯；凹凸不平或积水的地面；旋转门、强力弹簧门，卫生设施无支撑物；文字小、色彩弱的标识信号。

设计对策：地面平坦、坚固、不滑、无积水，台阶、坡道及楼梯两侧设有适宜扶手，选择易操作把手，适当设置休息场所；尽量避免旋转门、弹簧门和玻璃门，卫生间配备安全抓杆；信息环境可参考低视力者的设计对策。

12.2.5　伤病人、幼儿、孕妇

特点：幼儿由于发育不成熟和缺乏经验，注意力分散，紧急状况识别判断迟缓，视力较成人窄三分之一，过度自信，不可预测或冲动的行为；孕妇行动迟缓，易于疲劳；临时伤病者活动受限，行动易产生疲劳感。

环境中的障碍：行动范围内的突起物、高差；扶手不完备，卫生设施缺乏支撑物。

设计对策：活动场地不得存在突起物和高差，并设置休息场所；设备设施设置防护架，完善扶手设置（含卫生间）；对临时受伤、养病者可参照肢体残障者相关内容。

12.3　无障碍的设备与标识

为了帮助残疾者获得行动上的自由，设计师们设计了一些无障碍的设施与设备，了解这些设施与设备是更好地进行无障碍建筑设计的基础，

这些设施与设备主要分为通信设备和移动设备。

12.3.1 移动设备

人体尺度及其活动范围，是城市环境系统优化与建筑空间设计的主要依据。以健全人尺度为参数进行的设施设计，往往不适合残障者使用，甚至给他们参与社会活动造成了障碍。因此要全方位考虑人体尺度、活动范围及其行为特征（图 12-1、图 12-2）。

乘轮椅者即为残障者的主要活动形式之一。下肢障碍为步行缺陷，使用拐杖、轮椅者居多，存在动作障碍，移动困难。手动四轮椅是下肢障碍者的主要辅助工具。乘轮椅者活动的空间尺度，通常只按照由乘轮椅者自形双手推动的四轮轮椅考虑。身边需要护理的乘轮椅者以及单手推动轮椅和电动四轮轮椅者需占用较大空间，应按实际情况考虑。根据从一般到特殊的设计思路，应尽量按照最高要求。轮椅座面高度是指人坐在轮椅上，座垫压实的时候座位基准点高度（坐骨关节点），个人使用时可定制。便座、浴缸边沿、床等与轮椅转移相关的家具高度，应根据轮椅座面高度决定。桌子、书桌的高度与轮椅座面高应相差 27~30cm，桌子下面应不致磕碰膝盖，确保一个人的足够

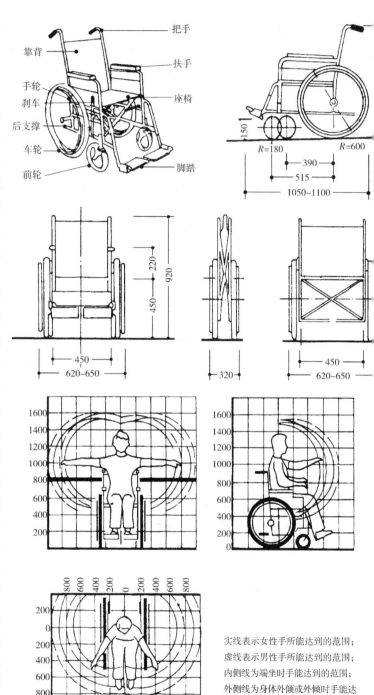

实线表示女性手所能达到的范围；
虚线表示男性手所能达到的范围；
内侧线为端坐时手能达到的范围；
外侧线为身体外倾或外倾时手能达到的范围。

图 12-1　轮椅各部位名称及尺寸（单位：mm）[100]

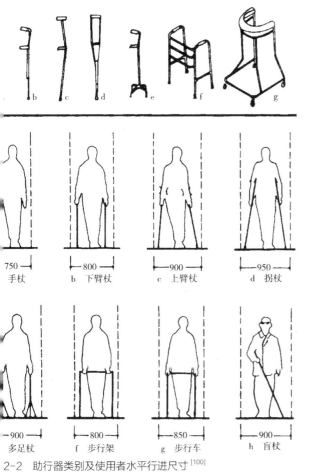

750 手杖　b 下臂杖 800　c 上臂杖 900　d 拐杖 950

900 多足杖　f 步行架 800　g 步行车 850　h 盲杖 900

2-2　助行器类别及使用者水平行进尺寸[100]

空间。衣柜的进深至少为60cm，高于轮椅座面80cm处可设隔板，以正面靠近为主时，应设交错推拉门。轮椅是目前最为常见的代步工具，是失去行走功能的残障者、老年人和伤病人等重要的助行设施。

助行器与拐杖均属于帮助步行的支具范畴，帮助使用者增加站立和步行时的稳定性。除了一般的轮椅、拐杖等助行器外，手推车也成为部分行动困难者外出的助行工具之首。它既有助行器的功能，还可以用来购物、放座椅

休息，如小型购物车、婴儿车等。拐杖分为手肘拐杖、腋窝拐杖、前臂拐杖。手肘拐杖适合具有足够上躯能力及平衡能力较佳的人使用；腋窝拐杖适合单脚承受体重者；前臂拐杖适合不能以手部、手腕承受体重的人使用。盲杖是视觉障碍者出行的专用工具，其长度根据使用者的身高确定。

坐厕椅适合残障者生活辅助之用。升降机可以作为在垂直上下的通道上载运残障者的升降平台。

国外使用电动滑板车作为移动工具的行动障碍者较多。可以使用电动滑板车上街、购物、访友。

12.3.2　通信设备

通信问题严重影响着听力障碍者，另外电话的位置和高度也对他们有影响。在一个比较大的空间，如会议室或剧院，在使用电子通信设备时听力障碍者基本上有两种选择——使用感应字幕或使用红外线传播系统，另外还可聘用哑语译员和助听员工。

12.3.3　国际通用标志

标志在建筑及通往该建筑的路程中对残疾人所起的作用是极其重要的，明确而清楚的标志及信息源能帮助各种残疾人最大范围地感知其所处环境的空间状况，缩小各种潜在的心理上的不安因素，使他们能自如地到达目的地。方便残疾人使用的标志必须有自己的特色。国际通用的轮椅标志是用来帮助残疾人在视觉上确认与其有关环境特性和引导其行动的符号，是国际康复协会于1960年在爱尔兰首都都柏林召开国际康复大会上表决通过的，是全世界

一致公认的标志，不得随意改动。

　　凡符合无障碍标准的道路和建筑物，能完好地为残疾人的通行和使用服务，并易于为残疾所识别，应在显著位置上安装国际通用无障碍标志牌。悬挂醒目的无障碍轮椅标志，一是方便使用者一目了然，二是告知无关人员不要随意占用。标志牌是为残疾人指引可通行的方向和提供专用空间及可使用的有关设施而制定的，它告知乘轮椅者、拄拐杖者及其他残疾人可以通行、进入和使用的设施。如城市道路、广场、公园旅游点、停车场、室外通路、坡道、出入口、电梯、电话、洗手间、轮椅席及客房等。

　　无障碍标志牌和图形的大小与其观看的距离相匹配，规格为 0.10m×0.10m 至 0.40m×0.40m。根据需要标志牌可同时在其一侧或下方辅以文字说明和方向指示，其意义则更加明了。国际通用轮椅标志牌，为了清晰醒目，规定了用两种对比强烈的颜色，当标志牌为白色衬底时，边框和轮椅为黑色；标志牌为黑色衬底时，边框和轮椅则为白色。轮椅的朝向应与指引通行的走向保持一致（图 12-3、图 12-4）。

（a）　　　　　　　（b）

图 12-3　国际通用无障碍标志[100]
（a）白色轮椅黑色衬底；（b）黑色轮椅白色衬底

1）标识设计要点

　　（1）色彩的设计要点为①图底对比明显，视距≤ 2m 时亮度比宜≥ 2.0（即对比度≥ 50%）；②视距 >2m 时亮度比宜≥ 5.0（即对比度≥ 80%）；深底色、浅色图文更易辨识；③表示否定的直杠或叉形颜色宜为红色，表示危险的图形宜为黄色，其他表示不宜采用红黄色为主色调。

　　（2）标识牌尺寸：标准的图形符号标识边长宜选择 100~400mm，并在此范围内使用 100mm 模数。

　　（3）照明：图文标识的可见度对弱视者的辨认影响很大，应多采用亮图文标识与暗背景的组合方式，亮度比宜在 2.5 以上。同时利用好色彩对比还可以进一步提高其识别性。

　　（4）字符的设计要点为①字符大小的设计以字符高度控制，汉字和英文数字参考表 3，或者汉字应根据笔画数基于英文字体放大 1.5~3 倍；②宜采用笔画均匀、规整简洁、容易辨认的字体，不宜采用笔画粗细不一或形式过于复杂的字体；③英文要避免只用大写字母的标识，同时使用大小写更容易理解。

2）标识设计还有如下注意事项

　　（1）轮椅使用者的视点较低，其使用的贴壁式、地牌式标识中心高度应在 1100~1400mm。轮椅不能通行的路段，要在路口设置预告标识。现实中轮椅不能通过的路段很多，因此应将可以通行的道路标记在导向图上告知使用者。

　　（2）除了强化视觉信息，可以考虑通过触觉、听觉、嗅觉及体感等手段来提供各种信息。如在人行横道线的两侧、地铁、车站、广场和

指示的无 设施名称	标志牌的 具体形式	用于指示的无 障碍设施名称	标志牌的 具体形式
位电话		无障碍通道	
碍机动车 停车位		无障碍电梯	
椅坡道		无障碍客房	
觉障碍者 用的设施		肢体障碍者 使用的设施	
导盲犬 用的设施		无障碍厕所	
觉障碍者 用的设施		—	—

用于指示方向的无障 碍设施标志牌的名称	用于指示方向的无障碍设施标志牌的具体形式
无障碍坡道 指示标志	
人行横道 指示标志	
人行地道 指示标志	
人行天桥 指示标志	
无障碍厕所 指示标志	
无障碍设施 指示标志	
无障碍客房 指示标志	
低位电话 指示标志	

2-4 无障碍设施标志牌[100]

建筑物的入口及电梯等处设置这些装置。在这类特定的环境中，可采用发声体来帮助视觉残疾者行进和定位，提高他们对环境的感知能力。触知示意图是利用指尖的感觉和盲文来感知理解，宜与普通文字和声音介绍等感知手段相结合。

（3）老年人使用的标识：除具有弱视者标识的特点外，还应同时用大声或醒目的文字告知为宜；老人总想反复确认，宜在每一个路口和空间转折处都设置标识。

（4）幼儿使用的标识：宜用有色彩的或容易辨认的图形。

视觉障碍标识的设计要素包括五个部分，分别是图形、色彩、标识牌尺寸、照明和字符。

图形的设计要点为①优先使用实心图形，必要时可使用轮廓线；②图形宜闭合完整、简单明了；③线宽不应小于 2.0mm，线条之间的距离不应小于 1.5mm；④最小符号要素的尺寸不应小于 3.5mm×2.5mm，宜避免使符号带有方向性或隐含方向性。

12.4 无障碍设计的实施范围、内容和设计要点

根据无障碍的定义，几乎所有的建筑类别都应考虑无障碍设计，只是侧重点有所不同，具体的设计内容在《无障碍设计规范》GB 50763—2012 中均有要求，整理成下列表格。

办公、科研建筑无障碍设计规范[206]　　表 12-1

	建筑类别	设计部位	设施内容
办公科研建筑	·各级政府办公建筑 ·各级司法部门建筑 ·企、事业办公建筑 ·各类科研建筑 ·其他招商、办公、社区服务建筑	1.建筑基地（人行通路、停车车位） 2.建筑入口、入口平台及门 3.水平与垂直交通 4.接待用房（一般接待室、贵宾接待室） 5.公共用房（会议室、报告厅、审判厅、教学用房等） 6.公共厕所 7.服务台、公共电话、饮水器等相应设施	无障碍出入口；轮椅坡道；轮椅停留空间；无障碍通道；无障碍楼梯、电梯；轮椅席位；无障碍厕所；轮椅回转空间；扶手；低位服务台（窗口）；无障碍停车位；无障碍标识

商业、服务建筑无障碍设计规范[207]　　表 12-2

	建筑类别	设计部位	设施内容
商业建筑	·百货商店、综合商场建筑 ·自选超市、菜市场类建筑 ·餐馆、饮食店、食品店建筑	1.建筑入口及门 2.水平与垂直交通 3.普通营业区、自选营业区 4.饮食厅、游乐用房 5.顾客休息与服务用房 6.公共厕所、公共浴室 7.宾馆、饭店、招待所的公共部分与客房部分 8.总服务台、业务台、取款机、查询台、结算通道、公共电话、饮水器、停车车位等相应设施	无障碍出入口；轮椅坡道；轮椅停留空间；无障碍通道；无障碍楼梯、电梯；轮椅席位；无障碍厕所；轮椅回转空间；扶手；低位服务台（窗口）；无障碍停车位；无障碍标识
服务建筑	·金融、邮电建筑 ·招待所、培训中心建筑 ·宾馆、饭店、旅馆 ·洗浴、美容美发建筑 ·殡仪馆建筑等		

12.4.1　公共建筑

（1）办公、科研建筑进行无障碍设计的范围应符合无障碍设计规范的一般规定及表12-1的规定。注意：县级及县级以上的政府机关与司法部门，须设无障碍专用厕所。

（2）商业、服务建筑进行无障碍设计的范围应符合无障碍设计规范的一般规定及表12-2规定。注意：商业与服务建筑的入口宜设无障碍入口。设有公共厕所的大型商业与服务建筑，必须设无障碍专用厕所。有楼层的大型商业与服务建筑应设无障碍电梯。在旅馆建筑中，应在客房层通行方便的地段设方便残障者使用的套房。套房及卫生间的入口、走道及设施，应符合轮椅使用者的使用要求。在卫生间应设应急呼叫按钮。

（3）文化、纪念建筑进行无障碍设计的范围应符合无障碍设计规范的一般规定及表12-3的规定。注意：没有公共厕所的大型文化与纪念建筑，必须设无障碍专用厕所。有楼层的大型文化与纪念建筑应设无障碍电梯。纪念性建筑应设置无障碍游览路线，主要主入口、通道、停车位、出入口、厕所等设施位置应设无障碍标识。在文化建筑中，阅览室、报告厅、

文化、纪念建筑无障碍设计规范 [207]　　　　表 12-3

	建筑类别	设计部位	设施内容
文化建筑	·文化馆建筑 ·图书馆建筑 ·科技馆建筑 ·博物馆、展览馆建筑 ·档案馆建筑等	1. 建筑基地（庭院、人行通路、停车车位） 2. 建筑入口、入口平台及门 3. 水平与垂直交通 4. 接待室、休息室、信息及查询服务 5. 出纳、目录厅、阅览室、阅读室 6. 展览厅、报告厅、陈列室、视听室等 7. 公共厕所 8. 售票处、总服务台、公共电话、饮水器等相应设施	低位目录检索台；盲道；语音导览机、助听器；盲人阅览室、无障碍出入口；可拆卸坡道；轮椅坡道；升降平台；轮椅停留空间；无障碍厕所；低位服务设施；低位柜台；轮椅席位；无障碍停车位
纪念性建筑	·纪念馆 ·纪念塔 ·纪念碑 ·纪念物等		

观演、体育建筑无障碍设计规范 [207]　　　　表 12-4

	建筑类别	设计部位	设施内容
观演建筑	·剧场、剧院建筑 ·电影院建筑 ·音乐厅建筑 ·礼堂、会议中心建筑	1. 建筑基地（人行通路、停车车位） 2. 建筑入口、入口平台及门 3. 水平与垂直交通 4. 前厅、休息厅、观众席 5. 主席台、贵宾休息室 6. 舞台、后台、排练房、化妆室 7. 训练场地、比赛场地 8. 观众厕所 9. 演员、运动员厕所与浴室 10. 售票处、公共电话、饮水器等设施	无障碍出入口；轮椅坡道；轮椅停留空间；无障碍通道；无障碍楼梯、电梯；轮椅席位；无障碍厕所；轮椅回转空间；扶手；低位服务台(窗口)；无障碍停车位；无障碍标识
体育建筑	·体育场、体育馆建筑 ·游泳馆建筑 ·溜冰馆、溜冰场建筑 ·健身房（风雨操场）		

演播厅等应在出入方便的地段设轮椅席位，其视线不应受到遮挡。在图书馆要备有视觉障碍者使用的盲文图书、录音室。

（4）观演、体育建筑进行无障碍设计的范围应符合无障碍设计规范的一般规定及表12-4的规定。注意：观演与体育建筑的观众席、听众席和主席台，必须设轮椅席位。大型观演与体育建筑的观众厕所和贵宾室，必须设无障碍专用厕所。在观演与体育建筑中，在观众厅出入方便的地段应设轮椅席位，其视线不应受到遮挡，轮椅席范围应设栏杆或栏板，且地面要平整。观演建筑后台及体育建筑运动员准备区的入口、通道、化妆室、休息室、洗手间、淋浴间、盥洗室等，应符合乘轮椅者的通行和使用要求。

（5）交通、医疗建筑进行无障碍设计的范围应符合无障碍设计规范的一般规定及表12-5的规定。注意：交通与医疗建筑的入口应设无障碍入口。交通与医疗建筑必须设无障碍专用厕所。有楼层的交通与医疗建筑应设无障碍电梯。

在交通建筑中，设有楼层和对旅客进行分流的天桥及地道的交通建筑，应设无障碍楼梯及轮椅坡道或残障者、老年人使用的电梯。电梯规格及设施应符合乘轮椅者及视觉障碍者的使用要求。火车站的月台、长途汽车站台及地铁站台的四周边缘应设置盲道作为引导。

在医疗建筑中，住院病房和疗养室设附属卫生间时，应方便轮椅进入和使用，并设观察窗口和应急呼叫按钮。门锁应安装门内外均可使用的门插销。在坐便器、浴盆或淋浴两侧应设安全抓杆。理疗部位的通道、等候室、更衣室、浴室及洗手间，应符合乘轮椅者的通行和使用要求，水疗室的大池应设带扶手的方便轮椅上下水池的坡道。

（6）学校、园林建筑进行无障碍设计的范围应符合表12-6的规定。注：大型园林建筑及主要旅游地段必须设无障碍专用厕所。主要出入口、主要景点、景区，无障碍休息区的休息设施、服务设施、公共设施、管理设施应为无障碍设施。在教育建筑中，各类学校的室外通路、校园及教学用房、生活用房的入口、走

交通、医疗建筑无障碍设计规范[207]　　　　　　　　表12-5

建筑类别		设计部位	设施内容
交通建筑	·空港航站楼建筑 ·铁路旅客客运站建筑 ·汽车客运站建筑 ·地铁客运站建筑 ·港口客运站建筑	1. 站前广场、人行通道、庭院、停车车位 2. 建筑入口及门 3. 水平与垂直交通 4. 售票、联检通道，旅客候机、车、船厅及中转区 5. 行李托运、提取、寄存及商业服务区 6. 登机桥、天桥、地道、站台、引桥及旅客到达区	无障碍出入口；轮椅坡道；轮椅停留空间；无障碍通道；无障碍楼梯、电梯；轮椅席位；无障碍厕所；轮椅回转空间；扶手；低位服务台（窗口）；无障碍停车位；无障碍标识；文字显示器；语言广播装置；低位服务台
医疗建筑	·综合医院、专科医院建筑 ·疗养院建筑 ·康复中心建筑 ·急救中心建筑 ·其他医疗、休养建筑	7. 门诊用房、急诊用房、住院病房、疗养用房 8. 放射、检验及功能检查用房、理疗用房等 9. 公共厕所 10. 服务台、挂号、取药、公共电话、饮水器及查询台等	

学校、园林建筑无障碍设计规范[207]　　　　　　　　表 12-6

	建筑类别	设计部位	设施内容
学校建筑	·高等院校 ·专业学校 ·职业高中与中、小学托幼建筑 ·培智学校 ·聋哑学校 ·盲人学校	1.建筑基地（人行通路、停车车位） 2.建筑入口、入口平台及门 3.水平与垂直交通 4.普通教室、合班教室、电教室 5.实验室、图书阅览室	无障碍出入口；轮椅坡道；轮椅停留空间；无障碍通道；无障碍楼梯、电梯；轮椅席位；无障碍厕所；轮椅回转空间；扶手；低位服务台（窗口）；无障碍停车位；无障碍标识
园林建筑	·城市广场 ·城市公园 ·街心公园 ·动物园、植物园 ·海洋馆 ·游乐园与旅游景点	6.自然、史地、美术、书法、音乐教室 7.风雨操场、游泳馆 8.观展区、表演区、儿童活动区 9.室内外公共厕所 10.售票处、服务台、公共电话、饮水器等相应设施	无障碍停车位；低位售票口；提示盲道；无障碍出入口；轮椅坡主要出入口；轮椅坡道；护栏；轮椅席位；无障碍厕所；低位服务设施；无障碍标识信息；盲人植物区语音服务、盲文铭牌、低位观赏窗口

道等地面有高差或设有台阶时，应设符合轮椅通行的坡道，在坡道两侧和超过两级台阶的两侧应设扶手。

12.1.2　居住建筑

居住区、居住建筑的道路；居住绿地；配套公共设施；居住性建筑（包括设有残疾人住房的高层、中高层住宅及公寓建筑，多层、低层住宅及公寓建筑，职工和学生宿舍）进行无障碍设计的范围应符合表 12-7 规定。

注意：居住区公共设施包括居委会、卫生站、健身房、物业管理、会所、社区中心、商业等建筑。高层、中高层住宅及公寓建筑，每50套住房宜设两套符合乘轮椅者居住的无障

居住建筑无障碍设计规范[207]　　　　　　　　表 12-7

建筑类别	设计部位	设施内容
居住小区	1.居住区各级道路人行道 2.绿地出入口、游步道、休息设施、儿童游乐场、休闲广场、健身运动场、公共厕所等 3.公共设施、住宅及公寓、宿舍等	1.同城市道路规划 2.提示盲道、轮椅坡道、轮椅席位、低位服务台、无障碍标识 3.无障碍出入口、无障碍电梯、无障碍停车位、无障碍住房（宿舍）、无障碍厕所
·高层住宅 ·中高层住宅 ·高层公寓 ·中高层公寓	建筑入口、入口平台、公共走道、候梯厅、电梯轿厢、无障碍住房、配套公共设施	
·多层住宅 ·低层住宅 ·多层公寓 ·低层公寓	建筑入口、入口平台、公共走道、楼梯、无障碍住房	
·职工宿舍 ·学生宿舍	建筑入口、入口平台、公共走道、公共厕所、浴室和盥洗室、无障碍住房	

住房套型。设有残疾人住房的多层、低层住宅及公寓建筑需进行无障碍设计。多层、低层住宅及公寓建筑，每100套住房宜设2~4套符合乘轮椅者居住的房间。宿舍应在首层设男、女残疾人住房各一间；无障碍停车位；提示盲道；轮椅坡道；无障碍电梯或升降平台；低位服务；无障碍厕所；无障碍标识。

12.4.3 城市道路、广场、绿地

根据《无障碍设计规范》要求，城市各级道路、城镇主要道路、步行街、旅游景点和城市景观带的周边道路进行无障碍设计的范围应符合表12-8规定。公共活动和交通集散广场进行无障碍设计范围应符合表12-9规定。城市中的各类公园（包括街旁绿地）、附属绿地中开放式绿地和对公众开放的其他绿地进行无障碍设计的范围应符合表12-10规定（参见《建筑设计资料集（第八册）》）。注：主要出入口、主要景点、景区，无障碍休息区的休息设施、服务设施、公共设施、管理设施应为无障碍设施。设施位置不明显时，应设置无障碍识别系统。

12.5 建筑物无障碍设计

无障碍设计需要通过对建筑、建筑各部位设施及其构造、构件的设计，使行动障碍者能够安全、方便地到达、通过和使用建筑内部空间。其设计和实施范围应符合国家和地方现行的有关标准和规定。

城市道路无障碍设计范围[207]　　　　　　　　　　表12-8

设计部位	设施内容
1. 人行道 2. 人行道服务设施 3. 人行横道 4. 人行天桥及地道 5. 公交车站	1. 缘石坡道；盲道；轮椅坡道 2. 触摸音响一体化；屏幕手语、字幕；低位服务；轮椅停留空间 3. 过街音响提示 4. 提示盲道；无障碍电梯、扶手；安全阻挡（防护措施）；盲文铭牌 5. 提示盲道；盲文站牌；语音提示

城市广场无障碍设计范围[207]　　　　　　　　　　表12-9

设计部位	设施内容
1. 公共停车场 2. 广场地面 3. 服务设施	1. 无障碍停车位 2. 提示盲道；轮椅坡道；无障碍电梯或升降平台 3. 低位服务；无障碍厕所；无障碍标识

城市绿地无障碍设计范围[207]　　　　　　　　　　表12-10

设计部位	设施内容
1. 绿地公园，园路 2. 特殊公园绿地（见规范）	1. 无障碍停车位；低位售票口；提示盲道；无障碍出入口；轮椅坡主要出入口；轮椅坡道；护栏；轮椅席位；无障碍厕所；低位服务设施；无障碍标识信息 2. 盲人植物区语音服务、盲文铭牌、低位观赏窗口

12.5.1　出入口

垂直高度超过 6mm，轮椅就需要一定的冲力才能越过，若高差超过 1.3cm，其冲力带来的震动可能会导致轮椅侧翻，因此，出入口、通道的平顺是无障碍设计的基本要求。

无障碍出入口是指在坡度、宽度、高度上以及地面材质、扶手形式等方面方便行动障碍者通行的出入口，包括三种类别：平坡出入口；同时设置台阶和轮椅坡道的出入口；同时设置台阶和升降平台的出入口。无障碍出入口的上方应设置雨棚，地面应平整、防滑，为人们特别是行动缓慢的残疾人和老年人在进出时的过渡提供便利，该作用在雨雪天气里更为明显。供轮椅者使用的出入口，当室内设有电梯时，出入口应靠近候梯厅。公共建筑主要入口及接待区宜设提示盲道，并安装有音响引导装置。坡道设计要符合规范要求。

1）平坡出入口

平坡出入口地面坡度不应大于 1：20，当场地条件比较好时，不宜大于 1：30。它是人们在通行中最为便捷和最安全的入口，不仅方便了行动不便的残疾人、老年人，同时也给其他人带来便利，这种设计手法在国内外已有不少实例，并在逐步推广。

2）有台阶的入口

在公共建筑与高层、中高层居住建筑入口设台阶时，同时应设置轮椅通行坡道。同时设置台阶和升降平台的出入口宜只应用于受场地限制无法改造坡道的工程（图 12-5、图 12-7）。

（1）入口平台深度要求：建筑入口的平台是人们通行的集散地带，特别是公共建筑显得更为突出，入口平台应有平整的水平面，并考虑到轮椅通行和回转（回转直径为 1.5m）、多人交叉通行、停留和单元门开启的空间需求。以往有不少中、小型公共建筑入口中平台的深度做得很小，常常是推开门扇就下台阶，稍不注意就有跌倒的危险，使残疾人、老年人的通行倍加困难，甚至无法通行，因而限定建筑入口平台的最小深度显得十分必要。规范要求在门完全开启的状态下，建筑物无障碍出入口的平台的净深度不应小于 1.5m。大中型公共建筑和中、高层住宅、公寓的入口轮椅通行平台最小宽度不小于 2000mm（图 12-6）。

（2）门扇门厅间距要求：设有两道门的门厅和过厅，当轮椅在其间通行时，为避免在门扇同时开启后碰撞轮椅，因此对开启门扇后的净距规定了最小的限定，可缓解碰撞轮椅的现象。在医院建筑中则要考虑到病床车的通行要求（表 12-11）。

12.5.2　坡道

坡道是用于联系地面不同高度空间的通行设施，由于功能及实用性强的特点，当今在新

图 12-5　台阶出入口所设轮椅通行坡道

门扇同时开启最小间距[100]　　　　　　　　　　　　表 12-11

建筑类别	门扇开启后最小间距（m）
1. 大、中型公共建筑	≥ 2.00
2. 小型公共建筑	≥ 1.50
3. 中、高层建筑、公寓建筑	≥ 2.00
4. 多、低层无障碍住宅建筑	≥ 1.50

建和改建的城市道路、房屋建筑、室外通路中已广泛应用。它不仅受到残疾人、老年人、推童车者的欢迎，同时也受到健全人的欢迎。这是包括残疾人在内面向大众服务的一项无障碍设施，也是城市建设以人为本的具体表现，在建筑学中已成为了建筑无障碍设计的重要元素之一，体现了无障碍建筑最为醒目的首要设置的设施。坡道的位置要设在方便和醒目的地段，并悬挂国际无障碍通用标志。为了防止倾覆，轮椅对坡道的纵坡和斜坡都有相应的要求。

1）坡道形式的设计

依据地面高差的程度和空地面积的大小及周围环境等因素，坡道可设计成直线形、直角形或折返形。为了避免轮椅在坡面上的重心产生倾斜而发生摔倒的危险，坡道不应设计成圆形或弧形。在坡道两端的水平段和坡道转向处的水平段，要设有深度不小于 1.50m 的轮椅停留和轮椅缓冲地段。因为轮椅在进入坡道前进行一段水平冲力后，能节省坡道行进的力度，所以在坡道起点的深度需在 1.50m 以上。当轮椅行驶完坡道要调转角度继续行进时，也需要深度在 1.50m 以上的平台，以供使用者缓口气歇歇。

2）坡道宽度

坡道的宽度除解决轮椅通过的要求外，还应满足其他人的通行要求。因此坡度宽度的设计，依据坡道的长短和通行量而定。当坡道比

较短和人流较少时，室内的坡道宽度不应小于 1.00m，以保障一辆轮椅通行；室外的坡道宽度不应小于 1.20m，以保障一辆轮椅和一个侧身人体通行的宽度。当坡道比较长，又有一定的流量，室内坡道的宽度不应小于 1.20m；室外坡道的宽度应达到 1.50m，以保障一辆轮椅和一个正面相对通过。这个宽度也能勉强通过两辆轮椅面对而行（图 12-6）。

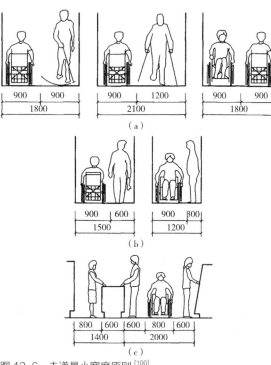

图 12-6　走道最小宽度原则[100]
（a）大型公建走道最小宽度；（b）中小型公建及居住建筑等公共走道最小宽度
（c）大中型商场、超市等公共走道宽度

轮椅坡道的最大高度和水平长度[100]				表12-12	
坡度	1/20	1/16	1/12	1/10	1/8
最大高度（m）	1.20	0.90	0.75	0.60	0.35
水平长度（m）	24.00	14.40	9.00	6.00	2.80

3）坡道最大高度和水平长度

坡道的坡度大小，是关系到轮椅能否在坡道上安全行驶的先决条件。合适的坡度，既能使一部分乘轮椅的残疾人在自身能力的条件下可以通过坡道，也可使病弱及老年的乘轮椅者在有人协助的情况下通过坡道。

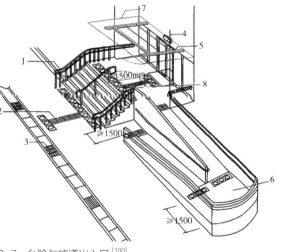

2-7　台阶与坡道出入口[100]
盲文指示；2—提示盲道；3—排水沟；4—音响提示铃；5—自动门；6—休台；7—雨篷覆盖出入口平台；8—出入口平台保证轮椅回转空间

2-8　1：12坡道[100]

以国际统一规定的坡度不应大于1/12为例，在选用1/12的坡道，当高度达到0.75m时，此时坡道的水平长度最大容许值是9m，长度超过9m时，应设休息平台（图12-8）。当坡度小于1/12时，允许增加坡道最大高度，当然这就需要增加水平长度。反之，在有困难的地段，例如在旧建筑物进行无障碍改造时，由于现状条件的限制，对坡道的坡度设计达不到1：12时，允许做到1：10~1：8，这样总比有障碍物的情况要好，但需要限定坡道的最大高度。在有条件的地方，将坡道做成1/16或1/20则更为理想、安全和舒适（表12-12）。

4）临空侧应设置安全阻挡措施

为了防止拐杖头和轮椅前面的小轮滑出栏杆间的空档，所以在栏杆下须设置高50mm的安全挡台。

5）扶手

为了拄拐杖者和乘轮椅者在坡道上安全行进，需要借助扶手向前移动。这既有安全感又能保持重心稳定，因此在坡道及休息平台的两侧设置扶手显得十分必要。规范要求，坡道的高度超过300mm且坡度大于1：20时，应在两侧设置扶手，坡道与休息平台的扶手应保持连贯。

6）坡面

轮椅坡道的坡面应平整、防滑、无反光。为了轮椅的通行顺畅和减少阻力，坡面上不要加设防滑条或将坡面做成礓礤形式。

12.5.3　通道

1）通道宽度

通道是轮椅在建筑物内部行动的主要空间，因此通道宽度，应按照人流的通行量和轮椅行驶的宽度而定。一般情况下，普通人正常行走的通行宽度为 0.6m。在行动障碍者中，轮椅使用者所需的通行宽度为 0.90m，单手杖使用者所需的通行宽度为 0.9m，双手杖使用者所需的通行宽度为 1.2m。如果将走道的宽度定为 1.20m，只能满足一辆轮椅和一个人的侧身相互通过。走道的宽度定为 1.50m 时，可满足一辆轮椅和一个人正面相互通过，也能满足两辆对行的轮椅勉强通过。走道的宽度定为 1.80m，即可满足两辆轮椅顺利对行外，还能满足一辆轮椅和拄双拐者在对行时最低宽度的要求。因此，大型公共建筑走道的净宽度不应小于 1.80m，中型公共建筑走道的净宽不应小于 1.50m；室外通道不宜小于 1.5m；小型公共建筑走道的净宽度不应小于 1.20m；检票口、结算口轮椅通道不应小于 0.9m。当走道宽度小于 1.50m 时，在走道的末端要设有 1.50m×1.50m 的轮椅回旋面积，以便轮椅调头继续行驶（图 12-16）。

2）地面材料

不平整和松动的地面给乘轮椅者的通行带来困难；积水地面对拄拐者的通行带来危险；光滑的地面对任何步行者的通行都会带来不便。因此，无障碍通道应连续，其地面应平整、防滑、反光小或无反光，并不宜设置厚地毯。若使用地毯，其表面应与其他材料保持同一高度。不宜使用表面绒毛较长的地毯；采用适宜

的地面材料可更容易识别方位，有利于视觉障碍者行走；在面积较大的区域内设计走道时，地面、墙壁及屋顶的材料宜有所变化。雨水铁箅子的孔洞若大于 15mm×15mm，拐杖头容易卡在铁箅子孔洞里或掉进去并将人摔倒。

3）高差

无障碍通道上有高差时，应设置轮椅坡道。走道一侧或尽端与地坪有高差时，应采用栏杆、栏板等安全设施；走道尽量不设台阶，若有台阶时应设坡道，如无条件设坡道可设升降平台口。

4）突出物

当门扇向走道内开启时，为了不影响通行和碰撞的危险应设凹室，将门设在凹室内，凹室的深度不应小于 0.90m；长度不应小于 1.30m，开启后的门扇和乘轮椅者的位置均不影响走道的通行。伸向走道的突出物小于 100mm，对视残者的碰撞影响比较小。突出物的高度小于 0.60m 时，视残者的盲杖容易察觉，可避免碰撞。

5）墙面

轮椅在走廊上行驶的速度有时比健全人步行的速度要快，为了防止碰撞的危险，需要开阔走道转弯处的视野，可将走道转弯处的阳角做成圆弧形墙面或切角形墙面。为了避免轮椅的搁脚踏板在行进中损坏墙面，在走道两侧墙面的下方设高 0.35m 的护墙挡板，护墙挡板可用木材、塑料、水泥等材料制作。

6）色彩、照明

在容易发生危险的地方，应巧妙地配置色彩，通过强烈的对比提醒人们注意。例如，将色带贴在与视线高度相近（1400~1600mm）

的走廊墙壁上。在门口或门框处加上有对比的色彩，使用连续的照明设施。

7）标识

标识应考虑便于视觉和行动障碍者阅读。文字、号码采用较大字体，做成凹凸等形式的立体字形。

12.5.4 门窗

建筑物的门通常是设在室内外及各室之间衔接的主要部位，也是促使通行和房间完整独立使用功能不可缺少的要素。由于出入口的位置和使用性质的不同，门扇的形式、规格、大小各异。对肢体残疾者和视觉残疾者的影响也不同，因此，门的部位和开启方式的设计，需要考虑残疾人的使用方便与安全。如果设计得好，它既能供残疾人和所有其他人自由出入又能防火。为了残疾人的用方便与安全，应该从以下几方面考虑：

1）门的类型及选用

（1）适用于残疾人的门在顺序上是：自动门、推拉门、折叠门、平开门、轻度弹簧门。不应采用力度大的弹簧门和小型旋转门、玻璃门；当采用玻璃门时，应有醒目的提示标识；宜与周围墙面有一定的色彩反差，方便识别。

（2）在公共建筑的入口常常设旋转门，对拄拐杖者及视残者在使用上会带来困难，有的根本无法使用，因此要求在旋转门的一侧应另设置平开门，以利便行。

（3）乘轮椅者在行进时自身的净宽度一般为 0.75m，因此要求各种门扇开启后的最小的净宽度如下：自动门为 1.00m；平开门、推拉门、折叠门不宜小于 0.80m，有条件时，不宜小于 0.9m。

（4）为了使乘轮椅者靠近门扇将门开启，在门把手一侧的墙面要留有宽 0.40m 的空间，使轮椅能够靠近门把手将门扇打开。

2）门五金

门五金通常包括一个把手，一个闭门或一把锁，亦或三样都有。门把手设计的第一要素是其可见性，选择的颜色要与门及其背景色区分开，把手和拉手应该被安装在一个既适合正常人有适合坐轮椅者的高度上。对于门把手的材料，应选择使老年人和有关节炎的人可以抓紧并感到温暖。我国规范中对门把手的选择有较高的要求。当轮椅通过门框要将门关上时，则需要使用关门拉手，关门拉手应设在门扇高 0.90m 处并靠近门的内侧，不然轮椅还得倒回车去用门把手一点一点将门关上。要选用横把下压式门把手，给使用者带来方便。如果选用圆球形门把手，对手部有残疾者会带来使用上的困难。在门扇中部要设有观察玻璃，可提前知晓门扇另一面的动态情况，以免发生碰撞。在门扇的下方设置高 0.35m 的护门板，防止轮椅搁脚板将门扇碰坏（图 12-9）。

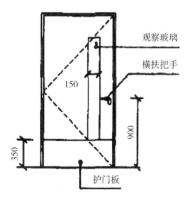

图 12-9 单扇平开门立面[100]

3）门槛

门槛具有隔声、阻气、防火等功能乘轮椅者在地面高差大于 15mm 的情况下通过时比较困难，所以要求门槛的高度不要大于 15mm，并以斜面过渡便于轮椅通行。

4）开门力度

有的肢体残疾者手的形态力度受到影响，在设置手动推拉门和平开门时应考虑在一只手操纵下就能轻易将门开启。

5）窗

外窗窗台距地面的净高不应大于 0.8m，同时应设防护设施。窗的形式应易于开闭，窗扇开启把手设置高度不应大于 1.20m。有轮椅使用者常用空间，窗台可设置在 0.6m 高，1.10m 高处设置栏杆（图 12-10）。

12.5.5　楼梯与台阶

楼梯是我们在一幢建筑物中上下楼的最基本方式，也是危险产生时疏散的通道。楼梯的通行和使用不仅要考虑健全人的使用需要，同时更应考虑残疾人、老年人的使用要求。因为楼梯是改变垂直距离的唯一方法。因为使用楼梯的残疾人所占比例较大，所以下文将对此问题详细讨论（图 12-11）。

1）楼梯形式

宜采用直线型楼梯。宜每层设 2 跑或 3 跑的直线形梯段。避免采用每层单跑式楼梯和弧形及螺旋形楼梯，这种类型的楼梯会使残疾人、老年人、妇女及幼儿产生恐惧感，更容易劳累和发生摔倒事故。

2）楼梯位置

公共建筑主要楼梯的位置要易于发现，楼梯间的光线要明亮，梯段的净宽度和休息平台的深度不应小于 1.50m，以保障挂拐杖残疾人和健全人对行通过。

3）踏面

踏步不应采用无踢面或直角形突缘的踏步。踏面应选用防滑材料并在前缘设置防滑条，不得选用没有踢面的镂空踏步，容易造成将拐杖向前滑出而摔倒致伤。踏面的前缘如有突出部分，应设计成圆弧形，不应设计成直角形、以防将拐杖头绊落掉和对鞋面的刮碰。

为防止踏空，踏步的踏面和踢面的色彩要有明显的区分和对比，以引起使用者的警觉和协助弱视者的辨识能力。公共建筑楼梯的踏步宽度不应小于 280mm，踏步高度不应大于 160mm。距踏步起点前和终点 250~300mm 宜设置宽 300~600mm 宽的提示盲道，告知视觉残疾者楼梯所在位置和踏步的起点及终点处。公共建筑、居住建筑的楼梯和台阶的踏步宽度和高度，应考虑残疾人和老年人的使用因素，所以在规格上略小于《民用建筑设计统一标准》GB 50352—2019 的有关规定。

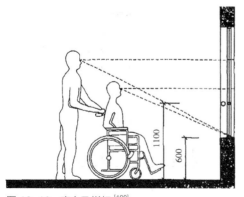

图 12-10　窗台及栏杆 [100]

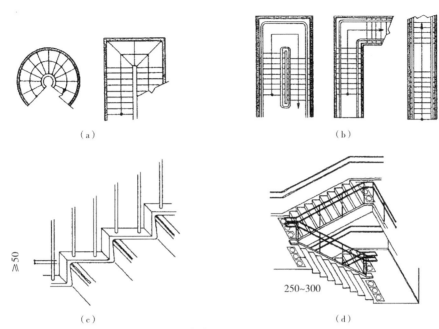

图 12-11 几种较安全的楼梯形式及细部要求[100]
（a）无休息平台及弧形楼梯；（b）有休息平台直行楼梯；（c）踏步安全挡台；（d）楼梯盲道位置

4）扶手

楼梯两侧需设高 850~900mm 扶手，扶手要保持连贯，在起点和终点处要水平延伸 300mm 以上，在上下楼梯的动作完毕时可协助身体保持平衡状态。在扶手面层贴上盲文说明牌，告知视觉障碍者所在层数及位置。扶手形式要易于抓握，要安装坚固，能承受一人以上的重量。如采用栏杆式楼梯，在栏杆下方宜设置安全阻挡措施，防止拐杖向侧面滑出造成摔伤。

5）台阶

公共建筑的室内外台阶踏步宽度不宜小于 300mm，踏步高度不宜大于 150mm，并不应小于 100mm。踏步应防滑。供扶拐者和视觉障碍者使用的台阶在 3 级以下可不做扶手；3~6 级台阶两侧设扶手可不做挡台；6 级以上台阶两侧应设扶手和挡台。台阶上行及下行的第一阶宜在颜色或材质上与相邻地面或台阶有所区分，以便识别。

6）适老设计

公共楼梯间照明灯具的布置应均匀、充足，并注意消除踏步或人体自身投影对视觉的干扰；有条件时，还宜设置脚灯等低位照明，以利于老人对踏步轮廓的辨识。

12.5.6 电梯与升降平台

电梯是人们使用最为频率和理想的垂直通行设施，尤其是残疾人、老年人在公共建筑和居住建筑上下活动时，通过电梯可以方便地到达想去的每一楼层，在高层建筑内只需要进行水平方向上的走动。

1）候梯厅

候梯厅的设计需求见表 12-13。

2）轿厢

供残疾人使用的电梯，在规格和设施配备上均有所要求，如电梯门的宽度，关门的速度，梯厢的面积，在梯厢内安装扶手、镜子、低位及盲文选层按钮、音响报层等，并在电梯厅的显著位置安装国际无障碍通用标志。设置电梯的居住建筑，每居住单元至少应设置 1 部能够直达分户门层的无障碍电梯。设置电梯的公共建筑，至少应设置 1 部无障碍电梯。轿厢的规格应根据建筑性质和使用要求的不同而选用和使用要求的不同而选用。轿厢规格要求如表 12-14，无障碍电梯

的轿厢设计要求还有很多，如表 12-15。

3）升降平台

在建筑入口、大厅等位置的台阶进行无障碍改造时，常常因现场面积小而无法修建坡道，可采用占地面小的升降平台以取代坡道。升降平台系自动安全装置，自身面积只需容纳一辆轮椅即可。垂直升降平台的深度不应小于 1.20m，宽度不应小于 900mm，应设扶手、挡板及呼叫控制按钮；垂直升降平台的基坑应采用防止误入的安全防护措施；斜向升降平台宽度不应小于 900mm，深度不应小于 1.00m，应设扶手和挡板；垂直升降平台的传送装置应有可靠的安全防护装置（图 12-12）。

无障碍电梯的候梯厅设计要求 [100]　　　　　表 12-13

设施	要求	备注
候梯厅深度	不宜小于 1.50m，公共建筑及设置病床梯的候梯厅深度不宜小于 1.80m	乘轮椅者在到达电梯厅后，要转换位置和等候
呼叫按钮	高度为 0.90~1.10m	
电梯门洞	净宽度不宜小于 900mm	
电梯出入口	宜设提示盲道	告知视觉残疾者电梯的准确位置和等候地点
装置	应设电梯运行显示装置和抵达音响	
显示	显示电梯运行层数标示的规格不应小于 50mm×50mm	以便弱视者了解电梯运行情况

轿厢规格要求 [100]　　　　　表 12-14

类型	规格	备注
小型规格	最小规格为深度不应小于 1.4m，宽度不应小于 1.10m	轮椅进入电梯厢后不能回转，只能是正面进入倒退而出，或倒退进入正面而出
中型规格	深度不应小于 1.60m，宽度不应小于 1.4m	轮椅正面进入后可直接回转 180° 正面驶出电梯
医疗建筑老人建筑	宜选用病床专用电梯	电梯门应有自动感应装置，并宜适当减缓关门速度。电梯轿厢内宜设置扶手、安全镜、低位操作板和防撞板等
高层住宅建筑	应有一座能使急救担架进入的电梯	在紧急情况下，将起到应有的作用，反之则会严重贻误病情

无障碍轿厢设计要求^[100]　　　　　　　表 12-15

内容	要求	备注
轿厢门	开启的净宽度不应小于 800mm	以便轮椅进入电梯厢
按钮	侧壁应设高 0.9~1.10m 带盲文的选层按钮，盲文宜设置于按钮旁	如设置 2 套选层按钮，一套设在电梯门一侧外，另一套应设在轿厢靠内部的位置，以便在不同的位置都可以使用选层按钮。选层按钮要有凸出的阿拉伯数字或盲文数字
扶手	轿厢的三面壁上应设高 850~900mm 的扶手	扶手要易于抓握，安装要坚固
装置	应设电梯运行显示装置和报层音响	方便视觉残疾者的使用
镜子	正面高 900mm 处至顶部应安装镜子或采用有镜面效果的材料	可以使乘轮椅者从镜子中看到电梯运行情况，为退出电梯做好准备
标志	应设无障碍标志	

图 12-12　升降平台无障碍设计

12.5.7　扶手

　　在坡道、台阶、楼梯、走道的两端应设扶手。扶手是有需要者在通行中的重要辅助设施是用来保持身体的平衡和协助使用者的行进，避免发生摔倒的危险。扶手安装的位置和高度及选用的形式是否合适，将直接影响到使用效果。扶手不仅能协助乘轮椅者、拄拐杖者及盲人在通行上的便利，同时也给老年人、孕妇的行走带来安全和方便（图 12-13）。

1）扶手高度

　　无障碍单层扶手的高度应为 850~900mm。为了乘轮椅者及儿童的使用方便，在公众集中的场所、游乐场、幼儿园托儿所等处，应安装无障碍双层扶手，上、下层扶手高度应分别为 850~900mm 和 650~700mm。

2）扶手起点和终点

　　为了避免残疾人在使用扶手完毕时产生突然感觉或使手臂滑下扶手而感到不安，所以将扶手终点加以处理，使其感觉明显有利身体配

图 12-13　各种不同类型的扶手

合，以便通行安全和平稳。因而，靠墙面的扶手的起点及终点处应水平延伸不小于 30mm 的长度。扶手末端应向内拐到墙面或向下延伸不小于 100mm，栏杆式扶手应向下成弧形或延伸到地面上固定。

3）扶手内侧与墙面

扶手的内侧与墙面的距离不应小于 40mm，以便于手和手臂在抓握和支撑扶手时，有适当的空间配合，使用会带来方便。

4）扶手抓握位置

扶手材质宜选用防滑、热惰性指标好的材料。为了保持扶手在使用上的连贯性和易于抓握及控制力度，给使用者带来安全和方便，圆形扶手的直径为 35~50mm，矩形扶手的截面尺寸应为 35~50mm。扶手要安装坚固，在任何的一个支点都要能承受 100kg 以上。将扶手的托件做成 L 形，残疾人在使用扶手时能保持连贯性。扶手和托件的总高度达到 70~80mm 后，促成了连贯的作用。

5）标识

水平扶手两端应安装盲文标志，可向视残者提供所在位置及层数的信息。在扶手的起点与终点设置盲文说明牌，能告知视残者所在的位置和层数等，这在交通建筑、医疗建筑及政府接待部门等公共建筑尤为必要，如图 12-14 所示。

图 12-14　扶手端部的盲文标识

12.5.8　公共厕所与无障碍厕所

供残疾人使用的公共厕所及浴室要易于寻找和接近，并有无障碍标志作为引导。入口坡道设计应便于轮椅出入，坡度不应大于 1/12，坡道宽度为 1.20m，入口平台和门的净宽应不小于 1.50m 和 0.90m。室内要有直径不小于 1.5m 的轮椅回转空间。地面防滑且不积水。为了方便各种残疾人使用方便，在男厕所内应设残疾人使用的低位小便器，小便器，小便器下口的高度不应超过 0.50m，在小便器的两侧和上方设安全抓件。洗手盆的前方要留有 1.10m×0.80m 轮椅的使用面积，在洗手盆的三面设安全抓杆。

厕所是与人们生活非常密切的场所，也是残疾人和老年人感到最不方便的地方。据统计每年在厕所发生的事故远远超过其他地方发生的事故。目前公共厕所对肢体障碍者来说还存在着许多问题、如入口的台阶使轮椅无法进入；室内空间太小，轮椅无法回旋和接近所需要的使用的设施。缺少使身体保持平衡和转移的抓杆，造成轮椅转换的不便；没有坐式便器等。因此许多肢体障碍者出门办事又无法进入和使用公共厕所时，只能长时间不饮水，这影响到外出活动范围，也加重损伤了肢体障碍者的身心健康。

1）公共厕所的无障碍设计

公共厕所的无障碍设计时要注意，在男女厕所内，选择通行方便和位置适当的部位，设置至少可以让一座轮椅进入使用的无障碍设施（图 12-16）。无障碍厕位可设计成大型和小型两种规格。不同类型建筑的公共厕所无障碍设计要求不同（表 12-16~ 表 12-18）。

2）无障碍厕所

单独设置的无障碍厕所是指男女肢体障碍者均可独立使用的厕所，应在公共建筑通行方便的地段设置，也可靠近男女公共厕所设置，用醒目的无障碍标志给予区分。地面采用防滑材料并不得积水。专用厕所可以在家属陪同下进入照料，这是一种深受残疾人、老年人欢迎的厕所（图 12-16）。无障碍厕所和公共厕所的无障碍厕位在门、坐便器、小便器、安全抓杆、洗手盆的设置上有共同的要求（表 12-19~ 表 12-24）。[207]

无障碍厕所设计也有它区别于公共厕所的无障碍厕位的特别要求（表 12-25）。

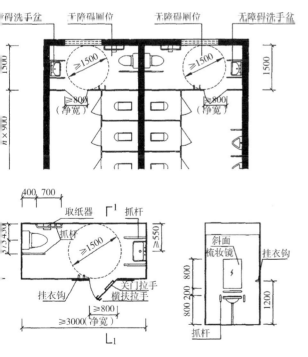

2-15　公共厕所标准无障碍厕位平面图及放大图

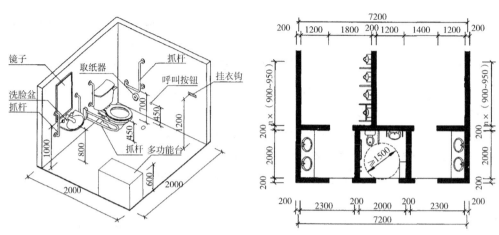

图 12-16　无障碍厕所轴测图和平面图示意

男女厕所的无障碍设施[207]　　　　　　　　　　　表 12-16

类型	设计要求
男厕所	1 个无障碍厕位、1 个无障碍小便器和 1 个无障碍洗手盆
女厕所	女厕所的无障碍设施包括至少 1 个无障碍厕位和 1 个无障碍洗手盆

无障碍厕位两种规格[207]　　　　　　　　　　　表 12-17

规格	设计要求
大型厕位	进入后可以调整角度和回转，轮椅可在坐便器侧面靠近平移就位，在厕位门向外开时，厕位面积不宜小于 2.00m × 1.50m
小型厕位	不宜小于 1.80m × 1.00m，在轮椅进入不能旋转角度，只能从正面对着坐便器进行身体转移，最后倒退出厕位

不同类型建筑的公共厕所无障碍设计[207]　　　　　　　表 12-18

类型	公共厕所无障碍设计要求
医疗康复建筑	首层应至少设置 1 处无障碍厕所，各楼层至少有 1 处公共厕所满足无障碍设施的要求
教育建筑	公共厕所至少有 1 处满足无障碍设计要求，接受残障生源的教育建筑，主要教学用房每层至少有 1 处公共厕所满足无障碍设施要求
福利及特殊服务建筑	公共厕所应满足无障碍设施要求
体育建筑	观众看台区、主席台、贵宾区、运动员休息区至少各有 1 个厕所满足无障碍设施的要求
文化建筑、商业服务建筑、汽车客运站等	供公共使用每层公共厕所至少 1 个厕所满足无障碍设施的要求

公共厕所的无障碍厕位和无障碍厕所的共同要求：坐便器　　　　表 12-19

内容	设计要求
高度	坐便器的高度为 0.45m，保持与轮椅坐面高一致
安全抓杆	坐便器两侧距地面 700mm 处应设长度不小于 700mm 的水平安全抓杆，另一侧应设高 1.40m 的垂直安全抓杆，供肢体障碍者从轮椅上平移到坐便器上和拄拐杖者在起立时使用
抓杆规格	安装在坐便器一侧的水平抓杆和垂直抓杆可组合为 T 形，可做成固定式，也可做成悬臂式可旋转的抓杆，可作水平旋转 90° 和垂直旋转 90° 两种，这种可旋转抓杆在使用前将抓杆转到墙面上，不占任何空间，待轮椅靠近坐便器后再将抓杆转过来，协助肢体障碍者从轮椅上转换到坐便器

公共厕所的无障碍厕位和无障碍厕所的共同要求：门　　　　表 12-20

内容	设计要求
净宽	门的通行净宽不应小于 800mm
开启	当采用平开门，门扇宜向外开启，如向内开启，需在开启后厕位内留有直径不小于 1.50m 的轮椅回转空间
拉手	平开门外侧应设高 900mm 的横扶把手，在关闭的门扇里侧设高 900mm 的关门拉手，并采用门外可紧急开启的插销；水平关门拉手是待轮椅进入厕位后便于将门关上

公共厕所的无障碍厕位和无障碍厕所的共同要求：小便器　　　　表 12-21

内容		设计要求
数量		在男厕所，至少有一座小便器
尺寸		悬挂式小便斗外口的高度不应大于 0.50m。小便器下口距地面高度不应大 400mm
安全抓杆	抓杆间距	两侧和上部设置安全抓杆，两侧抓杆间距为 0.60~0.65m
	垂直安全抓杆	小便器两侧应在离墙面 250mm 处，设高度为 1.20m 的垂直安全抓杆
	水平安全抓杆	并在离墙面 550mm 处，设高度为 900mm 水平安全抓杆，与垂直安全抓杆连接；水平抓杆主要是供残疾人将上身的胸部靠近，使重心更为稳定

公共厕所的无障碍厕位和无障碍厕所的共同要求：安全抓杆　　　　表 12-22

内容		设计要求
尺寸		直径应为 30~40mm，内侧距墙不应小于 40mm
承重		安全抓杆要安装坚固，应能承受 100kg 以上的重量
占地		安全抓杆要少占地面空间，使轮椅靠近各种设施，以达到方便的使用效果
材料		安全抓杆采用不锈钢管材料来制作比较理想
形式		一般有水平式、直立式、旋转式及吊环式等
	直立式抓杆	安装在墙壁上的直立式抓杆，高度为 1.40m，主要是供拄拐杖者和老年人在起立时所用，可与水平抓杆结合成 L 形
	吊环式拉杆	设在坐便器上方，高度为 1.40m，安全抓杆设计时可根据房屋面积大小及服务设施条件等因素考虑

公共厕所的无障碍厕位和无障碍厕所的共同要求：洗手盆　　　　表 12-23

内容	设计要求
规格	水嘴中心距侧墙应大于 550mm，其底部应留出宽 750mm、高 650mm、深 450mm 供乘轮椅者膝部和足尖部的移动空间
装置	在洗手盆上方安装镜子
出水方式	出水龙头宜采用杠杆式水龙头或感应式自动出水方式
面积	为了方便各种残疾人使用方便洗手盆的前方要留有 1.10m×0.80m 轮椅的使用面积
安全抓杆	在洗手盆的三面设安全抓杆。高出盆 50mm，两侧抓杆的水平长度可比洗手盆长出 0.15~0.25m。抓杆可做成落地式和悬挑式两种，但要方便乘轮椅者靠近洗手盆的下部空间

公共厕所的无障碍厕位和无障碍厕所的共同要求：其他　　　　表 12-24

内容	设计要求
取纸器	应设在坐便器的侧前方，高度为 400~500mm
地面	在洗手盆上方安装镜子
标志	要易于寻找和接近，应有无障碍标志作为引导

无障碍厕所设计的特别要求　　　　表 12-25

内容	要求
面积	无障碍厕所的面积一般要大于无障碍厕位，面积不宜小于 4.00m²
进入方式	在厕所门向外开时轮椅可旋转 360°，轮椅可正面驶入厕所。入口的坡道设计应便于轮椅出入，坡度不应大于 1/12，坡道宽度为 1.20m，入口平台的净宽应不小于 1.50m
设施	无障碍厕所内部除了应设坐便器、洗手盆，还要设置多功能台、挂衣钩和呼叫按钮
多功能台	长度不宜小于 700mm，宽度不宜小于 400mm，高度宜为 600mm
挂衣钩	距地高度不应大于 1.20m
呼叫按钮	在坐便器旁的墙面上应设高 400~500mm 的救助呼叫按钮

12.5.9　公共浴室

　　浴室是人们经常要光顾的地方，也是残疾人和老年人要到达的地方。因此浴室入口、通道、浴间及设施等应方便他们使用，特别是要方便乘轮椅者的进入和使用。公共浴室的主要设施分为淋浴和盆浴两种，但都需要分别设置方便残疾人和老年人使用的浴间。浴间内设轮椅回旋空间和衣柜、更衣台、座椅（淋浴）、洗浴台（盆浴）、安全抓杆等设施及呼叫按钮见图 12-17。公共浴室、淋浴间、盆浴间无障碍设计内容与要求如表 12-26~ 表 12-28[207]。

12.5.10　无障碍客房

　　客房、饭店和招待所设置残疾人使用的客房，是为肢体障碍者参与社会生活和扩大社会活动范围提供了有利条件，也是提高客房使用率的一项措施（图 12-18）。据调研资料，香港规

图 12-17 无障碍卫生间的相关设施

公共浴室无障碍设计 表 12-26

设施类别	设计要求
无障碍设施	男女浴室各设 1 个无障碍淋浴间或盆浴间，以及 1 个无障碍洗手盆
设施高度和深度	更衣台、淋浴座椅、洗浴台的高度与标准轮椅坐高一致，深度不应小于 0.45m
浴室入口和室内空间	便于乘轮椅者进入使用，浴室内部应能保证轮椅进行回转，回转直径不小于 1.50m
浴间入口	宜采用活动门帘，当采用平开门时，门扇应向外开启，设高 900mm 的横扶把手，在关闭的门扇里侧设高 900mm 的关门拉手，并应采用门外可紧急开启的插销
无障碍厕位	男、女浴室应各设置 1 个无障碍厕位
沐浴器	应设可调节喷头高度的支架
安全抓杆	应直接固定于建筑物的承重件或承重墙上，位置适当，便于抓握
地面	应防滑、不积水

淋浴间无障碍设计内容与要求 表 12-27

设计部位	设计要求
面积	3.5m² 以上的空间，除固定设施外的空间，方便轮椅回转以靠近更衣台或淋浴坐椅
门	平开门向外开启，一是可节省淋浴面积，二是在紧急情况时便于将门打开进行救援
宽度	无障碍淋浴间的短边宽度不应小于 1.50m
浴间坐台	浴间坐台高度宜为 450mm，深度不宜小于 450mm；更衣台和洗浴坐椅的高度和轮椅的坐高保持一致将有利于身体平移
安全抓杆	安全抓杆是进行身体平移不可缺少的设施，在更衣坐台及淋浴坐椅两侧的墙面上，设距地面高 700mm 的水平抓杆和 1.40~1.60m 的垂直抓杆可协助乘轮椅残疾人进行平移
毛巾架	毛巾架的高度不应大于 1.20m
淋浴喷头	1.淋浴间内的淋浴喷头的控制开关的高度距地面不应大于 1.20m 2.喷头出水器温度不得超过 49℃，人体高度范围内的热水管道不得露明 3.喷头不宜位于座位正上方
遮帘	淋浴隔间宜安装遮帘，高度 ≥ 1800mm
淋浴器	淋浴器开关应设在便于操作的位置，位于侧墙时，应靠外侧

定拥有 100~200 间客房的旅馆，需提供不少于两套设施完备的肢体障碍者使用的客房，每增加 100 间客房时，还需再提供一套肢体障碍者使用的客房。美国奥兰多的马里奥特饭店有客房 1500 套，其中有 16 套可供乘轮椅者使用的设施完备的客房。我国北京、上海、广州、深圳等部分旅馆、饭店也设有供肢体障碍者使用的客房。肢体障碍者在行动能力和生理反应方面与健全人有一定差距，供残疾人使用的客房应设在客房层的低层部位，以及靠近服务台和公共活动区及安全出口地段，以利残疾人到达客房和参与各种活动及安全疏散（表 12-29）。

盆浴间无障碍设计内容与要求　　　　　　　　　　　　　　　　表 12-28

内容	设计要求
面积	至少达到 4.00m^2；无障碍盆浴间在安置浴盆、更衣台、洗浴坐台及洗脸盆后，轮椅可转动角度，进出时均可正面行驶
浴间坐台	在浴盆一端设置方便进入和使用的坐台或可移动浴盆座椅，其深度不应小于 400mm，高度同样与轮椅保持一致
抓杆	浴盆内侧应设高 600mm 和 900mm 的两层水平抓杆，水平抓杆长度不小于 800mm，洗浴坐台一侧的墙上设高 900mm、水平长度不小于 600mm 的安全抓杆。为方便各种残疾人使用，在里侧的墙面上设高低二层安全抓杆为好
毛巾架	毛巾架的高度不应大于 1.20m
淋浴喷头	淋浴间内的淋浴喷头的控制开关的高度距地面不应大于 1.20m
洗手盆	宜设高 700~800mm 台式洗手盆

无障碍客房设计内容与要求 [207]　　　　　　　　　　　　　　　表 12-29

内容		设计要求
位置		设在便于到达、进出和疏散的位置
室内通道		保证轮椅进行回转，回转直径不小于 1.50m，以便乘轮椅者从房间内开门，在通道存取衣服，和从通道进入卫生间
门		应符合 11.5.4 无障碍门的有关规定
卫生间	回转空间	回转直径不小于 1.50m
	门	宜向外开启，开启后的净宽应达 0.8m
	器具	设置安全抓杆，其地面、门、内部设施应符合 11.5.8 无障碍厕所及无障碍浴室的有关规定
床	床间距离	床间距离不应小于 1.20m
	使用高度	床使用高度为 450mm
	回转空间	在客房床位的一侧，要留有直径不小于 1.50m 的轮椅回转空间，以方便乘轮椅者休息和料理各种相关事务
开关位置		家具和电器控制开关的位置和高度应方便乘轮椅者靠近和使用
紧急按钮		客房和卫生间应设高 400~500mm 的救助呼叫按钮；应设为听力障碍者服务的闪光提示门铃

12.5.11 无障碍住房

无障碍住房套型宜分为 4 类，这是与普通住宅套型分类相应一致，按不同家庭人口构成情况进行分类设计，可达到城镇残疾人最小规模的基本居住生活要求，即以下限低标准作为统一要求（表 12-30）。各类套型的使用面积略大于《住宅建筑规范》GB 50368—2005 中各类住宅的下限面积指标，原因是乘轮椅者的移动面积要大于普通人的移动面积，但各套型的使用面积仍以轮椅最小的移动面积和适当调节的使用面积进行制定。肢体障碍者各类卧室最小的住房面积，略大于普通人的各类卧室最小的住房面积，是根据居住人口、家具尺寸及轮椅活动空间而确定的。对卧室短边净宽度而制定的。起居室（厅）主要是供人们休息与

无障碍住房设计内容与要求 [207]   表 12-30

		设计要求	
位置		应设在公共走道通道便捷和光线明亮的地段	
面积	单人卧室	不小于 7.00m²	
	双人卧室	不小于 10.50m²	
	兼起居室的卧室	不小于 16.00m²	
	起居室	不小于 14.00m²	
门	回转	在户门外要有不小于 1.50m×1.50m 的轮椅活动面积	
	墙面	在开启户门把手一侧墙面的宽度要达到 0.45m，以便乘轮椅者靠近把手打开户门	
	净宽	户门开启后，供通行的净宽度不应小于 0.80m，在门扇的下方和外侧要安装护门板和关门拉手	
通道	区域	通往卧室、起居室（厅）、厨房、卫生间、储藏室及阳台的通道应为无障碍通道	
	扶手	并按照 11.5.7 扶手的要去在一侧或两侧设置扶手	
地面		不宜有高差，当因结构做法差异或铺装材料不同等原因而产生不可避免的高差时，应通过找坡、倒坡脚等方式实现平滑过渡	
卫生间		设坐便器、洗浴器（浴盆或淋浴）、洗脸盆三件卫生洁具的卫生间面积	不小于 4.00m²
		设坐便器、洗浴器二件卫生洁具的卫生间面积	不小于 3.00m²
		设坐便器、洗脸盆二件卫生洁具的卫生间面积	不小于 2.50m²
		单设坐便器的卫生间面积	不小于 2.00m²
		卫生间的位置靠近卧室，以减少肢体障碍者行走不便的困难	
厨房	面积	不小于 6.00m²	
	操作台	乘轮椅者使用厨房操作台下方净宽和高度都不应小于 650mm，深度不应小于 250mm	
家具电器		家具和电器控制的位置和高度应方便乘轮椅者靠近和使用	
紧急呼救	求助呼叫	卧室和卫生间内应设求助呼叫按钮	
	闪光提示	供听力障碍者使用的住宅和公寓应安装闪光提示门铃	
老年人住房		卧室、卫生间等重点功能空间应考虑他人护理协助，及轮椅通行、回转的空间需求	

视听活动及家庭团聚、接待客人、用餐等用途，还要考虑轮椅通行和停留面积及布置家具的位置，因此起居室（厅）的面积应在16m以上。肢体障碍者居住套房的入口位置，应设在公共走道通行便捷和光线明亮的地段，在户门外要有不小于1.50m×1.50m的轮椅活动面积。在开启户门把手一侧墙面的宽度要达到0.45m，以便乘轮椅者靠近门把手能将户门打开。户门开启后，供通行净宽度不应小于0.80m，在门扇下方和外侧要安装护门板和关门拉手。为方便残疾人在夜间使用卫生间，最好将卫生间位置靠近卧室，以减少残疾人行走不便的困难。肢体障碍者的厨房、卫生间，以及电器等设施都要考虑其困难进行相应的设计。图12-19是无障碍住房的集中形式和房间设施。

12.5.12 轮椅席位

在会堂、法庭、图书馆、影剧院、音乐厅、体育场馆等观众厅及阅览室，应设置残疾人方便到达和使用的轮椅席位，这是落实残疾人平等参与社会生活及共同分享社会经济、文化发展成果的重要组成部分（图12-20）。影剧院的规划一般为800~1200个观众席座，如按每400个座席设一个轮椅席位，可安排2~3个轮椅席位，最好将两个或两个以上的轮椅席位并列布置，以便残疾人能够结伴和便于服务人员集中照料。当轮椅席空闲时，服务人员可安排活动座椅供其他观众或工作人员就坐，这样比较灵活易行。轮椅席的深度为1.10m，与标准轮椅的长度基本一致，一个轮椅席位的宽度为0.80m，是乘轮椅者的手臂推动轮椅时所需要的最小宽度。2个轮椅席位的宽度约为3个观众固定座椅的宽度。影剧院、会堂等观众厅的地面有一定的坡道，但轮椅席的地面应要求平坦，否则轮椅全向前倾斜而产生不安全感。为了防止乘轮椅者和其他观众座椅碰撞，在轮椅席的周围宜设置高0.40~0.80m的栏杆或栏板。在轮椅席旁和地面，安装和涂绘无障碍通用标志，指引乘轮椅者方便就位。

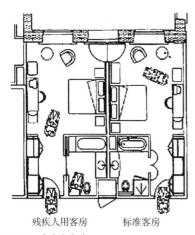

残疾人用客房　　标准客房

图12-18　残疾人客房

单人一室一厅轮椅住宅　　双人一室一厅轮椅住宅

单人一室一厅轮椅住宅　　1~2人一室一厅轮椅住宅

图12-19　无障碍住房的形式和房间设施

12.5.13　停车车位

汽车停车场是城市交通和建筑布局的重要组成部分（表 12-31）。设置在地面上或是地面下的停车场地，应将通行方便、距离路线最短的停车车位安排残疾人使用，如有可能将残疾人的停车车位安排在建筑物的出入口旁（表 12-32）。残疾人停车车位的数量应根据车场地大小而定，但不应少于总停车数的 2%，至少应有 1 个停车车位。停车场地面应保持平整，当有坡度时，最大的坡度不宜超过 1/50，

以便于残疾人通行。残疾人的汽车到达车位后，还需换乘轮椅代步或拄拐杖行走，即残疾人在汽车与轮椅之间需进行转换，因此，在停车车位的一侧与相邻的车位之间，应留有宽 1.20m 以上的轮椅通道。两个残疾人的车位可共用一个轮椅通道。为了安全，轮椅通道不应与车行道交叉，要通过宽 1.50m 的安全步道直接到达建筑入口处。当车位的轮椅通道与安全步道地面有高差时应设坡道，以方便乘轮椅者通行。为了便于识别停车路线和停车位置，在车位地面的中心部位要涂有黄色的无障碍标志牌标

停车场无障碍设计内容与要求[207]　　　　　　　　　　　　　　　　　表 12-31

内容	设计要求
位置	停车位应尽量靠近无障碍通道设置，并应加设顶棚等防护措施，且应保证一定的宽度以供轮椅使用者使用
标识	无障碍通用的轮椅使用者通道的标识应使用黄色或白色的标识牌，高度不低于 1400mm
数量	无障碍停车车位的数量可按照停车场规模和地点进行设置，但至少应保证 1 个无障碍停车位，不应少于总停车数的 2%
坡度	停车场地面有坡度时，最大坡度不宜超过 1/50
通道	停车车位一侧的轮椅通道与人行通道地面有高差时，应设宽 1000mm 的轮椅坡道

停车车位无障碍设计内容与要求[207]　　　　　　　　　　　　　　　　　表 12-32

内容	设计要求	
位置	应将通行方便、行走距离路线最短的停车位设为无障碍机动车停车位； 室内停车场的无障碍车位应靠近电梯或安全通道	
标识	停车位和乘降区的地面应以黄色清楚地标示。停车位应以无障碍标牌标示，标牌上应说明进行定期检查，以方便行动障碍者使用	
地面	地面应平整、防滑、不积水，地面坡度不应大于 1∶50； 地面应涂有停车位、轮椅通道线和无障碍标志	
尺寸	标准停车位	2500mm×5000mm
	轮椅使用者的停车位	（2500+1200）mm×6000mm
	拐杖使用者和视觉障碍者的停车位	2900mm×5000mm
通道	平行式停车的车道应有进入车辆后部的通道； 停车车位的一侧与相邻车位之间，应有宽 1200mm 以上的轮椅通道； 两个无障碍车位可共用一个轮椅通道，轮椅通道不应与车行道交叉，要通过宽 1200mm 以上的安全步道直接到达建筑入口，当轮椅通道与安全步道地面有高差时应设坡道	

志，在车位的入口处安装国际通用的无障碍标志牌。供老年人停放非机动车的场地宜靠近楼栋单元出入口，不应设在地下。

12.5.14 低位服务设施

低位服务设施是指为方便行动障碍者使用而设置的高度适当的服务设施。低位服务设施的使用者主要为：身材矮小的成人、儿童以及乘坐轮椅的人（表 12-33）。

12.6 城市道路无障碍设计

对于盲人和其他行动不便者来说，道路的无障碍设计是非常重要的。城市道路无障碍设计的范围包括：城市各级道路，城镇主要道路，步行街，旅游景点、城市景观带的周边道路。无障碍设施应沿行人通行路径布置。人行系统中的无障碍设计主要包括人行道、人行横道、

人行天桥及地道、公交车站。

12.6.1 人行道

人行道无障碍设计内容包括缘石坡道、盲道、轮椅坡道等。

1）缘石坡道

街坊路口，尤以单位门口两边的缘石坡道最容易忽视，保证全线无障碍设计是关键（图 12-21、表 12-34）。街坊路口和单位门口是没有人行横道线的路口，缘石坡道是顺人行道路面方向布置，因此可以采用全宽式单面坡缘石坡道，而这款坡道也是规范建议优先选用的形式。为了方便行人和乘轮椅者通过路口，每个角隅的路边都要设置缘石坡道，国内外实验表明，在各种路口修建单面坡缘石坡道受到了全社会的普遍欢迎。若采用单面坡缘石坡道，则每个角隅的双方向人行横道的起点都是平缘石，因此是一种通行最为方便的缘石坡道。丁字路口的缘石坡道同

低位服务设施无障碍设计内容与要求 [207]　　　　表 12-33

设计部位	设计要求
范围	自动查询台、服务窗口、电话台、安检验证台、行李托运台、借阅台、各种业务台、饮水机、自动售货柜等
回转空间	低位服务设施应方便乘轮椅者到达和轮椅回转空间，回转直径不小于 1.50m
尺寸	低位服务设施台面距地面高度宜为 700~850mm，其下部宜至少留出宽 750mm、高 650mm、深 450mm 的空间，可方便乘轮椅者靠近设施使用
挂式电话	离地不应高于 900mm

缘石坡道无障碍设计内容与要求 [207]　　　　表 12-34

内容	设计要求
位置	缘石坡道应设在人行道的范围内，并应与人行横道相对应布置在人行道口和人行横道两端，以方便行人及乘轮椅者、婴幼儿等通行
坡面	应平整、防滑
坡口高差	缘石坡道的坡口与车行道之间宜没有高差；当有高差时，高出车行道的地面不应大于 10mm

续表

内容		设计要求	
坡度	全宽式单面坡缘石坡道	不应大于 1：20	
	三面坡缘石坡道	不应大于 1：12	
	其他形式的缘石坡道	不应大于 1：12	
宽度	全宽式单面坡缘石坡道	应与人行道宽度相同	
	三面坡缘石坡道	不应小于 1.20m	
	其他形式的缘石坡道	不应小于 1.50m	
陪护席位	在轮椅席位旁或在部的附近的观众席内宜设置 1：1 的陪护席位		
坡道	室外轮椅坡道最小宽度，根据轮椅尺度及乘坐者自行操作所需空间，坡道最小宽度为 1.5m		
单面坡缘石坡道	类型	可采用方形、长方形或扇形	
	宽度	方形、长方形单面缘石坡道应与人行道的宽度相对应	
		扇形单面缘石坡道下口宽度不应小于 1.50m	
		道路转角处的单面缘石坡道上口宽度不宜小于 2.0m	

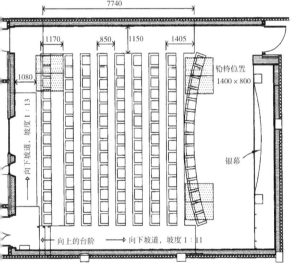

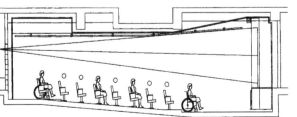

2-20　轮椅席位示意

样适合布置单面坡缘石坡道（图 12-20）。三面坡缘石坡道是早期的一种坡道，在构件式的生产制作和路面整体制作的情况下，仍可作为有选择性的一种缘石坡道。在较宽的人行道处，要尽量保持人行道的连续，只在人行道缘石做出坡道，供轮椅上下；在较窄的人行道，往往只能做平行式坡道。应尽量避免平行式坡道有两处上下坡。

2）盲道

视觉障碍者在行进与活动时，最需要的是对环境的感知和方向上的判定，通常是依靠触觉、听觉、嗅觉等来帮助其行动，视觉障碍者在人行通路上行走时，只能时左时右敲打地面，困难地慢慢行走，通过自身养成的习惯，来估计行走的距离和方向。因此，居住区人行通路需设置盲道，协助视觉障碍者通过盲杖和脚底的触觉，方便安全地直线向前行走。城市中主要的公共建筑，如政府机关、交通建筑、文化建筑、商业及服务建筑、医疗建筑、老年人建筑、音乐厅、公园及旅游景点等，应在入口、服务台、门厅、楼梯、电梯、电话、洗手间、站台等部位设置盲道。盲道采用触觉铺面，通过与行人的接触传递信息。为指引示例障碍者向前行走和告知前方路线空间环境将出现变化或已到达位置，将盲道按其使用功能可分为行进盲道（导向砖）和提示盲道（位置砖）两种。盲道和行进盲道设计设计要求如无障碍设计规范，提示盲道设计要求如表12-35（图12-22~图12-24）。

12.6.2 人行横道

人行横道范围内的无障碍设计规定如下：

（1）人行横道宽度应满足轮椅通行需求；

（2）人行横道安全岛的形式应方便乘轮椅者使用；

（3）城市中心区及视觉障碍者集中区域的人行横道，应配置过街音响提示装置。

12.6.3 人行天桥、人行地道

城市的中心区、商业区、居住区及主要公共建筑，是人们经常涉足的生活地段，因此在该地段设有的人行天桥和人行地道应设坡道和提示盲道，以方便全社会各种人士的通行。要求满足轮椅通行需求的人行天桥及地道处宜设置坡道，当设置坡道有困难时，应设置无障碍电梯。当人行天桥及地道无法满足轮椅通行需求时，宜考虑地面安全通行。人行天桥桥下的三角区对视觉障碍者来说，是一个危险区，容易发生碰撞，因此其净空高度小于2.00m时，

盲道设计内容与要求[207]　　　　　　　　　　　　　　　表12-35

内容	设计要求
定位	是保护视觉障碍者行走的安全，形成不受伤害的空间
	在行人较少的地方，为降低行人对他们的干扰，或行人能较少侵占盲道的位置
	商场、商业街上的商店门口进出人多，适宜远离
	有规律的环境和设施，如人行道外侧立缘石、绿化带或围墙等设施，可使视觉障碍者在盲杖的触感下行进，是盲道最佳位置
宽度	盲道的宽度随人行道的宽度而定； 在大城市中人行道的宽度，是根据地段的不同性质，规定最小的宽度分别为3.00~6.00m，而盲道的宽度则可定为0.40~0.80m。中小城市人行道最小的宽度分别为2.00~5.00m，其中盲道的宽度建议为0.40~0.60m
分类	按其使用功能可分为行进盲道和提示盲道
纹路	应凸出路面4mm高，行进盲道呈条状形，走在上面会使盲杖和脚底产生感觉，主要指引视觉残疾者安全地向前直线行走
铺设	应连续，避免开树木（穴）、电线杆、拉线等障碍物，其他设施不得占用盲道； 表面应防滑
颜色	宜与相邻的人行道铺面的颜色形成对比，并与周围景观相协调，宜采用中黄色
提示标识	公共建筑的玻璃门、玻璃墙、楼梯口、通道等处，设置警示性标识或者提示性设施
引导设施	在盲人活动地段的住区主要道路及其交叉口、尽端以及建筑入口等部位设置盲人引导设施
地面提示块材	有行进块材与停步块材两种；前者提示安全行进，后者提示停步辨别方向、建筑入口、障碍或警告易出事故地段等
盲人引导板	有盲文说明牌和触摸引导图置于专用台面或悬挂墙面上，供盲人触摸

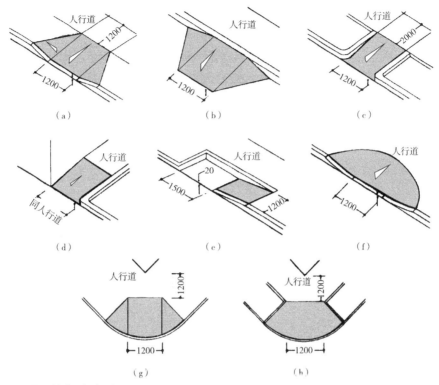

图 12-21 缘石坡道一般类型

(a) 三面坡缘石坡道;(b) 组合式缘石坡道;(c) 单面坡缘石坡道;(d) 全宽式缘石坡道;(e) 平行式缘石坡道;
(f) 扇面式缘石坡道;(g) 转角缘石坡道;(h) 转角缘石坡道

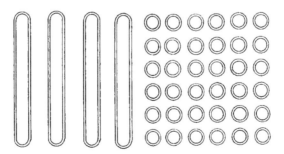

图 12-22 行进盲道和提示盲道

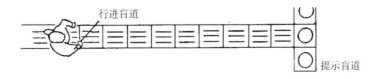

图 12-23 盲道起点与终点提示盲道

应安装防护设施，并应在防护设施外设置提示盲道（图 12-25）。

1）盲道

为了告知视残者人行天桥和人行地道的位置和高度，在行走时感到安全和方便，因此需要在上口、下口铺设提示盲道和扶手。

2）坡道

在人行天桥和人行地道设置的坡道，首先要符合乘轮椅者的通行要求，设置的台阶和扶手，则需适合拄拐杖的残疾人和老年人的通行使用。

人行天桥及地道处坡道的设计要求（表 12-36）。

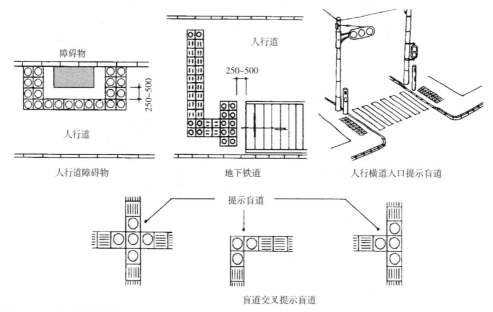

图 12-24 各种盲道的铺设

人行天桥及地道处坡道的设计要求[207]　　　　　　　　　　表 12-36

内容	设计要求
净宽度	不应小于 2.00m
坡度	不应大于 1∶12； 弧线性坡道的坡度，应以弧线内缘的坡度进行计算； 当坡道实施有困难时，可采用 1∶10~1∶8 的坡道。实践证明 1∶8 坡度的人行天桥，老年人、正常人仍认为比梯道好。因此设计中要转变传统梯道式的设计观念，应将坡道式作为首选方式
中间平台	坡道的高度每升高 1.50m 时，应设中间平台，一般设 2~3 个，推轮椅坡道可设一个； 中间平台深度应不小于 2.00m，能满足轮椅要求，也能适应自行车的需要
坡面	应平整、光滑
人行地道的坡道出入口	坡道出入口水平地面往往高出人行道地面，有的地方采用台阶，这样会使乘轮椅者无法进入人行地道，坡道也失去了应有的作用，所以应采用斜坡方式，给乘轮椅者的进出带来便利

3）扶手

拄拐杖者在平地上走都存在困难，要通过梯道行走则是难上加难，因此要求踏步的高度越低越好，踏面越宽越好，还要求有扶手协助才能感到方便和放心。

有的人行天桥和人行地道没有扶手，使身体不好的老年人和残疾人见而生畏，有的人行地道扶手下面有而上面没有，也发生了老年人和残疾人跌伤事故，其原因并非技术、经济上的困难，而是未将扶手作为使用功能来重视。在无障碍设计中，扶手同样是重要设施之一。

12.6.4　公交车站

视觉障碍者出行，如上班、上学、购物、探亲访友、办事等主要靠公共交通，为解决他们出门找到车站和提供交通换乘十分重要，因此为了视残者方便及时准确到达公交候车站的位置，需要在候车站范围内铺设提示盲道和安装盲文站牌。

1）站台设计

站台有效通行宽度不应小于 1.50m。

在车道之间的分隔带设公交车站时应方便乘轮椅者使用。

2）盲道和盲文

在公交候车站铺设提示盲道主要使视残者能方便知晓候车站的位置，因此要求提示盲道有一定的长度和宽度，使视残者容易发现候车站的准确位置。在人行道上未设置盲道时，从候车站的提示盲道到人行道的外侧引一条直行盲道，使视残者更容易抵达候车站位置（图12-26）。为了盲文站牌的实施，也同其他无障碍设施一样，费用列到新建或改建工程的工

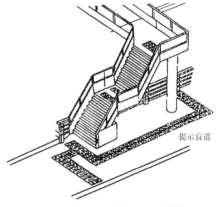

图 12-25　人行天桥防护提示盲道[100]

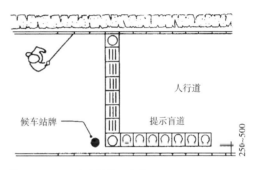

图 12-26　公交车站提示盲道

程费中，由公交公司实施，盲文问题由市残联协助。

12.6.5　桥梁、隧道、立体交叉

人行桥梁和隧道是道路的连续部分，也是保证全线无障碍设计不可缺少的一部分。重点是桥梁和隧道中的人行道，应同道路的人行道顺接，并在桥隧中铺设盲道。

立体交叉形式各异，立体交叉中的人行系统也复杂，尤其对视觉障碍者行走在迂回的立交中最容易迷失方向，只有盲道才能帮助他们。原则上人行立交中都应铺设盲道。立体交叉的无障碍设计关键是无障碍总体设计。

12.7　城市广场、公园绿地无障碍设计

12.7.1　城市广场

城市广场进行无障碍设计的范围应包括公共活动广场与交通集散广场，设计部位有停车场、盲道、坡道、公共厕所、观众席、无障碍标识等，均应满足相关规范规定。城市广场的公共停车场要求见表 12-37，城市广场无障碍设计要求见表 12-38。

12.7.2　公园绿地

城市绿地实施无障碍设计范围，包括城市各类公园，如：综合公园、社区公园、专类公园、带状公园、街旁绿地；附属绿地的开放式绿地；对公众开放的其他绿地。公园绿地的各类配套设施的无障碍设计主要要求如表 12-39~表 12-41 所示。其他细节见《无障碍设计规范》GB 50763—2012。

城市广场的公共停车场设计要求[207]　　　　表 12-37

数量		设计要求
城市广场停车场的总停车数量	50 辆以下	应设置不少于 1 个无障碍机动车停车位
	100 辆以下	应设置不少于 2 个无障碍机动车停车场
	100 辆以上	应设置不少于总停车数 2% 的无障碍机动车停车位

城市广场的无障碍设计要求[207]　　　　表 12-38

内容	设计要求
地面	城市广场的地面应平整、防滑、不积水
盲道	设有台阶或坡道时，距每段台阶与坡道的起点和终点 250~500mm，其长度应与台阶、坡道相对应，宽度应为 250~500mm
	人行道中有行进盲道时，应与提示盲道相连接
有高差时坡道与无障碍电梯设计要求	设置台阶的同时应设置轮椅坡道
	当设置轮椅坡道有困难时，可设置无障碍电梯
低位服务设施	城市广场内的服务设施应同时设置低位服务设施
公共厕所	男、女公共厕所均应满足本规范有关规定
无障碍标志	城市广场的无障碍设施的位置应设置无障碍标志，无障碍标志应符合有关规定，带指示方向的无障碍设施标志牌应与无障碍设施标志牌形成引导系统，满足通行的连续性

公园绿地内无障碍出入口的设计要求　　　　表 12-39

内容	设计要求
宽度	出入口检票口的无障碍通行宽度在 1.20m 以上
车挡间距	出入口有车挡时，车挡间距不应小于 900m
主要出入口	主要出入口应设置为无障碍出入口，设有自动检票设备的出入口，应设置专供乘轮椅者使用的检票口
	主要出入口地面纵坡度宜控制在 5% 以下，两边宜用黄色涂料警示，并采用防滑材料
检票入口	至少有一个通道宽度能够使轮椅使用者方便通过，一个检票入口宜有连续的为视觉障碍者引路的盲道

公园绿地内售票处的无障碍设计要求 表 12-40

内容	设计要求
规格	主要出入口的售票处应设低位窗口，柜台高度宜为 700~850mm，宜在窗口下部留出乘轮椅者腿部伸入空间
坡道	低位窗口前地面有高差时，应设轮椅坡道及不小于 1.50m×1.50m 的平台
盲道	售票窗口前应设提示盲道，距售票处外墙应为 250~500m

公园绿地内无障碍游览路线设计要求 表 12-41

内容	设计要求
主园路	无障碍游览主园路应结合公园绿地的主路设置，应能到达部分主要景区和景点，并宜形成环路，纵坡宜小于 5%
	山地公园绿地的无障碍游览公园主园路纵坡应小于 8%
	无障碍游览主园路不宜设置台阶/梯道，必须设置时应同时设置轮椅坡道
支园路	应能连接主要景点，并和无障碍主园路相连，形成环路
	小路可到达景点局部，不能形成环路时，应便于折返，无障碍游览支园路和小路的纵坡应小于 8%
	坡度超过 8% 时，路面应作防滑处理，并不宜轮椅通行
休息	园路坡度大于 8% 时，宜每隔 10.00~20.00m 在路旁设置休息平台
护栏	紧邻湖岸的无障碍游览园路应设置护栏，高度不低于 900mm
揭示	在地形险要地段应设置安全防护设施和安全警示线
排水沟	排水沟的滤水箅子孔宽度不应大于 15mm
路面	应平整、防滑、不松动，园路上的窨井盖板应与路面平齐

第13章

建筑防灾文化与安全哲学

13.1　建筑防灾文化

13.1.1　城市和建筑防灾文化的创造

中国有着五千年的灿烂的文明史。在这五千年中，中华大地也经历了无数次天灾人祸的洗劫。《竹书纪年》载：黄帝"一百年，地裂。"这是我国有记载的最早的一次自然灾害，时间约为公元前 2598 年。继而，洪水、地震、风暴、干旱、火灾、台风、暴潮等自然灾害不断发生，社会运筹、战火刀兵等人为灾祸周而复始，古代的文明受到破坏、损伤。面对天灾人祸的严酷的现实，中华民族接受了这与生死存亡攸关的挑战，与自然灾害及人为祸患作了不屈不挠的抗争，创造和发展了中国古代的防灾文化，而城市和建筑的防灾文化是城市文化、建筑文化与防灾文化交叉的结晶。

13.1.2　城市和建筑防灾文化的涵义

要了解建筑防灾文化，首先得了解什么是文化，什么是城市和建筑文化。

什么是文化？在中国古代，"文化"有"以文教化"的意思。

《易经·贲卦》云："观乎天文，以察时变；观乎人文，以化成天下。"

现在的"文化"一词与古义有别，有众多的定义。当代美国人类学家赫斯科维认为，"文化是环境的人为部分"。

对文化的较详细的解释是："文化是指人类社会实践过程中所创造的物质财富和精神财富的总和，包括人们的生活方式，各种传袭的行为，如居室、服饰、食物、生活习俗和开发利用资源的技术装备等，也包括人们的信仰、观念和价值等意识形态，以及与之相适应的制度和组织形式，如法制、政府、教育、宗教、艺术等。社会文化具有历史的延续性，同时在地球上占有一定的空间，有着地域差异的特点，为人类社会环境的组成部分。"

由上可知，文化是人类创造的物质财富和精神财富的总和。包括物质文化和精神文化两方面的内容。

人类创造的建筑，其本身既包含着物质文化的成果，有着可供居住或使用等物质功能，又包含着科学技术、价值观念、美学思想等种种精神文化的成果，还打下政治、伦理观念的烙印，因而具有物质文化和精神文化的两重性，是精神的物化或物化的精神。

建筑防灾文化是建筑文化与防灾文化的交叉和结晶，它也具有物质文化和精神文化的两重属性。

例如，中国的古城出现在距今四五千年之

时，它具有军事防御和防洪等功用，有物质文化的属性。城墙的物质功能相同，但却因所属城市的性质而分为不同的等级。"鲧筑城以卫君，造郭以居人"（《吴越春秋》），在同一城市有内城、外郭之别。按照《周礼·考工记》的规定，当时的王城为方九里，侯伯之城方七里，子男之城方五里，城墙的高度也随城的等级不同而有别。古城成为权力统治的象征和标志，打上了政治、伦理观念的烙印，又具有精神文化的属性。

13.1.3 防灾与中国古代城市和建筑文化的关系

1）木构为主的建筑体系与抗震

为何中国古代建筑木构长期居于主要地位？近年学术界发表了各种见解，发人深思。归结起来有以下几种说法：

自然条件说："中原等黄土地区，多木材而少佳石，"条件使然。

木构优点说：木构便于备料、施工、扩建，适应性强，等等。

农业国情说：中国以农立国，营造在冬令农闲之时，木构省时易建，适合国情。

木构抗震说：中原自古多震灾，木构以柔克刚，具有极好的抗震性能。

哲学信仰说：中国自古多自然灾害，社会动乱周而复始，中国人重现实人生，并实践阴阳五行的哲学思想，"斫木以为阳宅，垒土以为阴宅"。砖石结构在中国没占主导地位，"非不能也，乃不为也"。

以上五说都有其道理，是促使中国古建木构居主导地位的自然的和社会的物质和精神

的各种原因。但我们认为，地震灾害的威胁和木构极好的抗震作用是最重要的原因。

截至1976年止，中国共发生大于等于4.75震级的地震3100多次，其中，震级大于等于6级的地震有660次。河北、河南、山西、陕西、甘肃五省，共发生震级大于等于6级以上的强震94次。纪元前，我国有记载的地震约50多次，其中，汉代有30多次，由汉惠帝二年（公元前193年）至汉成帝绥和二年（公元前7年）止共187年间，共有地震32次，平均不到六年有一次地震之灾。汉宣帝本始四年（公元前70年）"四月壬寅，地震河南以东四十九郡，北海、琅邪坏祖宗庙城郭，或山崩，杀六千余人。"汉成帝绥和二年（公元前7年）"九月丙辰，地震，自京师至北边郡国三十余坏城郭，凡杀四百一十五人。"可见，西汉时地震灾害是相当频繁而严重的。经过地震的考验和筛选，不利于抗震的结构被淘汰，木结构利于抗震被保留。有斗栱的木构在抗震上更有优势，本来已用于宫廷建筑中，现在，则进一步得到重视和发展，终于在唐宋发展到顶峰，并形成定制。

中国的建筑文化东传日本，木构和斗栱被完全接受并有所发展，原因是日本的地震灾害更频繁、更严重，故木构和斗栱能在异国他乡生根、开花和结果，成为日本建筑文化的一个有机的组成部分。

2）平面式合院布局与防震、防火、防风

以合院为基本单元进行组合，建筑群沿纵横轴线水平展开，是中国建筑规划布局的基本方法。建筑群中虽有数层楼阁，但不会太高，整个建筑群具有明显的"平面式"的特色，与

西方建筑的"立体式"的构图形成强烈对比。这种平面式合院布局是中国古代建筑文化的重要特点。

为什么中国古人会选择这一种建筑布局的形式呢？为什么高台建筑的形式被古人抛弃呢？为什么东汉以后，与居住有关的楼房建筑走向衰落呢？

合院式布局适合中国古代社会的宗法和礼教制度，这是中国古建筑以合院为基本单元进行组合布局的原因之一。那么古人为何不用高台建筑和发展多层用于居住的楼房呢？

对高台建筑之衰亡，一种解释是，东汉时"地震频繁，给建筑造成很大的灾害，迫使秦代首创的高台云阁，就此绝迹。"东汉后用于居住的楼房走向衰落，也有"地震影响说"。

高台建筑在西汉以后的衰亡，笔者认为火灾及西汉末东汉初的动乱和经济崩毁为主要原因。据载，王莽地皇元年（公元 20 年）"坏彻城西苑中建章、承光、包阳、大台、储元宫及平乐、当路、阳禄馆，凡十余所，取其瓦材，以起九庙。"人为地破坏了许多宫室台阁。至东汉末年，董卓之乱，这些建筑更遭惨重破坏。据《后汉书·董卓列传》记载："初，长安遭赤眉之乱，宫室营寺焚灭无余……于是尽徙洛阳人数百万口于长安，步骑驱蹙，更相蹈藉，饥饿寇掠，积尸盈路。卓……悉烧宫庙官府居家，二百里内无复孑遗。""天子东归后，长安城空四十余日，强者四散，羸者相食，二三年间，关中无复人迹。"洛阳也已惨遭战乱兵火之灾，"宫室烧尽，百官披荆棘"曹操以洛阳残荒，遂移帝幸许。秦汉的高台建筑，如柏梁台、鸿台、丛台等，先后毁于火灾。地震对这些建筑可能会造成损害，但按理史书对这些有名建筑毁于地震应有记载，却查无实据。可见，除天火之灾外，高台建筑主要毁于战乱兵火，应属无疑。

事实上，高台建筑在东汉末仍有兴建，只是建得少罢了。曹操于 210 年在邺建铜雀、金虎、冰井三台即为例子。但这三台被北周建德六年（577 年）周武帝下诏拆毁。

西晋永嘉之乱后，中国进入十六国和南北朝共 270 年分裂战乱的时期。自然灾害和战乱的痛苦，促进了佛教的广泛流行。高台建筑衰落后，东汉楼阁式建筑兴起。东汉的地震对楼房造成破坏是必然的，可作为居住式楼房建筑衰落的原因之一，但不属主要原因。主要原因一是东汉末的战乱以及永嘉之乱至隋统一前的数百年的动乱，民生凋敝，百姓涂炭，一般百姓无余力建筑楼房居住。二是佛教流行后，建楼阁的技术已为造佛塔服务。三是宫廷、士大夫及各地仍兴建楼阁以供游乐观赏风景之用。四是寺庙中也多有楼阁式建筑。应该说，汉以后楼阁式建筑经受了地震的考验和筛选，进一步发展了抗震能力，但其建造主要用于寺庙、宫廷和游乐赏景，较少用于居住罢了。

平面式合院布局利于防震、防火，又利于防风，这是中国古人采用它的另一个原因。

3）墙的文化与城市和建筑防灾

中国的建筑文化，有一个很明显的特点，到处都有墙。院有围墙，城有城墙，国有大墙——长城。城墙有内城、外郭之分，京城内有皇城、宫城。宫城内有前朝后寝（即外朝、内廷），外朝和内廷又各由若干宫、殿组成，每个宫殿各有自己的围墙。就这样，大墙套小墙，一层又一层，外国人称之为"墙的文化"，认为是中国建筑文化的特色之一。

这种"墙的文化"已有五千年的历史。

《墨子·辞过》云："古之民未知为宫室时，就陵阜而居，穴而处。下润湿伤民，故圣王作为宫室。为宫室之法，曰高足以辟润湿，边足以围风寒，上足以待雪霜雨露，宫墙之高足以别男女之礼。"

由此可知，住宅的墙为礼制所需。

对于礼，孔夫子有详细的论述："民之所以生者礼为大。非礼则无以节事天地之神，非礼则无以辨君臣、上下、长幼之位焉，非礼则无以别男女、父子、兄弟、婚姻亲族疏数之交焉。"

中国古代建筑以合乎礼制为其准则，建筑按其主人地位为等级。城墙和围墙也有等级之别。因此，"墙的文化"是以礼制为其社会背景的。

"墙的文化"也是建筑防灾文化的重要组成部分。墙具防灾功用，可以防卫、防火、防风、防沙，城墙可以防洪。"墙的文化"是中国建筑文化的重要特色。

4）屋顶的等级与建筑防灾

中国古代建筑屋顶的形式主要有四种：庑殿、歇山、悬山和硬山。在等级上，庑殿顶是最高等级，歇山次之，悬山又次之，硬山再次之。

庑殿又称为四阿或五脊殿，外形庄严稳重，常用于宫殿、坛庙一类皇家建筑的中轴线的主要建筑上，如故宫午门、太和殿、乾清宫、明长陵棱恩殿都用庑殿顶。

歇山又称为九脊殿或厦两头造，其外形是庑殿和悬山的有机结合，雄浑端庄，又华美俏丽，似比庑殿更有动人的艺术魅力。由于它没庑殿这么高贵，从皇家宫殿、寺庙、园林，到商埠铺面，都可见到歇山建筑，歇山在通风上较庑殿好，是南方建筑文化的产物。悬山又称挑山，与硬山同为最普通的屋顶形式，大量用于寺庙、园林、住宅中。与硬山相比，悬山在遮阳避雨上较好，形象也较动人。悬山等级高于硬山，一般人认为合理。

对于庑殿居最尊贵的地位，人们常为歇山愤愤不平：歇山比庑殿好看，又有通风上的优点，为何不把歇山置于最高等级？如果综合比较四种屋顶防火、防震、防风的性能，我们就会发现：

庑殿：防震的性能为第一，防火、防风性能也较好。

歇山：防火不及庑殿、硬山；防震性能次于庑殿，居第二，防风也不及庑殿、硬山。

悬山：防火不及庑殿、硬山；防震性能较硬山好，居第三；防风不及庑殿、硬山。

硬山：防火性能好；防震最差；防风性能好。

如果把四种屋顶的防灾性能结合其艺术形象综合考虑，庑殿居于最尊贵的地位，歇山、悬山、硬山依次次之，这种等级排列应是公平合理的。

5）建筑装饰艺术与建筑防灾

建筑的装饰艺术与建筑防灾也有不解之缘。

宫殿建筑上的大吻，原是为镇压火患而设，起源于汉代。

据《汉纪》："柏梁殿灾后，越巫言海中有鱼虬，尾似鸱，激浪即降雨。遂作其象于屋，以厌火祥。"

《汉纪》为东汉荀悦撰，成书于建安五年（200年）。汉武帝笃信鬼神，听信越巫之言，作鸱尾以镇压火灾是可能的。当然，以这种厌胜之术是不能奏效的，达不到防火的目的的。

虬是无角的龙。龙生于水，为鳞虫之长，故生于泽国的古代民族以龙为图腾。水中最大的鱼类鲸，以及龟蛇，则为其演生图腾。由"尾似鸱，激流即降雨"，对照鲸鱼呼气喷出水柱，可知这"鱼虬"实为鲸鱼。

据《山海经·海外北经》："北方禺强，人面鸟身，珥两青蛇，践两青蛇。"郭璞注："字玄冥，水神也。庄周曰：'禺强立于北极。'一曰禺京。"依郭璞，禺强即禺京。禺京是生活在北海地区的民族首领，以鲸鱼为图腾，鲸即《庄子·逍遥游》中所说的大鱼"鲲"。故禺京被称为水神。据考证，禺京即夏禹之父鲧，其后代一支夏族到河南嵩山一带，另一支番禺族南迁至越，广东番禺即为番禺族活动留下的地名。

由上可知，鱼虬乃南越番禺族的图腾，也是水神的化身鲸鱼，越巫向汉武帝上言以鲸的形象厌火，是顺理成章之事。

柏梁台灾为汉武帝太初元年（前104年）之事。事经两千年，鸱尾经历代演变，演变为龙吻，它是中国古建筑脊饰的有机构件之一，它为中国古代建筑艺术增添了异彩。面对龙吻，人们首先想到的是古人防范火灾的苦心，不同凡响的奇思异想、由鸱尾变为龙吻的悠久历史及其丰富的民族学、民俗学的内涵，欣赏其生动的艺术形象，而不是讥笑古人的无知和迷信。

随着佛教喇嘛教的传播，原流行印度的摩羯鱼装饰来到中国。摩羯是印度神话中一种长鼻利齿、鱼身鱼尾的动物，被认为是河水之精，其形象，可能出于鲸鱼、象、鳄鱼三种动物形象的结合。在西藏布达拉宫金顶垂脊、承德须弥福寿庙妙高庄严殿金顶垂脊上可以见到其脊饰，而妙高庄严殿之博脊有摩羯鱼吻饰，它是摩羯与龙吻相结合的产物，是中印建筑文化交融的结果。

南方一带的建筑，其脊饰有许多为鱼形、鱼龙形，其原先也用以厌火，但在长期的发展中，形成千姿百态的鱼形饰或鱼龙饰。这种鱼形饰还东传日本。

与鸱尾类似的还有在藻井图以荷花水草，据《风俗通义》："殿堂象东井形，刻作荷菱，菱，水物也，所以厌火。"

在桥梁建筑中，则往往做犀牛石雕，或铸铁犀牛，"以镇江水，以压水怪"，目的是保护桥梁建筑免为水毁。《异物志》云："犀角可以破水。"因此，桥梁建筑上或其旁，常可见到石、铜、铁的犀或牛，成为中国古代桥梁建筑的特色之一。

至于宫廷、衙署、府第等建筑前的威武的石狮、大门的门神、陵墓前的石神兽等，目的均是为了驱除鬼怪和象征吉祥。它们也是中国古代建筑艺术的组成部分。

13.2 安全哲学和中国相关的哲理智慧

13.2.1 安全哲学

1）安全哲学的内容

哲学是世界观、方法论。马克思主义哲学包括辩证唯物论和历史唯物论，是一切科学的理论和方法的基础。

安全哲学又称安全观，包括安全世界观、安全人生观、安全价值观、安全道德观，以及安全方法论。

现代安全观是大安全、大环境观。所谓安全不仅仅指生产安全（人身不受伤害、财产不受损失），还包括生活安全、身心健康舒适、生态环境安全等。

从总体上说，宏观世界表现出极大的有序性和规律性，天行有常，四季更替，昼夜轮换，生老病死等都有规律可循，人类很早就把握了这些规律，所以能有效地进行生产、生活等活动，并使人类社会向前发展。但另一方面，外部世界又有人们难以完全预测的方面，"天有不测风云，人有旦夕祸福"，尽管人们总是期望风调雨顺，期望在一个宁静、安全、有序、可预见的自然环境和社会环境中生活，但是，无论自然界的运行，还是社会的运行，都会发生人们预料不到的例外，有时甚至遇到意想不到的事故和灾害。人类的文明程度在一定意义上来说，就是人类对这些意想不到的重大事件处理的能力和水平。

2）安全世界观

安全世界观认为，安全是一种"天人合一、天人和谐"的境界。人类只有遵循自然规律，充分认识、掌握、利用自然规律，才能实现安全，维持安全；违背自然规律，以自我为中心，以"万物之灵"、自然界的征服者和最高主宰自居，一味地向自然界索取、肆意掠夺、破坏自然，并过分陶醉于每一次对自然界作斗争的胜利，必然遭到自然界通过事故、灾害的形式给予的一次又一次残酷无情的报复。人类在对待自然的态度上必须作全面反省，实行根本的转变。生产力的发展方向应当是顺应自然、保护自然、合理利用自然，实现人与自然的协调与和谐，从自然的发展中以及人与自然的和谐中寻求人自身需要的满足。人类应把实现人和自然之间、社会各要素之间、自然界各要素之间的和谐与平衡作为经济、社会发展的最高目标。建立人类自身之间、人类与自然之间和谐共处的关系，是全人类共同的道义和责任。

3）安全人生观

安全人生观认为，人类进行的一切活动无不是为了人类自身的利益，而人身安全健康无疑是最基本、最重要的利益，爱护生命、重视健康、珍惜人生，是每一个正常人的正当追求。人类创造、积累的各种物质的安全也是人类利益所在。人类的生存和发展离不开物质，物质拥有量成为生活水平的重要标志，但人的身心健康和安全则是最宝贵的财富，是生活质量的根本标志。人类不能仅仅关注物质的增长，更应当关注人自身的安全健康和全面发展。

4）安全价值观

安全价值观是人们价值观中有关安全行为选择、判断、决策的观念总和，一方面，它涉及人与人的关系，认为凡是侵犯他人人身安全健康的行为都是不道德的，凡违章都是不对的；另一方面，又被用来判断人与自然的关系是否可行，是否符合人的意愿。

5）安全道德观

安全道德观曾经有两种观点：唯利主义观点和理性主义观点，前者局限于保障个人、局部的安全利益，不考虑他人、全局的安全利益，往往不惜嫁祸于人、损人利己；后者以社会公共道德标准为准绳，以寻求人人都有理想的平等的生存空间为目的，对人类活动提出理想化要求，在一定限度内采取共同行动以维护公共安全。现代安全道德观主要是理性主义观点，既关心和保护个人、局部的安全，也更关心和保护全社会的安全，强调个人、局部要适应对方，服从集体、全局，达到一种协调和谐的状态，为了一个共同的目标、作为一个系统运转，使系统运转处于正常、平稳的状态，实现安全。

6）安全方法论

安全方法论包括科学方法论和技术方法论。前者是从事安全科学研究、认识和提示安全本质、安全规律的一般方法，包括科学抽象、科学思维的逻辑方法，科学思维的非逻辑方法、矛盾分析方法以及数学分析法等。后者是从事安全技术研究与开发活动所来用的手段、途径和行为方式的可操作性的规则和模式，包括本质安全化方法、人机匹配法、系统方法、生产安全管理一体化方法、安全教育方法、安全经济学方法等。

安全逻辑思维方法也称为安全逻辑学，是运用普通逻辑学的原理，研究与安全问题有关的人的思维形式结构、思维基本规律，以及认识现实的简单逻辑方法的一门新兴的应用逻辑学。它帮助人们正确认识与安全有关的各种事物，提供了交流安全思想、安全工作体会和安全技术与方法的共享的逻辑工具，提供了发现、揭露和纠正安全工作中逻辑错误的分析手段，帮助人们正确分析事故原因，正确制定安全对策。

13.2.2 中国与安全相关的哲理智慧

1）居安思危的忧患意识，祸福相因的辩证思想

中国古代建筑防灾文化的精髓是《周易》的居安思危的忧患意识和《老子》的祸福相因的辩证思想。

《周易》是中国古代一部奇书，相传为"伏羲画卦，文王做辞。"此书成于周文王时代似无疑义。书分"经""传"两部分，"经"传为周文王作。由卦、爻两种符号重叠演成 64 卦、384 爻和卦辞、爻辞构成，依据卦象推测吉凶祸福。书中充满忧患意识，这或许与文王一生历经大灾大难有关。《易·系辞下》云："作易者，其有忧患乎。""君子安而不忘危，存而不忘亡，治而不忘乱。是以身安而国家可保也。"

"其道甚大，百物不废，惧以始终，其要无咎。此之谓易之道也。"（《易·系辞下》）

老子为春秋时思想家，道家学派创始人。《老子》一书包含丰富的朴素辩证法因素，提出"反者道之动"，一切事都有正反两面的对立，对立面相互转化。提出"祸兮福之所倚，福兮祸之所伏"。提出"为之于未有，治之于未乱"的防患于未然的思想。

《周易》《老子》的这些思想和哲理，体现了古人的高度智慧。

2）天、地、人为一体的大系统

中国古代，以天、地、人为一个包罗万象的宇宙大系统，防灾也是如此。

"《易》之为书也，广大悉备，有天道焉，有人道焉，有地道焉，兼三材而两之，故六。六者非它也，三材之道也。道有变动，故曰爻。

爻有等，故曰物。物相杂，故曰文。文不当，故吉凶生焉。"（《易·系辞下》）

这是说《易经》广大完备，包罗万象，涵盖天道、地道和人道。卦画也体现天、地、人三才为一体的系统思想，每卦以六画示之，上二爻为天，下二爻为地，中两爻为人，象征着人居于天地之间。

古人早已注意到天文现象与自然灾害有一定的关系。如《后汉书·五行志》记载：东汉中平四年（187年）"三月丙申，黑气大如瓜，在日中。（《春秋感精符》曰：'日黑则水淫溢'）"对太阳黑子峰期与我国出现洪水的关系进行记载。

故《易》有"天垂象，见凶吉"之说。这是我国古代盛行黄道吉日黑道凶日说法的由来。

据《汉书·天文志》："日有中道，中道者黄道，一日光道。"《书经·洪范》："日有中道，月有九行。中道者黄道。九行者，黑道二，出黄道北；赤道二，出黄道南；白道二，出黄道西；青道二，出黄道东；并黄道，为九行也。"

通过现代研究，证明中国古人在二三千年前已成功地解决了黑道凶日的观测和预报。从而提出现代黑道理论及《三象年历》以预报"天文事故日"。

3）与宇宙万物协调共处的思想

在天、地、人这个宇宙大系统中，古人主张与宇宙万物协调相处。

《易传·文字传》云："夫大人者，与天地合其德，与日月合其明，与四时合其序，与鬼神合其凶吉。先天而天不违，后天而奉天时。天且不违，而况乎人乎？"

道家则追求"万物与我为一"的境界。"夫天下也者，万物之所一也，得其所一，而同焉。""天地有大美而不言，四时有明法而不议，万物有成理而不说。圣人者，原天地之美，而达万物之理。是故圣人无为，大圣不作，观于天地之谓也。""圣人处物不伤物，不伤物者，物亦不能伤也。"

《管子》则对保护生态环境与防灾方面的关系有详细论述："故明主有六务四禁。……四禁者何也？春无杀伐，无割大陵、倮大衍、伐大木、斩大山、行大火、诛大臣、收谷赋；夏无遏水达名川、塞大谷、动土功、射鸟兽；秋毋赦过、释罪、缓刑；冬无赋爵赏禄、伤伐五谷。故春政不禁，则百长不生；夏政不禁，则五谷不成；秋政不禁，则奸邪不胜；冬政不禁，则地气不藏。"《管子》指出，环境破坏，将导致多种自然灾害："四者俱犯，则阴阳不和，风雨不时，大水漂州流邑，大风漂屋折树，火曝焚地燋草，天冬雷，地冬霆，草木夏落而冬荣，蛰虫不藏。宜死者生，宜蛰者鸣，苴多腾蟆，山多虫螟，六畜不蕃，民多夭死。国贫法乱，逆气下生。"

由现代环境破坏、灾害频繁来看，《管子》所云是有根有据的，并非信口开河，骇人听闻。古人与宇宙万物协调共处的思想，今天越发闪耀着智慧之光，与我们今天提倡的可持续发展思想不谋而合。

4）法天、法地、法人的方法论

中国古代的城市规划、建筑设计都采用法天、法地、法人的方法论。

《老子》云："人法地，地法天，天法道，道法自然。"晋王弼注："法，谓法则也。人不违地，乃得全安，法地也。"法，指取法，仿效，不违背之意。

关于法天、法地，《易·系辞》有多处论述：

"与天地相似，故不违。"

"成象之谓乾，效法之谓坤。"

"崇效天，卑法地。天地设位，而易行乎其中矣。"

"古者包犧氏之王天下也，仰则观象于天，俯则观法于地，观鸟兽之文，与地之宜。"

"阴阳合德，而刚柔有体，以体天地之撰。"

在伍子胥规划阖闾大城时，就用了象天法地的方法："乃使相土尝水，象天法地。筑大城，周迴四十七里。陆门八，以象天之八风。水门八，以法地之八卦。"

范蠡筑越城也用了同样的方法："蠡乃观天文，拟法象于紫宫，筑作小城，周千一百二十步，一圆三方。西北立龙飞翼之楼，以象天门。东南伏漏石窦，以象地户。陆门四达，以象八风。"

城池作为军事防御的建筑，乃是象天法地的结果。

《易·习坎》："天险不可升也。地险山川丘陵也。王公设险以守其国。"疏："《正义》曰：言王公法象天地，固其城池，严其法令，以保其国也。"

人们设险，筑起高大的城墙，以法高山峻岭难以逾越；挖宽阔的壕池，以效河川天堑。高城深池，固若金汤，才能在军事防御上取得主动。

由"崇效天，卑法地"，故陆门在上（崇），象天之八风，水门处下（卑），法地之八卦。

《吕氏春秋》云："天地万物，一人之身也，此之谓大同。"这与道家"万物与我为一"的思想是一脉相通的。事实上是"天地万物与人同构"的思想。

《管子·水地》云："水者，地之血气，如筋脉之通流者也。"把江河水系比作大地的血脉。

中国的古城，在修城挖池时效法天地，在建设城市水系时则效仿人体的血脉系统。人体的血脉循环不息，不断新陈代谢，使人的生命得以维持。城市水系有军事防卫、排洪、防火等十大功用，是古城的血脉。可见，中国的古城，乃是法天、法地、法人的产物，是与自然完全协调的可以抵抗和防御各种灾害（天灾人祸）的有机体。这是中国古代建筑文化的一大特点。

法天、法地、法人的思想乃中国古代城市和建筑规划设计的指导思想和方法论。法人也就是仿生。前述木构斗栱乃仿生法人而得。斗栱为中国古建筑所独创，是中国古代建筑文化一大特点。

关于中国古城、古建筑、古园林仿生象物，象人形，或凤凰、龟、蛇、螃蟹、鱼、鹿、牛、马、鲤鱼、鳌鱼、龙、鹄、蜈蚣等动物形，或仿葫芦、梅花、莲花等植物形，或象非生物的琵琶形、船形、钟形、盘形、盂形、棋盘形、八卦形等，可参看吴庆洲著《建筑哲理、意匠与文化》一书（中国建筑工业出版社，2005）。

人类进入21世纪，面对当今全球性生态破坏，环境恶化，水土流失，灾害频繁，作为一个科学技术工作者，深感责任之重大。借鉴古代哲理智慧，古为今用，作为当今的建筑和城市安全与防灾的参考和借鉴，是很有价值的。

[1] 张兴容，李世嘉.安全科学原理[M].北京:中国劳动社会保障出版社，2004.

[2] 鲍世行.钱学森与建筑科学[J].华中建筑，2002（3）:4-8.

[3] 吴庆洲.21世纪中国城市灾害及城市安全战略[J].规划师，2002（1）:12-18.

[4] 徐乾清，富曾慈，胡一三，等.中国水利百科全书 防洪分册[M].北京:中国水利水电出版社，2004.

[5] 张柏山，陆德福.世界江河防洪与治理[M].郑州:黄河水利出版社，2004.

[0] 刘树坤，杜一，富曾慈，等.全民防洪减灾手册[M].沈阳:辽宁人民出版社，1993.

[7] 吴庆洲.中国古城防洪研究[M].北京:中国建筑工业出版社，2009.

[8] 刘仲桂.中国南方洪涝灾害与防灾减灾[M].南宁:广西科学技术出版社，1996.

[9] 万艳华.城市防灾学[M].北京:中国建筑工业出版社，2003.

[10] 铁灵芝，廖文根，禹雪中.国外减轻城市洪涝灾害新设施发展综述[J].自然灾害学报.1995（7）:228-234.

[11] 铁灵芝，倪婧.城市防洪除涝新设施规划设计方法增补.国家自然科学基金"八·五"重大项目《城市与工程减灾基础研究》内部交流论文，1996.

[12] 任希岩，谢映霞，朱思诚，等.在城市发展转型中重构:关于城市内涝防治问题的战略思考[J].城市发展研究，2012（6）:71-77.

[13] 谢映霞.从城市内涝灾害频发看排水规划的发展趋势[J].城市规划，2013（2）:45-50.

[14] 车伍，李俊奇.城市雨水利用技术与管理[M].北京:中国建筑工业出版社，2006.

[15] 李俊奇，车伍.城市雨水问题与可持续发展对策[J].城市环境与城市生态，2005（4）:5-8.

[16] US EPA. Federal Water Pollution Control Act Amendments of 1972[S]. Public Law 92-500. 1972.

[17] 车伍，吕放放，李俊奇，等.发达国家典型雨洪管理体系及启示[J].中国给水排水，2009（20）:12-17.

[18] US EPA. Low Impact Development（LID）: A Literature Review[R]. United States Environmental Protection Agency. EPA-841-B-00-005. Washington DC: United States Environmental Protection Agency，2000.

[19] CIRIA. Sustainable Urban Drainage System-Best Practice Manual[R]. Report C523. London: Construction industry research and information association，2001.

[20] Spillett PB, Evans SG, Colquhoun K. International Perspective on BMPs/SUDS: UK-Sustainable Stormwater Management in the UK[C] // Proceedings of the 2005 World Water and Environmental Resources Congress. Anchorage: 2005.

[21] Lloyd SD, Wong THF, Chesterfield CJ. Water Sensitive Urban Design-A Stormwater Management Perspective[R]. Melbourne: Cooperative Research Centre for Catchment Hydrology. 2002.

[22] Marjorie Ruth van Roon, Alison Greenaway, Jennifer E Dixon, et al. Low

Impact Urban Design and Development：scope，founding principles and collaborative learning[R]. Melbourne：Proceedings of the Urban Drainage Modelling and Water Sensitive Urban Design Conference. 2006.

[23] Field R，O'Shea M L，Chin K K. Integrated stormwater management[M]. Boca Raton: CRC, 1993.

[24] Lee JH, Bang KW, Ketchum LH, et al. First flush analysis of urban storm run off[J]. Science of the Total Environment. 2002, 293（1/3）: 163-175.

[25] Frank R Spellman, Joanne E Drinan. Stormwater discharge management：a practical guide to compliance[M]. eckville: Consulting Government Institutes，2003.

[26] 中华人民共和国住房和城乡建设部. 城镇内涝防治技术规范: GB 51222-2017[S]. 北京: 中国计划出版社，2017.

[27] Middlesex University. Review of the Use of Stormwater BMPs in Europe[R]. Project under EU RTD 5th Framework . Programme. Report5. 1. 200.

[28] US EPA. Low Impact Development（LID）: A Literature Review. United States Environmental Protection Agency[R]. EPA-841-B-00-005, Washington DC: United States Environmental Protection Agency, 2000.

[29] 中华人民共和国水利部. 防洪标准: GB 50201-2014[S]. 北京: 中国计划出版社, 2014.

[30] 中华人民共和国住房和城乡建设部. 城市防洪规划规范: GB 51079-2016[S]. 北京: 中国计划出版社, 2016.

[31] Prince George's County Department of Environmental Resources（PGDER）. Low-impact development design strategies：an integrated design approach[R]. Maryland: Department of Environmental R esources, Programs and Planning Division, Prince George's

County, 1999.

[32] University of Arkansas Community Design Center. Low Impact Development: a design manual for urban areas[M]. Arkansas: University of Arkansas Press，2010.

[33] Dietz ME. Low impact development practices：A review of current research and recommendations for future directions[J]. Water air and soil pollution, 2007, 186（1/4）: 351-363.

[34] Van. RM. Emerging approaches to urban ecosystem management: the potential of low impact urban design and development principles[J]. Journal of Environmental Assessment Policy and Management, 2005, 7（1）: 125-148.

[35] Gill SE, Handley JF, Ennos AR, et al. Adapting cities for climate change: the role of the green infrastructure[J]. Built Environment, 2007, 33（1）: 115-133.

[36] Mark J Hood, John C Clausen, Glenn S Warner. Comparison of Stormwater Lag Times for Low Impact and Traditional Residential Development[J]. Journal of the American Water Resources Association, 2007, 43（4）: 1036-1046.

[37] Environment Agency. Sustainable Drainage Systems（SUDS）an introduction[R]. Bristol: Environment Agency, 2003.

[38] 中华人民共和国住房和城乡建设部. 城市排水工程规划规范: GB 50318-2017[S]. 北京: 中国建筑工业出版社, 2017.

[39] Melbourne Water. Catchment to coast: our long-term plan to make Melbourne the world's most water-sensitive city[Z]. Melbourne: Melbourne Water, 2003.

[40] 吴庆洲. 古代经验对城市防涝的启示 [J]. 灾害学 . 2012（7）: 111-115.

[41] 王思思，张丹明. 澳大利亚水敏感城市设计及启示 [J]. 中国给水排水, 2010（20）: 64-68.

[42] 马克·A·贝内迪克特，爱德华·T·麦克马洪. 绿色基础设施：景观与社区 [M]. 黄丽玲，朱强，杜秀文，等，译. 北京：中国建筑工业出版社，2010：24-25.

[43] Joint Steering Committee for Water Sensitive Cities（JSCWSC）. Evaluating Options for Water Sensitive Urban Design-A National Guide[S]. Adelaide: BMT WBM PTY Ltd，2009.

[44] 雷雨. 基于低影响开发模式的城市雨水控制利用技术体系研究 [D]. 西安：长安大学，2012.

[45] Melbourne Water，Bass Coast Shire Council，Baw Baw Shire Council，et al. Water Sensitive Urban Design Guidelines[R/OL]. （2009-01）https：//www. clearwatervic. com. au/user-data/resource-files/WSUD_Guidelines_Jan2009. pdf

[46] Victorian Stormwater Committee. Urban Stormwater: Best Practice Environmental Management Guidelinos[M]. Collingwood: CSIRO Publishing，1999.

[47] 吴庆洲. 论 21 世纪的城市防洪减灾 [J]. 城市规划汇刊，2002（1）：68-70.

[48] 李炎. 我国古城中的雨水基础设施—"坑塘"水系 [J]. 文物建筑，2017（10）：38-56.

[49] 姜丽宁. 基于绿色基础设施理论的城市雨洪管理研究 [D]. 杭州：浙江农林大学，2013.

[50] 潘安君，张书函，陈建刚，等. 城市雨水综合利用技术研究与应用 [M]. 北京：中国水利水电出版社，2010.

[51] 吴庆洲，吴运江，李炎，等. 赣州"福寿沟"勘察初步报告 [A] // 2015（第二届）城市防洪排涝国际论坛论文集告 [C]. 中国土木工程学会，中国水利学会. 2015：9-16.

[52] 吴庆洲，李炎，吴运江，等. 水城相依显特色，排蓄并举防雨潦：古城水系防洪排涝历史经验的借鉴与当代城市防涝的对策 [J]. 城市规划，2014（8）：71-77.

[53] 仇保兴. 海绵城市（LID）的内涵、途径与展望 [J]. 给水排水，2015（3）：1-7.

[54] 车伍，杨正，赵杨，等. 中国城市内涝防治与大小排水系统分析 [J]. 中国给水排水，2013（16）：13-19.

[55] 马洪涛，周凌. 关于城市排水（雨水）防涝规划编制的思考 [J]. 给水排水. 2015（8）：38-44.

[56] 吴庆洲，李炎，余长洪，等. 城市洪涝灾害防治规划 [M]. 北京：中国建筑工业出版社，2016.

[57] 吴运江，吴庆洲，李炎，等. 古老的市政设施——赣州"福寿沟"的防洪预涝作用 [J]. 中国防汛抗旱，2017（3）：37-39，56.

[58] 资惠宇. 广州城市内涝应急处置研究：以"2010. 5. 7"特大暴雨为例 [D]. 广州：华南理工大学，2013.

[59] 王连喜，毛留喜，李琪，等. 生态气象学导论 [M]. 北京：气象出版社，2010：215.

[60] 上海市住房和城乡建设管理委员会. 室外排水设计标准：GB 50014-2006（2016 版）[S]. 北京：中国计划出版社，2016.

[61] 赵晶. 城市化背景下的可持续雨洪管理 [J]. 国际城市规划，2012（2）：114-119.

[62] 中国科学院编辑委员会. 中国自然地理·气候 [M]. 北京：科学出版社，1984.

[63] 西北师范学院，地图出版社. 中国自然地理图集 [M]. 北京：地图出版社，1984.

[64] 周淑贞. 气象学与气候学 [M]. 北京：高等教育出版社，1984.

[65] 陆忠汉，陆长荣，王婉馨. 实用气象手册 [M]. 上海：上海辞书出版社，1984.

[66] 张相庭. 结构风压和风振计算 [M]. 上海：同济大学出版社，1985.

[67] Joseph M. Moran，Michael D. Morgan. Meteorology[M]. New York: Macmillan Publishing Company，1991.

[68] 高绍凤，等. 应用气候学 [M]. 北京：气象出版社，2001.

[69] 谭冠日，严济远，朱瑞兆. 应用气候 [M]. 上海：上海科学技术出版社，1985.

[70] 陈静生. 环境地学 [M]. 北京：中国环境科学出版社，1986.

[71] 韩渊丰，张治勋，赵汝植.中国灾害地理[M].西安：陕西师范大学出版社，1993.

[72] 金传达.说风[M].北京：气象出版社，1982.

[73] 金传达.风[M].北京：气象出版社，2002.

[74] 谢世俊.漫话海风[M].北京：海洋出版社，1986.

[75] 许以平.趋利避害讲效益——气象与各行各业[M].北京：气象出版社，1987.

[76] 梁慧平，谢重阳，丁太胜.内陆台风及其预报[M].北京：气象出版社，1987.

[77] 罗祖德，徐长乐.灾害论[M].杭州：浙江教育出版社，1990.

[78] 唐长馥，等.工程事故与危险建筑[M].上海：同济大学出版社，1994.

[79] 郑力鹏.我国城镇防风灾的历史经验与对策[J].灾害学，1990（1）：61-64.

[80] 郑力鹏.沿海城镇防潮灾的历史经验与对策[J].城市规划，1990（3）：38-40.

[81] 郑力鹏.中国古塔平面演变的数理分析与启示[J].华中建筑，1991（2）：46-48.

[82] 郑力鹏.中国古代建筑防风的历史经验与措施[J].古建园林技术，1991（3）：46-49，68.

[83] 郑力鹏.传统建筑防灾研究的历史地位与现实意义[A]//第二届中国建筑传统与理论学术研讨会论文集[C].天津，1992.67-76.

[84] 郑力鹏.村镇房屋建设中的防风灾对策[J]，村镇建设，1992（6）：7-10.

[85] 郑力鹏.工程适灾设计的思想与方法[A]//中葡土木工程与城市规划会议论文集[C].广州，1993.122-126.

[86] 郑力鹏.村镇规划中的防风灾对策[J].村镇建设，1993（3）：5-7.

[87] 郑力鹏.开展城市与建筑"适灾"规划设计研究[J].建筑学报，1995（8）：39-41.

[88] 郑力鹏.传统建筑防风设计理论与方法之借鉴[M]//结构风工程研究及其进展.重庆：重庆大学出版社.1995：143-147.

[89] 郑力鹏.古代建筑防风术之借鉴[J].华南理工大学学报.1997（1）：113-116.

[90] 郑力鹏.建筑防灾设计的若干方法[J].华中建筑.1999（3）：99-100，104.

[91] Melaragno, Michele G. Wind in Architectural And Environmental Design[M]. New York: Van Nostrand Reinhold Co., 1982.

[92] 乾正雄，等.新建築學大系8—自然環境[M].東京：彰國社刊，1981.

[93] 郑力鹏.坡屋顶研究三题[J].建筑学报，2003（8）：65-66.

[94] 关滨蓉，马国馨.建筑设计和风环境[J].建筑学报.1995（11）：44-48.

[95] 建筑设计资料集编委会.建筑设计资料集第8分册 建筑专题[M].北京：中国建筑工业出版社，2017：176-180.

[96] 中华人民共和国住房和城乡建设部.建筑结构荷载规范：GB 50009-2012[S].北京：中国建筑工业出版社，2012.

[97] 丁一汇.大气中的风暴[M].北京：科学出版社，1977.

[98] 中国文物研究所.祁英涛古建论文集[M].北京：华夏出版社，1992.

[99] 张演钦.文物建筑遭遇"风之劫"[N].羊城晚报，2003-1-29.

[100] 建筑设计资料集编委会.建筑设计资料集第8分册[M].北京：中国建筑工业出版社，2017：115-151，510-516.

[101] 山西省住房和城乡建设厅.屋面工程技术规范：GB 50345-2012[S].北京：中国建筑工业出版社，2012.

[102] 山西省住房和城乡建设厅.屋面工程质量验收规范：GB 50207-2012[S].北京：中国建筑工业出版社，2012.

[103] 张道真.关于坡屋面[J].中国建筑防水，2002（4）：5-7.

[104] 张道真.关于种植屋面[J].建筑学报，2004（8）：72-73.

[105] 国家人民防空办公室.地下工程防水技术规范：GB 50108-2008[S].北京：中国计划出版社，2009.

[106] 山西省住房和城乡建设厅.地下防水工程质量验收规范：GB 50208-2011[S].北京：中国建筑工业出版社，2011.

[107] 中国建筑防水材料工业协会. 建筑防水手册 [M]. 北京: 中国建筑工业出版社, 2001.

[108] 薛绍祖. 地下建筑工程防水技术 [M]. 北京: 中国建筑工业出版社, 2003.

[109] 小池迪夫, 等. 最新建筑防水设计施工手册 [M]. 王庆修, 等, 编译. 北京: 地震出版社, 1992.

[110] 张道真. 地下室防水概念设计与混凝土自防水 [J]. 建筑技术, 2002 (7): 488-490.

[111] 张道真. 防水设计讲座 第5讲 外墙防水设计 [J]. 施工技术, 2004 (3): 58-59.

[112] 张道真. 水泥基渗透结晶型防水材料应用探讨 [J]. 中国建筑防水, 2006 (10): 8-9.

[113] 张道真. 建筑技术设计与建筑学教育 [J]. 华中建筑, 2007 (12): 165-166.

[114] 张道真. 论建筑室外平缝设计 [J]. 中国建筑防水, 2010 (20): 10-12.

[115] 张道真. 大进深混凝土平屋面结构找坡 [J]. 中国建筑防水, 2017 (11): 30-32, 40.

[116] 张道真. 陡坡瓦屋面新构造探讨 [J]. 中国建筑防水, 2017 (15): 25-28.

[117] 张道真. 大进深、大尺度混凝土屋面建筑找坡探讨 [J]. 中国建筑防水, 2017 (19): 41-44.

[118] 张道真. 陡坡厚植土顶板新构造探讨 [J]. 中国建筑防水, 2017 (7): 38-40.

[119] 中华人民共和国公安部. 建筑设计防火规范: GB 50016-2014 (2018年版) [S]. 北京: 中国计划出版社, 2018.

[120] 中华人民共和国公安部. 自动喷水灭火系统设计规范: GB 50084-2017[S]. 北京: 中国计划出版社, 2017.

[121] 中华人民共和国公安部. 火灾自动报警系统设计规范: GB 50116-2013[S]. 北京: 中国计划出版社, 2013.

[122] 国家人民防空办公室. 人民防空工程设计防火规范: GB 50098-2009[S]. 北京: 中国计划出版社, 2009.

[123] 中华人民共和国公安部. 建筑灭火器配置设计规范: GB 50140-2005[S]. 北京: 中国计划出版社, 2005.

[124] 中华人民共和国公安部. 汽车库、修车库、停车场设计防火规范: GB 50067-2014[S]. 北京: 中国计划出版社, 2015.

[125] 张树平. 建筑防火设计 [M]. 北京: 中国建筑工业出版社, 2009.

[126] 任清杰, 李根敬. 中外高层建筑火灾100例 [M]. 西安: 陕西人民教育出版社, 1991.

[127] 日本建设省. 建筑物综合防火设计 [M]. 孙金香, 高伟, 译. 天津: 天津科技翻译出版公司, 1994.

[128] 蒋永琨. 高层建筑防火设计手册 [M]. 北京: 中国建筑工业出版社, 2000.

[129] 章孝思. 高层建筑防火 [M]. 北京: 中国建筑工业出版社, 1985.

[130] 李国强, 蒋首超, 林桂祥. 钢结构抗火计算与设计 [M]. 北京: 中国建筑工业出版社, 1999.

[131] 李引擎, 等. 建筑装修防火设计材料手册 [M]. 北京: 中国计划出版社, 1999.

[132] 中华人民共和国公安部消防局. 防火手册 [M]. 上海: 上海科学技术出版社, 1992.

[133] 蒋永琨. 中国消防工程手册 (设计 施工 管理) [M]. 北京: 中国建筑工业出版社, 1998.

[134] 王学谦, 等. 建筑防火设计手册 [M]. 北京: 中国建筑工业出版社, 2015.

[135] 霍然, 袁宏永. 性能化建筑防火分析与设计 [M]. 合肥: 安徽科学技术出版社, 2003.

[136] 李岩. 高层建筑防火间距问题探讨 [J]. 消防科学与技术, 2013 (2): 156-157, 161.

[137] 张凤娥. 消防应用技术 [M]. 北京: 中国石化出版社, 2006.

[138] 国家标准抗震规范管理组. 建筑抗震设计规范统一培训教材 [M]. 北京: 中国建筑工业出版社, 2002.

[139] 高小旺, 龚思礼, 苏经宇, 等. 建筑抗震设计规范理解与应用 [M]. 北京: 中国建筑工业出版社, 2002.

[140] 周云. 土木工程防灾减灾学 [M]. 广州: 华南理工大学出版社, 2002.

[141] 陈保胜. 城市与建筑防灾 [M]. 上海: 同济大学出版社, 2001.

[142] 李乔, 赵世春. 汶川大地震工程震害分析 [M].

成都：西南交通大学出版社，2008.

[143] 许冲，戴福初，姚鑫.汶川地震诱发滑坡灾害的数量与面积 [J]. 科技导报，2009，27（11）：79-81.

[144] 易白.直击：日本特大地震·海啸·核辐射 [J]. 科学大众（小学版），2011（5）：22-27.

[145] 杨金铎.建筑防灾与减灾 [M]. 北京：中国建材工业出版社，2002.

[146] 贝伦·加西亚.世界名建筑抗震方案设计 [M]. 刘伟庆，欧谨，译.北京：中国水利水电出版社，2002.

[147] 蒋婷婷.考虑铅芯橡胶支座强度退化的基础隔震结构地震响应分析 [D]. 广州：广州大学，2023.

[148] 周福霖.隔震、消能减震与结构控制体系——终止我国城乡地震灾难的必然技术选择 [J]. 城市与减灾，2016（5）：1-10.

[149] 中华人民共和国住房和城乡建设部.建筑抗震设计规范:GB 50011-2010（2016 年版）[S]. 北京：中国建筑工业出版社，2016.

[150] 中华人民共和国住房和城乡建设部.建筑消能减震技术规程：JGJ 297-2013[S]. 北京：中国建筑工业出版社，2013.

[151] 张爱林，王小青，刘学春，等.北京大兴国际机场航站楼大跨度钢结构整体缩尺模型振动台试验研究 [J]. 建筑结构学报，2021，42（3）：1-13.

[152] 束伟农，朱忠义，祁跃，等.北京新机场航站楼结构设计研究 [J]. 建筑结构，2016（17）：1-9.

[153] 李海兵，刘汉朝，张显达，等.北京新机场航站楼减隔震系统施工技术 [J]. 建筑技术，2018（9）：956-958.

[154] 王亦知.以旅客为中心——北京新机场航站楼设计综述 [J]. 建筑技术，2018（9）：912-917.

[155] 周定，韩建强，杨汉伦，等.广州塔结构设计 [J]. 建筑结构，2012（6）：1-12.

[156] 周云，吴从晓，张崇凌，等.芦山县人民医院门诊综合楼隔震结构分析与设计 [J]. 建筑结构，2013（24）：23-27.

[157] 赵晶，李福海，张永久，等.芦山地震芦山县城区钢筋混凝土框架结构震害分析 [J]. 四川建筑科学研究，2014，40（5）：178-181.

[158] 中华人民共和国住房和城乡建设部.建筑隔震设计标准：GB/T 51408-2021[S]. 北京：中国计划出版社，2021.

[159] 王玉梅，熊立红，许卫晓.芦山 7.0 级地震医疗建筑震害与启示 [J]. 地震工程与工程振动，2013（4）：44-53.

[160] 中华人民共和国水利部.中国水旱灾害公报 2018[M]. 北京：中国水利水电出版社，2019.

[161] 中华人民共和国住房和城乡建设部.民用建筑供暖通风与空气调节设计规范：GB 50736-2012[S]. 北京：中国建筑工业出版社，2012.

[162] 中华人民共和国住房和城乡建设部.民用建筑隔声设计规范：GB 50118-2010[S]. 北京：中国建筑工业出版社，2011.

[163] 中华人民共和国国家卫生和计划生育委员会.室内氡及其子体控制要求：GB/T 16146-2015[S]. 北京：中国标准出版社，2015.

[164] 中华人民共和国卫生部，国家环境保护总局.室内空气质量标准：GB/T 18883-2002[S]. 北京：中国标准出版社，2003.

[165] International Organization for Standardization. Energy per-formance of buildings-indoor environmental quality-Part 1: In-door environmental input parameters for the design and assessment of energy performance of buildings: ISO 17772-1[S]. Geneva: ISO Copyright Office, 2017.（世界卫生组织室内空气质量指南 ISO17772-2017. 世界卫生组织，2017.）

[166] 陈龙.智能建筑安全防范及保障系统 [M]. 北京：中国建筑工业出版社，2003.

[167] 海因利希·黑布格.房屋安全手册 [M]. 李俊峰，刘家屿，译校.北京：中国建筑工业出版社，1991.

[168] 曹麻茹，刘宏成.建筑安全概论（内部稿）.长沙：湖南大学建筑系，2003.

[169] 宋广生.室内环境质量评价及检测手册 [M]. 北

京：机械工业出版社，2002.

[170] 刘永华 . 建筑装修导致室内空气污染的研究 [D]. 重庆：重庆大学，2004.

[171] 辛秀田，等 . 聊聊噪声的 N 次干扰 [M]. 北京：中国大百科全书出版社，2003.

[172] 李继强 . 建筑防热的主要设计手法 [J]. 中小企业管理与科技，2017（1）：56-57.

[173] 北京建筑设计研究院《建筑专业设计技术措施》编制组 . 建筑专业设计技术措施 [M]. 北京：中国建筑工业出版社，1999.

[174] 恩斯特·诺伊费特 . 建筑设计手册 [M]. 朱顺之，等，译 . 北京：中国建筑工业出版社，2000.

[175] 建设部住宅产业化促进中心 . 住宅设计与施工质量通病提示 [M]. 北京：中国建筑工业出版社，2002.

[176] 朱颖心 . 建筑环境学 [M]. 北京：中国建筑工业出版社，2010.

[177] 高祥生 . 现代建筑楼梯设计精选 [M]. 南京：江苏科学技术出版社，2000.

[178] 杨金锋，杨洪波 . 房屋构造 [M]. 北京：清华大学出版社，2001.

[179] 周燕珉，侯珊珊 . "细"说现代建筑的窗 [J]. 世界建筑 . 2004（10）：80-83.

[180] 郑时龄，张景然，周仲钺 . 门窗设计与装修 [M]. 上海：同济大学出版社，香港：香港书画出版社，1992.

[181] 纪万斌主编 . 林景星，齐文同，张振华，等，副主编 . 塌陷与灾害 [M]. 北京：地震出版社，1997.

[182] 杜榕桓，李德基，祁龙 . 我国山区城镇泥石流成灾特点与防御对策研究 [M] // 施雅风，黄鼎成，陈泮勤 . 中国自然灾害灾情分析与减灾对策 . 武汉：湖北科学技术出版社，1992：330-336.

[183] 陈自生，王成华，孔径名 . 中国滑坡灾害及宏观防御战略 [M] // 施雅风，黄鼎成，陈泮勤 . 中国自然灾害灾情分析与减灾对策 . 武汉：湖北科学技术出版社，1992：307-313.

[184] 宝音乌力吉，张鹤年 . 我国风沙灾害现状、趋势与对策 [M] // 施雅风，黄鼎成，陈泮勤 . 中国自然灾害灾情分析与减灾对策 . 武汉：湖北

科学技术出版社，1992：348-352.

[185] 申曙光 . 灾害学 [M]. 北京：中国农业出版社，1994.

[186] 万艳华 . 城市防灾学 [M]. 北京：中国建筑工业出版社，2003.

[187] 吴庆洲 . 中国古城选址与建设的历史经验与借鉴 [J]. 城市规划，2000（9）：31-37，（10）：34-42.

[188] 任美锷 . 任美锷地理论文选 [M]. 北京：商务印书馆，1991.

[189] 叶叔华 . 运动的地球——现代地壳运动和地球动力学研究及应用 [M]. 长沙：湖南科学技术出版社，1996.

[190] 杨华庭 . 中国海洋灾害基本概况及防御对策 [M] // 施雅风，黄鼎成，陈泮勤 . 中国自然灾害灾情分析与减灾对策 . 武汉：湖北科学技术出版社，1992：259-267.

[191] 刘凤树，王涛 . 中国东南沿海潮灾形成规律、预测及减灾对策的研究 [M] // 施雅风，黄鼎成，陈泮勤 . 中国自然灾害灾情分析与减灾对策 . 武汉：湖北科学技术出版社，1992：268-280.

[192] 王喜年 . 减轻风暴潮灾害之我见 [M] // 施雅风，黄鼎成，陈泮勤 . 中国自然灾害灾情分析与减灾对策 . 武汉：湖北科学技术出版社，1992：281-285.

[193] 杨华庭 . 海啸及太平洋海啸警报系统 [M] // 施雅风，黄鼎成，陈泮勤 . 中国自然灾害灾情分析与减灾对策 . 武汉：湖北科学技术出版社，1992：286-292.

[194] 张家诚，周魁一，杨华庭，等 . 中国气象洪涝海洋灾害 [M]. 长沙：湖南人民出版社，1998.

[195] 曾清樵 . 建筑防爆设计 [M]. 北京：中国建筑工业出版社，1986.

[196] 杨泗霖 . 防火与防爆 [M]. 北京：北京经济学院出版社，1991.

[197] 中国建筑标准设计研究院 . 建筑设计防火规范图示 18J811-1[M]. 北京：中国计划出版社，2018.

[198] 陈莹 . 工业防火与防爆 [M]. 北京：中国劳动出版社，1993.

[199] 余永龄. 工厂总布置图设计实用手册 [M]. 北京：中国建筑工业出版社，1989.

[200] 梅卫群，江燕如. 建筑防雷工程与设计 [M]. 北京：气象出版社，2008.

[201] 中国机械工业联合会. 建筑物防雷设计规范：GB 50057-2010[S]. 北京：中国计划出版社，2011.

[202] 四川省住房和城乡建设厅. 建筑物电子信息系统防雷技术规范：GB 50343-2012[S]. 北京：中国建筑工业出版社，2012.

[203] 吴铁刚. 浅谈气象防雷技术的发展趋势 [J]. 科技展望，2014（13）：86.

[204] 中国法制出版社. 中华人民共和国残疾人保障法 2018 年最新修订 [M]. 北京：中国法制出版社，2018.

[205] 中国残疾人联合会统计公报 [R].

[206] Department of Economic and Social Affairs. World Population Prospects 2022 Summary of Results [R/OL].（2022）. https://www. un. org/development/desa/pd/sites/www. un. org. development. desa. pd/files/wpp2022_summary_of_results. pdf

[207] 中华人民共和国住房和城乡建设部. 无障碍设计规范：GB 50763-2012[S]，北京：中国建筑工业出版社，2012.

[208] 周燕珉. 推动居家适老化改造更加人性化和精细化 [J]. 中国民政，2023（13）：35.

[209] 詹姆斯·霍姆斯－西德尔，塞尔温·戈德史密斯. 无障碍设计 建筑设计师和建筑经理手册 [M]. 孙鹤，主译. 大连：大连理工大学出版社，2002.

[210] 高桥仪平. 无障碍建筑设计手册 为老年人和残疾人设计建筑 [M]. 陶新中，译. 牛清山，校. 北京：中国建筑工业出版社，2003.

[211] 李志民，宋岭. 无障碍建筑环境设计 [M]. 武汉：华中科技大学出版社，2011.

[212] 周燕珉，秦岭. 适老社区环境营建图集——从 8 个原则到 50 条要点 [M]. 北京：中国建筑工业出版社，2018.

[213] 庄惟敏. 建筑策划与后评估教育的发展与展望 [J]. 住区，2019（3）：6-7.

[214] 王军，刁军亮. 建筑环境无障碍设计概念及其对像人群分析 [J]. 科技视界，2015（34）：131，176.

[215] 王丹. 城市景观中的无障碍设计研究 [J]. 美与时代（城市版），2018（12）：81-82.

[216] 龙庆忠. 中国建筑与中华民族 [M]. 广州：华南理工大学出版社，1990.

[217] 张兴容，李世嘉. 安全科学原理 [M]. 北京：中国劳动社会保障出版社，2004.

[218] 肖大威. 中国古代建筑防火研究 [D]. 广州：华南理工大学. 1990.

[219] 张驭寰. 中国古代建筑技术史 [M]. 北京：科学出版社，1985.

[220] 杨鸿勋. 中国早期建筑的发展 [M] // 中国建筑学会建筑历史学术委员会. 建筑历史与理论（第一辑）. 南京：江苏人民出版社，1981：112-136.

[221] 曹汛. 古代建筑的抗震 [M] // 中国古代建筑技术史. 北京：科学出版社，1985.

[222] 萧岚. 试谈中国古代建筑的抗震措施 [M] // 中国建筑学会建筑历史学术委员会. 建筑历史与理论建筑历史与理论（第三、四辑）. 南京：江苏人民出版社，1984：126-137.

[223] 邹洪灿. 我国古代地基工程技术与砖塔抗震 [J]. 古建园林技术，1988（2）：34-37.

[224] 郑力鹏. 中国古代建筑防风的经验与措施 [J]. 古建园林技术，1991（3）：46-49，68；1991（4）：14-20；1992（1）：17-25.

[225] 刘致平. 中国建筑类型及结构（新一版）[M]. 北京：中国建筑工业出版社，1987.

[226] 陈明达. 木结构建筑技术·概说 [M] // 中国古代建筑技术史. 北京：科学出版社，1985.

[227] 王其亨. 歇山沿革试析——探骊折扎之一 [J]. 古建园林技术，1991（1）：29-32，64.

[228] 张巨湘. 中国古代黑道凶日之谜的破译 [J]. 灾害学，1991（2）：93-96.

[229] 吴庆洲. 建筑安全 [M]. 北京：中国建筑工业出版社，2007.

[230] 柳孝图. 建筑物理 [M]. 北京：中国建筑工业出版社，2000.